大学物理概念
简明教程

朱鋐雄　王向晖　朱广天　主编

清华大学出版社

北京

内 容 简 介

本书遵循教育部对大学物理课程提出的基本要求,围绕提高学生的核心素养这个主线,从大学物理与中学物理的衔接和提升上,简明阐述大学物理的基本概念和基本定理。本书共包括 16 章,其中力学部分包括对质点机械运动及其运动状态变化原因的描述,质点的动量、角动量及其守恒定律,机械能和机械能守恒定律,对具有周期性运动行为的振动和波动的描述,对刚体机械运动状态及其运动状态变化原因的描述;热学部分包括对物体热运动状态和状态变化原因的描述,热力学状态和状态变化的统计描述,热力学过程中能量转化和守恒的描述,热力学过程中能量传递和转化"方向性"的描述;电磁学部分包括静电力和静电场的描述,稳恒电流和磁场的描述,电磁感应现象的描述和麦克斯韦方程组;光学部分包括对光的本性的物理描述;近代物理部分包括相对论基础和量子物理基础。

本书在精选基本内容并保持基本内容的系统性和完整性前提下,专门设置了微信公众号"大学物理学习拓展",列入了"物理史料""拓展阅读""演示实验""数学推导""网络链接""习题解答"等栏目,注重渗透物理学的基本思想和科学方法,拓展学生的学习视野。本书在每一章后面都安排了适当的习题和思考题。

本书可作为理工科高等院校相关专业和高等师范院校相关专业"大学物理"课程使用的教材,也适合于中学物理教师进修提高和其他读者自学"大学物理"课程时使用。

图书在版编目(CIP)数据

大学物理概念简明教程/朱鋐雄,王向晖,朱广天编著.—北京:清华大学出版社,2019(2023.8 重印)
ISBN 978-7-302-47701-3

Ⅰ.①大⋯ Ⅱ.①朱⋯②王⋯③朱⋯ Ⅲ.①物理学—高等学校—教材 Ⅳ.①O4

中国版本图书馆 CIP 数据核字(2017)第 155824 号

责任编辑:佟丽霞
封面设计:常雪影
责任校对:刘玉霞
责任印制:丛怀宇

出版发行:清华大学出版社
　　　　网　　　　址:http://www.tup.com.cn,http://www.wqbook.com
　　　　地　　　　址:北京清华大学学研大厦 A 座　　　　邮　　编:100084
　　　　社　总　机:010-83470000　　　　邮　　购:010-62786544
　　　　投稿与读者服务:010-62776969,c-service@tup.tsinghua.edu.cn
　　　　质量反馈:010-62772015,zhiliang@tup.tsinghua.edu.cn
印 装 者:三河市龙大印装有限公司
经　　销:全国新华书店
开　　本:185mm×260mm　　**印　张**:20　　　　　**字　　数**:483 千字
版　　次:2019 年 1 月第 1 版　　　　　　　　　**印　　次**:2023 年 8 月第 6 次印刷
定　　价:56.00 元

产品编号:060848-02

《大学物理概念简明教程》编委会

主编　朱鋐雄　王向晖　朱广天

编委　尹亚玲　黄燕萍　李　欣　朱　晶

前 言

FOREWORD

　　教育部高等学校大学物理课程教学指导委员会制定的《高等学校理工学科大学物理课程教学基本要求》和《高等学校理工学科大学物理实验课程教学基本要求》两个文件分别在各自文本的第一页都写下了相同的一段话:"在人类追求真理、探索未知世界的过程中,物理学展现了一系列科学的世界观和方法论,深刻影响着人类对物质世界的基本认识,人类的思维方式和社会生活,是人类文明发展的基石,在人才的科学素质培养中具有重要的地位。"两个"基本要求"开宗明义地给出的这段论述,明确地指出了物理学在人类文明发展和人才科学核心素养培养中的重要性,规定了"大学物理"课程必须达到的总目标,凸显了"大学物理"课程对于人才核心素养培养的地位和作用。

　　学科核心素养是学生知识、能力、情感、态度和价值观等各方面素养的整合,而"大学物理"课程正是高等师范类和理工类院校相关专业培育和提高学生学科核心素养的一门重要的基础课程。目前,很多院校相关专业的"大学物理"课程的课时数是每学期72学时左右或每学年108学时左右。本教材依据两个"基本要求",把"大学物理"定位于一门基础课程,在总结我们多年教学经验并学习和吸取国内外同类优秀教材的基础上,注重大学物理与中学物理在学生学科核心素养的培养上的衔接和提升,意在为这些专业的任课教师和学生提供一本合适的大学物理简明教材,同时也为中学物理教师提供一本用于进修提高的物理教材。

　　(1) 以物理学科核心问题为基础,从有利于物理学科知识整体生成取向、有利于增强物理观念、提高学科核心素养发展的目标上看,大学物理需要与中学物理有一定的衔接,更需要在中学物理基础上的提升,这样的提升既是学科知识内容深度和广度的提升,更是学科知识体系整体性的提升。

　　本书注重把每一章的物理概念和内容从物理现象中引入,引导学生在中学物理知识的基础上学会提出问题,把中学物理内容中的"特殊"上升到"一般",从知识的深度和广度上提高认知能力。例如,中学物理只讨论物体匀加速运动的规律,使用的数学工具是初等数学的代数方法,而大学物理描述的是一般变速运动的规律,使用的数学工具是高等数学的微积分方法。本教材还注重把每一章的概念和内容从物理学科体系的发展进程中引入,引导学生在学习和理解每一个物理概念的基础上学会构建学科知识体系,把中学物理学习的物理概念、定理和定律的"树木"扩展到大学物理学科体系的"森林",从知识的逻辑性和整体性上提高认知能力。例如,中学物理讨论了牛顿三大定律的具体内容和解题方法,而大学物理提出了牛顿三大定律的公理性和体系的完整性。中学物理引入了库仑定律以及电场强度和电势等物理量,而大学物理把"场"作为主线贯穿于电磁学始终,并强调了法拉第、麦克斯韦和爱因斯坦等物理学家提出的"电磁力"不同于"万有引力",必须"从头开始",第一次建立新的基本概念的思想。

(2) 以物理学科核心问题为基础,从把握知识的产生和发展过程、感悟物理学科的方法和思想、有利于提高学科核心素养发展的目标上看,大学物理需要与中学物理有一定的衔接,更需要在中学物理基础上的提升,这样的提升既是从学习物理学的知识的过程和方法到体验物理学知识形成过程和方法的提升,更是从物理学具体方法到物理学家提出问题和解决问题的过程和方法的提升。这样的提升以显性和隐性两种方式呈现。例如,在力学部分介绍了牛顿倡导的以"实验—演绎—归纳"为特点的物理学方法论;在静电学部分介绍了在库仑提出两个点电荷之间相互作用力的定律所采用的"类比方法";在相对论部分介绍了爱因斯坦提出的以"反反复复批判基本概念"为特点的概念方法论。隐性的方式是在把物理学形成发展过程的历史以及物理学的思想方法渗透到教材内容展开的过程中,例如,以类比方法在力学中把角动量和动量作了比较,得出了相应的角动量变化定理的表述;在计算连续带电体产生的电场强度和电势时,采用了从"部分"到"整体"的方法(这是一种"归纳"方法)和从"整体"到"部分"的方法(这是一种"演绎"方法);在静电学中用归纳方法相应得出了静电场的高斯定理和磁场的安培环路定理的表述等。

(3) 以物理学科核心问题为基础,从把握知识的作用和价值、树立科学态度、增强社会责任感、有利于提高学科核心素养发展的目标上看,大学物理需要与中学物理有一定的衔接,更需要在中学物理基础上的提升。这样的提升表现为大学物理课程应该比中学物理更多地实现学习物理学对学生终身发展的重要价值。本书在每一章开头设置了"本章引入和导读"栏目,通过"引入"和"导读"两个方面,旨在从自然现象和学科体系上提出问题"引入"本章内容,给学生提供学习方法的"导读";本书对每一个例题的求解都列出了名为"解题思路"和"解题过程"的栏目,旨在把解题看作是一种从解决已有答案的问题的训练开始的思维方式的训练;本书还设置了微信公众号"大学物理学习扩展",列入了"物理史料""拓展阅读""演示实验""数学推导""网络链接"等栏目,旨在利用信息化手段丰富大学物理的教学资源库,重组学生的学习材料,拓展学生的学习视野。本书在每一节都提出一个"问题"作为副标题,在每一章最后都设置了"思考题"和"习题",并且在部分章中"思考题"的数量多于"习题"的数量。每一章的"习题解答"也不再附在书中,而是放在本书的微信公众号中。以上这些栏目和思考题以及习题设置的目的在于引导学生从物理学的概念本身引发思考和讨论,这既是对学生学习大学物理的引导,更是注重学生在学习的过程中学会主动学习,善于学习,提高全面核心素养的情感态度和价值观的提升。

大学物理学习扩展

本书编委会的成员多年来一直担任"大学物理"课程的教学任务,都是具有丰富教学和科研经验的教授和副教授。本书共17章,编写分工如下:第1~4章由朱鋐雄编写,第5章由黄燕萍编写,第6~11章由朱鋐雄编写,第12章由朱鋐雄和朱晶编写,第13章由王向晖编写,第14章由王向晖和李欣编写,第15章由尹亚玲编写,第16章由王向晖编写,第17章由朱广天编写。全书的核对、审阅和通稿修改工作由朱鋐雄、王向晖和朱广天完成。在本书编写过程中,还得到了华东师范大学物理实验中心物理教学演示实验室的热情协助。景培书、尹亚玲、邓莉等老师和黄雨寒、杨凯超等研究生参与策划并进行了演示实验录像的拍摄制作工作,黄雨寒绘制了部分插图。

在本书编写出版前,我们已编写出版了《大学物理学习导引——导读,导思,导解》一书(清华大学出版社,2010 年),另外还拟编写出版配合本书的《大学物理简明教程习题解答》

一书供教师和学生在教学中参考使用。

　　虽然在编写过程中我们对本书经过了仔细的核对和反复检查,但是由于编写水平有限,教材中一定存在不妥之处,恳请广大读者批评指正。

朱鋐雄　王向晖　朱广天

2018 年 2 月修订于华东师范大学

目 录

CONTENTS

第**1**章

质点机械运动状态的描述

本章引入和导读

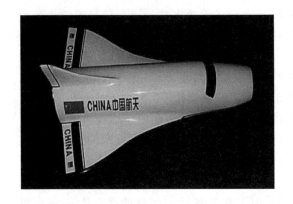

机械运动无处不在

仰望天空,晴空蓝天白云飘浮,大型客机划破长空;

俯视大地,高速公路四通八达,各种车辆穿梭往来;

步入地下,地铁轨道交叉纵横,双向隧道越江而过。

从"天上"到"地面"再到"地下",各种机械运动始终与我们相伴。

机械运动是自然界中最简单的一种运动形式,只涉及物体的位置及机械运动状态的变化。本章从确定物体的位置开始,通过引入位移、速度、加速度等物理量来描述和研究物体位置随时间的变化规律,这是对物体机械运动状态"从静到动"的逐步深入的认识过程。由于不涉及引起物体运动状态变化的原因,这部分内容在经典力学上称为"运动学"。

中学物理课程已经讨论过"运动学"的内容,大学物理既与中学物理相衔接,又比中学物理在内容和方法上建立了更加明确、更加科学的运动学理论,能够解决的问题也更加普遍。

例如,在描述物体运动状态时,中学物理提出了质点的概念,并分别给出了速度和加速度的定义,但是实际上给出的都是一段时间内的平均速度和平均加速度的定义,并不能确切地描述物体在某位置和某时刻的速度和加速度;中学物理仅仅给出了物体作匀速运动和匀加速运动的路程公式、速度公式和加速度公式，并不能描述变加速度运动的路程和速度。大学物理不仅提出了速度和加速度瞬时值的定义，而且建立了质点位移、速度和加速度之间的演绎关系。只要已知质点的运动方程，即可以通过高等数学的方法得出速度和加速度的表达式；反之，只要知道质点的加速度，就可以通过高等数学的方法得到速度和位移，而匀速运动和匀加速运动的路程公式和速度公式仅仅是这些表达式中的一个特例。

在运动学知识的整体概念上，大学物理比中学物理在描述方法上更明确、更科学。在得到运动学定理和公式的过程和方法上，中学物理是通过实验方法归纳得出这些公式的，而大学物理体现的是物理学中的归纳和数学演绎推理相结合的方法。与前者相比，后者更好地显示了力学理论的系统性和逻辑性。

1.1　质点——描述物体机械运动的一个理想模型

——什么是质点？为什么要引入质点模型？

自然界作机械运动的物体形状和大小各异，运动形式纷繁多样。以一辆行驶的汽车为例，汽车在前进过程中有车身的移动，也有车轮的转动，更有很多其他机械部件的复杂运动，因此，要完整地、不遗漏任何一个细节地描述一辆汽车上所有部件的机械运动几乎是不可能的。但是如果只考虑汽车运动的快慢和一定时间内行驶的路程，只需要将汽车作为一个整体看待就足够了，车轮和方向盘转动以及其他部件运动的细节都可以略去不计。在力学中，在一定条件下，为了能从整体上把握一个物体的运动，得出机械运动的基本规律，可以不考虑物体的形状和体积大小，暂时忽略物体不同部分的运动细节，这种研究问题的方法称为构建"理想模型"的方法。构建理想模型的方法是物理学的一个重要方法。"质点"就是力学中引入的第一个理想模型。

质点，顾名思义是"质量之点"，也就是有质量但没有大小、不计形状的点。显然，在自然界中并没有这样的点，质点只是一个理想模型。

在什么条件下，可以把物体看成质点呢？当一个人观察从他面前驶过的一辆汽车时，在他看来，汽车显然是一个有固定形状和一定体积的运动物体。但是，如果这个人从几百米的高塔顶上瞭望这辆汽车，他看到的汽车就是一个移动的"点"，根本无法看清楚汽车的形状和大小，更无法看清楚汽车上各个组成部分和机械部件的运动细节。在这种情况下，这辆汽车就可看成是一个质点，就可以从整体上对汽车运动快慢作出描述。

在地球上的人类看来，太阳、地球和月亮都是宇宙空间中有着巨大体积和质量的天体。由于它们的体积十分庞大，各自具有不同的形状和自转的方式，要确定这三个天体所处的位置和运行的轨道是十分困难的。但是如果从这三个天体组成的整体来看，由于这些天体的尺度与它们之间的距离相比显得很小，如果只讨论它们之间整体的运动状态，可以不涉及各自的体积和形状以及自身的自转运动，而把它们都看成是一个质点，把它们之间的距离看成是"点"与"点"之间的距离，这样就可以预测它们的位置，可以确定它们的运动轨道和运动周期。

【扩展阅读】　太阳、地球和月亮的直径及它们之间距离的有关数据

在后续章节中，如果对物体的形状和大小没有作出特别说明，也没有提及物体各部分的不同运动，只在整体上讨论物体的状态和状态变化时，这个物体就可以看成质点。

1.2　描述物体机械运动状态的物理量

——什么是位移、速度和加速度？

1.2.1　标量和矢量

在力学中描述物体机械运动状态的基本物理量有三个：长度、时间和质量，从基本物理量可以导出其他的物理量，如速度、加速度、动量、功和能量等。这些物理量可以分为标量和矢量两大类。

标量是只有数值大小，没有方向的物理量。例如，物理学中的三个基本量——长度、时间和质量都是标量。标量一般用字母表示。例如，长度常用字母 L 或 l 表示，常用单位是厘米(cm)、米(m)、千米(km)等；时间常用字母 T 或 t 表示，常用单位是秒(s)、小时(h)等；质量常用字母 M 或 m 表示，常用单位是克(g)、千克(kg)等。在力学中常见的标量还有功，常用字母 A 或 W 表示；能量，常用字母 E 或 U 表示等。

矢量是既有数值大小又有方向的物理量。例如，速度和加速度是矢量，确定一个物体的速度或加速度时，必须既给定这个物体速度或加速度数值的大小，同时也标明这个物体速度或加速度沿什么方向，才能完整准确地描述物体运动状态随时间的变化。速度矢量常用字母 V 或 v 表示。速度的大小称为速率，速率是标量，用字母 v 表示。加速度矢量通常用字母 a 表示。在力学中常见的矢量还有力，常用字母 F 表示；动量，常用字母 p 表示；力矩，常用字母 M 表示等。

1.2.2　位置矢量和位移矢量

生活经验告诉我们，要确定一个物体的空间位置，就必须指明这个物体的位置是相对于哪个"其他物体"而言的，这个"其他物体"就称为**参考系**。例如，要确定地面上一辆汽车的确切位置时，就必须确定它的位置是相对于哪个"其他物体"而言的。如果说，这辆汽车停在某商店门口，这个商店就是参考系；如果说，这辆汽车停在某医院大门南面 100 米距离的地方，这个医院大门就是参考系，大门南面 100 米就是汽车相对于参考系的方向和距离。因此，任何物体的空间方位都是在确定了一定的参考系以后的相对位置，对于不同的参考系，一个物体的相对位置是不同的。

位置矢量　在力学中，描述物体的空间位置及其方位的物理量是**位置矢量**，**常用字母** r 表示。为了确定"位置矢量"的大小和方向，首先必须确定一定的参考系，它是确定物体位置矢量的依据。有了参考系，还必须建立坐标系，坐标系是基于参考系对物体空间位置及其方位的数学描述。

假设地面上的观察者需要确定空间某物体在某时刻相对于他的位置，则地面观察者就首先需要确定地面为参考系；然后架设一个三维空间的直角坐标系，把观察者在地面上的位置定为坐标原点 O，三个坐标轴分别是 x、y 和 z。如果把该物体在某时刻在该坐标系中所处的空间位置定为 P 点，则从坐标原点 O 指向 P 点的矢量就是该物体在这个参考系中的**位置矢量**。由于物体在运动，P 点随时间也在运动，位置矢量的长度和方向都会随时间改变,因此,位置矢量是空间和时间的函数,记作 $r=r(x,y,z,t)$,在三维直角坐标系下可以表示为(图 1.1(a))

$$r(t) = x(t)\boldsymbol{i} + y(t)\boldsymbol{j} + z(t)\boldsymbol{k} \tag{1-1}$$

其中,$\boldsymbol{i}$、$\boldsymbol{j}$、$\boldsymbol{k}$ 分别是 x、y、z 轴上的单位矢量,$x(t)$、$y(t)$、$z(t)$ 分别是这个位置矢量在三个坐标轴上的分量,它们一般也是时间 t 的函数:

$$x = x(t), \quad y = y(t), \quad z = z(t) \tag{1-2}$$

这样一组时间的函数称为物体的运动方程或运动函数。

位移矢量 随着物体在空间的运动,物体的位置矢量发生变化。描述物体位置矢量变化的物理量是**位移矢量**。

设在时刻 t,物体处于空间 P 点的位置矢量是 r,在时刻 t',物体处于空间另一个点 P'(不管沿着什么空间途径)的位置矢量是 r',于是,两个位置矢量之差就定义为物体的位移矢量,$\Delta r = r' - r$,方向是从 P 指向 P',大小是位移矢量的长度 $|\Delta r|$(图 1.1(b))。

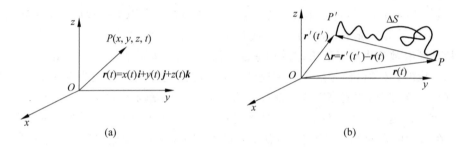

图 1.1　位置矢量和位移矢量
(a) 物体处于空间 P 点的位置矢量 $r(t)$；(b) 物体处于空间 P' 点的位置矢量 $r(t)$、位移矢量 Δr 和路程 ΔS

位移矢量只指明了从 P 到达 P' 的位置变化情况,没有指明物体沿什么路径从 P 点到达 P' 点,实际上,物体可以沿许多不同的空间路径从 P 到达 P',每一条空间路径均称为物体经过的一个路程,用 Δs 表示。在一般情况下,路程 Δs 的长度不等于位移矢量的长度,即 $\Delta s \neq |\Delta r|$。

1.2.3　平均速度和瞬时速度

速度矢量 随着时间的流逝,物体位移矢量(以下简称位移)的大小和方向都在随时间改变。描述物体位移随时间改变的物理量是**速度矢量**(以下简称**速度**)。

物理测量上把物体在单位时间内的位移 Δr 定义为物体在 Δt 时间内的平均速度,用 $\bar{v}$ 表示:

$$\bar{v} = \frac{\Delta r}{\Delta t} \tag{1-3}$$

平均速度的方向就是位移 Δr 的方向,平均速度的大小称为平均速率,它与选取的位移 Δr 和时间 Δt 有关。平均速度和平均速率的常用单位是米/秒(m/s)、千米/小时(km/h)等。

平均速度虽然反映了对运动测量得到的真实结果,但是,任何平均速度都只是对物体在某段时间(或某段位移)内运动快慢程度的描述,不是对物体在空间某时刻(或某位置处)运动快慢的描述。在具体测量时,取不同的时间(或不同的位移)所得到的物体的平均速度是不同的。

　　为了更精确地测定一个作机械运动的物体在某时刻（或空间某位置）运动的快慢程度，一个可取的办法是尽可能地把测量的时间缩短。例如，把测量 1h 内的平均速度改为测量 30min 内的平均速度；也可以从测量 30min 内相继改为测量 20min 内、10min 内、5min 内或更短时间内的平均速度等。这样的测量结果看起来一次比一次更加精确地反映了物体运动的快慢程度，但是，由于测量仪器精密度的限制，对位移和对时间的实验测量在精确度上一定存在某个极限，因此，这样得出的结果始终只是在不同时间内的平均速度而已，这些平均速度不仅数值大小可能不同，而且方向可能也不相同。

　　由此可见，作为表征物体运动快慢的物理量——平均速度实际上是与实验测量条件有关的，是一种在经验层次上对物体运动快慢程度的"平均化"描述，并不能确切地描述物体在某时刻或某位置处运动的快慢程度。

　　如何建立对物体运动快慢程度的一种普遍性的本质描述，以便使这样的描述可以不依赖于实验的测量呢？牛顿针对测量与时间的选择有关，以及存在测量下限的局限性提出了这样的假定：

　　当时间变得无限小时，物体经过的位移和发生这段位移的时间的比值就趋近于一个极限，这个极限就是物体的瞬时速度（简称速度）。

$$v(x,y,z,t) = \lim_{\Delta t \to 0} \frac{\Delta \boldsymbol{r}}{\Delta t} = \frac{\mathrm{d}\boldsymbol{r}}{\mathrm{d}t} = v_x \boldsymbol{i} + v_y \boldsymbol{j} + v_z \boldsymbol{k} \tag{1-4}$$

　　因此，速度矢量是位置矢量对时间的一阶导数。只要给出了物体的位置矢量 $r(x,y,z,t)$，通过微分运算就可以得出物体的速度 $v(x,y,z,t)$，而 v_x、v_y、v_z 是速度的三个分量，它们都是空间和时间的函数。在直线运动中，物体速度的方向就是 $\Delta t \to 0$ 时，位置矢量 Δr 的极限方向；在曲线运动中，物体某时刻速度的方向是沿着运动路径上物体某时刻所在位置的曲线的切线方向。速度和速率的常用单位是米/秒（m/s）、千米/小时（km/h）等。速度的大小（称为速率）始终是大于或等于零的，速度的三个分量的数值可正、可负、可零。

　　反之，只要给出了物体的速度矢量 $v(x,y,z,t)$，和初速度 $v_0(x,y,z,t)$ 通过积分运算就可以得到物体的位置矢量 $r(x,y,z,t)$。

1.2.4　平均加速度和瞬时加速度

　　加速度矢量　位移矢量描述的是物体空间位置发生的改变，速度矢量描述的是物体的位移随时间发生的改变，**加速度矢量**描述的则是物体速度随时间发生的改变。

　　与建立平均速度的方法相似，测量上把在单位时间内物体速度的改变 Δv 定义为**平均加速度**（用 $\bar{a}$ 表示）：

$$\bar{a} = \frac{\Delta v}{\Delta t} \tag{1-5}$$

平均加速度的方向是速度改变 Δv 的方向，平均加速度的大小与选取的速度改变 Δv 的大小和时间间隔 Δt 有关。平均加速度的常用单位是米/秒²（m/s²）。

　　与以上引入瞬时速度的原因类似，为了建立对物体速度改变的一种确切的普遍性的本质描述，以使这样的描述完全不依赖于实验测量，牛顿提出了这样的假定：

当时间间隔变得无限小时,物体速度的改变和时间间隔的比值就趋近于一个极限,这个极限就是物体的瞬时加速度(简称加速度)。

$$a(x,y,z,t) = \lim_{\Delta t \to 0} \frac{\Delta \boldsymbol{v}}{\Delta t} = \frac{\mathrm{d}\boldsymbol{v}}{\mathrm{d}t} = a_x \boldsymbol{i} + a_y \boldsymbol{j} + a_z \boldsymbol{k} \tag{1-6}$$

因此,瞬时加速度矢量是速度矢量的一阶导数,是位置矢量对时间的二阶导数。只要给出了物体的速度 $\boldsymbol{v}(x,y,z,t)$,通过速度对时间的微分运算就可以得出物体的瞬时加速度 $\boldsymbol{a}(x,y,z,t)$,式(1-6)中 a_x、a_y、a_z 是加速度的三个分量,它们都是空间和时间的函数。反之,只要给出了物体的加速度 $\boldsymbol{a}(x,y,z,t)$ 和初速度 v_0,通过加速度对时间的积分运算就可以得到物体的速度 $\boldsymbol{v}(x,y,z,t)$。加速度的大小始终是正的,加速度分量的数值可正、可负、可零。常用的瞬时加速度的单位是米/秒²(m/s²)。

在直线运动中,物体在某时刻加速度的方向就是 $\Delta t \to 0$ 时,速度变化 $\Delta \boldsymbol{v}$ 的极限方向。在曲线运动中,加速度的方向总是指向曲线的内侧,在一般情况下,加速度方向既不沿曲线的切向,也不沿曲线的法向。

1.3 物体机械运动的相对性

——在不同参考系中描述同一个物体运动的结果相同吗?

物体的运动是绝对的,但是对运动的描述是相对的。为了确定物体的位置、运动的速度和加速度,必须首先确定所选的参考系。在描述地面上物体的机械运动时,通常选取地球为参考系,也可以选取相对于地面作匀速直线运动的其他物体作为参考系。

经验表明,在两个不同参考系中的观测者对同一个物体运动的描述是不同的,例如有两个观测者,一个站在地面上,另一个坐在沿地面匀速向前行驶的汽车里,显然,他们观测道路两旁的树木所得到的结论是完全不同的。站在地面上的观测者以地面为参考系,很自然地认为,道路两旁的树木相对于他是"静止的"。而坐在汽车上的观测者以汽车为参考系,看到的是树木相对于他急速地"向后退"。

假设在地面上架设一个基本坐标系 S,在行驶的汽车上架设另一个坐标系 S',S' 系的坐标原点在 S 系中的位置矢量是 $\boldsymbol{R}$。某物体相对于 S 坐标系的位置矢量是 $\boldsymbol{r}$,相对于 S' 坐标系的位置矢量是 $\boldsymbol{r}'$(图 1.2)。

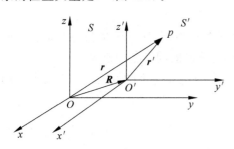

图 1.2 物体 P 相对于两个坐标系中的位置矢量

从图中可见

$$\boldsymbol{r} = \boldsymbol{r}' + \boldsymbol{R} \tag{1-7}$$

因此,同一个物体在两个参考系中的位置矢量是不同的,式(1-7)就是同一个物体在两个参考系中的位置变换关系。

把式(1-7)对时间求导得出

$$\frac{\mathrm{d}\boldsymbol{r}}{\mathrm{d}t} = \frac{\mathrm{d}\boldsymbol{r}'}{\mathrm{d}t} + \frac{\mathrm{d}\boldsymbol{R}}{\mathrm{d}t}$$

$$\boldsymbol{v} = \boldsymbol{v}' + \boldsymbol{u} \tag{1-8}$$

这里 v 和 v' 分别是物体相对于地面的 S 坐标系和相对于汽车上的 S' 坐标系的速度,v 称为绝对速度,v' 称为相对速度。u 是 S' 系相对于 S 系的速度,称为牵连速度。因此,同一个物体在两个参考系中的速度矢量是不同的,式(1-8)就是同一个物体在两个参考系中的速度变换关系。

把式(1-8)对时间求导得出

$$\boldsymbol{a} = \boldsymbol{a}' + \boldsymbol{a}_0 \tag{1-9}$$

这里 $\boldsymbol{a}$ 和 $\boldsymbol{a}'$ 分别是物体相对于 S 和 S' 系的加速度,而 $\boldsymbol{a}_0$ 是 S' 系相对于 S 系的加速度,因此,同一个物体在两个参考系中的加速度矢量一般是不同的,式(1-9)就是同一个物体在两个参考系中的加速度变换关系。

如果 S' 系相对于 S 系作匀速直线运动,则

$$\boldsymbol{a}_0 = 0, \quad \boldsymbol{a} = \boldsymbol{a}' \tag{1-10}$$

即同一个物体在两个相对作匀速直线运动的参考系中的加速度是相同的。

1.4　物体机械运动的分类

——物体的机械运动有哪几种分类?

分类法是人们认识复杂自然界的一种科学方法。物理学按照从简单到复杂的认识层次把自然界的运动分为机械运动、热运动、电磁运动等。自然界的机械运动是复杂多样的,对它们进行分类是认识物体机械运动的第一步。在力学中物体的运动可以按照运动方程分类,分为直线运动和曲线运动;也可以按照运动速度分类,分为匀速运动和变速运动;还可以按照加速度分类,分为匀加速运动和变加速运动等。

1.4.1　直线运动和曲线运动

按照运动方程分类,物体的运动可分为直线运动和曲线运动两大类,这样的划分是相对于一定的参考系而言的。

直线运动　如果不计空气阻力,以地面为参考系,物体从地面上某高度处自由下落的运动就是发生在一维方向上的匀加速直线运动。通常以这个高度位置为坐标原点 O,取竖直向下方向为 y 轴正方向,物体在下落的过程中,速度沿 y 方向不断增大,在不计任何其他阻力时,自由下落的加速度就是重力加速度 $\boldsymbol{g}$,重力加速度方向竖直向下。

假设物体自由下落的初速度为 $\boldsymbol{v}_0$ 方向竖直向下,由此得到的位移方向也竖直向下。因此,在 $g = \dfrac{\mathrm{d}v}{\mathrm{d}t}$ 和 $v = \dfrac{\mathrm{d}y}{\mathrm{d}t}$ 表达式中可以不再标记矢量符号,直接按照标量关系计算。上面两式分别对时间积分,可以得到物体作自由下落运动的速度和位矢的表达式:

$$v_t = v_0 + gt \tag{1-11}$$

$$y = y_0 t + v_0 t + \frac{1}{2} g t^2 \tag{1-12}$$

由以上两式消去时间 t,可以得到位矢和速度的关系式:

$$v_t^2 - v_0^2 = 2g(y - y_0) \tag{1-13}$$

这就是物体自由下落运动的位矢公式和速度公式。以上由加速度和速度通过积分得到速度和位矢的方法不仅适用于匀加速直线运动,也适用于匀加速曲线运动和其他非匀加速运动。

曲线运动　如果不计空气阻力,抛体运动是物体在重力作用下相对于地面上某高度位置发生在二维平面内的匀加速曲线运动,加速度是重力加速度 $\boldsymbol{g}$。

以平抛运动为例。以地面为参考系,物体从地面上某高度位置沿水平方向抛出以后的运动是竖直方向初速为零的匀加速直线运动和水平方向匀速直线运动的合成。物体被抛出以后,竖直方向速度不断增加,而水平方向速度保持不变。把抛出位置设为坐标原点 O,取自坐标系原点向右的水平方向为 x 轴正方向,取自坐标系原点竖直向下的方向为 y 轴正方向。

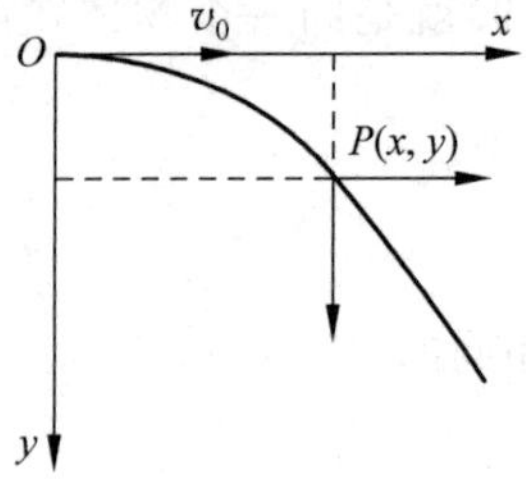

假设物体被抛出时开始计时,初速度为 v_0(水平向右),加速度是 $\boldsymbol{g}$(竖直向下),如图 1.3 所示,则在任意时刻 t,物体在水平方向和竖直方向的两个速度分量分别是

图 1.3　平抛运动路程
的轨迹图

$$v_x = v_0, \quad v_y = gt \tag{1-14}$$

于是,物体的速度矢量是

$$\boldsymbol{v} = v_0 \boldsymbol{i} + gt \boldsymbol{j} \tag{1-15}$$

把速度的水平分量和竖直分量分别对时间积分,得出物体在水平方向和竖直方向的两个位置矢量的分量分别是

$$x = v_0 t, \quad y = \frac{1}{2} g t^2$$

于是,物体的位置矢量是

$$\boldsymbol{r} = v_0 t \boldsymbol{i} + \frac{1}{2} g t^2 \boldsymbol{j} \tag{1-16}$$

从两个位置矢量的分量 x 和 y 的表达式中消去时间 t,得出平抛运动的轨迹函数为

$$y = \frac{1}{2} \frac{g}{v_0^2} x^2 \tag{1-17}$$

如果不计物体受到的阻力和重力,物体在水平面上作的匀速率圆周运动就是一种匀加速率运动——物体的运动速度大小(即速率)保持不变,但速度方向随时改变;物体的加速度大小保持不变,但加速度方向随时改变。

在研究二维的曲线运动时,除了直角坐标系外,另一种比较方便的方法是采用自然坐标系。选取在轨道上的任意一点作为这种坐标系的原点,物体的位置可以用从原点开始计算的弧长 S 表示,S 是一个可正可负的代数量。$S = S(t)$ 就是物体的运动方程。

在自然坐标系中,物体的位置矢量、速度矢量和加速度矢量可以分解成切向分量和法向分量。

在圆周运动中,物体所在位置矢量的切向分量沿该点圆周轨道的切线方向,单位矢量用 $\boldsymbol{\tau}$ 表示,法向分量沿该点圆周轨道的法线方向,且指向内侧,单位矢量用 $\boldsymbol{n}$ 表示。由于物体位置不断改变,自然坐标系中每一个位置的切向和法向也在不断改变,但是 $\boldsymbol{\tau}$ 和 $\boldsymbol{n}$ 始终保持互相正交(图 1.4,图 1.5)。因此,与直角坐标系的恒定的单位矢量 $\boldsymbol{i}$、$\boldsymbol{j}$、$\boldsymbol{k}$ 不同,在自然坐标系中,切向单位矢量 $\boldsymbol{\tau}$ 和法向单位矢量 $\boldsymbol{n}$ 都不是恒定的单位矢量。

在自然坐标系下,由于物体在轨道上的运动速度始终沿切线方向,因此,法向的速度分量为零,物体圆周运动的速度矢量可以表示为

$$\boldsymbol{v} = \frac{\mathrm{d}S}{\mathrm{d}t} \boldsymbol{\tau} = v_\tau \boldsymbol{\tau} = v\boldsymbol{\tau}$$

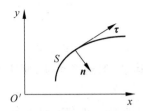

图 1.4　曲线运动的切向和法向

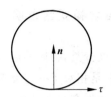

图 1.5　圆周运动的切向和法向

这里，物体沿圆周运动的速率 $v=\dfrac{\mathrm{d}S}{\mathrm{d}t}$，通常称为线速度。把 v 对时间 t 求导，由于圆周运动的速率和切向的单位矢量都是与时间有关的变量，可以得到

$$\boldsymbol{a}=\frac{\mathrm{d}(v\boldsymbol{\tau})}{\mathrm{d}t}=\frac{\mathrm{d}v}{\mathrm{d}t}\boldsymbol{\tau}+v\frac{\mathrm{d}\boldsymbol{\tau}}{\mathrm{d}t}=a_{\tau}\boldsymbol{\tau}+a_{n}\boldsymbol{n}$$

由于 $S=R\theta$（这里 θ 是半径 R 从起始位置开始转过的角度，称为角位移，$\omega=\dfrac{\mathrm{d}\theta}{\mathrm{d}t}$ 称为物体运动的角速度。R 是曲率半径，在圆周运动中就是圆周的半径），上式中

$$v=\frac{\mathrm{d}S}{\mathrm{d}t}=R\frac{\mathrm{d}\theta}{\mathrm{d}t}=\omega R \qquad \left(\frac{\mathrm{d}\boldsymbol{\tau}}{\mathrm{d}t}\text{ 的方向就是法线方向}\right)$$

由于 $\mathrm{d}\boldsymbol{\tau}=\boldsymbol{n}\mathrm{d}\theta=\boldsymbol{n}\dfrac{\mathrm{d}S}{R}$，由此得出，$v\dfrac{\mathrm{d}\boldsymbol{\tau}}{\mathrm{d}t}=\dfrac{V}{R}\dfrac{\mathrm{d}S}{\mathrm{d}t}\boldsymbol{n}=\dfrac{v^{2}}{R}\boldsymbol{n}$。

因此，对于圆周运动，加速度可以在自然坐标系中分解为切向加速度分量 a_{τ} 和法向加速度分量 a_{n}，它们的表示式分别是

$$a_{\tau}=\frac{\mathrm{d}\boldsymbol{v}}{\mathrm{d}t}=\frac{\mathrm{d}^{2}S}{\mathrm{d}t}\boldsymbol{\tau}\ ,\quad a_{n}=\frac{v^{2}}{R}\boldsymbol{n}$$

加速度可以表示为

$$\boldsymbol{a}=a_{\tau}\boldsymbol{\tau}+a_{n}\boldsymbol{n}=\frac{\mathrm{d}^{2}S}{\mathrm{d}t^{2}}\boldsymbol{\tau}+\frac{v^{2}}{R}\boldsymbol{n}$$

加速度的大小表示为

$$a=|\boldsymbol{a}|=\sqrt{a_{\tau}^{2}+a_{n}^{2}}=\sqrt{\left(\frac{\mathrm{d}v}{\mathrm{d}t}\right)^{2}+\left(\frac{v^{2}}{R}\right)^{2}}$$

加速度的方向用它与法向 $\boldsymbol{n}$ 的夹角 α 来表示

$$\alpha=\arctan\frac{a_{\tau}}{a_{n}}$$

作为圆周运动的特例，如果物体作匀速率圆周运动，物体沿切向的线速度 v 是常数，物体的速度始终只有切向分量，没有法向分量；由于 $a_{\tau}=\dfrac{\mathrm{d}v}{\mathrm{d}t}=0$，因此，物体的加速度没有切向分量，始终只有法向分量。

如果物体作匀加速直线运动，物体速度的方向不变，这种情况可以看作物体沿着无限大半径作圆周运动，$R\rightarrow\infty$，于是 $a_{n}=0$，物体的加速度切向分量就是沿直线运动方向的加速度，始终没有法向分量。

1.4.2 匀速运动和变速运动

按照运动速度分类,物体的运动可以分为匀速运动、匀速率运动、变速运动和变速率运动,这样的划分也是相对于一定参考系而言的。

匀速运动 如果在运动过程中,物体的速度始终保持大小和方向不变,这样的运动就称为匀速运动。匀速运动一定是直线运动,因此也称为匀速直线运动。

匀速运动的速度表达式:

$$v = \frac{\mathrm{d}\boldsymbol{r}}{\mathrm{d}t} = \boldsymbol{c} \quad (\text{常矢量}) \tag{1-18}$$

匀速运动的位置表达式:

$$\boldsymbol{r} = \int \boldsymbol{v}\,\mathrm{d}t = \boldsymbol{c}t + \boldsymbol{c}_1 \quad (\boldsymbol{c} \text{ 和 } \boldsymbol{c}_1 \text{ 都是常矢量}) \tag{1-19}$$

匀速率运动 如果物体在运动过程中,速度的大小保持不变,而方向却在发生改变,这样的运动就称为匀速率运动。匀速率运动一定是曲线运动。

变速运动 如果物体的运动速度大小和方向都发生改变,这样的运动就称为变速运动。变速运动一定是曲线运动。

如果物体的运动速度大小发生改变,而方向保持不变,这样的运动就称为变速率运动。变速率运动一定是直线运动。

物体作变速运动时,一定具有加速度。按照加速度分类,物体的运动可以分为匀加速运动、匀加速率运动、变加速运动。这样的划分也是相对于一定的参考系而言的。

匀加速运动 如果在运动过程中物体的加速度大小和方向保持不变,这样的运动就是匀加速运动。按照加速度方向和速度方向是否相同可以分为三类。

一类是匀加速直线运动。在这类运动中,加速度方向与物体的速度方向相同,例如,在重力作用下物体的自由下落运动,此时可取向下加速度为正。第二类是减速运动。在这类运动中,加速度方向与物体的速度方向相反,例如,在重力作用下物体的竖直上抛运动,此时可取向下加速度为负。第三类是匀加速曲线运动。在这类运动中,加速度的大小和方向保持不变,但是加速度的方向与物体的速度方向不相同,例如,物体的平抛运动。

匀加速率运动 如果在运动过程中,物体加速度的大小保持不变,但方向不断改变,从而引起速度方向的不断改变,这样的运动就是匀加速率运动。匀加速率运动一定是曲线运动,例如,物体的匀速率圆周运动。

变加速运动 如果在运动过程中,物体的加速度的大小和方向不断改变,这样的运动就是变加速运动。变加速运动一定是曲线运动,例如,物体在与地面竖直的平面内作的变速圆周运动。

如果在运动过程中,物体加速度的方向保持不变,但大小不断改变,从而引起速度的大小不断改变,这样的运动就是变加速率运动。变加速率运动一定是直线运动,例如,弹簧振子从平衡位置分别向正负最大位移方向的运动。

例题 1 一质点沿 x 轴运动,其运动方程是 $x = 4t - 2t^3$(SI),试计算:

(1) 在最初 2s 内质点的平均速度,2s 末的瞬时速度;

（2）从 1s 末到 3s 末的位移、平均速度；

（3）从 1s 末到 3s 末的平均加速度，3s 末的瞬时加速度。

【解题思路】

给出运动方程求速度和加速度，这是运动学的第一类问题。基本的思路是从运动方程着手通过求微分的方法得出速度和加速度。本题运动方程中只有 x 分量，因此，质点作一维直线运动。

本题要求瞬时速度和平均速度、瞬时加速度和平均加速度。在数学工具上，求瞬时量用的是微分方法，而求平均量用的是代数方法，前一个结果是后一种相应结果的极限；前一个结果与时间段无关，而后一种结果在不同的时间段下可能有不同的结果。因此，微分的方法虽然是抽象的，但是它得到的是描述每一个位置或每一个时刻的物理量，而代数平均的方法虽然在实验上是可以实现的，但是它得到的物理量是视时间段不同而不同的。

【解题过程】

（1）先由运动方程得到质点的速度：

$$v = \frac{\mathrm{d}x}{\mathrm{d}t} = 4 - 6t^2$$

速度是时间的函数，因此，质点不作匀速直线运动。在 $\left(0, \sqrt{\frac{2}{3}}\right)$ s 时间段内质点的速度大小取值为正，方向沿 x 轴正方向；此后，质点的速度大小取值为负，方向沿 x 轴负方向。

质点的加速度是

$$a = \frac{\mathrm{d}v}{\mathrm{d}t} = -12t$$

加速度也是时间的函数，因此，质点也不作匀加速直线运动。加速度方向沿 x 轴的负方向，质点作的是变加速直线运动。

在最初 2s 内的平均速度是

$$\bar{v} = \frac{x_2 - x_0}{\Delta t} = -4 \mathrm{m/s}$$

在 2s 末的瞬时速度是

$$v = 4 - 6t^2 = 4 - 6 \times 2^2 \mathrm{m/s} = -20 \mathrm{m/s}$$

这里"－"号表示质点的速度方向沿 x 轴的负方向。

（2）质点在 3s 末和 1s 末的位移大小是 $\Delta x = x_3 - x_1$。

把 $t = 3\mathrm{s}$ 和 $t = 1\mathrm{s}$ 代入运动方程，由此得出

$$\Delta x = -44 \mathrm{m}$$

这里"－"号表示质点的位移方向沿 x 轴的负方向。

质点从 1s 末到 3s 末的平均速度是

$$\bar{v} = \frac{x_3 - x_1}{\Delta t} = -22 \mathrm{m/s}$$

这里"－"号表示质点的平均速度沿 x 轴的负方向。

（3）质点的平均加速度是

$$\bar{a} = \frac{\Delta v}{\Delta t} = \frac{v_3 - v_1}{2} = -24 \mathrm{m/s}^2$$

这里"—"号表示质点的平均加速度沿 x 轴负方向。

（4）质点在 3s 末的瞬时加速度是

$$a = -12t = -36\text{m/s}^2$$

这里"—"号表示质点的瞬时加速度沿 x 轴负方向。

【拓展思考】

在（2）中最初 2s 内的平均速度能不能用 $\bar{v} = \dfrac{v_0 + v_2}{2}$ 计算？在（3）中质点的平均加速度能不能用 $\bar{a} = \dfrac{a_1 + a_3}{2}$ 计算？为什么？

例题 2　一辆汽车沿直线运动，加速度 $a = 2t\boldsymbol{i}\,\text{m/s}^2$。则：

（1）汽车在 $t = 0$ 时刻从静止开始从原点 $x = 0$ 出发，在 $t = 6\text{s}$ 时刻，汽车位于何处？在这段时间内，汽车走过的位移和路程分别是多少？

（2）汽车在 $t = 0$ 时刻以初速度 $\boldsymbol{v}_0 = -9\boldsymbol{i}\,\text{m/s}$ 开始从原点 $x = 0$ 出发，在 $t = 6\text{s}$ 时刻，汽车位于何处？在这段时间内，汽车走过的位移和路程分别是多少？

【解题思路】

从加速度求位移和路程，这是运动学的第二类问题。从加速度表达式可知，汽车作的不是匀加速运动，当然不能套用匀加速运动的路程公式。基本思路是通过加速度对时间的积分依次得到速度和位移的表达式。由于汽车作直线运动，加速度是时间的函数，通过依次积分得到的速度和路程都与时间有关。

【解题过程】

（1）由加速度对时间积分即可以得到速度

$$v = \int_0^t 2t\,\text{d}t = t^2 \quad （初始条件：t_0 = 0, v_0 = 0）$$

由速度对时间积分即可以得到汽车离开原点的位置

$$x = \int_0^t t^2\,\text{d}t = \frac{t^3}{3} \quad （初始条件：t_0 = 0, x_0 = 0）$$

由于加速度 $a = 2t\boldsymbol{i}\,\text{m/s}^2$，只有 x 正向分量，而汽车从静止开始从原点 $x = 0$ 出发，汽车的初速度 $v_0 = 0$，因此，汽车沿 x 正方向作直线运动。

当 $t = 6\text{s}$ 时，汽车的位置在 $x = 72\text{m}$ 处，在 $\Delta t = 6\text{s}$ 时间内汽车走过的位移大小 $\Delta x = 72\text{m}$，路程 $l = 72\text{m}$。

（2）由于加速度 $a = 2t\boldsymbol{i}\,\text{m/s}^2$，只有沿 x 轴正向的分量，而汽车以初速度 $\boldsymbol{v}_0 = -9\boldsymbol{i}\,\text{m/s}$ 从原点 $x = 0$ 出发，只有沿 x 轴负向的分量，因此，汽车从原点开始沿 x 轴负方向作减速直线运动。由加速度对时间积分可以得到速度

$$v = v_0 + \int_0^t a\,\text{d}t = -9 + \int_0^t 2t\,\text{d}t = t^2 - 9 \quad （t = 0, v_0 = -9\boldsymbol{i}\,\text{m/s}）$$

由速度表达式可以看出，在 $0 \rightarrow 3\text{s}$ 内，汽车沿 x 轴负方向前进，当 $t = 3\text{s}, v = 0$，在 $t > 3\text{s}$ 以后汽车沿 x 正方向作加速运动。由速度对时间积分可以得到汽车离开原点的位置

$$x = \int_0^t (t^2 - 9)\,\text{d}t = \frac{t^3}{3} - 9t$$

因此，当 $t = 3\text{s}$ 时，汽车的位置在 $x = -18\text{m}$ 处，当 $t = 6\text{s}$ 时，汽车的位置在 $x = 18\text{m}$ 处，

即汽车走过的位移 $x=18$m。而汽车经过的路程是 $l=18+18+18=54$m。

【拓展阅读】　北斗导航的原理

1.5　中学物理和大学物理运动学的几点比较

——中学物理与大学物理运动学有哪些不同?

从描述方式上看,在讨论物体机械运动时,中学物理已经引入了质点的理想模型,大学物理更明确地提出了质点模型,从整体上建立了对机械运动的描述。后面几章将在质点模型基础上进一步由点到体描述由质点系组成的刚体的运动,不仅给出对刚体定轴转动的运动状态的描述,而且给出对刚体定轴转动的运动状态变化原因的描述。

从物理内容上看,中学物理在空间上只涉及物体在一段路程和一段时间内位移和速度的平均改变,由此定义平均速度和平均加速度;而大学物理则把对一段位移区间和一段速度区间上运动变化的描述上升为在空间位置上逐点的变化和在时间意义上的逐时的变化;这种逐点和逐时变化的实质就是时空的连续变化。平均速度和平均加速度与时间段有关,而瞬时速度和瞬时加速度与时间段无关。

从数学工具上看,中学物理中的速度和加速度是用中学的代数方法定义的,这样的定义只能够处理在一段时间内的物理量大小的平均值(例如,用物体的位移除以经过的时间得到平均速度)。为了构建经典力学的理论体系,牛顿(Isaac Newton,1642—1727)提出了他发明的流数方法,这就是后来的微积分。大学物理使用的主要数学工具正是微积分。正是由于使用了微积分,大学物理无论在数学思想上还是物理思想上都比中学物理深刻得多。大学物理从建立运动方程开始,运用微分方法,由位置矢量得到任意时刻的位移、速度和加速度的大小和方向,体现的是物理量的瞬时性和矢量性。从平均走向瞬时,从标量走向矢量,这是一种对运动认识上的深化和描述运动手段上的精确化,是大学物理课程与中学物理的一个重要区别。

中学物理只是分别给出了物体作匀速运动和匀加速运动的路程公式和速度公式,而大学物理在建立了对质点位置矢量的确定性描述后,能够在已知位置矢量(又称运动方程)的表达式后通过微分的方法得出速度和加速度的一般表达式。这里数学上是取微分,体现位移和速度与时间比值的极限性,物理上体现运动状态变化的瞬时性;从加速度开始通过积分可以依次得出速度和位移,这里数学上是取积分,体现速度和加速度对时间求和的极限性;物理上体现运动状态变化的累积性。

在一个空间路程或在一个时段上得到的平均速度和平均加速度在实验上是可以测量的,但是瞬时速度和瞬时加速度是无法通过实验进行测量的,它们是作为平均速度、平均加速度的极限被牛顿作为假定提出来的。

对于匀加速直线运动,大学物理得出的运动学公式虽然与中学物理一致,然而,大学物理的匀加速运动公式是用数学演绎方法得出的,而中学物理中的匀加速运动的公式是从实验结果用归纳方法得出的。大学物理通过加速度对时间的依次积分可以利用数学演绎得出速度和位移的表达式,这样的方法无论是对于匀加速运动还是变加速运动都是完全适用的;而中学物理的方法只适用于匀加速运动。因此,大学物理对运动学的讨论比中学物理更普遍,更深刻。中学物理讨论的匀速运动和匀加速运动仅是大学物理运动学讨论的一个特例。

思 考 题

1. 在物理实验室里,分子、原子是肉眼看不见的微粒,它们总是可以被看作是质点吗?

2. 路程的长度是一个物理量,位移矢量的大小也是一个物理量。路程和位移有什么区别? 为什么说,一般情况下,路程的长度不等于位移矢量的大小? 在什么情况下,路程的长度等于位移矢量的大小? 一个物体从起始点开始作半径为 R 的匀速圆周运动一周后回到起始点,这个物体经过的路程长度是多少? 它的位移矢量的大小是多少?

3. 平均速度和平均速率有什么区别? 在什么情况下,平均速度和平均速率的大小相等?

4. 甲学生说,质点的平均速率是它的平均速度的大小,乙学生说,质点的平均速率是在一段时间内质点的路程除以该时间间隔。问:甲学生和乙学生所得到的平均速率数值是不是总是一致的? 你更愿意接受哪一种平均速率的定义? 为什么?

5. 一物体作加速运动,是否有可能出现以下三种情况:(1)速率恒定;(2)速度恒定;(3)保持直线路径。为什么?

6. 一石子以与水平方向成 $40°$ 的夹角斜抛向空中,则:

(1) 在运动过程中,是否可能在某一个时刻石子的速度与它的加速度平行? 请说明你的理由。

(2) 在运动过程中,是否可能在某一个时刻石子的速度与它的加速度垂直? 请说明你的理由。

7. 假设两名观察者彼此保持相对恒定的速度运动。当他们测量某一个物体的运动速度时,他们得到的结果会不会相同? 请说明你的理由。

8. 大学物理中,运动学部分的匀加速运动的公式早已为中学生所熟悉,这样的学习是不必要的重复吗? 你认为,大学物理在得出这些公式的方法上与中学物理有什么不同?

9. 除了用直角坐标系描述运动外,在力学中还可以用自然坐标系来描述物体的运动。例如,在描述圆周运动中用自然坐标系比用直角坐标系显得更简洁方便。如果一个物体在水平平面内作匀速率圆周运动,速率大小是 v,圆周半径是 R,你能利用自然坐标系从速度的表达式中导出物体加速度的表达式吗? 请与中学物理得到的结论比较。如果仍然用直角坐标系,你会得出什么结论?

10. 请你分别举出日常生活中匀速度运动、匀速率运动和变速率运动的例子。

11. 如果一物体作加速运动,但分别保持(1)恒定的速率;(2)恒定的速度;(3)直线路径。以上这三种运动有可能出现吗? 请说明你的理由。

12. 物理上位置矢量对时间的一阶导数是速度矢量,位置矢量对时间的二阶导数是加速度矢量。物理上位置矢量还可以对时间求三阶导数,这个导数可以称为加加速度。在什么条件下物体才会有加加速度? 在自由落体运动过程中,物体有没有加加速度? 在抛体运动中物体有没有加加速度? 在匀速率圆周运动中物体有没有加加速度?

习　题

1.1　一质点在平面上作曲线运动。从初始位置 r_1 运动到 r_2，试判断：$|\Delta r|$ 与 Δr 是否相同？$|\Delta v|$ 与 Δv 是否相同？$\dfrac{dr}{dt}$ 与 $\dfrac{dr}{dt}$ 有何区别？$\dfrac{dv}{dt}$ 与 $\dfrac{dv}{dt}$ 有何区别？

1.2　如果已知位置矢量的大小是 $|r| = \sqrt{x^2 + y^2}$，是否能够由此求得速度和加速度的大小？为什么？试举例说明。

1.3　在平面上运动的一质点的运动方程是 $r = 2t\boldsymbol{i} + (19 - 2t^2)\boldsymbol{j}$，其中 t 以 s 计，r 以 m 计。求：

(1) 该质点在 $t = 1\text{s} \sim t = 2\text{s}$ 内的平均速度；

(2) 该质点在 $t = 1\text{s}$ 末和 $t = 2\text{s}$ 末的瞬时速度；

(3) 在 $t = 1\text{s}$ 附近取 $\Delta t = 0.02\text{s}, 0.01\text{s}$ 和 0.001s 时间内的平均速度。

1.4　一质点在 x 轴上作加速运动，在起始时刻 $x = x_0, v = v_0$。

(1) 当加速度为 $a = kt$ 时，求任意时刻的速度和位置；

(2) 当加速度为 $a = -kv$ 时，求任意时刻的速度和位置；

(3) 当加速度为 $a = kx$ 时，求任意时刻的速度（其中 k 为常量）。

1.5　在高度为 h 的平台上，放置着一辆小车，小车的质量是 m。小车跨过滑轮，由地面上的人以匀速度 v_0 沿水平方向拉动。当这个人从平台底部开始向右拉动并经过距离 x 时（习题 1.5 图），求小车的速度和小车的加速度。

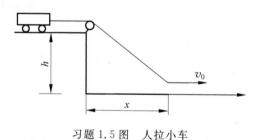

习题 1.5 图　人拉小车

1.6　一跳伞运动员从 1200m 高度跳下，开始他不打开降落伞，身体加速下落，设下降的平均加速度是 $\dfrac{g}{2}$（g 为重力加速度）。由于空气阻力的作用，他下降到一个"终极速率"（200km/h）后以匀速继续下降。当他距地面 50m 时打开降落伞，很快速率达到 18km/h，之后匀速下降落地。问该跳伞运动员在空中经历了多少时间？

1.7　在地球表面某处铅垂平面内以一定的初速度 v_0 抛出一物体，初速度方向与水平夹角为 α。如果完全不计空气阻力、风力和地球自转的影响，质点只受到重力作用。设以抛出点为原点 O，在铅垂平面内设置 xOy 坐标系（习题 1.7 图）。于是，$a_x = 0, a_y = -g$。在初始时刻 $t = 0, x_0 = 0, y_0 = 0, v_{0x} = v_0 \cos\alpha, v_{0y} = v_0 \sin\alpha$。求质点速度在 x, y 轴的投影和质点的运动方程。

1.8　一射手在地面上用步枪瞄准挂在射程之内的一棵树上的靶射击，当子弹刚射离枪口时，靶恰好自由下落。试证明子弹一定能够击中下落的靶。

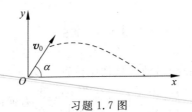

习题 1.7 图

1.9 在相对于地面为参考系的观测者看到有两条小船都以 2m/s 匀速航行,但是 A 船沿 x 轴正向,B 船沿 y 轴正向。问:在 A 船上的观测者看 B 船的速度是多少?(设在 A 船和 B 船上设置的坐标系与地面上的坐标系平行)

1.10 一架飞机 A 在空中某高度以 $v_A=1000\text{km/h}$ 的速率(相对于地面)向南作水平飞行,另一架飞机 B 以 $v_B=800\text{km/h}$ 的速率(相对于地面)向东偏南 30° 方向飞行(习题 1.10 图)。求在 A 机中观测到 B 机的速度和在 B 机中观测到 A 机的速度。

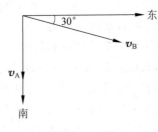

习题 1.10 图

第 **2** 章

物体机械运动状态变化原因的描述

本章引入和导读

【拓展阅读】 航天员太空授课

在第 1 章建立了对物体运动状态及其变化的描述(是什么?)以后,自然就提出了"什么原因引起物体运动状态变化"(为什么?)的问题,这部分内容在力学中称为"动力学"。

英国物理学家牛顿和他的经典名著

【物理史料】 从亚里士多德到伽利略

古希腊的亚里士多德曾认为"力是物体运动的原因",没有外力,物体就不能保持运动的状态。物体的"强迫运动"都是外力引起的,外力消失,强迫运动就停止。而伽利略把"物体为什么会保持运动"的问题改为"物体为什么会停止运动"(即物体的运动状态为什么会发生变化)的问题,他得出了一个结论:外力不是物体运动的原因,而是引起物体运动状态改变的原因。

牛顿站在前人的肩上,继承并超越了伽利略等前人提出的理论,以绝对时空观为核心,提出了牛顿三大定律。牛顿三大运动定律是动力学的主体,它们描述的是物体运动状态变化的因果关系。这里"因"是外力,"果"是运动状态的变化,即动量的变化。其中第一定律描述的是物体具有维持原来静止或匀速运动状态的属性——惯性,物体要改变这样的状态,就需要外力,这是定性的因果关系。第二定律指出了物体运动状态改变(动量的改变)与外力的定量因果关系。第三定律指出了物体之间作用力相互作用的对称性。

中学物理课程中已经讨论过牛顿三大定律的有关内容,而与中学物理相比,大学物理在得出牛顿三大定律的过程中,在逻辑体系和表述方式上更加明确、更加科学、能够解决的问题也更加普遍。例如,大学物理强调牛顿定律只能在惯性参考系中成立,而惯性参考系的存在是以牛顿提出的"绝对空间"和"绝对时间"的"经典时空观"为核心的;大学物理既说明三大定律的各自地位和作用,又强调了牛顿三大定律是一个完整的公理化的逻辑体系,它们不是直接来自实验的归纳,也无法用实验进行直接验证。但是,从这个公理体系出发,可以得出很多结论,这些结论是可以通过实验进行验证的。

【物理史料】 牛顿——经典力学的创立者

2.1 牛顿提出的绝对时间和绝对空间

——什么是牛顿提出的经典时空观?

经验表明,虽然在不同的参考系中观测同一个物体的位置和运动速度是不同的,但是无论对于什么参考系,观测得出的同一个物体的空间长度大小和物体运动经历的时间间隔都是相同的。

例如,如果在 S 系中测得一辆行驶着的汽车的车身长度是 L 米,在 S' 系中测得这辆汽车的车身长度仍然是 L 米;当测得这辆汽车在 S 系中行驶一段路程需要的时间是 n 分钟,在 S' 系中测得这辆汽车行驶这段路程的时间间隔也是 n 分钟。

物体的位置、长度和运动的路程都是与空间有关的,而物体的运动速度和时间间隔都是与时间有关的。在这样的描述方式下,空间就是一个"大容器",物体的运动被看作是在这个"容器"中的运动,时间只不过是物体在这个"容器"内运动的过程中某些属性"流逝"的表现而已。

然而,对于这样的时空看法,牛顿却认为,这是一种偏见。他指出:"我们必须看到,普通大众不是基于别的观念,而是从这些量与可感知事物的关系中来理解它们,这样就产生了某些偏见。"[①]为了消除这样的"偏见",牛顿提出了他的绝对时间和绝对空间。

牛顿指出,时间和空间是"与外界事物无关的独立存在的不动的绝对物",其中绝对空间是绝对不动的,而绝对时间是在均匀地流动着的。绝对空间和绝对时间都是不能被观察到的,与物质无关的;绝对空间和绝对时间是互相独立的,绝对的空间延伸和绝对的时间延续是相对于绝对坐标系而言的,与物体的运动无关。

人们在生活和生产实践中对物体的位置、速度、运动经历的时间间隔和物体长度的测量实际上都是相对于某个特定的坐标系而言,因此,从生活经验中获得的空间和时间的观念只不过是相对于特定坐标系的空间和时间观念而已。

绝对空间和绝对时间是不能被观测到的,但是,它们却是牛顿运动定律得以建立的基础。

【物理史料】 牛顿提出的绝对空间和绝对时间

---

① 埃德温·阿瑟·伯特.近代物理科学的形而上学基础[M].张卜天,译.长沙:湖南科学技术出版社,2012:208.

2.2 牛顿三大运动定律

——什么是牛顿三大运动定律的整体性和公理性？

2.2.1 牛顿第一定律：惯性以及力和运动状态变化的定性关系

惯性是物体的固有属性，如同体积、化学组成等都是物体的基本属性一样，一切物体都具有惯性。

【物理史料】 伽利略提出的惯性运动理论

牛顿吸取了开普勒、伽利略和笛卡儿等前人的思想，更完整地揭示了惯性表现出的两个属性。

一是惯性表现为运动物体将具有维持原有的运动状态或者是静止，或者是匀速直线运动的属性。

二是如果外力一旦要改变这样的运动状态，惯性表现为物体具有一种对改变原有运动状态的"惰性"。

把以上两个属性结合起来，牛顿提出了牛顿第一定律，以此作为他经典力学体系的第一条公理。

牛顿第一定律是这样表述的：

"每个物体继续保持其静止或匀速直线的状态，除非有外力作用于它迫使它改变那个状态。"①

在这个定律中，牛顿改变了伽利略提出的"物体会沿着水平方向永不停止地一直运动下去"的惯性运动的表述，明确提出，惯性运动是匀速直线运动而不是水平运动。在小尺度上，物体沿水平方向维持原有状态的惯性运动可以看作是平直的，但是在大尺度上，物体所谓的"水平运动"实际上是沿地球表面的圆弧形运动，不是直线运动。

由于在不同参考系中观察到的物体运动状态是不同的，因此，"每个物体继续保持其静止或匀速直线的状态"一定是相对于某个特定的参考系而言的，这个参考系是一个特殊的参考系——惯性参考系。如果一个物体相对于惯性参考系的运动方向偏离了直线，该物体一定作加速运动，一定是受到了一个外力。因此，牛顿第一定律隐含了对惯性参考系的确认。

在惯性参考系中，牛顿第一定律正确地描述了不受任何外力作用的物体的运动。牛顿给出了对外力这个"因"引起物体静止或匀速直线运动状态的改变这个"果"的定性的因果关系的表述，但没有给出这个"力"的具体大小和来源，以及"力"的大小与运动状态改变之间定量的因果关系。

【物理史料】 牛顿第一定律和惯性参考系

---

① 伊萨克·牛顿.自然哲学的数学原理[M].王克迪，译.武汉：武汉出版社，1992：13-14.

2.2.2 牛顿第二定律：动量以及力和运动状态变化的定量关系

经验表明，当一辆空载的面包车和另一辆满载货物的重型卡车行驶速度相同时，如果要在某一个相同的短暂时间内迅速地使它们停止运动，使面包车停止运动所用的力要比使卡车停止运动所需要的力小很多；如果对面包车和对卡车施加的力相等，使面包车停止所需要的时间要比使卡车停止所需的时间短得多。

经验也表明，如果空载的面包车速度很快，而满载货物的重型卡车速度很慢，要使它们在某一个短时间内停止运动所施加的力可能几乎是相同的。

由此可以得出，物体运动状态的改变是由外力持续一段时间（无论多么短暂）作用在物体上所引起的。在这段时间内，物体运动状态改变的难易程度除了与物体本身运动速度的大小有关之外，还与物体质量的大小有关。

通过比较同样的力使两个质量不同但速度相同的物体达到某一个运动状态（例如达到停止的状态）所需时间的长短，和比较在同样的时间内使两个质量和速度都不同的物体达到某一个状态（例如达到停止的状态）所需要施加的力的大小可以发现，仅用速度这个物理量的变化来描述物体运动状态改变的难易程度是不够的，而定义物体的质量和速度的乘积作为物理量就能够提供关于物体运动的更多信息，这个物理量就是"运动的量"，也就是通常所称的动量。

笛卡儿最早把动量定义为质量和速率的乘积（这是标量），后来惠更斯等人根据碰撞的结果把动量定义为质量和速度的乘积（这是矢量）。

牛顿第二定律是这样表述的：

运动的变化正比于外力，变化的方向沿外力作用的直线方向。[①]

这里牛顿把运动定义为"运动的量是用它的速度和质量一起量度的"，这就是动量 $m\boldsymbol{v}$，用 $\boldsymbol{p}$ 表示。把"运动的量"即"动量"的改变记作 $\Delta\boldsymbol{p}$，它与外力 $\boldsymbol{F}$ 的关系就是

$$\Delta\boldsymbol{p} \propto \boldsymbol{F} \tag{2-1}$$

牛顿不仅明确地提出了力是物体运动变化的"因"，而且进一步揭示了"原因"——"力"和"结果"——"运动的改变"之间的定量关系。

牛顿第二定律的原始表达式(2-1)仅指出了动量发生变化与外力的关系。1750 年，瑞士数学家欧拉(Leonhard Euler, 1707—1783)指出，牛顿第二定律的上述表述是不完全的，应该修改为"动量的时间变化率与外力成正比"。

$$\boldsymbol{F} = \frac{\mathrm{d}\boldsymbol{p}}{\mathrm{d}t} = \frac{\mathrm{d}}{\mathrm{d}t}(m\boldsymbol{v}) \tag{2-2}$$

牛顿第二定律涉及的主要物理量是动量和力，并没有加速度。动量中有质量，质量是物体惯性大小的量度，因此，在牛顿第二定律中出现的质量称为**惯性质量**。

牛顿把**力**定义为物体运动状态改变的**原因**，这是对亚里士多德把力定义成维持物体运动的原因的否定，但牛顿这样的表述仍然停留在表明力所产生的效果的层面上，并没有回答"究竟什么是力"的问题。

[①] 伊萨克·牛顿. 自然哲学的数学原理[M]. 王克迪，译. 武汉：武汉出版社，1992：13-14.

由于在不同参考系中观察到的同一个物体的动量变化是不同的,因此,牛顿第二定律也只能在**惯性参考系**中才能成立。通常把地面近似地看成**惯性参考系**,凡是相对地面作匀速直线运动的参考系也都可以近似地看成是**惯性参考系**。

2.2.3 牛顿第三定律:两个物体之间真实作用力相互作用的对称性

牛顿第一定律指出了惯性是物体的固有属性,这是物体能够保持运动状态不变的内部原因;牛顿第二定律指出了力对物体作用产生的后果,这是物体运动状态发生变化的外部原因。然而,一个物体本身既不能对自己施加力也不能从自身产生力,物体受到力的作用一定来自其他物体,物体之间的作用力是相互的,施加在物体上的单独的力是不存在的。

牛顿提出的第三定律是这样表述的:

每一个作用都有一个相等的反作用,或者,两个物体间的相互作用大小总是相等的,但是方向相反。[①]

设两个物体分别标记为物体 1 和物体 2,用 F_{12} 和 F_{21} 分别表示物体 2 对物体 1 和物体 1 对物体 2 的作用力,牛顿第三定律就可以写成

$$F_{12} = -F_{21} \qquad (2\text{-}3)$$

牛顿指出,力的作用是物体对物体的相互作用,每一个物体对另一个物体的真实**作用力**都有一个大小相等、方向相反的另一个物体作用在该物体上的**反作用力**。这种相互作用是对称的:作用力和反作用力没有任何本质的区别;两个力中的任何一个力都可以看作作用力,另一个力相对于它就是反作用力;这种相互作用也是共存的:作用力和反作用力是同时存在,同时消失的。

牛顿这里指的相互作用只发生在两个物体之间,是一个物体与另一个物体直接接触的相互作用。虽然牛顿后来也发现了两个物体之间虽然没有直接接触但仍存在引力相互作用,但是他认为这样的作用是无需媒介传播的、瞬时的,是一种“超距作用”。

2.2.4 牛顿三大定律的整体性及其相互关系

牛顿第一定律揭示了物体具有的固有属性——惯性,并隐含着对惯性参考系的确认。正是在第一定律得以成立的惯性参考系中,一个不受任何外力作用或受到的合外力为零的物体将处于静止或作匀速直线运动,而一旦受到外力,它将作加速运动。

但是,也可以找到这样的参考系,在这个参考系中物体虽然受到的净外力为零,物体却并不静止也不作匀速直线运动。例如,在一个相对于地面作匀速率旋转的、表面光滑的水平圆盘上轻轻地放置一个小木块,初始时,小木块相对地面速度为零,然后对小木块施加一个冲击力,使它以一定的初速度沿着圆盘的半径方向运动。在圆盘表面上,木块受到的净力是零。在以地面作为参考系的观察者看来,这个木块相对于地面作的是匀速直线运动。但是,在以圆盘作为参考系的观察者看来,这个木块并不作匀速直线运动,而是作曲线运动,具有一定的加速度。因此,判定物体是否受力并相应是否作加速运动,也需要惯性参考系。而圆

---

① 伊萨克·牛顿. 自然哲学的数学原理[M]. 王克迪,译. 武汉:武汉出版社,1992:13-14.

盘相对于地面不是一个惯性参考系。这就表明,必须先有第一定律定义的惯性参考系,牛顿第二定律才能成立。

在因果关系上,第一定律仅指出了"因"和"果"的定性关系,第二定律进一步明确了"因"和"果"的定量关系。因此,第一定律为第二定律的成立提供了条件;第一定律不是从第二定律中导出的所谓"特例"。

第三定律与第一定律和第二定律一样,都是牛顿在前人已经取得的成果的基础上加以总结,发展起来的。如同第一定律和第二定律一样,第三定律对任何力都没有提供特殊的说明。如果没有提供附加的信息,从第三定律中无法计算任何力的具体数值。对于第三定律的重要性,德国物理学家索末菲(A. J. W. Sommerfeld,1868—1951)指出,只有第三定律才使我们从研究单个质点作为受力对象走向了研究相互作用的复合系统。

从确立物体的惯性到建立惯性参考系来描述运动变化、从描述力与运动变化的定性和定量关系到确立经典因果观、从单一物体受力引起运动状态的变化到建立物体之间的相互作用,都表明了牛顿三大定律在认识和逻辑上是一个整体,其中每一个定律各自具有独立的地位又互相联系,无论在认识论和逻辑上它们都是构成这个整体不可或缺的组成部分,既不能缺少一个定律,也不能从一个定律导出另一个定律。

2.2.5 牛顿三大定律是一个完整的逻辑化公理体系

牛顿三大定律作为经典物理学的起点,就定律的本意而言,它的实质只是公理而不是定律;如同欧几里得公理不能从实验导出和不能被证明一样,作为经典物理学的公理——牛顿三大定律也是不可能由实验导出或证明的。

在牛顿的《自然哲学的数学原理》一书中,牛顿以三大运动定律作公理,用关于质量、动量、惯性、力等基本概念的八个定义作初始定义,运用数学推导得到了数十条可作为定理的普遍命题。公理、定义和定理构成了牛顿力学的公理体系。

牛顿公理体系是在伽利略等前人的成果基础上创立的,它只有在绝对时空中才成立。这个公理体系的特征是:它是一个没有具体物理意义的数学系统。它给出的是没有具体物理意义的质点在"绝对空间"和"绝对时间"中的运动。

牛顿公理体系只适用于惯性参考系,但惯性参考系又是无法通过任何实验测量到的。在实际应用中,人们常常把太阳系或地球作为惯性系,从而近似地认为牛顿公理体系是可以成立的。

牛顿三大定律是一个完整的公理化逻辑体系,一旦赋予这个系统具体的物理内容,就可以把公理系统的数学关系运用于各个物理领域,从而发展起各个领域的具体物理理论。正是从这样的公理体系出发,牛顿演绎出了大量的关于具体物理理论的定律,它们已超出了原来作为基础的公理,从而成为经典物理学发展的基础。

【物理史料】 牛顿公理体系的弱点——"神学归宿"

例题 1 摩托快艇以速率 v_0 行驶,它受到的摩擦力与行驶的速度平方成正比。设比例系数为常量 k,摩擦力的表达式可以写成 $F = -kv^2$,设摩托快艇的质量为 m,当摩托快艇发动机关闭以后,求:

(1)快艇速度 v 随时间的变化规律,快艇行驶的路程 x 随时间的变化规律;

（2）证明速度 v 与路程 x 之间有如下的关系：$v=v_0\mathrm{e}^{-k'x}$，其中 $k'=\dfrac{k}{m}$；

（3）如果 $v_0=20\mathrm{m/s}$，经过 15s 以后，速度降为 $v=10\mathrm{m/s}$，试求 k。

【解题思路】

这是在已知力（摩擦力）的情况下，求速度和路程的动力学第一类典型问题——由"因"求"果"。

求解这类问题的方法是先对物体（摩托快艇）作受力分析，列出动力学方程，然后解方程。根据快艇关闭发动机以后的受力情况，容易得出快艇满足的动力学方程是 $F=-kv^2=m\dfrac{\mathrm{d}v}{\mathrm{d}t}$，由这个方程可以得出速度的表达式，然后，再对速度积分，就可以得到路程的表达式。

【解题过程】

（1）先列出快艇满足的动力学方程 $F=-kv^2=m\dfrac{\mathrm{d}v}{\mathrm{d}t}$，由此可得

$$\frac{\mathrm{d}v}{\mathrm{d}t}=-\frac{k}{m}v^2=-k'v^2,\quad k'=\frac{k}{m}$$

分离变量并积分，注意确定上下限：在时间从 0 到 t 的间隔内，速度从 v_0 减为 v，即

$$\int_{v_0}^{v}\frac{\mathrm{d}v}{v^2}=-\int_{0}^{t}k'\mathrm{d}t$$

由此得

$$v=\frac{v_0}{1+v_0k't}=\frac{v_0}{1+v_0kt/m}$$

（2）为了由速度求出路程，先把速度 v 写成如下表达式：

$$v=\frac{\mathrm{d}x}{\mathrm{d}t}=\frac{v_0}{1+v_0kt/m}$$

仍分离变量并确定上下限后完成积分；在时间从 0 到 t 的间隔内，路程从 0 到 x，有

$$\int_{0}^{x}\mathrm{d}x=\int_{0}^{t}\frac{v_0}{1+v_0k't}\mathrm{d}t$$

于是

$$x=\frac{1}{k'}\ln(1+v_0k't),\quad xk'=\ln(1+v_0k't)=\ln\frac{v_0}{v}$$

即

$$v=v_0\mathrm{e}^{-k't}$$

（3）当经过 15s 后快艇从 $v_0=20\mathrm{m/s}$ 减小到 $v=10\mathrm{m/s}$ 时，从（1）的结果容易得到

$$k=\frac{1}{300\mathrm{m}}$$

例题 2　一辆内燃机车挂上 14 节车厢，在水平面上作匀加速运动。机车的牵引力是 $14\times10^5\mathrm{N}$，每节车厢的平均重量是 $3\times10^5\mathrm{N}$，摩擦力是车厢重量的 0.003 倍，试求：

（1）列车的加速度；

（2）第 7 节与第 8 节车厢之间连接钩中的张力；

（3）第 13 节与第 14 节车厢之间连接钩中的张力。

【解题思路】

这也是动力学的典型问题。本题包括两类问题：先由力(牵引力和摩擦力)求得整辆列车的加速度(这是动力学第一类问题——由"因"求"果")以后，再从整辆列车的加速度求部分列车之间的相互作用(这是动力学第二类问题——由"果"求"因")。

首先需要对整辆列车作受力分析。选定整辆列车作为一个整体对象，作用在列车上的外力有两个：牵引力和整辆列车受到的摩擦力，它们的合力是使列车产生加速度的"原因"。各节车厢之间连接钩上的张力都是内力，不会对列车的加速度产生影响。

在已经求得整辆列车的加速度后，选定前 7 节车厢作为一个整体(通常称为"隔离法")。这个整体在三个外力的作用下产生加速度。最后选定第 14 节车厢作为一个整体(仍然采用"隔离法")。这个整体在受到两个外力作用下产生加速度。

【解题过程】

(1) 设列车前进方向为正方向，此时所有的 14 节车厢作为一个整体受到两个外力：机车的牵引力(向前)和 14 节车厢受到的全部摩擦力(向后)，就此列出动力学方程，求出加速度。

设牵引力为 F，全部摩擦力为 f，加速度为 a，动力学方程是

$$F - f = \frac{\mathrm{d}p}{\mathrm{d}t} = M\frac{\mathrm{d}v}{\mathrm{d}t} = Ma$$

其中，$F = 14 \times 10^5\,\mathrm{N}$，$f = 3 \times 10^5 \times 14 \times 0.003 = 126 \times 10^2\,\mathrm{N}$，$M = \dfrac{3 \times 10^5 \times 14}{9.8} \approx 4.29 \times 10^5\,\mathrm{kg}$。由此得到

$$a \approx 3.24\,\mathrm{m/s^2}$$

(2) 前 7 节车厢作为一个整体受到三个外力：机车的牵引力 F(向前)，前 7 节车厢受到的摩擦力 f_{1-7}(向后)，第 8 节车厢通过连接钩作用于第 7 节车厢的张力 F_{7-8}(向后)，这个整体的质量是 M_{1-7}，于是，动力学方程是

$$F - f_{1-7} - F_{7-8} = \frac{\mathrm{d}p}{\mathrm{d}t} = M_{1-7}\frac{\mathrm{d}v}{\mathrm{d}t} = M_{1-7}a$$

其中，

$$f_{1-7} = 3 \times 10^5 \times 7 \times 0.003\,\mathrm{N} = 6.3 \times 10^3\,\mathrm{N}$$

$$M_{1-7} = \frac{3 \times 10^5 \times 7}{9.8}\,\mathrm{kg} \approx 2.14 \times 10^5\,\mathrm{kg}$$

$$a = 3.24\,\mathrm{m/s^2}$$

于是

$$F_{7-8} \approx 7 \times 10^5\,\mathrm{N}$$

(3) 仍然设列车前进方向为正方向，此时第 14 节车厢作为一个整体受到两个外力：第 13 节车厢通过连接钩作用于第 14 节车厢的张力(向前)，第 14 节车厢受到的摩擦力(向后)，就此列出动力学方程

$$F_{13-14} - f_{14} = \frac{\mathrm{d}p}{\mathrm{d}t} = M_{14}\frac{\mathrm{d}v}{\mathrm{d}t} = M_{14}a$$

其中，

$$f_{14} = 3 \times 10^5 \times 0.003\text{N} = 9 \times 10^2\text{N}$$

$$M_{14} = \frac{3 \times 10^5}{9.8}\text{kg} = 0.31 \times 10^5\text{kg}$$

$$a = 3.24\text{m/s}^2$$

于是

$$F_{13-14} \approx 1 \times 10^5\text{N}$$

【拓展阅读】　牛顿创立的"分析-综合"科学方法

2.3　从行星运动三大定律到万有引力定律

——牛顿是怎样提出"万有引力定律"的?

【物理史料】　从第谷到开普勒

2.3.1　开普勒和行星运动三大定律

开普勒行星运动三大定律是指行星在宇宙空间围绕太阳公转所遵循的定律。它是由德国天文学家开普勒(Johannes Kepler,1571—1630)根据丹麦天文学家第谷·布拉赫(Tycho Brahe,1546—1601)多年对行星轨道的精确观测数据,并通过他本人的摸索和计算于1605—1618年先后归纳得出的,如图2.1所示。

开普勒第一定律(也称椭圆定律)**:** 每一个行星都在围绕太阳的椭圆轨道上运行,太阳处在椭圆轨道的一个焦点上;

开普勒第二定律(也称面积定律)**:** 在相等时间内,太阳和运动中的行星的连线(矢径)所扫过的面积都是相等的。

基于宇宙是一个和谐整体的理念,开普勒并不满足于已有的发现。为了从行星运动的速度与离开太阳的远近的关系中找到行星运动周期与离开太阳的距离的关系,开普勒分析考察了大量的观察数据,终于在1618年发现了它们之间的奇妙规律,这就是开普勒第三定律。

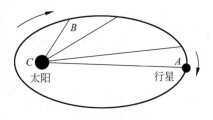

图 2.1　开普勒运动定律

开普勒第三定律(也称周期定律)**:** 绕以太阳为焦点的椭圆轨道运行的所有行星,其椭圆轨道半长轴的立方与行星运动周期的平方之比是一个常量。

开普勒经过了长达10余年的艰苦工作,利用第谷提供的大量观测数据,只用了7个椭圆就解释了哥白尼需要用48个圆、托勒密需要用80多个圆才能解释的全部现象,并且达到了更高的精确度。

开普勒把第谷观测到的大量数据最后归纳为三大定律,用相应的三个简洁的数学关系加以表达,并与以后的观测数据在一定的误差范围内相符。这不仅在天文研究中开辟了新的纪元,而且在物理学方法上开创了从实验观测得出数学定律的先例。

开普勒三大定律的发现揭示了天体运动的内在逻辑,有力地证明了哥白尼日心说的合理性,为牛顿提出万有引力定律提供了重要的实验基础。

【物理史料】 开普勒行星运动三大定律

2.3.2　牛顿提出的万有引力定律

　　万有引力指的是两个物体之间由于具有质量而产生的相互吸引力,它是影响我们日常生活、产生许多天文现象的重要原因。例如,潮汐就是由月亮、太阳同地球之间的引力所引起的;地面上物体所受到的重力来自于地球与物体之间的相互吸引力;地球和其他行星之所以能够围绕太阳运行,月亮能够围绕地球运行也都与它们之间存在的这种引力有关。天文学家正是利用以万有引力定律为基础的摄动理论,预见并发现了海王星和冥王星。

　　牛顿于 1665—1666 年开始在开普勒三大定律的基础上对万有引力进行研究,提出了**万有引力定律**:

　　"任意两个物体通过连线方向上的力相互吸引。该引力的大小与它们的质量乘积成正比,与它们距离的平方成反比,与两物体的化学本质、物理状态以及介质无关。"

　　相距为 r 的两个物体 m_1 与 m_2 之间的万有引力的大小和方向的数学表达式为

$$\boldsymbol{F}_{12} = -G \frac{m_1 m_2}{r_{12}^2} \boldsymbol{r}_{12}^0$$

$$\boldsymbol{F}_{21} = -G \frac{m_1 m_2}{r_{21}^2} \boldsymbol{r}_{21}^0$$

(2-4)

这里,r_{12} 或 r_{21} 是这两个物体 m_1 与 m_2 之间的距离大小。$\boldsymbol{F}_{12}$ 是物体 2 对物体 1 的引力,方向是从物体 1 指向物体 2,$\boldsymbol{r}_{12}^0$ 是物体 1 相对于物体 2 的位置的单位矢量,方向从物体 2 指向物体 1,负号表示引力 $\boldsymbol{F}_{12}$ 方向与单位矢量 $\boldsymbol{r}_{12}^0$ 的方向相反;$\boldsymbol{F}_{21}$ 是物体 1 对物体 2 的引力,方向从物体 2 指向物体 1,而 $\boldsymbol{r}_{21}^0$ 是物体 2 相对于物体 1 的位置的单位矢量,方向从物体 1 指向物

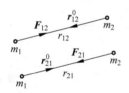

图 2.2　两物体 m_1 与 m_2 之间的万有引力

体 2,负号表示引力 $\boldsymbol{F}_{21}$ 方向与单位矢量 $\boldsymbol{r}_{21}^0$ 的方向相反(图 2.2)。式(2-4)中 G 是万有引力常数,$G = 6.67259 \times 10^{-11} \, \mathrm{m^3/(kg \cdot s^2)}$。容易看出

$$\boldsymbol{F}_{12} = -\boldsymbol{F}_{21}$$

(2-5)

　　提到万有引力定律,就会联想到牛顿看到苹果落地的故事。

　　实际上,任何科学的发现在一定程度上都是时代的产物。笛卡儿和伽利略的惯性思想很自然地使牛顿得到了第一定律。在万有引力定律被发现之前,人们对重物落向地球表面的原因就有过各种猜测和思考,而开普勒三大定律又为万有引力定律提供了实验基础。没有行星运动三大定律,牛顿不可能得出万有引力定律。牛顿在 1666 年说:**"我开始想到把重力推广到月球的轨道上······因而把维持月球在轨道上所需的力和地球表面的重力作了比较。"**他还思考了这样的问题:**"重力为什么不能到达月球呢?如果是这样,月球的运动肯定受到重力的影响,或许它因此有可能保持在它的轨道上。"**[①]正是在 1665—1666 年牛顿从地球吸引苹果的力(图 2.3)和地球保持在轨道上运行受到的力

---

① 弗·卡约里.物理学史[M].戴念祖,译.北京:中国人民大学出版社,2010:50.

的思考中开始了对万有引力的研究,但是,直到约 20 年后,牛顿才公开发表了他的万有引力定律。

图 2.3　牛顿在苹果树下思考万有引力

【物理史料】　牛顿和万有引力定律

2.4　牛顿三大定律的提出是经典力学的伟大成就

——什么是科学史上的第一次大统一?

　　面对丰富多彩而似乎又支离破碎的自然现象,牛顿仅以几条定律(公理)和万有引力定律对从天上星体到地上物体的运动作出了简单而明确的解释,建立了一个自然界按照自身规律运行的、从物体的初始状态可以预言物体未来状态的一幅巨大的"时钟"式的确定性因果关系的图像。牛顿三大定律的提出是经典力学的伟大成就。

　　经典力学中体现的这种确定论因果关系的世界观几百年来一直广为流传:利用牛顿定律,只要给出关于一个物体在起始时刻的运动状态(位置、速度和加速度),就能预言出它在以后任一时刻的运动状态。在这样一个严格的因果确定性的自然界中,每一个事物都是另一个事物存在和发展的必要和充分条件,没有任何事物和运动是偶然出现的,即使一个"错误"事件或一个"失败"事件的出现也必然是"事出有因"的,只要这个"因"存在,出现这样的"果"是无法避免的。如果出现了确实难以找到原因而又无法预料的偶然事件,人们只得归结为自己目前的无知。

　　不同时期的物理学呈现给人们的是不同的物理图像。作为经典力学的集大成者,从天上的运动到地上的运动,牛顿实现了科学史上的第一次大统一。牛顿在物理学的发展史上首次为人们呈现了一幅"确定性"时钟式的物理世界图像。这幅图像具有以下特点:

　　(1) 物理世界独立于人类之外,如同"时钟"那样自行运转,自行其是,不受人类的影响;

　　(2) 物理世界如同"时钟"那样,一旦上了"发条",就会按部就班地遵循既定的原理一直向前走下去,不需要任何外界干涉;

　　(3) 物理世界如同"时钟"那样,由大量"零件"构成,构成"时钟"的"零件"是每一个物体,而组成每一个物体的"零件"就是大量的分子和原子;

　　(4) 物理世界如同"时钟"的分针和秒针那样,严格按时运行,物理世界中每一个物体"今天"的运动状态完全是由它的"昨天"确定的,而"明天"的运动状态完全可以通过"今天"的运动状态来预测。

牛顿勾勒的确定性因果关系的物理世界图像是牛顿经典物理学的重要组成部分。实际上,牛顿在经典物理学中提出的确定性因果关系的物理图像只是对真实自然界的一种描述方式,物理学中对自然界的另外一种描述方式是基于概率性因果关系的物理图像。而以量子力学的发展为标志的 20 世纪物理学的发展正是引发了物理学中对于微观客体确定性描述和概率性描述的关系的重新思考。

【拓展阅读】 "确定性"和"非确定性"

【拓展阅读】 混沌理论

思 考 题

1. 假设在一列相对于地面沿直线轨道加速前进的列车中,一位乘客坐在面向列车前进方向的座位上。在乘客看来,车厢的座位相对于他是完全静止的。虽然,他明显感到座位靠背在向他施加一个力,但是他却没有产生相对于座位的加速度,于是,他认为牛顿第二定律在这个车厢参考系中完全失效。你同意这个乘客的看法吗?说说你的理由。是不是可以设计一个简单的方案,仍然把车厢看成惯性参考系?说说你的方案。

2. 对牛顿定律的一个较为常见的看法是,第一定律不过是第二定律的一种特例而已,第一定律已包含在第二定律中。因此有人提出,牛顿提出的第一定律是多余的。你同意这个说法吗?说说你的理由。

3. 牛顿提出了第一定律和第二定律,为什么还需要提出第三定律?第三定律是日常生活经验的简单总结吗?有人说,第三定律不过是给出了作用力和反作用力相等的结论,它的作用只是有助于在解题过程中对物体进行正确的受力分析而已。你同意这样的看法吗?说说你的理由。

4. 在物理学史上,人们常常用"牛顿实现了科学发展史上的第一次大综合"来评价牛顿对物理学发展的贡献。你怎样理解这个评价?

5. 万有引力定律在力学中的地位十分重要,于是曾经有人认为,可以把万有引力定律归入牛顿三大定律的体系中使之成为"牛顿第四定律",你如何看待这种观点?

习 题

2.1 桌上有一质量 $M=1\text{kg}$ 的平板,板上放一质量 $m=2\text{kg}$ 的物体,设物体与板、板与桌面之间的动摩擦系数均是 $\mu_k=0.25$,静摩擦系数是 $\mu_s=0.30$。求:

(1) 今以水平力 F 拉板,使二者一起以 $a=1\text{m/s}^2$ 的加速度运动,试计算物体与板和板与桌面间的相互作用力;

(2) 如果要将板从物体下面抽出,至少需要多大的力?

2.2 在一辆货车的底板上放置一只质量为 40kg 的箱子,箱子与底板之间的静摩擦系数是 0.40。求:

(1) 如果在货车运动过程中箱子与底板不发生相对滑动,箱子可能达到的最大加速度是多少?

（2）如果货车沿直线前进的加速度是 $2\mathrm{m/s^2}$，作用在箱子上的摩擦力的大小是多少？方向如何？

（3）如果货车沿直线以 $3.5\mathrm{m/s^2}$ 的加速度减速行驶，作用在箱子上的摩擦力的大小是多少？方向如何？

2.3 一质量为 m 的小球以速率 v_0 从地面开始竖直向上运动。在运动过程中，小球所受空气阻力大小与速率成正比，比例系数为 k。求：

（1）小球速率随时间的变化关系 $v(t)$；

（2）小球上升到最大高度所花的时间 T；

（3）小球位置随时间的变化关系 $x(t)$；

（4）如果小球以 v_0 的初速度向下作直线运动，重复（1）的讨论。

2.4 一颗质量为 m 的子弹以速率 v_0 水平射入一堆沙土中，由于受到阻力，最后子弹停止在沙土中。设阻力的大小与速度大小成正比，不计子弹受到的重力。求：子弹进入沙土的最大深度是多少？

2.5 两根弹簧的劲度系数分别为 k_1 和 k_2。试证明：

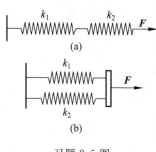

（1）如果把两个弹簧串联起来时，如习题 2.5 图（a）所示，组合弹簧的总劲度系数 k 与 k_1 和 k_2 之间满足关系式

$$\frac{1}{k} = \frac{1}{k_1} + \frac{1}{k_2};$$

（2）如果把两个弹簧并联起来时，如习题 2.5 图（b）所示，组合弹簧的总劲度系数 k 与 k_1 和 k_2 之间满足关系式 $k = k_1 + k_2$。

习题 2.5 图

2.6 一满载货物的质量为 $m = 1600\mathrm{kg}$ 的卡车，以恒定的速率 $v = 20\mathrm{m/s}$ 沿一水平圆形轨道行驶，圆形轨道的半径是 $R = 200\mathrm{m}$。当货车即将滑出道路时，车轮与道路之间的摩擦系数 μ_s 应该多大？

2.7 一质量为 $m = 0.10\mathrm{kg}$ 的小球，拴在轻绳子的一端，构成一个摆。摆的长度 $l = 0.5\mathrm{m}$。先把小球拉至与竖直方向的夹角为 $\theta = 60°$，然后释放，如习题 2.7 图所示。求：

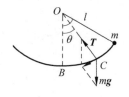

（1）小球通过竖直位置时的速度为多少？此时绳的张力多大？

（2）在 $\theta < 60°$ 的任一位置，小球速度 v 与 θ 的关系式是什么？这时小球的加速度为多大？绳中的张力多大？

习题 2.7 图

（3）在 $\theta = 60°$ 时，小球的加速度多大？绳的张力多大？

2.8 一水桶内盛满水，系于细绳的一端，并绕 O 点以角速度 ω 在竖直平面内匀速转动，如习题 2.8 图所示。设水的质量是 m，桶的质量是 M，圆周半径是 R。问：

（1）当角速度 ω 至少为多大时，才能使水不从桶内流出？

（2）桶处于最高点和最低点时，细绳中的张力多大？

2.9 有一匀质细长的绳盘旋地放在水平桌面上（忽略细绳占有的体积），如习题 2.9 图所示。

（1）现以一恒定的加速度 a 在竖直方向上把细绳一端提起。当细绳这一端被提到离地面高度为 y 时，细绳这一端受到的作用力是多少？

（2）如果以一定的速度 v 在竖直方向上把细绳一端提起。当细绳这一端被提到离地面高度为 y 时,细绳这一端受到的作用力又是多少?(设细绳单位长度的质量,即质量线密度为 λ)

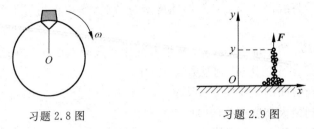

习题 2.8 图   习题 2.9 图

2.10   有一质量为 m 的小球系在细绳的一端,另一端固定在 O 点,细绳的长度为 l,如习题 2.10 图所示。现把小球拉至使细绳处于水平位置且细绳中张力为零的静止初始状态,然后释放,小球开始下落。当小球下落到细绳与水平位置成 θ 角时,小球的速率多大? 细绳对小球的拉力多大?

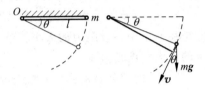

习题 2.10 图

第**3**章

质点的动量、角动量及其守恒定律

本章引入和导读

两辆汽车的碰撞试验

两颗星球的碰撞模拟

在中学物理课程中,牛顿第二定律是以 $F=ma$ 的形式表述的,动量这个物理量是在讨论碰撞问题时被引入的,动量守恒定律是从牛顿第二定律推导出来的,因此,动量常常被看作是一个附属于牛顿第二定律的辅助物理量,用动量守恒定律求解碰撞问题被看作是对牛顿第二定律难以求解问题的一个不得已而为之的补充手段。

实际上,在物理学发展史上,"动量"是一个早在 14 世纪就被提出的重要物理概念,是物理学中描述物体运动(大至宇宙天体,小至微观粒子)的一个非常重要的物理量。在第 2 章中,牛顿第二定律就是以动量的形式表述的。鉴于动量在物理学上的重要作用,本章将更详细地讨论质点的动量及其守恒定律。

【物理史料】 动量——一个早在 14 世纪就提出的重要概念

如同位置和速度一样,质点的动量也是相对于一定的惯性系而言的。本章从给出质点动量的定义入手,强调了牛顿第二定律的动量表述方式,把动量定理和动量守恒定律放在重要的位置上。动量定理描述的是力的时间累积效应,体现了力与动量变化的因果关系。动量守恒定律描述的是没有外力作用下,两个或多个物体之间动量传递的普遍规律。

在没有受到任何外力作用情况下系统的动量守恒,就是动量守恒定律。从牛顿定律中可以推导出动量守恒定律,但是,从动量守恒定律却不能推导出牛顿第二定律和第三定律,这是因为动量守恒定律没有提供任何关于力的概念。

在讨论动量以后本章进一步引入了一个描述质点运动状态的新的物理量——质点的角动量。质点的动量是相对于惯性系而言的,而质点的角动量不仅相对于惯性系,而且还相对于某一个固定点而言的;质点的动量定理描述的是力的时间累积效应,体现了力与动量变化之间的因果关系。只要没有外力作用,质点的动量守恒,而角动量变化定理描述的是力矩的时间累积效应,体现了力矩与角动量变化之间的因果关系。只要没有外力矩的作用,质点的角动量守恒,这就是角动量守恒定律。

动量守恒定律和角动量守恒定律具有比牛顿定律更大的普遍性,在物理学中有着重要的地位和作用。

3.1 质点的动量、动量定理和动量守恒定律

——为什么说动量是物体机械运动的矢量量度?

3.1.1 质点的动量和动量定理——力的时间累积效应

物体运动状态的改变除了与物体的速度有关外,还与物体的质量有关。用物体的动量来描述物体的运动状态,比用速度矢量更合理、更全面,能提供更多的运动信息。

一个质量为 m 的质点,当它的速度为 v 时,这个质点的动量就定义为

$$p = mv \tag{3-1}$$

动量 p 是一个矢量,它的大小是质点的质量与运动速度大小的乘积,它的方向与质点的运动速度方向相同。动量是对物体机械运动的一个矢量量度。

对于由质量分别为 m_1 和 m_2 两个质点组成的系统,当这两个质点在某一个时刻的速度分别为 v_1 和 v_2 时,它们的动量分别是 m_1v_1 和 m_2v_2,于是将这个系统的总动量定义为这两个分动量的矢量和:

$$p = p_1 + p_2 = m_1v_1 + m_2v_2 \tag{3-2}$$

上述结果可以推广到由若干个质点组成的系统。对于由 n 个质点构成的系统,在某一个时刻系统的总动量可定义为 n 个分动量的矢量和:

$$p = \sum p_i = p_1 + p_2 + p_3 + \cdots \tag{3-3}$$

按照牛顿第二定律,如果动量 p 是时间 t 的函数,当一个质点受到外力 F 时,质点动量的变化率等于物体受到的外力,即

$$F = \frac{dp}{dt} \tag{3-4}$$

在 $t \to t + dt$ 内质点的动量增量为 $dp = Fdt$,这里 Fdt 称为外力 F 在 $t \to t + dt$ 内产生的冲量,它等于在 dt 内质点动量的增量。

于是,在有限时间内质点的动量增量就是

$$\Delta p = \int dp = \int Fdt \tag{3-5}$$

这也就是外力 F 在有限时间内产生的冲量,外力的冲量等于质点动量的增量,这就是质点的**动量定理**。它表明,外力在有限时间内作用在质点上的总效果是使质点的动量增加 Δp。由于动量是矢量,因此,外力作用于质点而引起质点动量的增加是对质点机械运动状

态变化的一种矢量量度。

从动量定理可以看到,影响物体动量改变的因素除了力的大小以外,还有力的作用时间。牛顿第二定律描述的是力的瞬时效应,动量定理描述的是力的时间累积效应。大小相等的力作用在物体上的时间不同,产生的动量变化是不同的,物体的运动状态的变化也是不同的。

利用动量定理,在预计物体短时间内可能获得很大冲量的情况下,为了减少可能由此引起的巨大作用力,人们常用的一个方法就是延长该作用力的作用时间。一个跳高运动员跃过横杆落地时(图 3.1),作为一种保护措施,常常需要在地面上放上很厚的软垫,其目的是增加身体与地面的接触面积,延长身体与地面的接触时间,从而大大减少运动员身体与地面碰撞产生的巨大作用力。反之,在预计产生很大的动量变化的情况下,为了获得巨大的作用力,常用的方法是尽可能减少力的作用时间。一个网球运动员为了迫使网球改变运动方向,就需要先挥动他的网拍,给迎面飞来的网球以急促地重重一击(图 3.2),使网球接触网拍时产生很大的冲量,由于网球接触网拍的作用时间极为短促,由此就可以得到很大的作用力。

图 3.1　跳高运动员从高处落下　　　　图 3.2　网球运动员击发网球

3.1.2　碰撞现象和质点系的动量守恒定律

碰撞现象是一种常见的物理现象。大至星球,小至分子、原子甚至更小的粒子都会发生碰撞。由于两个物体碰撞接触的时间很短,而碰撞产生的相互作用力又复杂多变,用牛顿定律求解此类物体运动状态的变化显然会遇到很大的困难,而用动量守恒定律描述碰撞现象就会更简捷更方便。

如图 3.3 所示,设两个小球 1 和 2 组成一个孤立系统,它们的质量分别为 m_1 和 m_2,以地面为参考系,它们的初始速度分别为 v_1 和 v_2。假设两个小球发生互相碰撞时,各自只受到碰撞产生的相互作用力 F_{12} 和 F_{21} 的作用,不受任何其他外力的作用。经过 Δt 以后,两个小球的动量增量分别是

$$\Delta \boldsymbol{p}_1 = \boldsymbol{F}_{12} \Delta t = \Delta(m_1 \boldsymbol{v}_1)$$
$$\Delta \boldsymbol{p}_2 = \boldsymbol{F}_{21} \Delta t = \Delta(m_2 \boldsymbol{v}_2)$$

按照牛顿第三定律,$\boldsymbol{F}_{12} = -\boldsymbol{F}_{21}$,可以得出

$$\Delta(m_1 \boldsymbol{v}_1) = -\Delta(m_2 \boldsymbol{v}_2) \tag{3.6}$$

 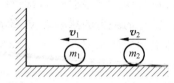

图 3.3 台球碰撞和碰撞模型示意图

设两个小球 A 和 B 碰撞以后的速度分别为 $\boldsymbol{v}_1'$ 和 $\boldsymbol{v}_2'$,并且小球的质量都保持不变,则

$$m_1 \boldsymbol{v}_1' - m_1 \boldsymbol{v}_1 = -(m_2 \boldsymbol{v}_2' - m_2 \boldsymbol{v}_2)$$

由此得到

$$m_1 \boldsymbol{v}_1 + m_2 \boldsymbol{v}_2 = m_1 \boldsymbol{v}_1' + m_2 \boldsymbol{v}_2'$$

即

$$\boldsymbol{p}_1 + \boldsymbol{p}_2 = \boldsymbol{p}_1' + \boldsymbol{p}_2' = 恒量 \tag{3-7}$$

式(3-7)左边是碰撞前两个小球的动量之和,右边是碰撞后两个小球的动量之和。

两个小球的碰撞现象表明了物体运动状态的改变不是孤立发生的,碰撞的过程就是一个物体与其他物体发生运动传递导致物体运动状态转变的过程。

两个小球碰撞以后,虽然它们之间发生了运动的传递,每一个小球的速度发生了变化,但是在没有任何其他外力作用的情况下,两个小球在碰撞前的总动量等于碰撞后的总动量,即总动量保持不变,这个结论就称为**动量守恒定律**。

由于动量是矢量,动量守恒定律中每一项动量都是以矢量的方式列入的,因此,对两个质点组成的系统,动量守恒指的是矢量和的守恒,即在碰撞前两个质点的动量矢量和等于碰撞后两个质点的动量矢量和(图 3.4)。

(a) 碰撞前

(b) 碰撞后

图 3.4 两个质点碰撞时的动量守恒

对于由 n 个质点组成的系统,动量守恒定律的表达式是

$$\boldsymbol{p}_1 + \boldsymbol{p}_2 + \boldsymbol{p}_3 + \cdots = \boldsymbol{p}_1' + \boldsymbol{p}_2' + \boldsymbol{p}_3' + \cdots = 恒量$$

即

$$\sum \boldsymbol{p}_i = \sum \boldsymbol{p}_i' = 恒量 \tag{3-8}$$

在直角坐标系中,每一个动量都有三个分量,因此,动量守恒定律在 x、y、z 三个坐标分量上的表达式分别为

$$\sum p_{ix} = \sum p_{ix}' = 恒量$$
$$\sum p_{iy} = \sum p_{iy}' = 恒量 \tag{3-9}$$
$$\sum p_{iz} = \sum p_{iz}' = 恒量$$

在多数情况下,一个质点(或由很多质点组成的质点系)受到外力作用,总动量并不守恒,但是,如果外力在某一个坐标上分量为零,在其他坐标上分量不为零,则整个系统在某一个坐标上的分动量守恒,在其他坐标上分动量不守恒。例如,节日期间,人们往往从地面向上发射大量焰火弹以示庆祝,很多焰火弹在空中到达飞行的最高点处爆炸。在爆炸前后,由

于焰火弹一直受到竖直方向的重力的作用,它在竖直方向的动量分量是不守恒的。如果不计空气的阻力作用,焰火弹在水平方向没有受到外力的作用,焰火弹在水平方向上的动量分量是守恒的。由于焰火弹爆炸前在最高点处水平动量为零,因此,无论焰火弹爆炸后分裂成多少碎片向四周散开,这些碎片的所有水平动量之和仍然为零。如果这些碎片的质量几乎相同,每一个焰火弹在刚爆炸的时候,碎片向空间四周散开所呈现的基本形状是伞形的,且近似中心对称(图3.5)。

图 3.5 焰火弹在空中爆炸

例题 1 一个质量为 m 的人站在质量为 M、长度为 L 的小车上,小车放在完全光滑的地面上。开始时,人站在小车的一端,小车和人相对于地面都是静止不动的。后来人以相对于地面的速度 v 从小车一端走到另一端。问:在此过程中,人和小车相对于地面各自移动了多少距离?

【解题思路】

从题意看,初始时刻人和小车相对于地面都是静止不动的,后来由于人在小车上的走动引起小车的运动。本题虽然给出人的运动速度,但没有给出小车的运动速度,更没有给出人和小车的运动时间,因此,无法直接套用运动学公式求距离。

求解此题最合适的方法就是利用动量守恒定律。设地面为惯性参考系,x 轴沿水平方向。在 x 方向上,人和小车的初始动量为零,在没有任何外力作用下,不管人和小车相对于地面的运动速度是多少,它们二者的动量之和始终为零,由此可以求出小车的速度。有了人的速度和小车的速度,在相同时间内,人走过的距离加上小车运动的距离就是小车的长度,由此可以求得时间。有了速度和时间,最后就能分别求出人和小车各自运动的距离。

【解题过程】

选地面为惯性参考系,设人的走动方向为 x 轴的正方向,人的走动引起小车的运动速度为 v'。因此,依据动量守恒定律有

$$mv - Mv' = 0 \tag{3-10}$$

于是,小车的速度大小是 $v' = \dfrac{mv}{M}$(方向与人的走动方向相反)。

设小车和人的运动时间为 t,则小车运动的距离 $L_车 = v't$,人的运动距离 $L_人 = vt$,而且 $L_车 + L_人 = L$。即

$$vt + \frac{mv}{M}t = L$$

$$t = \frac{ML}{(M+m)v} \tag{3-11}$$

于是得出小车和人运动的距离分别是

$$L_车 = v't = \frac{mL}{M+m}, \quad L_人 = vt = \frac{ML}{M+m} \tag{3-12}$$

3.1.3　动量守恒定律和牛顿定律的关系

牛顿三大定律是牛顿作为整个经典力学体系的公理而提出的。在牛顿看来,对于从实际和观察中总结归纳得到的结论或定律,必须通过更高的原理或公理把它演绎推导出来,才能构成理论的体系。动量守恒定律不仅是通过大量实验和观察而归纳得出的结论,并且可以从作为公理的牛顿定律中通过演绎推理得出,这就体现了牛顿提出的"先归纳,后演绎"的一种科学推理思想。

虽然动量守恒定律是把牛顿定律应用于碰撞现象而导出的,但是动量守恒定律有着比牛顿定律更大的适用范围。动量守恒定律是自然界的一条具有普遍意义的基本定律,无论什么物体,大到星系、天体,小到原子、基本粒子,也不管物体受到什么样的相互作用,只要系统所受的合外力为零,系统的总动量就守恒。

迄今为止,人们已经知道在高速和微观领域内,牛顿定律是不适用的,但至今尚未发现物理过程有任何不符合动量守恒定律的情况。

3.2　角动量、角动量定理和角动量守恒定律

——为什么说角动量是物体相对于定点运动的矢量量度?

3.2.1　角动量和角动量定理——力矩的时间累积效应

在很多情况下,运动物体相对于某惯性参考系的动量并不守恒,用一根细绳系着一个质量为 m 的小球在光滑水平面上绕固定点作匀速率圆周运动就是这样的一个例子。在这样的运动过程中,小球除了受到细绳的拉力外没有受到其他外力作用,小球的速度大小不变,而方向始终在变化,因此,小球的动量不守恒。但是,分析小球的运动仍然可以找到其他的守恒量,为描述这类运动带来方便。

选取圆心 O 作为定点,设小球在水平面上沿顺时针方向作匀速率圆周运动,小球离开圆心 O 的位置矢量为 r,它的大小就是圆的半径 r。小球的速率大小 v 不变,位置矢量的大小 r 不变,小球的速度方向始终与位置矢量方向垂直,由此可以得到,相对于圆心而言,与小球运动相关的一个物理量 rmv 也在运动过程中保持守恒。把这个特例运动推广开,如果小球的速度与位置矢量不垂直,这样的守恒量还存在吗? 如果小球沿逆时针方向作匀速率圆周运动,这样的守恒量还存在吗? 这个守恒量与作顺时针圆周运动的守恒量有什么区别? 如果小球作直线运动,除了可能存在动量守恒的量以外,这样的守恒量还存在吗? 为了回答这些问题,更恰当地描述此类定点运动,需要引入一个新的物理量——**角动量**。

设一个质量为 m 的物体,它的速度为 v,动量为 p 相对于某一个固定点的位移矢量是 r,于是将这个物体相对于这个固定点的角动量 L 定义为

$$L = r \times p = r \times mv \tag{3-13}$$

角动量 L 是两个矢量的矢积,因此,角动量 L 是一个矢量,它的大小是 $rmv\sin\theta$,θ 是位置矢量 r 和动量 p 之间小于 $180°$ 的夹角(图 3.6)。角动量的方向既垂直于位置矢量 r,也垂直于速度 v,也就是垂直于小球作圆周运动所在的平面,具体指向按矢积的右手螺旋定则确

定。角动量是物体相对于定点运动的一种矢量量度(图3.7)。

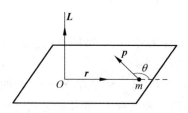

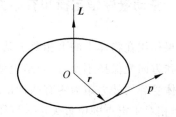

图3.6　质点相对于某一个定点的角动量　　　图3.7　物体作圆周运动的角动量示意图

为了确定物体的动量,需要确定一个惯性系,测得物体的质量和物体相对于这个惯性系的速度;而为了确定物体的角动量,不仅需要确定惯性系,从而测得物体的动量,还必须指时某一个固定点,测得物体相对于这个固定点的位移。

与物体的动量在受到外力作用下会发生变化一样,物体的角动量在受到外力矩的作用时也会发生变化。

设质点受到外力 F,选择的某一个定点为 O,力的作用点离开 O 点的位移矢量是 r,定义作用力 F 对 O 点的外力矩 M 为

$$M = r \times F \tag{3-14}$$

力矩 M 是两个矢量的矢积,因此,力矩也是矢量,它的大小是 $rF\sin\theta$,这里 θ 是位移矢量 r 与外力 F 的夹角,它的方向按照右手螺旋定则确定(图3.8和图3.9)。

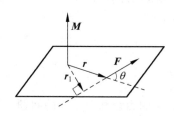

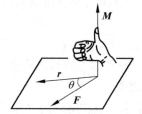

图3.8　力矩 M 的定义　　　　　　图3.9　确定力矩 M 方向的右手螺旋定则

动量定理表明,质点在受到外力作用时,它的动量增量等于外力的冲量。如果建立动量与角动量的对应和外力与外力矩的对应,就可以通过类比,从动量定理得出**角动量定理**。

根据牛顿第二定律,该质点的动量变化率等于外力,与之类比可以建立该质点的角动量变化率 $\dfrac{\mathrm{d}L}{\mathrm{d}t}$ 与外力矩 M 的关系,即

$$M = \frac{\mathrm{d}L}{\mathrm{d}t} \tag{3-15}$$

式(3-15)表明,作用于质点上的合外力的力矩等于质点的角动量随时间的变化率,这就是质点的角动量定理,这里 $\Delta L = \displaystyle\int M \mathrm{d}t$ 是角动量的增量,$\displaystyle\int M \mathrm{d}t$ 称作力矩 M 所产生的冲量矩。由于角动量是矢量,因此,外力矩作用于质点而引起质点相对于固定点角动量的增加是对质点相对于固定点的机械运动状态变化的一种矢量量度。

如果说动量定理反映了力的时间累积效应,角动量定理则反映了力矩的时间累积效应。

3.2.2　角动量守恒定律和有心力

如果作用在物体上的力相对于某一个定点的外力矩为零,这个物体对这个定点的角动量大小和方向就保持不变,这个结论就称为角动量守恒定律。

物体受到的外力矩为零有两种情况:一种是外力为零,另一种是在 $M=r\times F$ 的表达式中,物体相对于定点的位置矢量 r 与外力 F 平行。在第一种情况下,物体的运动是完全自由的,不受任何外力作用;在第二种情况下,物体受到外力,但外力的方向始终通过固定点,这一类力称为有心力。只要物体受到的是有心力,该物体的动量就不守恒,但是物体的角动量是守恒的。在自然界中,许多物体受到的都是有心力,例如,地球就是在有心力作用下围绕太阳运动的,因此,地球相对于太阳的角动量是守恒的;在原子中,电子是在有心力作用下围绕原子核运动的,因此,电子相对于原子核的角动量是守恒的。

由以上的讨论可以得出,小球作匀速率圆周运动时,小球的动量不守恒。但是,可以相对圆心定义小球的角动量。在小球不受外力矩作用时,小球作逆时针圆周运动的角动量与作顺时针圆周运动的角动量都守恒,但它们大小相等、方向相反;在小球不受任何外力作用时,小球作匀速直线运动,如果在直线外确定一个固定点,小球的速度方向与小球相对于该固定点的位置矢量不垂直,那么,小球除了具有动量且动量守恒以外,还具有相对于该固定点的角动量,且角动量守恒。

例题 2　一个具有单位质量的质点受到一个变化的力场 $F(t)$ 的作用

$$F(t)=(4t^2-5t)i+(10t-6)j$$

式中 t 是时间。设该质点在 $t=0$ 时位于原点,且初速度为零。求:在 $F(t)$ 的作用下,当 $t=2s$ 时该质点对原点的力矩和角动量。

【解题思路】

这是一个求质点在随时间变化的力的作用下相对于原点的力矩和角动量的问题。根据力矩的定义 $M=r\times F$,本题给出了 $F(t)$,为了求得力矩,需要求出位置矢量 r 的表达式。在求得 r 的表达式后还需要求得速度矢量 v 的表达式,才能根据角动量的定义 $L=r\times mv$ 求出角动量。但是,在本题中 r 的表达式和速度矢量 v 的表达式都是未知的。

由于位置矢量 r 的表达式、速度矢量 v 的表达式和角速度矢量的表达式是互相联系的,如果能先求得 r 的表达式,通过微分运算可以得到速度矢量 v 和加速度矢量 a 的表达式;反之,如果能先求得 a 的表达式,就可以通过积分得到 v 和 r 的表达式。

本题已知的是 $F(t)$ 的表达式,因为质点具有单位质量,因此,根据牛顿第二定律可知,$F(t)$ 就是质点加速度 $a(t)$,由此得到解题思路:先从 $a(t)$ 通过积分得到 $v(t)$,再从 $v(t)$ 得到 $r(t)$,最后得到力矩和角动量的表达式。

【解题过程】

先求 $v(t)$:由于 $F(t)$ 的表达式就是质点加速度 $a(t)$ 的表达式,因此

$$v(t)=\int_0^v a\mathrm{d}t=\int_0^v \left[(4t^2-5t)i+(10t-6)j\right]\mathrm{d}t$$

$$=\left(\frac{4}{3}t^3-\frac{5}{2}t^2\right)i+(5t^2-6t)j$$

再求 $r(t)$：$r(t) = \int_0^r v \mathrm{d}t = \int_0^r \left[\left(\frac{4}{3}t^3 - \frac{5}{2}t^2 \right) i + (5t^2 - 6t) j \right] \mathrm{d}t$

$$= \left(\frac{1}{3}t^4 - \frac{5}{6}t^3 \right) i + \left(\frac{5}{3}t^3 - 3t^2 \right) j$$

当 $t = 2\mathrm{s}$ 时，有

$$F = 6i + 14j$$

$$v = \frac{2}{3}i + 8j$$

$$r = -\frac{4}{3}i + \frac{4}{3}j$$

于是，相对于原点的力矩

$$M = r \times F = \left(-\frac{4}{3}i + \frac{4}{3}j \right) \times (6i + 14j) \mathrm{N} \cdot \mathrm{m} = -\frac{80}{3}k \, \mathrm{N} \cdot \mathrm{m}$$

相对于原点的角动量

$$L = r \times v = \left(-\frac{4}{3}i + \frac{4}{3}j \right) \times \left(\frac{2}{3}i + 8j \right) \mathrm{kg} \cdot \mathrm{m}^2/\mathrm{s} = -\frac{104}{9}k \, \mathrm{kg} \cdot \mathrm{m}^2/\mathrm{s}$$

例题 3　质量为 m 的小球用长度为 l 的细线悬挂于天花板的 O 点，当小球被推动后在水平面内作匀速圆周运动。圆心是 O' 点，小球的角速度是 ω，细绳与竖直方向的夹角是 α（图 3.10）。求：小球相对于 O' 点的角动量和小球所受到的相对于 O' 点的力矩。

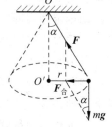

图 3.10　圆锥摆模型

【解题思路】

如果质点从某一个初始位置出发，经过一段时间后会回到原来的初始位置，并周而复始地持续运动，这就是一类带有时间周期性的机械运动。中学物理中讨论过的单摆是这类周期性运动的一个理想模型。除了单摆模型外，力学中还有一个圆锥摆模型。如果质量为 m 的质点用细绳悬挂在天花板上某一点处，并在与上述细绳所在一个平面垂直的平面内（例如与纸面垂直的平面）作往返的圆周运动，这就是圆锥摆模型。关于此类带有时间周期性的机械运动，将在第 5 章作更详细的讨论，本题仅讨论一个与圆锥摆角动量有关的问题。

在单摆问题中，讨论小球的角动量都是相对于某个悬挂的固定点而言的。与单摆不同的是，在圆锥摆中一般会涉及相对于两个点的角动量：一个是相对于悬挂的固定点；另一个是相对于小球所作圆周运动的平面的圆心。本题讨论的角动量就是指相对于后者的角动量。

设小球作圆周运动的平面为 x-y 平面，圆心为 O' 点。取 z 轴方向竖直向上，则径向半径矢量 r 与速度矢量 v 始终垂直，这两个矢量的矢积的方向，即角动量矢量的方向始终沿 z 轴方向。而角动量的大小就是圆周半径的大小 r 与小球质量 m 以及速率 v 的乘积。

首先分析小球运动过程中的受力情况。小球在运动过程中受到细绳张力 F 和重力 mg，这两个力的合力设为 $F_\text{合}$，这个合力处在 x-y 平面内且指向圆心 O' 点，这个力就是小球作圆周运动的向心力，这个力始终通过 O' 点，因此，小球所受到的相对于圆心 O' 的力矩是零，小球相对于 O' 点的角动量守恒。

【解题步骤】

根据角动量的定义可知,小球相对于圆心 O' 的角动量为

$$L = r \times mv = rmvk = m\omega r^2 k = m\omega l^2 \sin^2 \alpha k$$

小球作圆周运动时受到细绳张力 F 和重力 mg,这两个力的合力设为 $F_合$,这个合力处在 x-y 平面内且指向 O' 点,这个力就是小球作圆周运动的向心力。正是因为力通过 O' 点,因此,小球所受到的相对于圆心 O' 的力矩是零,小球的角动量守恒。

$$L = m\omega l^2 \sin^2 \alpha k = 恒矢量$$

即

$$m\omega l^2 \sin^2 \alpha = 恒量\ C$$

3.3 动量和角动量的几点比较

把动量和角动量作类比可以看出,动量与动量定理和角动量与角动量定理之间存在如下的相似点:

质点动量 $p = mv$ 和角动量 $L = r \times mv$ 都是描述质点运动状态的物理量,而且都是矢量。速度 v 和位矢 r 的数值和方向都与参考系的选择有关。它们都是对质点机械运动的矢量量度方式。

动量定理表明了力的时间累积效应(冲量等于动量的增量),动量矩定理表明了力矩的时间累积效应(冲量矩等于动量矩的增量)。因此,它们建立的都是某种作用的时间累积效应与所引起的质点初末状态量增量之间的关系。

然而,动量与角动量毕竟是描述两类不同运动性质的物理量,因此,它们之间还存在着以下区别:

动量和角动量分别是从两个不同的角度描述质点运动状态的矢量量度方式。它们的变化分别表示了力和力矩对质点运动所产生的时间累积效应。质点的动量总是相对于一定的惯性参考系而言的(只有在确定的参考系中,质点才有确定的速度),而质点的角动量不仅相对于一定的惯性参考系而言,而且还相对于某一个固定点而言(只有在确定固定点以后才有确定的位置矢量)。

动量定理表示质点或质点系的动量改变与外力的关系,体现了质点或质点系所受的外力的时间累积效应,在一段时间内动量的增量称为外力的冲量;角动量定理表示质点或质点系的角动量的改变,体现了质点或质点系所受的外力矩的时间累积效应,在一段时间内动量矩的增量称为外力的冲量矩。

从因果关系看,与牛顿运动定律揭示的力的瞬时效应相比,动量定律体现了力与动量变化的因果关系;而角动量定理体现了力矩与角动量变化的因果关系。

从守恒条件看,无论什么物体,大到星系、天体,小到原子、基本粒子,无论物体受到什么样的相互作用,只要物体所受合外力为零,物体的动量就将保持不变。只要物体对某一固定点的合外力矩为零,即使合外力不为零,物体对该固定点的角动量也将保持不变。

对质点系而言,两个质点之间的内力总是成对出现,大小相等,方向相反,作用在同一直线上,因此,内力的矢量和及内力对某一固定点的力矩的矢量和始终为零,因此,内力不改变系统的总动量,内力矩不改变系统的角动量。

在守恒关系上,动量守恒对于作匀速直线运动的质点是成立的,对在有心力场中作匀速圆周运动的质点不成立。而角动量守恒不仅对以固定点为圆心作匀速圆周的质点成立,对作匀速直线运动的质点相对于直线外任意点也成立。

思　考　题

1. 在两个不同的惯性系 S 和 S' 中,观测同一个质点的动量,得到的结论相同吗? 观测同一个外力对质点做功,得到的结论相同吗? 当质点的动量发生变化时,动量变化定理的形式相同吗?

2. 一辆 2t 重的卡车以 100km/h 的速度向北匀速直线行驶,另一辆 4t 重的卡车以 50km/h 的速度向北匀速直线行驶。

(1)"第一辆卡车具有比第二辆卡车更多的动量。"这样的说法对吗?

(2)"第一辆卡车具有比第二辆卡车更大的冲量。"这样的说法对吗?

(3)如果在十字交叉路口,两辆卡车都由向北匀速行驶改变为向西匀速行驶,但各自保持速度大小不变。那么,两辆卡车的动量相等吗? 在转弯的短暂时间内,两辆卡车的冲量相等吗?

3. 在光滑的水平面上,一辆作匀速直线运动的炮车在前进中以某一个角度向上方发射炮弹。在发射过程中,如果不计任何摩擦力和阻力,对于炮车和炮弹构成的系统,它的总动量守恒吗? 它的总动量在水平方向和竖直方向上的分动量分别守恒吗? 为什么?

4. 物体的角动量总是相对于某个定点而言的,当物体作匀速圆周运动时相对于圆心有角动量,而且角动量守恒。问:这个质点相对于其他固定点(如圆周外面某一点)有没有角动量? 这样的角动量守恒吗? 为什么?

5. 当质点相对于地面作匀速直线运动时,质点具有确定的动量,而且动量守恒。问:这个质点可以相对于直线外面某一点定义角动量吗? 在什么情况下这个质点的角动量不为零? 在什么情况下这个质点的角动量为零? 如果质点具有角动量,这样的角动量守恒吗? 为什么?

6. 假设地球围绕太阳的运动轨道以及氢原子中电子围绕原子核的运动轨道都是圆周轨道。那么,地球绕太阳运动的角动量和氢原子中电子绕原子核运动的角动量分别是多少?

(地球的质量是 $m=5.98\times10^{24}\,\text{kg}$,地球离开太阳的平均距离 $r=1.49\times10^{11}\,\text{m}$,地球绕太阳运动的平均角速度 $\omega=1.98\times10^{-7}\,\text{s}^{-1}$;电子的质量是 $m=9.11\times10^{-31}\,\text{kg}$,电子离开原子核的平均距离 $r=5.29\times10^{-11}\,\text{m}$,电子绕原子核运动的平均角速度 $\omega=4.13\times10^{16}\,\text{s}^{-1}$)

7. 如果系统对某一固定点的力矩矢量和为零,系统所受合外力一定为零吗? 系统角动量守恒时,系统动量一定守恒吗? 试举例说明。

8. 如果系统所受合外力为零时,合外力矩不一定为零吗? 系统动量守恒时,角动量一定守恒吗? 试举例说明。

习　　题

3.1　一个小球质量 $m=50\text{g}$,以速率 $v=20\text{m/s}$ 作匀速圆周运动,试求在 1/4 周期内向心力给予小球的冲量。

3.2 一质量为 m 的人站在质量为 M 的小车上,一开始人和小车一起沿光滑的水平轨道以速度 v 运动,然后人在小车上以相对于小车的速度 u 走动,于是小车速度变为 v'。根据对水平方向动量的分析,下列哪一个表达式正确地表达了动量守恒定律?

（1）$Mv = mu$

（2）$Mv = Mv' + mu$

（3）$(M+m)v = Mv' + m(u+v)$

（4）$M(v'-v) = mu$

如果上述表达式有错,试分析错在哪里。

3.3 一运动质点的质量为 $m=1\text{kg}$,它的位置矢量可以表示为

$$r = -\frac{6}{\pi}\left[\sin\left(\frac{\pi}{2}t\right)i + \cos\left(\frac{\pi}{2}t\right)j\right]$$

求：（1）在 $t=4\text{s}$ 时,该质点的动量;

（2）在 $t=0 \sim t=4\text{s}$ 这段时间内,该质点受到的外力的冲量;

（3）根据（2）得出的结果,是否可以就此得出在前 4s 时间内该质点的动量守恒的结论?

3.4 在一辆停止在光滑道路上的平板车上站着两个人,平板车的质量为 M,两个人的质量均为 m。当这两个人同时以相对于车的水平分速度 u 跳下时,平板车将获得多大的速度? 如果两个人依次相当于平板车以水平分速度 u 分别跳下平板车,平板车将获得多大的速度?

3.5 一个质量为 M 的人,手中拿着一个质量为 m 的小球,以与地面成 α 角的速度 v_0 向前跳去。在他达到最高点时,把手中的小球以相对速度 u 向后平抛出去。试问：由于抛出小球,该人向前跳的距离增加了多少? 不计空气阻力。

3.6 一高空走钢丝演员的质量为 50kg,为安全起见演员腰上系一根长 5m 的弹性安全带,弹性缓冲时间为 1s,当演员不慎跌下时,在缓冲时间内安全带给演员的平均作用力多大?

3.7 一个具有单位质量的质点在一个随时间变化的力场 $F = (3t^2 - 4t)i + (12t-6)j$ 中运动。在初始时刻 $t=0$ 时,质点位于原点,初始速度为零。求 $t=2\text{s}$ 时该质点受到的对原点的力矩和角动量。

3.8 一颗人造地球卫星的近地点离开地面的距离是 439km,远地点离开地面的距离是 2384km。假设地球是球形的,其半径是 6370km。求该卫星在近地点和远地点的速度之比。

第 **4** 章

机械能和机械能守恒定律

本章引入和导读

动能和势能及其互相转化的几个实例

自从牛顿提出三大运动定律和万有引力定律并建立了天上的运动和地上的运动相统一的物理图像以后很长一段时间，人们相信，原则上只要依据这些定律，关于物体作机械运动的任何问题都是可以解决的。

但是，由于牛顿理论体系本身只适用于宏观运动领域，理论上存在着不完善性，解决不了物体高速运动和微观粒子运动的问题；即使对于宏观运动，当时也已经出现了一些牛顿三大定律难以解决的复杂问题（如碰撞问题），于是，人们开始不断地寻找着解决力学问题的新的理论途径，其中一条途径就是引入运动量（这就是后来定义的动量），并得到运动量守恒原理，以及引入活力（这就是后来定义的动能），并得到活力守恒原理。

前面几章已经讨论了动量和角动量及其相应的守恒定律，其中动量守恒定律体现的是外力作用的时间累积效应，角动量守恒定律体现的是力矩作用的时间累积效应，这两种效应都是外力作用的时间累积效应。但是，任何一个物体的运动都离不开"时空"，物体运动变化经历的时间往往与物体运动空间位置的改变是相伴而行的。在一个力对物体持续作用一段时间的同时，常常伴随着物体空间位置的变化，也就是说，力对物体的作用同时存在着时间和空间的两种累积效应。

为了研究问题方便，将这两种累积效应的讨论暂时作了"分离"。前面几章只研究时间累积效应，不涉及空间位置的改变。本章将继讨论时间累积效应以后，只讨论力的空间累积效应而不涉及时间的演化。外力的空间累积效应是以外力对物体做功的形式表现出来的，而外力对物体做功的结果是增加了物体的动能。功是标量、过程量。在外力的作用很复杂时，可以不必知道外力的作用细节而直接由外力的空间累积作用效应求出物体动能的变化，这就是动能定理。

在中学物理课程中，功被定义为物体受到的一个恒力与物体在这个力的作用方向上（或作用力的分量方向上）所移动的距离的乘积。如果力的大小和方向是变化的，物体运动的位移方向也在不断改变，怎样计算外力做功的大小？对此，大学物理将首先给出"元功"的定义，然后给出功的一般计算方法，而恒力做功仅是其中的一个特例而已。

在中学物理课程中有这样的"动能定理"：力对物体做的功等于物体动能的增加量。在没有外力作用的保守系统中，保守力对物体做的功等于物体势能的减少量。如果讨论一个质点系组成的系统，既有外力对系统做功，在质点之间又有保守力做功和非保守力做功，外力的功还等于系统动能的增量吗？对此，大学物理将给出普遍的动能定理，而恒力对一个物体做功仅是其中的一个特例而已。

在力学中，由动能定理和势能的定义可以得到质点系的机械能定理和机械能守恒定律。机械能守恒定律是在机械运动范围内适用的基本定律。在涉及自然界各种运动能量（包括机械能、内能、电磁能等在内）的守恒和互相转化时，能量守恒定律将是更加普遍的一条基本定律，机械能守恒定律只是普遍的能量守恒定律的一个特例而已。

功和能的概念在物理学发展进程中具有重要的地位和作用，利用有关的定义和定理提出问题和讨论问题形成的物理思想方法始终贯穿在大学物理课程的各个分支领域中。因此，学习本章既是对中学物理中功和机械能概念的提升和深化，也是为以后在其他领域中讨论功和能的概念奠定了基础。

4.1 外力的功、动能定理和机械能守恒定律

——为什么说动能是物体机械运动的标量量度？

4.1.1 功的一般定义和动能定理

如果力的大小和方向是变化的，物体的位移与力的作用方向的夹角也在不断改变，在这样的位移过程中，力对物体做的功的大小是多少？

先讨论一个质点的情况。如果一个质点在力 $\boldsymbol{F}$ 的作用下，沿某一个路径 L 从 A 点运动到 B 点。

首先可以把路径 L 分割成许多无穷小位移 $\mathrm{d}\boldsymbol{r}$（元位移），于是在每一个无穷小位移上作用力 $\boldsymbol{F}$ 对这个质点所做的功为

$$\mathrm{d}A = \boldsymbol{F} \cdot \mathrm{d}\boldsymbol{r} = |\boldsymbol{F}||\mathrm{d}\boldsymbol{r}|\cos\alpha = F_{\mathrm{t}}\mathrm{d}s \tag{4-1}$$

这里 $\mathrm{d}A$ 称为作用力 $\boldsymbol{F}$ 对这个质点所做的元功，α 是 $\boldsymbol{F}$ 和 $\mathrm{d}\boldsymbol{r}$ 的夹角，F_{t} 是力 $\boldsymbol{F}$ 的切向分量，$\mathrm{d}s$ 是与位移 $\mathrm{d}\boldsymbol{r}$ 对应的路程（图 4.1）。

然后，沿确定路径 L 把所有元功相加，在数学上就是完成力对空间路径的线积分，于是，力 $\boldsymbol{F}$ 沿路径 L 对质点做的功就是

$$A = \int_{a(L)}^{b} \boldsymbol{F} \cdot \mathrm{d}\boldsymbol{r} = \int_{a(L)}^{b} |\boldsymbol{F}||\mathrm{d}\boldsymbol{r}|\cos\alpha = \int_{a(L)}^{b} F_{\mathrm{t}}\mathrm{d}s \tag{4-2}$$

这里 L 就是确定的路径，a 和 b 分别为路径的起点和终点（图 4.2）。

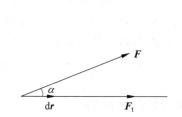

图 4.1 力沿无穷小位移做的元功

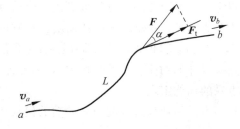

图 4.2 力在确定路径上对质点做的功

这样定义的功在数学上是把曲线先分割（微分）成无限多的小段，计算小段上的元功，然后把无限多小段的元功再相加（积分）完成的，而在物理上则体现了外力作用的空间累积效应。

按照牛顿第二定律，当一个质量为 m 的质点在外力 $\boldsymbol{F}$ 作用下沿任意曲线从 a 运动到 b 时，则在曲线的切向方向上，外力 $\boldsymbol{F}$ 沿曲线的切向分量 F_{t} 和质点切向加速度 $\dfrac{\mathrm{d}v}{\mathrm{d}t}$ 之间的关系是

$$F_{\mathrm{t}} = m\frac{\mathrm{d}v}{\mathrm{d}t}$$

又因 $v = \dfrac{\mathrm{d}s}{\mathrm{d}t}$，$\mathrm{d}s = v\mathrm{d}t$，于是有

$$A = \int_{a(L)}^{b} F_t \mathrm{d}s = \int_{a(L)}^{b} m\frac{\mathrm{d}v}{\mathrm{d}t}\mathrm{d}s = \int_{a(L)}^{b} mv\mathrm{d}v = \frac{1}{2}mv_b^2 - \frac{1}{2}mv_a^2$$

定义质点的动能为

$$E_k = \frac{1}{2}mv^2$$

则有

$$A = \frac{1}{2}mv_b^2 - \frac{1}{2}mv_a^2 = E_b - E_a \tag{4-3}$$

式(4-3)表明,外力对一个质点做的功等于该质点动能的增加,这个结论称为质点的**动能定理**。外力对质点做正功,质点的动能增加;反之,外力对质点做负功,即质点对外做正功,质点的动能减小。在国际单位制中,功和动能的常用单位是焦[耳],符号为 J,1J(焦耳)=1N•m(牛顿•米),其他非国际单位的常见的功和能量的单位有尔格,符号为 erg,还有电子伏特,符号为 eV。

$$1\mathrm{erg} = 10^{-7}\mathrm{J}, \quad 1\mathrm{eV} = 1.6 \times 10^{-19}\mathrm{J}$$

在质点的动能定理中,功是一个描述过程的物理量,功的大小与质点运动的具体路程有关,而动能是一个描述质点状态的物理量,在质量不变的情况下,它的大小与质点的速度有关。外力做功的过程是质点动能增加的过程,质点增加的动能是从其他运动形式的能量转化而来的;反之,运动的质点对外做功的过程是质点动能减少的过程,质点减少的动能一定会转化为其他形式的能量。动能定理实际上揭示了做功的过程就是能量从一种运动形式向另一种运动形式传递或转化的过程。外力对质点做功而引起质点动能增加是对质点机械运动状态变化的一种标量的量度。

把以上对一个质点的讨论扩展到由 n 个质点构成的质点系。质点系中每一个质点受到的作用力分为两种:一种是来自其他质点对它的作用力,称为内力,内力总是成对出现的,大小相等,方向相反,但作用在不同质点上,质点系中所有内力的矢量和等于零;另一种是来自质点系以外的物体对它的作用力,称为外力。于是,把以上对于一个质点的动能定理推广到质点系的动能定理。

所有外力做的功和所有内力做的功的代数和等于质点系动能的增量:

$$\sum A_{外} + \sum A_{内} = \sum E_{kb} - \sum E_{ka} = \sum_i \frac{1}{2}m_i v_{ib}^2 - \sum_i \frac{1}{2}m_i v_{ia}^2 \tag{4-4}$$

其中,$\sum E_{kb}$ 是质点系的末动能,$\frac{1}{2}m_i v_{ib}^2$ 是第 i 个质点的末动能,$\sum E_{ka}$ 是质点系的初动能,$\frac{1}{2}m_i v_{ia}^2$ 是第 i 个质点的初动能。

【物理史料】 从"活力"到"动能"

4.1.2　保守力的功和质点的势能

常见的内力的功可以分为保守内力功和非保守内力功两种:

$$\sum A_{内} = \sum A_{内保} + \sum A_{非内保} \tag{4-5}$$

如果内力是万有引力、重力、弹力等,这样的内力属于保守内力,如果内力是各种摩擦力,这样的内力则属于非保守内力。保守内力做功与非保守力内力做功的一个区别是：凡保守力内力做功的大小只与起始位置和终结位置有关,而与做功的路径无关,这是保守内力做功的一个特点。

（1）万有引力做功和引力势能。按照万有引力定律,处于一定距离的两个物体之间存在万有引力。设一质量为 m 的质点受到质量为 M 的质点的引力作用（设 $M \gg m$）,并从空间位置 r_a 沿任意路径运动到位置 r_b,由于 $M \gg m$,质点 m 对质点 M 的引力作用对 M 的运动状态影响很小,可以近似认为 M 始终保持静止不动（图 4.3）。

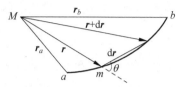

图 4.3　万有引力对质点做的功

以 M 为坐标原点,设在任一时刻质点 m 离开质点 M 的位移是 $\boldsymbol{r}$,方向从 M 指向 m,于是质点 m 受到的来自质点 M 的万有引力是

$$\boldsymbol{F} = -G \frac{Mm}{r^3} \boldsymbol{r} \tag{4-6}$$

当质点 m 在运动的路径上从 $\boldsymbol{r}$ 开始产生了位移 $\mathrm{d}\boldsymbol{r}$ 时,引力 $\boldsymbol{F}$ 对 m 做的元功是

$$\mathrm{d}A = -G \frac{Mm}{r^3} \boldsymbol{r} \cdot \mathrm{d}\boldsymbol{r} \tag{4-7}$$

由于 $\boldsymbol{r} \cdot \boldsymbol{r} = r^2$,$\mathrm{d}(\boldsymbol{r} \cdot \boldsymbol{r}) = \boldsymbol{r} \cdot \mathrm{d}\boldsymbol{r} + \mathrm{d}\boldsymbol{r} \cdot \boldsymbol{r} = \mathrm{d}(r^2) = 2r\mathrm{d}r = \mathrm{d}(r^2)$,因此有 $\boldsymbol{r} \cdot \mathrm{d}\boldsymbol{r} = r\mathrm{d}r$,从而得到

$$\mathrm{d}A = -G \frac{Mm}{r^2} \mathrm{d}r \tag{4-8}$$

设质点 m 从空间起始位置 r_a 沿任意路径运动到终结位置 r_b,万有引力 $\boldsymbol{F}$ 对 m 做的功是

$$A = \int \mathrm{d}A = \int_{r_a}^{r_b} -G \frac{Mm}{r^2} \mathrm{d}r = GMm \left(\frac{1}{r_b} - \frac{1}{r_a} \right) = \left(-\frac{GMm}{r_a} \right) - \left(-\frac{GMm}{r_b} \right) \tag{4-9}$$

上式表明,万有引力做的功只与质点的起始位置（初态）r_a 和终结位置（末态）r_b 有关,而与实际经过的路径无关,万有引力存在于质点系的两个质点之间,因此,万有引力是保守内力。

$E_p = -\dfrac{GMm}{r}$ 为质点位于位置 r 处的引力势能,则 $E_{pa} = -\dfrac{GMm}{r_a}$ 和 $E_{pb} = -\dfrac{GMm}{r_b}$ 分别为质点在初始位置 r_a 和终结位置 r_b 的引力势能,于是,式（4-9）表明,万有引力 $\boldsymbol{F}$ 对质点 m 所做的功等于该质点引力势能的减少。

$$A = E_{pa} - E_{pb} = \left(-\frac{GMm}{r_a} \right) - \left(-\frac{GMm}{r_b} \right) \tag{4-10}$$

对两个质点构成的系统而言,万有引力是内力,因此,引力势能是属于质点 M 和质点 m 这两个质点组成的系统的。通常说的"质点 m 的引力势能"应该完整地称为"质点 M 和质点 m 所构成系统的引力势能"。

式（4-10）仅表明了质点 m 分别处于两个位置时,由质点 M 和质点 m 这两个质点组成的系统的引力势能的差。为了确定质点 m 处于某位置的引力势能的数值,必须选择引力势能的零点。通常取质点 m 处于无穷远处的引力势能为零点,也就是当 $r_b \to \infty$ 时,$E_{pb} = 0$,于是,当 M 和 m 两个质点距离为 r 时,质点 m 的引力势能就可以定义为

$$E_p = -\frac{GMm}{r} \tag{4-11}$$

（2）重力所做的功和重力势能。重力是物体在地球表面受到的引力的一个特例,重力

势能也就是在地球表面的物体和地球组成的系统的引力势能。

设 M 和 R 分别是地球的质量和半径,物体的质量是 m,物体放在离开地面的高度为 h 的桌子上,于是物体处于该高度的引力势能与物体处于地面上的引力势能的差值,也就是在物体从桌面落到地面的过程中引力做的功为

$$A = E_{pa} - E_{pb} = \left(-\frac{GMm}{R+h}\right) - \left(-\frac{GMm}{R}\right) \tag{4-12}$$

以上引力势能 E_{pa} 和 E_{pb} 的表达式虽然是以无穷远处为势能零点的,但是,不管选取何处为势能零点,它们的这个差值都是确定的。

与为了确定引力势能的具体大小需要选择无穷远处为势能零点类似,确定重力势能的大小也必须选择重力势能的零点或零势能面,在具体问题中,一般总可以选择任意一个零势能点或零势能面的高度来计算物体的重力势能。

当物体放在离地面的高度为 h 的桌面上时,一个常见的选择就是选择地面为零势能点,即在式(4-11)中设 $r_b = R$ 时,$E_{pb} = 0$,于是

$$A = E_p = \left(-\frac{GMm}{R+h}\right) - \left(-\frac{GMm}{R}\right) = GMm \frac{h}{R(R+h)}$$

又由于 $h \ll R$,$R(R+h) \approx R^2$,而物体处于地球表面受到的重力 $mg = \dfrac{GMm}{R^2}$,因此有

$$A = E_p = mgh \tag{4-13}$$

$E_p = mgh$ 就称为物体距地面高度为 h 时的重力势能,重力是地球和物体整个系统的内力,物体的重力势能应该完整地称为地球和物体组成系统的重力势能。当物体从桌面落到地面,如图 4.4 所示,重力做正功的大小就等于物体重力势能的减少

$$A = E_{p桌} - E_{p地} = mgh - 0 = mgh$$

如果物体仍然放在离地面的高度为 h 的桌面上,但选取桌面为零势能面,则在低于桌面位置处的物体的重力势能就是负值。当物体从桌面落到地面上时,重力做正功,其大小就等于物体的重力势能的减少,即

$$A = E_{p桌} - E_{p地} = 0 - (-mgh) = mgh$$

(3) 弹力做的功和弹性势能。把水平放置的弹簧一端固定在桌面上,在另一端系上一个质量为 m 的小球。先从平衡位置处用手把小球沿水平方向拉开一段位移,然后放手,小球在弹力作用下发生往返运动,在这个运动过程中弹力做了功(图 4.5)。弹力是弹簧与小球之间的相互作用力,弹力也是系统的内力。

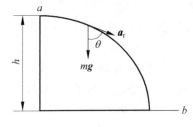

图 4.4 重力做的功

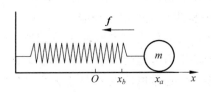

图 4.5 弹力做的功

设弹簧的劲度系数为 k,以小球在平衡位置 O 为坐标原点,初始时弹簧处于自然长度,没有受到弹力的作用;当小球偏离平衡位置的位移是 x 时,小球所受到的弹力的大小为

$f=-kx$(负号表示弹力方向与小球离开平衡位置的位移方向相反)。

当小球从起始位置 a(离开平衡位置的位移为 x_a)运动到终结位置 b(离开平衡位置的位移为 x_b)的过程中,弹力做的功是

$$A = \int_{x_a}^{x_b} f \mathrm{d}x = \int_{x_a}^{x_b} (-kx) \mathrm{d}x = \frac{1}{2}kx_a^2 - \frac{1}{2}kx_b^2 \tag{4-14}$$

上式表明,弹力做的功只与小球的起始位置 a 和终结位置 b 有关,而与实际经过的路径无关。弹力也是保守内力。

定义 $E = \frac{1}{2}kx^2$ 为小球在偏离平衡位置为 x 处的弹性势能,则 $E_{pa} = \frac{1}{2}kx_a^2$ 和 $E_{pb} = \frac{1}{2}kx_b^2$ 分别为小球在位置 a 和位置 b 的弹性势能。弹性势能是属于小球和弹簧组成的系统的,通常也把系统弹性势能称为小球的弹性势能。弹力做的功等于小球弹性势能的减少。

从以上分析看出,引力、重力和弹力都是保守内力,保守内力做的功等于相应的势能的减少。在一般情况下,把以上对于一个小球的讨论推广到质点系组成的系统,于是,这个结论可以表述为:系统所有保守内力做的功等于系统的相应势能的减少。

$$A_{内保} = -\left(\sum E_{pb} - \sum E_{pa}\right) \tag{4-15}$$

例题 1 一匹马拉着雪橇沿着冰雪覆盖的凹陷的弧形路面极缓慢地匀速移动,这圆弧路面的半径为 R,设马对雪橇的拉力始终与路面平行。雪橇的质量为 M,它与路面的动摩擦系数为 μ_k。当马由弧形的底端向上拉动雪橇达 $45°$ 圆弧时(图 4.6),马对雪橇做了多少功?重力和摩擦力各做了多少功?

图 4.6

【解题思路】

本题中,马的拉力、重力和摩擦力等三个力都对雪橇做了功,但是只有重力是保守力。此外,这三个力除了重力是恒力外,马的拉力、摩擦力都不是恒力,因此,本题需要求得的各个力做的功显然不能直接套用功的计算公式,而是必须从求元功入手。

【解题过程】

取弧长增加的方向为正方向,元位移 $\mathrm{d}s$ 的大小为

$$\mathrm{d}s = R\mathrm{d}\theta$$

重力 $\boldsymbol{G}$ 的大小为 $G=mg$,方向竖直向下,与元位移的夹角为 $\theta + \frac{\pi}{2}$,所做的元功为

$$\mathrm{d}W_1 = \boldsymbol{G} \cdot \mathrm{d}\boldsymbol{s} = G\cos(\theta + \pi/2)\mathrm{d}s = -mgR\sin\theta\mathrm{d}\theta$$

于是当马由弧形的底端向上拉动雪橇达 $45°$ 圆弧时,重力所做的功为

$$W_1 = \int_{0°}^{45°} (-mgR\sin\theta)\mathrm{d}\theta = mgR\cos\theta \Big|_{0°}^{45°} = -\left(1 - \frac{\sqrt{2}}{2}\right)mgR$$

摩擦力 f 的大小为 $f = \mu_k N = \mu_k mg\cos\theta$,方向与元位移的方向相反,所做的元功为

$$\mathrm{d}W_2 = \boldsymbol{f} \cdot \mathrm{d}\boldsymbol{S} = f\cos\pi\mathrm{d}S = -\mu_k mg\cos\theta R\mathrm{d}\theta$$

于是摩擦力所做的功为

$$W_2 = \int_{0°}^{45°} (-\mu_k mgR\cos\theta)\mathrm{d}\theta = -\mu_k mgR\sin\theta \Big|_{0°}^{45°} = -\frac{\sqrt{2}}{2}\mu_k mgR$$

当雪橇缓慢地匀速移动时,雪橇受的重力 $\boldsymbol{G}$、摩擦力 $\boldsymbol{f}$ 和马的拉力 $\boldsymbol{F}$ 的合力为零,即

$$F + G + f = 0 \quad 或 \quad F = -(G + f)$$

拉力的元功为

$$dW = F \cdot ds = -(G \cdot ds + f \cdot ds) = -(dW_1 + dW_2)$$

于是拉力所做的功为

$$W = -(W_1 + W_2) = \left(1 - \frac{\sqrt{2}}{2} + \frac{\sqrt{2}}{2}\mu_k\right)mgR$$

由以上结果可见,重力和摩擦力都做负功,拉力做正功。

例题 2　在与水平面成 30°角的光滑斜面上,放置一个劲度系数为 k 的轻弹簧,弹簧的一端固定在斜面最上端,另一端沿斜面系着一个质量为 m 的物体(图 4.7(a))。设一开始物体静止,然后使物体获得一沿斜面向下的速度 v_0,于是,物体随之下滑,并带动弹簧伸长。试求物体在弹簧伸长到离起始位置为 x 处时的动能。

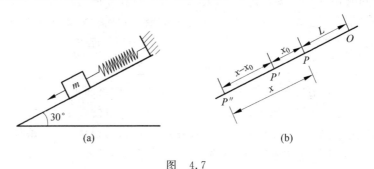

图　4.7

【解题思路】

本题讨论的是物体在弹力和重力做功的条件下沿斜面运动的过程,最后要求物体在弹簧伸长到离起始位置为 x 处的动能。

本题的研究对象是物体,物体受到的弹力和重力都是外力,这些力对物体做功,使物体的动能发生改变;因此,利用动能定理,只要写出做功的表达式和初动能的表达式,就可以得到终结位置的动能。

由于本题涉及弹簧的伸长,因此,必须确定弹性势能的零点;又由于题中物体沿斜面作下滑运动,会涉及物体的重力势能变化,于是还必须确定物体重力势能的零点。

【解题过程】

用动能定理求解。设弹簧的原长为 L,把弹簧放置在斜面上时,弹簧的最上端为 O 点,以此作为坐标原点,则弹簧下端所处的 P 点位置就是弹性势能的零点,$OP = L$。

设弹簧挂上物体以后,伸长量为 x_0,物体处于 P' 点,则 P' 点就是物体的平衡位置,取 P' 点为重力势能的零点(图 4.7(b))。

设物体到达的终结位置是 P'' 点,按照题意,此时弹簧从 P 点开始的伸长量为 x,由这个伸长量可得弹力做功大小,而从 P' 点到 P'' 点物体下降的高度是 $(x - x_0)\sin\alpha = \frac{1}{2}(x - x_0)$,由这个高度可得重力做功大小。

以物体为研究对象。在物体从平衡位置 P' 运动到终结位置 P'' 的过程中,弹力对物体

做功

$$A_1 = -\int_{x_0}^{x} kx\,\mathrm{d}x = \frac{1}{2}kx_0^2 - \frac{1}{2}kx^2$$

重力对物体做功

$$A_2 = \int_{P'}^{P''} mg\,\mathrm{d}h = mg(x-x_0)\sin30° = \frac{1}{2}mg(x-x_0)$$

又当物体处于 P' 点平衡位置时，$mg\sin30°=kx_0$，由此得到

$$x_0 = \frac{mg}{2k}$$

根据动能定理，弹力和重力对物体做功引起物体动能增加，即

$$A_1 + A_2 = \frac{1}{2}mv^2 - \frac{1}{2}mv_0^2$$

于是，物体到达终结位置的动能是

$$\frac{1}{2}mv^2 = \frac{1}{2}mv_0^2 + A_1 + A_2 = \frac{1}{2}mv_0^2 + \frac{1}{2}mgx - \frac{1}{2}kx^2 - \frac{(mg)^2}{8k}$$

4.1.3 系统的机械能定理和机械能守恒定律

根据动能定理的表达式，并注意到内力的功包括保守内力的功和非保守内力的功

$$\sum A_内 = \sum A_{内保} + \sum A_{非内保} \tag{4-16}$$

于是有

$$\sum A_外 + \sum A_{非内保} = \sum E_b - \sum E_a \tag{4-17}$$

式中，$\sum E_b = \sum(E_{kb}+E_{pb})$ 是质点系终结状态的动能和势能之和，称为系统终结状态的机械能，$\sum E_a = \sum(E_{ka}+E_{pa})$ 是质点系初始状态的动能和势能之和，称为系统初始状态的机械能。式(4-17)表明，外力对系统做的功和非保守内力对系统做的功的代数和等于系统机械能的增量，这就是系统的**机械能定理**。

如果系统既没有受到任何外力做的功，也不存在任何非保守内力做的功，或者外力功与非保守内力做的功的代数和为零，那么

$$\sum E_b - \sum E_a = 0 \tag{4-18}$$

由于系统的初始状态和终结状态是任意选定的，因此，

$$\sum E_a = \sum E_b = 恒量 \tag{4-19}$$

式(4-19)表明，如果系统不受到任何外力功和非保守内力功，系统的机械能是守恒的，这个结论称为**机械能守恒定律**。

由机械能守恒定律可以得出，系统在只有保守力做功的条件下，机械能是守恒的。保守力做功的结果不会改变系统的机械能，但是可以引起系统内部各物体之间动能和势能的互相转化。

作为一个应用例子，下面从机械能守恒定律导出第一、第二宇宙速度。

第一宇宙速度指的是从地球上发射人造地球卫星和航天器，使之能够环绕地球作匀速

圆周运动需要的最小发射速度(又称环绕速度)。

设地球质量是 M,航天器质量是 m,离开地球的地心距离是 r,在这个高度上环绕地球作匀速圆周运动的速度是 v。航天器与地球之间的引力提供了物体作圆周运动的向心力,因此物体的速度 v 必须满足下列条件:

$$G\frac{Mm}{r^2} = \frac{mv^2}{r}$$

由此得出

$$v = \sqrt{\frac{GM}{r}}$$

于是航天器的动能是

$$E_k = \frac{1}{2}mv^2 = \frac{GMm}{2r}$$

航天器运行时,不仅具有动能,还具有引力势能,即

$$E_p = -G\frac{Mm}{r}$$

设从地面上发射航天器的速度是 v,则根据机械能守恒定律,发射航天器时的初态机械能等于航天器在运行时的机械能,为

$$\frac{1}{2}mv^2 + \left(-\frac{GMm}{R}\right) = \left(\frac{GMm}{2r}\right) + \left(-G\frac{Mm}{r}\right)$$

容易看出,r 越大,v 就越大。当 $r = R$ 时,从地面上相应的发射速度最小。于是有

$$v_1 = \sqrt{\frac{GM}{R}} = 7.9 \times 10^3\,\mathrm{m/s} \tag{4-20}$$

这就是第一宇宙速度。

第二宇宙速度指的是使航天器挣脱地球引力所需要的最小发射速度(又称挣脱速度)。

如果不计其他星球的作用,航天器在飞离地球的过程中只有地球引力做功,航天器的机械能守恒。

设在地面上发射航天器的最小速度为 v,航天器具有动能和引力势能,当航天器恰好挣脱引力进入太空时离开地心的距离 $r \to \infty$,航天器的引力势能为零。如果此时航天器的动能也为零,这就对应于地面上发射的最小速度,因此有

$$\frac{1}{2}mv^2 + \left(-\frac{GMm}{R}\right) = 0$$

由此得出

$$v_2 = \sqrt{\frac{2GM}{R}} = \sqrt{2Rg} = 11.2 \times 10^3\,\mathrm{m/s} \tag{4-21}$$

这就是第二宇宙速度。

每一个星体都存在这样的挣脱速度,它的大小与星体的质量和半径有关。如果星体的质量很大,半径很小,以至于挣脱速度达到甚至超过光速,那么,这个星体放出的光不可能挣脱引力而向外发射,在远处的观察者当然也就根本不可能接收到这个星体发出的任何信息,这样的星体就是宇宙中的黑洞。

设 $v = \sqrt{\frac{2GM}{R}} = c$(光速),可以得出

$$R_c = \frac{2GM}{c^2} \tag{4-22}$$

这就是一个星体变成黑洞的临界半径。对地球而言,这个临界半径 $R_c = \frac{2GM}{c^2} = 1\text{cm}$,即只有当地球压缩成一个半径约为 1cm 的小球时,它才会变成一个黑洞。

从地球表面发射航天器,使物体挣脱太阳引力的束缚并飞出太阳系,进入浩瀚的银河系中漫游所需要的最小速度就是第三宇宙速度(又称逃逸速度)。第三宇宙速度 $v_3 = 16.7\text{km/s}$(图 4.8)。

【拓展阅读】 第三宇宙速度

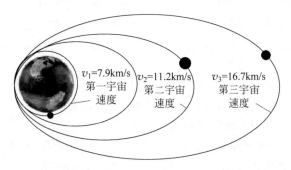

图 4.8　第一、第二和第三宇宙速度

4.2　普遍的能量守恒定律

在系统的机械能定理中可以看出,即使不存在外力功,但只要存在非保守力的功,那么,系统的机械能依然不再守恒,

$$\sum A_{\text{非内保}} = \sum E_b - \sum E_a \tag{4-23}$$

一般情况下,非保守力往往是摩擦阻力或其他阻力,因此,系统需要克服非保守力做功,于是系统的机械能就会减少。这些减少的机械能将转化为其他形式的能量。

以单摆的运动为例。悬挂在细绳上的小球在摆动时,在理想情况下,不考虑悬挂点上的阻力和空气阻力,小球只受到重力的作用。重力是保守力,因此,小球的机械能守恒,小球将持续不断地来回摆动。

然而,实际的单摆必须计入各种阻力,这些阻力都是非保守力。无论单摆实际从什么位置开始摆动,在初始时刻一定具有机械能。经过一段时间以后,单摆的摆动最后一定会停止,机械能减少为零。因此,小球的机械能不守恒。由于在实际的摆动过程中,不可避免地出现了小球温度和悬挂点温度的升高(尽管很微小),这表明,减少的机械能转化为整个系统的另一种能量——内能。如果把能量的概念扩展到机械能和内能,系统的能量依然是守恒的。

非保守力做功的结果会改变系统的机械能,引起状态内部机械能和其他形式能量的互相转化,从而各种形式的能量总和仍然保持不变,这个结论就称为能量守恒定律。机械能守恒定律是能量守恒定律的一个特例。

能量守恒定律、动量守恒定律和角动量守恒定律是物理学中最重要的三大守恒定律。虽然它们是牛顿定律的推论,但是在牛顿定律不能应用的物理现象中(例如,在涉及微观粒子产生和湮没的过程中),这三大守恒定律依然适用。

例题3 在液氢泡沫室中,入射质子 A 以速度 v 自左方进入,与室内的静止质子 B 相互作用(图4.9)。试证明碰撞后两个质子将互成直角地离开。

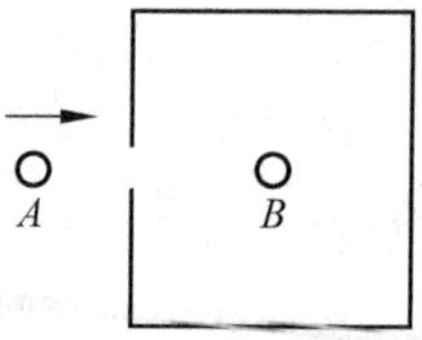

图 4.9

【解题思路】

碰撞是一种常见的物理现象。在力学中,牛顿第三定律指出作用力与反作用力大小相等、方向相反,并分别作用在两个不同的物体上。在这里,相互作用的思想是以力的形式表现出来的。而物体碰撞的过程则进一步指出在弹性碰撞过程中,两个物体的相互作用不仅会以力的形式体现,在动量守恒和能量守恒的前提条件下,两个物体的动量和能量在碰撞以后还会在两个物体上重新分配。前一个表现是在力的层次上,后一个表现则上升到动量和能量的层次上。相互作用的思想是物理学的一个重要的思想。

本题是一个典型的碰撞问题。入射质子 A 与液氢泡沫室中的静止质子 B 发生碰撞前后,不仅两个质子的动量守恒,它们的动能也守恒,这样的碰撞称为完全弹性碰撞,可以利用两球碰撞过程中的动量守恒和能量守恒关系来求解。

从数学上看,动量守恒和能量守恒两个守恒定律给出初动量、初能量、末动量、末能量四个物理量之间的两个关系式,这就相当于两个约束条件,因此,在给定的初始条件下只能求出两个独立的解。然而本题只给出了碰撞前一个质子运动、另一个质子静止的初始条件,没有动量和能量的具体数据,当然就无法求出碰撞后末动量和末能量的具体数值,因此,得出的最后结果只能是碰撞后两个质子动量和能量的相互关系。

【解题步骤】

在碰撞前,当质量为 m 的质子入射时,两个质子的速度可以分别写为 v_{1i} 和 v_{2i},碰撞后,两个质子的速度分别为 v_{1f} 和 v_{2f},则有两球碰撞过程中的动量守恒和能量守恒关系:

$$m\boldsymbol{v}_{1i} + m\boldsymbol{v}_{2i} = m\boldsymbol{v}_{1f} + m\boldsymbol{v}_{2f}$$

$$\frac{1}{2}mv_{1i}^2 + \frac{1}{2}mv_{2i}^2 = \frac{1}{2}mv_{1f}^2 + \frac{1}{2}mv_{2f}^2$$

由于 $v_{2i}=0$,于是,可以得到速度矢量以及大小之间的如下关系式:

$$\boldsymbol{v}_{1i} = \boldsymbol{v}_{1f} + \boldsymbol{v}_{2f} \tag{4-24}$$

和

$$v_{1i}^2 = v_{1f}^2 + v_{2f}^2 \tag{4-25}$$

容易看出,式(4-24)表示两个矢量的和等于第三个矢量,而式(4-25)表示这两个矢量大小的平方和等于第三个矢量大小的平方。按矢量相加的作图法,可知式(4-24)中这三个矢量组成一个三角形;而按勾股定理,可知式(4-25)中这三个矢量组成的是一个直角三角形,v_{1f} 和 v_{2f} 正是这个直角三角形的两条直角边,即 v_{1f} 和 v_{2f} 一定相互垂直。

【拓展阅读】 三大守恒定律和对称性

思 考 题

1. (1) 一个质点可以有动量而没有动能吗? 一个质点可以有动能而没有动量吗? 试解释你的回答。

（2）如果一个质点的速度提高1倍,它的动量增加多少倍? 它的动能增加多少倍?

（3）如果两个质点的动能相等,它们的动量一定相等吗? 试解释你的回答。

（4）如果两个质点的动量大小相等(例如,甲质点的质量是 1kg,速度是 2m/s;乙质点的质量是 2kg,速度是 1m/s),它们的动能相等吗? 如果不相等,哪一个质点的动能更大?

2. 在得出万有引力做的功时,假设 $M \gg m$,在万有引力作用下,m 沿某一路径运动,假设万有引力对 M 的影响很小,可以认为 M 静止不动。如果两个质量相近的质点 M 和 m 在相互作用力(万有引力)下运动,那么,作用力与反作用力所做的功一定是等值反号吗? 为什么? 如果不是,一对相互作用的万有引力在微小过程中的元功之和与什么因素有关?

3. 在两个不同的惯性系 S 和 S' 中,观测同一个质点的动能得到的结论相同吗? 观测同一个外力对质点做功得到的结论相同吗? 当质点的动能发生变化时,动能变化定理的形式相同吗?

4. 例题 2 是否可以利用机械能守恒定律求解? 如果可以,请根据机械能守恒定律重新求解。

5. 中学物理就引入了动量和动能两个重要的物理量来描述机械运动,大学物理中仍然把动量和动能放在重要的位置上讨论。这两个物理量都是描述物体机械运动的量。你认为,定义了动量后,为什么还需要定义动能来度量物体的机械运动? 动量和动能之间有什么联系? 又有什么区别?

习 题

4.1 有一变力 $F = (-3 + 2xy)i + (9x + y^2)j$ 作用于一质点上,分别经过习题 4.1 图中的 $\overline{OC}$、$\overline{OAC}$、$\overline{OBC}$ 三条路径,求:该力在这三条路径上分别对质点所做的功。

4.2 一质量为 m 的物体,从质量为 M 的圆弧形槽顶端 A 由静止滑下,设圆弧形槽的半径为 R,张角弧度为 $\dfrac{\pi}{2}$,如习题 4.2 图所示,不计任何摩擦力,求:

（1）物体刚离开槽底端 B 时,物体和槽的速度;

（2）在物体从 A 滑到 B 的过程中,物体对槽所做的功 W;

（3）物体到达底端 B 时对槽的压力。

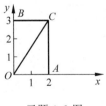

习题 4.1 图

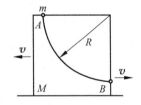

习题 4.2 图

4.3 在光滑的水平桌面上,有一如习题 4.3 图所示的固定半圆形屏障。质量为 m 的滑块以初速度 v_0 沿切线射入屏障内,滑块与屏障之间的摩擦系数为 μ。试证明当滑块从屏障另一端滑出时,摩擦力所做的功为

$$W = \frac{1}{2}mv_0^2(e^{-2\mu\pi} - 1)$$

4.4 质量为 M 的实验小车 A 上有一根竖立的细杆,用一根长为 R 的细绳将质量为 m' 的一个小球挂在杆上 P 点,该实验小车和球以共同的初速度 v 向右作水平方向的运动,和质量为 m 的另一辆静止小车 B 发生完全非弹性碰撞,如习题 4.4 图所示。(不计任何摩擦,且假设 $M,m \gg m'$,也不计小球的运动对两辆小车的速度的影响。)

试证明:欲使小球在竖直面内绕 P 点作圆周运动。实验小车 A 和球的水平初速度大小至少为 $v = \dfrac{M+m}{m}\sqrt{5gR}$。

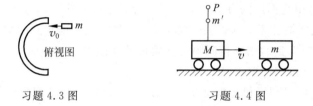

习题 4.3 图　　　　　　习题 4.4 图

4.5 用一铁锤将一根铁钉打进一块木板。如果木板对铁钉的阻力与铁钉进入木板的深度成正比,当铁锤第一次敲打时,铁钉进入木板深度为 1cm,问:铁锤第二次敲打时,铁钉进入木板的深度是多少? 比第一次进入木板的深度增加了多少?(假设铁锤两次敲打铁钉的速度都相同,且铁锤与铁钉碰撞以后完全合为一体,在碰撞前后铁锤和铁钉的动量守恒,但它们的动能不守恒,这样的碰撞称为完全非弹性碰撞。)

4.6 一竖直放置的弹簧,其劲度系数为 k。一端固定在地面上,如习题 4.6 图所示。试求:

(1)在弹簧的另一端放置一个质量为 M 的大木块,并保持静止时,弹簧被压缩了多少? 系统的弹性势能多大?

(2)有一个质量为 m 的泥土小球从质量为 $M(m<M)$ 的大木块上方 h 处自由下落到大木板上,并与大木板粘在一起向下运动。小球和大木板一起向下运动的最大长度是多少?

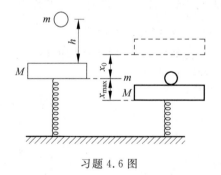

习题 4.6 图

【拓展思考】

如果小泥块换成小木球,下落以后与大木块发生的是完全弹性碰撞,那么,小木球从大木板的位置反弹上升的最大高度是多少? 弹簧再一次被压缩的长度又是多少?

4.7 一质量为 m 的小车放在呈现为半球形的冰墩顶部,球的半径为 R,如习题 4.7 图所示。假设小车从静止开始沿冰墩滑动,不计任何摩擦,问:小车将在角度 θ 为多大时离开冰墩?

4.8 一轻质弹簧原长为 l_0,劲度系数为 k,上端保持固定,下端悬挂一质量为 m 的物

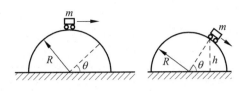

习题 4.7 图

体。开始用手托住物体,使弹簧保持原长。然后突然放开手,使物体下落。问:物体到达最低位置时弹簧的最大伸长量是多少?弹力多大?物体从弹簧原长下落经过平衡位置时的速度多大?

4.9 一劲度系数为 k 的轻质弹簧放置在光滑水平面上,一端固定在墙上,在另一端自然长度的原长 O 处系一个质量为 m_A 的物体 A。当用外力把弹簧压缩 x_0 以后,再紧靠 A 放置一个质量为 m_B 的物体 B,如习题 4.9 图所示。开始时,系统处于静止状态。除去外力以后,如果不计任何摩擦力,试求:

(1) 当物体 A 和物体 B 分离时,物体 B 的速度;

(2) 分离后,物体 A 运动过程中离开 O 点的最大距离。

4.10 如习题 4.10 图所示,一条质量为 m,长度为 l 的匀质链条,放在水平桌面上,设桌面与链条之间的摩擦系数是 μ。当链条下端在桌面下的长度达到 $l/4$ 时,链条在重力作用下开始下滑。试计算链条的另一端刚好离开桌面时的速度大小。

习题 4.9 图　　　　　　　　　　　习题 4.10

第 **5** 章

具有周期性运动行为的振动和波动的描述

本章引入和导读

钟摆的运动

琴弦的发声

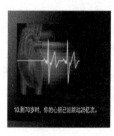

心电图

大地的震动

各种不同类型的振动和波动

　　振动是几乎在每一个领域中都能发现的一种运动形式,狭义的振动只指机械振动。机械振动是各类振动中最常见的也是最基本的振动。从挂在弹簧上的一个具有质量的物体的上下运动、机械钟里钟摆的往返运动、管弦乐器上琴弦的有节奏运动、人体心脏的起搏跳动到地壳板块碰撞引起的地震等都是机械振动的实例。它们的运动特征是,物体在平衡位置附近随时间作周期性往返机械运动。而从广义上看,任何描述物体某种空间特征、内在性能或结构体系等的量(无论是物理的、化学的、地理的、生物的或社会的量等)随时间前后左右上下围绕某个位置或状态呈现的周期性往返变化都可以看成是一种振动,因此,广义的振动包括所有描述的量随时间周期性变化的运动。从振动的表现形式看,振动有简单振动与复杂振动之分。

　　波动也是一种几乎到处可见的运动形式,波动不是如同一只小球或一块石头那样一个物体的运动,而是振动的能量和信息在空间传播的一种运动形式。它的主要特征是运动既具有空间周期性又具有时间周期性。波动有狭义和广义之分。狭义的波动只指机械振动在空间的传播,如水波、声波等机械波。机械波是机械振动产生以后通过弹性介质进行传播而形成的。机械波是常见的具有时间和空间周期性的一种运动形式。

　　广义地说,某一个时刻空间某一处产生的振动和扰动,在下一个时刻引起空间下一处产生同样的振动和扰动,这就属于振动和扰动的传播。声波、水波、电磁波、地震冲击波,以及市场上商品价格的波动等都是波动的实例。广义的波动包括描述的量随时间周期性变化和空间周期性变化的运动(可描述电磁场的、生物的、社会的量等)。波动有简单波动与复杂波动之分。

本章仅讨论机械振动和机械波动的描述方式和它们具有的特征。

如同在直线运动和曲线运动中引入质点的理想模型一样,本章从引入振动和波动的理想模型——简谐运动和简谐波开始。简谐运动的特点是,位移、速度和加速度的表达式都是时间的余弦函数(或正弦函数)。简谐波则是简谐运动在介质中的传播。

学习本章,要理解和掌握对简谐运动和简谐波动的描述方式及其相应的特征物理量,学习用类比的方法对简谐运动和简谐波动进行比较。既要掌握简谐运动与简谐波之间很多的相似性,又要掌握简谐运动与简谐波之间的许多区别。例如,振动图像描述的是同一个质点随时间周期性的往返运动,波动图像描述的是同一时刻介质中许多质点的运动;描述振动需要三个特征量——振幅、角频率和相位,振动的质点具有动能和势能。描述波动还需要加上波速、波长、能量密度和能流密度等特征量。

5.1　简谐运动的运动学描述

——什么是描述简谐运动的三个特征量?

实际的机械振动现象是很复杂的,为了从本质上把握振动的特点,本章讨论一种简单的理想化的机械振动——简谐运动。任何复杂的振动都可以看成是由不同频率的简谐运动组成的。

5.1.1　简谐运动的一个理想化模型——谐振子的运动

把轻弹簧的一端固定,另一端与一个质量为 m 的物体相连接,并放置在光滑的水平面上,就构成了一个谐振子,如图 5.1 所示。当弹簧处于自然长度时,物体处于平衡位置 O。把 O 点设为 x 轴的坐标原点,沿水平方向(x 轴正方向)拉伸弹簧使物体偏离平衡位置 O 点的位移为 x 后释放,在忽略弹簧质量以及不计空气阻力和其他摩擦力的情况下,物体在弹性力作用下围绕平衡位置作往返运动,其偏离平衡位置的位移随时间呈周期性的变化,这种运动就称为简谐运动。

"谐振子"的运动是实际振动物体的一种理想化模型。一个弹簧振子的小幅度往返运动常常可以近似看作是简谐运动,如图 5.2 所示。

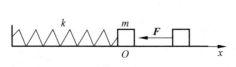

图 5.1　谐振子的简谐运动

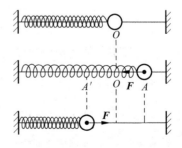

图 5.2　弹簧振子的振动

如同前面几章讨论质点运动从对位移的描述开始一样，对简谐运动的运动状态的描述也从对位移的描述开始。

按照胡克定律，谐振子受到的弹性力作用 F 的大小与物体离开平衡位置的位移 x 的大小成正比，F 的方向与位移 x 的方向相反，即 $F=-kx$。在弹性力的作用下，物体作变加速运动，可以证明，它的位移 x 随时间的变化可以用余弦函数（也可以用正弦函数）描述

$$x(t) = A\cos(\omega t + \varphi) \tag{5-1}$$

式(5-1)称为简谐运动的运动学方程。

式(5-1)表明，振动的位移 $x(t)$ 不仅是时间的函数，而且还与三个量有关：A（称为振幅）、ω（称作角频率）和 $\omega t+\varphi$（称作相位）。这三个量正是描述简谐运动特点的物理量，称为简谐运动的三个特征量。

在实际问题中，每一个振动发生以后，除了仍然需要用偏离平衡位置的位移、速度和加速度的大小等这些与质点运动学相同的物理量来描述以外，还需要用与物体振动有关的物理量来描述，例如为了表明物体振动强度的大小就需要定义振幅，为了表征物体完成一次往返振动的快慢就需要定义角频率，为了描述物体在振动过程中所处的位置和速度的特征就需要定义相位等。这些有关的物理量就是振幅、角频率和相位，它们称为描述振动的特征量，只要确定了这三个特征量，物体的振动状态也就完全确定了。

振幅　反映振动强度大小的特征量。由于振动总是围绕平衡位置进行的，在振动过程中总是以平衡位置为位移零点来描述物体偏离平衡位置的位移 $x(t)$。位移是一个矢量，位移本身的取值可正可负，但位移的绝对值大小一定介于零到一个最大值之间。物体偏离平衡位置的最大位移的绝对值大小 $x_{\max}=A$ 称为振幅，振幅是一个恒为正的物理量。

角频率　反映振动物体往返运动快慢的特征量。

设物体沿 x 轴方向作简谐运动。假设物体在 x 轴正方向上某位置 a 处，并朝着正向位移最大处运动。如果从 a 点开始计时，物体从 a 点先到达正向位移最大处后返回，到达 a 点后继续沿 x 轴负方向运动，然后经过平衡位置 O，沿 x 轴反向运动到达负向位移最大处返回，再沿 x 轴正向运动经过平衡位置 O 到达位置 a。此时物体的运动状态（位置、速度、加速度等）再次恢复到与开始计时相同的状态。物体这样的从 a 点开始运动，两次经过平衡位置 O 返回到 a 点的往返过程就称为物体完成的一次全振动。

在 $1s$ 内物体完成全振动的次数称为振动的频率 f，单位是周/秒（又称赫兹，记作 Hz）。在公制单位制中，常用的频率单位还有千赫和兆赫。

$$1 \text{千赫（记作 } 1\text{kHz}) = 10^3 \text{ 周/s}$$

$$1 \text{兆赫（记作 } 1\text{MHz}) = 10^6 \text{ 周/s}$$

在振动过程中物体完成一次全振动需要的时间称为振动的周期 T，周期的单位是秒（记作 s）。频率与周期的关系是 $f=\dfrac{1}{T}$，$1\text{Hz}=1/\text{s}$。

在描述振动的过程中，常常把频率 f 的 2π 倍定义为振动的角频率 $\omega=2\pi f$，角频率与周期的关系是 $\omega=\dfrac{2\pi}{T}$。角频率 ω、频率 f 和周期 T 都是由振动系统本身的属性决定的。

相位　反映物体在完成一次全振动过程中处于某位移处（或处于某一时刻）的运动状态

的特征量。由于运动方程是时间 t 的周期函数,物体在一次全振动过程中会在两个不同时刻在同一个位置处先后出现两次;并且除了在正、反向最大位移处物体的速度为零外在其他位移处物体两次出现的速度大小相等,方向相反。因此,在一个全振动过程中,虽然物体会在两个不同时刻处于一个相同位置处,但在这两个时刻物体的运动速度却是不相同的,也

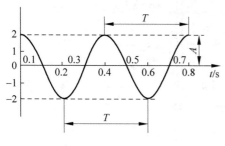

图 5.3　简谐运动的图像

就是说,物体两次处于同一个位置的运动状态是不同的,这就需要一个新的带有时间的物理量来描述这样的振动特点,这个物理量就是相位 $\omega t + \varphi$,相位是用角度或弧度来量度的。$t=0$ 时刻的相位 φ_0 称为初相位。

图 5.3 是简谐运动的运动方程(5-1)的 x-t 图像。其中纵坐标表示位移 x,A 就是振动的最大位移(即振幅),横坐标表示时间 t,T 就是振动的周期。

5.1.2　简谐运动的旋转矢量图示法

运动方程表明,振动的位移随时间以余弦函数形式变化,这是从代数上对简谐运动的描述。基于周期运动这个特点,可以借助旋转矢量图从几何上描述简谐运动,并直观地表示出简谐运动的运动学方程式中的三个特征量。

以 O 点为坐标原点,选水平方向为 x 轴。从原点 O 作一矢量 A,它的长度等于振动的振幅。设矢量 A 在 $t=0$ 时刻与 x 轴夹角为 φ,其后该矢量以角速度 ω 绕原点 O 逆时针匀速旋转。由此就构成了一个简谐运动的旋转矢量图,如图 5.4 所示。

当矢量 A 沿圆周绕 O 点逆时针旋转并经过时间 t 以后,矢量 A 转过了 ωt 的角度,此时,矢量 A 与 x 轴的夹角是 $\omega t + \varphi$,矢量在 x 轴上的投影就是

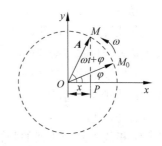

图 5.4　简谐运动的旋转矢量图

$$x(t) = A\cos(\omega t + \varphi) \tag{5-2}$$

式(5-2)是物体简谐运动的运动学方程。当矢量 A 旋转一周,即转过 360°时,矢量末端在 x 轴上的投影就相当于一个相应的物体在 x 轴上以 O 点为平衡位置完成了一次往返的全振动。

这里,矢量 A 的大小就是振动的振幅,旋转的角速度 ω 就是振动的角频率,振动在某时刻 t 的相位就是 $\omega t + \varphi$。

由于 $t=0$ 时刻是可以任意选择的,因此,初相位是相对的。在旋转矢量图中,如果在 $t=0$ 时刻,矢量 A 恰好处在 x 正方向最大位移处,此时初相位 $\varphi=0$。当矢量 A 从 $\varphi=0$ 开始逆时针旋转并转过了 $\dfrac{\pi}{2}$ 时,它的投影就落在平衡位置 O 处,此时振动的相位就是 $\omega t + \varphi = \dfrac{\pi}{2}$;当矢量继续转动直到 A 恰好处在 x 负方向最大位移处时,它转过了 π,此时振动的相位

就是 $\omega t+\varphi=\pi$；当矢量 **A** 从 x 负方向的最大位移继续转动到它的投影再次落在平衡位置时，它转过了 $\frac{3}{2}\pi$，此时振动的相位就是 $\omega t+\varphi=\frac{3\pi}{2}$，如图 5.5 所示。

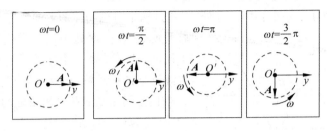

图 5.5　用旋转矢量表示的相位示意图

5.1.3　简谐运动的速度和加速度

把运动方程依次对时间求导，可以得到物体振动的速度和加速度表达式：

$$v=\frac{\mathrm{d}x}{\mathrm{d}t}=-\omega A\sin(\omega t+\varphi)=\omega A\cos\left(\omega t+\varphi+\frac{\pi}{2}\right) \tag{5-3}$$

$$a=\frac{\mathrm{d}^2 x}{\mathrm{d}t^2}=-\omega^2 A\cos(\omega t+\varphi)=-\omega^2 x=\omega^2 A\cos(\omega t+\varphi+\pi) \tag{5-4}$$

比较振动速度表达式(5-3)、加速度表达式(5-4)和位移的运动方程(5-2)，可以看出，物体振动的速度和加速度也按照与位移同频率的简谐运动规律变化，但是，速度和加速度表达式与位移运动方程(5-2)有下列区别(图 5.6)：

（1）振幅不同。位移的最大值即振幅是 $x_{\max}=A$，而速度的最大值即振幅是 $v_{\max}=\omega A$，加速度的最大值即振幅是 $a_{\max}=\omega^2 A$；

（2）相位不同。速度的相位超前(大于)位移的相位 $\frac{\pi}{2}$，加速度的相位超前(大于)位移的相位 π。

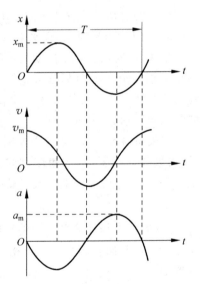

图 5.6　简谐运动的 x-t,v-t,a-t 关系曲线

5.1.4　简谐运动的初始条件

简谐运动的角频率 ω 是由谐振子系统的属性所决定的，而振幅 A 和初相 φ 是由在 $t=0$ 时刻谐振子的初始位置 x_0 和初速度 v_0 决定的，这就是振动的初始条件。

把一个水平放置的谐振子从平衡位置 $x=0$ 处沿 x 正方向拉开到某一位移 $x=x_0$ 处，再沿 x 反方向施加一个初速度 v_0，推一下就放手，把这个时刻作为 $t=0$ 的初始时刻计时，这个谐振子从这个初始状态开始运动。利用式(5-2)和式(5-3)可以得出

$$x_0=A\cos\varphi,\quad v_0=-\omega A\sin\varphi \tag{5-5}$$

由此得出,振幅 A 和初相位 φ 分别为

$$A = \sqrt{x_0^2 + \frac{v_0^2}{\omega^2}}, \quad \tan\varphi = -\frac{v_0}{\omega x_0} \tag{5-6}$$

5.1.5　单摆的运动

当一个物体通过有质量的一根或几根细线(摆线)绕某个固定悬挂点进行小角度往复运动时,就构成了一种称为摆的装置。置于摆下端的物体(摆球)的运动就形成了一种振动。振动的频率、振幅大小一般和物体的形状、大小、质量以及密度分布有关。公园里的秋千就是这样一种实际装置,如图 5.7 所示。

实际摆的运动很复杂,为了得出摆的一般运动规律,在一定条件下,可以把摆线看成没有质量且不可伸长的一根细线,且细线的长度远大于悬挂的摆球的尺度,这样可将摆球看作质点。在摆动角度 θ 较小时,摆球在重力和摆绳拉力的作用下随时间的往返运动可以近似看成是简谐运动,这样的振动装置就称为单摆,如图 5.8 所示。实际的单摆在运动过程中总会遇到空气阻力和悬挂点的阻力,随着时间的推移,摆动的角度越来越小,最后静止在摆球的平衡位置上。在通常讨论的问题中,如果没有专门提及空气阻力和其他阻力,理想单摆的运动就可以看成是谐振子的简谐运动。

图 5.7　秋千——摆的一种实际装置

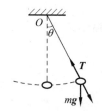

图 5.8　单摆的运动

设摆线长度为 L,摆球的质量为 m,摆球在重力的切向分力 f 作用下,围绕平衡位置作往返的周期运动。设某时刻摆线与竖直方向的夹角是 θ,则

$$f = -mg\sin\theta \tag{5-7}$$

在摆角 θ 很小时,重力的切向分力 $f = -mg\sin\theta \approx -mg\theta$ 与谐振子的弹性力公式非常相似,即力与角位移 θ 的大小成正比,且符号相交。因此,单摆的运动学方程与谐振子的运动学方程也非常相似:

$$\theta = \Theta\cos(\omega t + \varphi) \tag{5-8}$$

式中,Θ 就是单摆运动的最大角位移——角振幅。单摆运动的周期为

$$T = \frac{2\pi}{\omega} = 2\pi\sqrt{\frac{L}{g}} \tag{5-9}$$

由此可见,单摆运动的周期与摆长 L 的平方根成正比,与重力加速度 g 的平方根成反比,而与振幅、摆球的质量无关。

当单摆运动的周期 $T=2\text{s}$ 时,由式(5-9)可得,摆长大约为 1m,这种单摆称为秒摆。

【物理史料】 伽利略第一个发现摆振动的等时性

单摆的运动有着确定的角振幅、角频率和相位等特征量。若摆球只限于在竖直平面内摆动,则为平面单摆;若摆球的摆动不限于竖直平面,则为球面单摆。如果摆球摆动的角度 θ 很大,则振动的周期将随摆角的增加而变大,这种摆的运动就不能看成简谐运动。如摆球的尺度相当大,与细绳相比,不能看成质点,细绳的质量也不能忽略,这样的摆就构成了复摆(又称物理摆),摆的周期就与摆球的大小有关。

【拓展阅读】 证明地球自转的一种装置:傅科单摆

5.2 简谐运动的机械能

——什么是简谐运动的动能和势能?

弹簧振子在作简谐运动的过程中只要偏离平衡位置,就具有弹性势能,但在平衡位置上没有弹性势能;弹簧振子在振动过程中只要有速度,就具有动能,但在正向或反向的最大位移处没有速度,因而也没有动能。

简谐运动的动能 根据谐振子的速度表达式(5-3)和动能的定义有

$$E_k = \frac{1}{2}mv^2 = \frac{1}{2}\frac{k}{\omega^2}A^2\omega^2\sin^2(\omega t + \varphi) = \frac{1}{2}kA^2\sin^2(\omega t + \varphi) \tag{5-10}$$

简谐运动的势能 根据运动方程表达式(5-2)和弹性势能表达式有

$$E_p = \frac{1}{2}kx^2 = \frac{1}{2}kA^2\cos^2(\omega t + \varphi) \tag{5-11}$$

简谐运动的总机械能为

$$E = E_p + E_k = \frac{1}{2}kA^2 \tag{5-12}$$

式(5-10)和式(5-11)表明:简谐运动的动能和势能都随时间呈周期性的变化,这是简谐运动的一个基本特征。弹簧振子位于动能最大的位置上时,它的势能最小,在平衡位置处,弹簧振子只有动能没有弹性势能;反之,弹簧振子位于势能最大的位置时,它的动能最小,在最大位移处弹簧振子只有弹性势能没有动能。在其他位置处,弹簧振子既有动能又有弹性势能。

式(5-12)表明,无论作简谐运动的物体处于什么位置,物体的总机械能都是一个常数,这就是简谐振动的机械能守恒定律。简谐运动的机械能只与振幅的平方成正比,与时间无关,这是简谐运动的又一个基本特征。由此还可以看出,振幅不仅表明了振动的最大位移的大小,而且决定了振动能量的强度。

例题 1 已知简谐运动位移与时间的函数关系的曲线如图 5.9 所示,写出这个简谐运动的运动学方程。

【解题思路】

简谐运动位移与时间的函数关系称为简谐运动的运动学方程,在 x-t 图线上描述振动方程的曲线称为振

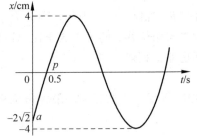

图 5.9 简谐运动位移与时间的函数关系

动曲线。在振动曲线上用数字标出三个特征量就可以建立与振动方程的一一对应关系。本题的振动曲线已直接或间接提供了三个特征量的信息，一旦确定了三个特征量，就可以得出简谐运动的运动学方程。

【解题过程】

从本题的已知条件中可看出 $A = 4\text{cm} = 0.04\text{m}$，又从图 5.9 中看出，在初始时刻 $t = 0$ 时，初始位移 $x_0 = -2\sqrt{2}\,\text{cm} = -\dfrac{\sqrt{2}}{2}A$，于是由式 (5-5) 可得

$$\cos\varphi = -\frac{\sqrt{2}}{2}, \quad \varphi = \pm\frac{3}{4}\pi$$

即这个振动在初始时刻满足上述条件的相位有两种可能的取值，$\varphi = \pm\dfrac{3}{4}\pi$。为了确定初相的值就需要利用初始条件。

$t = 0$ 时，$x_0 = A\cos\varphi < 0$，由此得出，此时初始位移是负的。曲线在 a 点的斜率表示振动速度 v_0，而从 $t = 0$ 的速度表达式可得出初始速度 $v_0 = -\omega A\sin\varphi > 0$。联立以上两个不等式可得 $\varphi = -\dfrac{3}{4}\pi$。

由振动曲线图可知，在 $t = 0.5\text{s}$ 时

$$x = 0.04\cos\left(0.5\omega - \frac{3}{4}\pi\right) = 0, \quad v = -0.04\omega\sin\left(0.5\omega - \frac{3}{4}\pi\right) \quad (v > 0)$$

由此可以得出，这时的角频率 $\omega = \dfrac{\pi}{2}$，于是质点的运动方程为

$$x = 0.04\cos\left(\frac{\pi}{2}t - \frac{3}{4}\pi\right)$$

5.3　两个简谐运动的合成

——相位差在振动合成中有着怎样的重要作用？

在直线运动中，无论两个直线运动是否在一条直线上，它们合成的结果都是直线运动。合成以后的位移和合速度是按照平行四边形定则分别从两个分位移和两个分速度得到的。

类似地，在简谐运动中可以讨论两个简谐运动的合成。振动的两个最基本的合成是两个位移同方向、同频率简谐运动的合成和两个位移方向互相垂直、同频率简谐运动的合成。

5.3.1　两个位移同方向、同频率的简谐运动的合成

设一个质点同时参与两个同方向、同频率的简谐运动

$$x_1 = A_1\cos(\omega t + \varphi_1), \quad x_2 = A_2\cos(\omega t + \varphi_2) \tag{5-13}$$

直接用三角函数表达式计算比较麻烦，而改用旋转矢量表示法进行合成则比较直观简洁。

首先画出与两个分振动对应的旋转矢量 $\boldsymbol{A}_1$ 和 $\boldsymbol{A}_2$，然后按照矢量合成的平行四边形法则，得出与合振动对应的旋转矢量 $\boldsymbol{A}$，如图 5.10 所示。两个分矢量在 x 轴上的投影即分振

动的位移,大小分别是 x_1 和 x_2,合矢量 A 在 x 轴上的投影就是合振动的位移,大小是 x。

$$x = x_1 + x_2 \tag{5-14}$$

$$x = A\cos(\omega t + \varphi) \tag{5-15}$$

显然合振动仍然是一个简谐运动,由于 A_1 和 A_2 之间的夹角在矢量转动过程中始终保持不变,因此,利用几何关系可以得出

$$A = \sqrt{A_1^2 + A_2^2 + 2A_1A_2\cos(\varphi_2 - \varphi_1)} \tag{5-16}$$

$$\tan\varphi = \frac{A_1\sin\varphi_1 + A_2\sin\varphi_2}{A_1\cos\varphi_1 + A_2\cos\varphi_2} \tag{5-17}$$

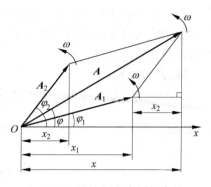

图 5.10 两个同方向同频率的
简谐运动的合成

其中,$\Delta\varphi = \varphi_2 - \varphi_1$ 是两个简谐运动的相位差,正是这个相位差对合成结果起着重要的作用。

(1) 当相位差 $\Delta\varphi = \varphi_2 - \varphi_1 = 2k\pi(k=0,1,2,3,\cdots)$,即两个简谐运动的相位差为 2π 的整数倍时,两个振动相位相同,$\cos(\varphi_2 - \varphi_1) = 1$,由式(5-16)可知,两振动是步调一致的,合振动的振幅最大,$A = A_1 + A_2$,两个简谐运动的合成结果是振幅增大,从而使振动加强。

(2) 当相位差 $\Delta\varphi = \varphi_2 - \varphi_1 = (2k+1)\pi(k=0,1,2,3,\cdots)$,即当两个简谐运动的相位差为 π 的奇数倍时,两个振动相位相反,$\cos(\varphi_2 - \varphi_1) = -1$,由式(5-16)可知,两振动的步调是相反的,合振动的振幅最小,$A = |A_1 - A_2|$,两个简谐运动的合成结果振动减弱。尤其是当 $A_1 = A_2$ 时,两个分振动的振幅相等,但相位相反,相互抵消,合成结果是振动体系静止。

(3) 在一般情况下,两个分振动的相位既不相同,也不相反,这时合振动的振幅就介于 $A = A_1 + A_2$ 和 $A = |A_1 - A_2|$ 之间。

5.3.2 两个位移方向互相垂直、同频率的简谐运动的合成

设一个质点同时参与在 x 轴和 y 轴上两个位移方向互相垂直、同频率的简谐运动

$$x = A_1\cos(\omega t + \varphi_1), \quad y = A_2\cos(\omega t + \varphi_2) \tag{5-18}$$

这个质点既沿 Ox 轴运动,又同时参与沿 Oy 轴的运动,因此,合振动的位移显然既不在 x 方向也不在 y 方向上,与 5.3.1 节的合成不同,其合振动会出现新的特征。

在式(5-18)中消去时间 t,容易得到质点运动的轨迹:

$$\frac{x^2}{A_1^2} + \frac{y^2}{A_2^2} - \frac{2xy}{A_1A_2}\cos(\varphi_2 - \varphi_1) = \sin^2(\varphi_2 - \varphi_1) \tag{5-19}$$

这是一个椭圆方程,椭圆的形状、大小及长短轴方位由振幅 A_x 和 A_y 以及初相位差 $\varphi_2 - \varphi_1$ 所决定。这里相位差仍然起着重要的作用。

(1) 当 $\varphi_2 - \varphi_1 = 2k\pi(k=0,1,2,3,\cdots)$ 时,即两个振动同相位时,式(5-19)可写为

$$\frac{x^2}{A_1^2} + \frac{y^2}{A_2^2} - \frac{2xy}{A_1A_2} = 0$$

即

$$\left(\frac{x}{A_1} - \frac{y}{A_2}\right)^2 = 0, \quad y = \frac{A_2}{A_1}x \tag{5-20}$$

即质点合振动的轨迹为过原点且在第一和第三象限的斜率为 $\dfrac{A_2}{A_1}$ 的直线(图 5.11)。合振动任意一点的位移为

$$r = \sqrt{x^2 + y^2} = \sqrt{A_1^2 \cos^2(\omega t + \varphi_1) + A_2^2 \cos^2(\omega t + \varphi_2)}$$
$$= \sqrt{A_1^2 + A_2^2} \cos(\omega t + \varphi) \tag{5-21}$$

上式表明质点的合振动也是简谐运动,与分振动频率相同,但振幅为 $\sqrt{A_1^2 + A_2^2}$。

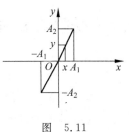

图 5.11

(2) 当 $\varphi_2 - \varphi_1 = (2k+1)\pi(k = 0,1,2,3,\cdots)$ 时,即两个振动的位相相反时,式(5-19)为

$$\dfrac{x^2}{A_1^2} + \dfrac{y^2}{A_2^2} + \dfrac{2xy}{A_1 A_2} = 0$$

即

$$\left(\dfrac{x}{A_1} + \dfrac{y}{A_2}\right)^2 = 0, \quad y = -\dfrac{A_2}{A_1} x \tag{5-22}$$

上式表明,质点合振动的轨迹是过原点,且在第二和第四象限斜率为 $-\dfrac{A_2}{A_1}$ 的直线(图 5.12)。合振动任一点的位移为

$$r = \sqrt{x^2 + y^2} = \sqrt{A_1^2 \cos^2(\omega t + \varphi_1) + A_2^2 \cos^2(\omega t + \varphi_2)}$$
$$= \sqrt{A_1^2 + A_2^2} \cos(\omega t + \varphi) \tag{5-23}$$

式(5-23)还表明,质点合振动也是简谐运动,与分振动频率相同,振幅为 $\sqrt{A_1^2 + A_2^2}$。

(3) 当 $\varphi_2 - \varphi_1 = \dfrac{\pi}{2}$ 时,式(5-19)为

$$\dfrac{x^2}{A_1^2} + \dfrac{y^2}{A_2^2} = 1 \tag{5-24}$$

这是一个长短轴分别在 x、y 轴上的椭圆。由于 y 轴上的振动初相位超前于 x 轴上的振动 $\dfrac{\pi}{2}$,因此质点合振动的轨迹沿椭圆顺时针方向运动(图 5.13)。当 $A_1 = A_2$ 时,椭圆就变成一个圆。

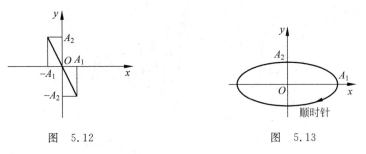

图 5.12　　　　　　图 5.13

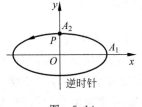

图 5.14

(4) 当 $\varphi_2 - \varphi_1 = -\dfrac{\pi}{2}$ 时,这仍然是一个长短轴分别在 x 和 y 轴上的椭圆。但 x 轴上的振动初相位超前于 y 轴上的振动 $\dfrac{\pi}{2}$,因此质点合振动的轨迹沿椭圆逆时针方向运动(图 5.14)。当 $A_1 = A_2$ 时,椭圆就变成一个圆。

【演示实验】 振动的合成

5.4 受阻力和外力驱动作用时的实际振动

——阻力和外力怎样影响简谐运动？

谐振子和单摆的简谐运动是一种理想情况下的自由振动,一旦开始振动便能一直运动下去。实际的振动并不是如此。实际振动大致可以分为两类:一类是只受到阻力的纯阻尼振动,这样的振动最后总会趋于静止;另一类是除了阻力以外还受到其他外力驱动的受迫振动,这样的振动不仅可以在一段时间内保持稳定的振动,甚至会形成"共振"。与简单振动相比,阻尼振动和受迫振动属于复杂的振动,因为它们是在外界动力和空气阻力以及其他摩擦阻力的共同作用下产生的。

5.4.1 阻尼振动的利和弊

任何物体在实际振动过程中一定会受到各种阻力的作用,例如,放在水平粗糙平面上的振子,开始振动以后会受到水平方向的摩擦力的作用和空气阻力的作用,振幅逐渐减小,直至最后停止在平衡位置处。在这个过程中,振子的动能转化为其他形式的能量。各种实际的摆一旦摆动起来以后,由于受到空气阻力和悬挂点处的摩擦力的作用,摆的振幅逐渐减少,最后停止在平衡位置上。以上这类振动就称为**阻尼振动**。

阻尼顾名思义是一种阻力。按照阻尼的大小可以把阻尼分为两类:一类是弱阻尼。例如,空气阻力就属于弱阻尼。通常悬挂在空气中的弹簧振子不论在怎样的初始条件下开始振动,它的振幅总会逐渐减小,在振动过程中虽然弹簧振子还会继续作周期振动,但不再作简谐运动了。在此过程中,弹簧振子的振幅会越来越小,在经过若干次往返以后逐渐趋于平衡位置而达到静止。另一类是强阻尼。在强阻尼的作用下,无论什么样的振动,一旦启动以后其振幅都会迅速地衰减,很快地回到平衡位置,如图 5.15 所示。

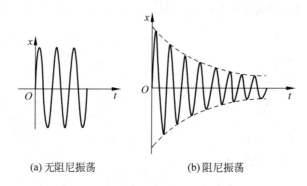

(a) 无阻尼振荡　　　　　　　　(b) 阻尼振荡

图 5.15　无阻尼振动和阻尼振动的振幅随时间变化的曲线

在科学实验中研究与简谐运动的运动规律相关的现象时(例如需要从实验中得出单摆运动的周期),当然希望把周围的阻尼影响降到最小,使实际的摆动保持稳定的振幅,尽可能地接近理想的单摆振动。在实际应用中,有些大商城摆放的落地大摆钟是依靠钟摆的摆动来计时的,为了减少计时误差,设计者和制造者采取很多措施减小影响钟摆运动的阻尼,从而尽可能保持摆动的周期与标准时间一致。在这些情况下,阻尼是"弊",是需要避免、减小的。

但是,在有些情况下,阻尼却是不需要避免,而是需要加以利用的。尤其是如果需要使振动物体较快回复到平衡位置,但又要减小多次往返运动带来的不利,人们还会设法尽可能地增加阻尼。许多大型建筑物的大门在打开后往往会自动平稳地关上,这是因为门上装有阻尼弹簧,使大门的振动处于强阻尼状态,从而避免了大门在关闭时可能存在的对门框的剧烈碰撞和来回振动。一些指针式精密仪器也装有强阻尼的装置,它们会使仪器的指针在一次测量后迅速恢复原状,避免在测量零点附近来回摆动,从而减小下一次测量可能出现的误差。在这些情况下,阻尼是"利",是需要保持、增大的。

5.4.2　受迫振动的利和弊

生活经验表明,由于各种阻尼的影响,如果没有外力的推动,一个振子或一个摆的运动总会逐渐停止在平衡位置上,但是,当人们向振子或摆提供外力和能量以后,尤其是在振子或摆受到随时间周期性变化的外力时,振子或摆的振动不仅可以得以维持,而且还会呈现出新的振动状态,这样的振动称为受迫振动。

设一个弹簧振子本身的角频率是 ω_0,这个弹簧振子受到阻力和角频率为 ω 的周期性外力的同时作用,开始作受迫振动。实验观察表明,受迫振动刚开始时,振子的振动过程是比较复杂的。经过一个"暂态过程"以后,在外力的角频率从零逐渐增加到 ω 的过程中,阻尼的影响逐渐消失,弹簧振子完全受外力控制,其受迫振动的振幅也逐渐增加,进入一个"稳定过程",其振幅可以达到一个最大值,此时系统就出现了"共振现象"。如果 ω 继续增大,振幅又会逐渐减少;在 ω 达到很大时,振子的振幅就趋于零。

共振是一种发生在我们周围的常见现象。以在公园中荡秋千为例,一般情况下,秋千全靠外力推动才能摆动起来。外力推一推,秋千荡一荡,由于存在摩擦阻尼,外力一旦停止推动,秋千就会越荡越慢,最后停在最低点。经验告诉我们,要让秋千越荡越高,就要不断推它。特别是当输入的外力也具有周期性,且频率接近或等于秋千本身的固有频率时,如果再加上荡秋千的孩子采用一定的技巧(例如,荡秋千的孩子在最高处突然下蹲,使一部分重力势能变为动能以加快秋千的摆动),只要两者配合得好,经过一段时间以后,秋千就会越荡越高。这就是一种受迫振动中出现的共振。

在物理学的各个分支学科和许多交叉学科中都可以观察到共振现象及其实际应用。两个频率相同的音叉在互相靠近时,如果其中一个振动发声,另一个也会发声,这就是声学中的共振。此外,利用原子、分子共振可以制造各种光源(如日光灯、激光以及电子表、原子钟等)。电磁波信号的产生、接收、放大、分析处理都要用到共振原理。利用核磁共振可以研究物质的电子结构和测量核磁矩。

【演示实验】　共振

共振现象有时也存在需要克服的"弊"的一面。由于共振时,振动的幅度急剧增大。发生的机械共振会使机械结构产生很大的变形和动应力,甚至造成破坏性事故。

【拓展阅读】　机械共振造成的破坏性后果

5.5 简谐波的描述

——振动的信息和能量是怎样传播的？

5.5.1 机械波是机械振动的传播

机械振动产生以后通过弹性介质进行传播就形成了机械波。机械波是常见的具有时间和空间周期性的一种运动形式。广义地说，某一个时刻在空间某一处产生的振动和扰动，在下一个时刻引起空间下一处产生同样的振动和扰动都属于振动和扰动的传播。从声波、水波、电磁波、地震冲击波到市场上商品价格的波动等都是波动的实例(图 5.16)。

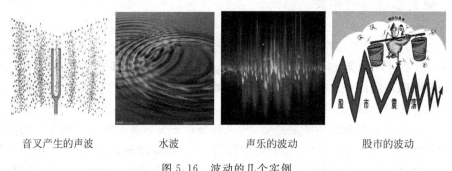

| 音叉产生的声波 | 水波 | 声乐的波动 | 股市的波动 |

图 5.16   波动的几个实例

声波、水波、地震波等都是机械波。机械波的产生必须具备两个条件：①波源。例如，声波的产生必须有发生振动的物体作为波源。②能传播振动的连续介质。例如，人们在远处能够听到汽车的喇叭声、火车的鸣笛声、打雷的轰鸣声，就是因为波源的振动通过空气介质形成了机械波——声波。

振动之所以能在连续介质中传播形成波，是因为介质具有一定的弹性。弹性是物质的一种属性，它表现为物体受到外力的作用会发生形变，产生弹力；一旦去掉外力后，物体的形变也消失，可以恢复原样。当连续介质内部某一质元发生振动，它就会因为弹力的作用带动相邻质元偏离平衡位置，开始振动，并依次传递，这种振动能量在连续介质中的传播就形成了波。波是振动的信息和能量的传播，不是振动质元本身沿波的传播方向的移动。

5.5.2 简谐波的分类：横波和纵波

简谐波可以分为横波和纵波(图 5.17)两种：如果质点的振动方向与波在介质中的传播方向互相垂直，这种波动称为横波。把细绳的一端固定，并水平放置，在另一自由端产生一个上下振动，于是在细绳中就会形成一列横波。如果质点的振动方向与波在介质中的传播方向互相平行，这种波动称为纵波。在空气中传播的声波就是一种纵波。

【拓展阅读】   地震波

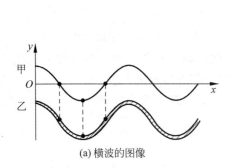

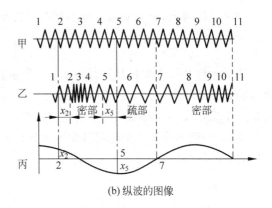

图 5.17　横波和纵波的波形图像

5.5.3　平面简谐波的运动方程

平面简谐波是最简单、最基本的一种波动形式,平面简谐波描述的是波动的一种理想情况,它的传播范围从 $-\infty$ 到 $+\infty$。在这种波动所到之处,介质中各点都形成了频率相同、振幅相同,但相位不同的简谐运动。任何形式的其他波动(无论是周期性的还是非周期性的)都可以展开成简谐波的叠加形式,因此,研究平面简谐波是研究复杂波动的基础。

为简单起见,假定波源产生了一个 y 方向的简谐运动,这个振动在均匀介质中沿 x 方向传播,介质中每一个质点相继产生沿 y 方向的振动,由此形成了沿 x 方向传播的一列横波,如图 5.18 所示。

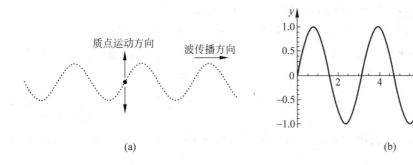

图 5.18　横波中介质质点的振动和波动图

设从 O 点开始产生一个振动,这个振动以速度 u 沿 x 正方向传播到某点 P,使 P 点开始振动。由于传播到 P 点需要的时间是 $\Delta t = \dfrac{x}{u}$,因此,O 点在时间 t 的振动状态,在经过了 $t - \dfrac{x}{u}$ 的时间后达到 P 点,或者说,P 点的振动比 O 点落后 $\dfrac{x}{u}$ 时间。根据振动的运动方程的特点,可以得出位于 x 处的质元在时刻 t 的振动方程是

$$y = A\cos\left[\omega\left(t - \frac{x}{u}\right) + \varphi_0\right] \tag{5-25}$$

这个方程是时间 t 和位置 x 的周期函数,称为平面简谐波的波函数。

同理可以得出,沿 x 轴负方向传播的平面简谐波的波动方程是

$$y = A\cos\left[\omega\left(t + \frac{x}{u}\right) + \varphi_0\right] \tag{5-26}$$

波动方程与振动方程都是时间 t 的周期函数,但是,波动方程(5-25)和方程(5-26)分别描述的是在某一个时刻 t,所有介质质元的位移随时间的周期变化关系。而振动方程描述的是一个质点在不同时刻偏离平衡位置的位移随时间的周期性变化关系。

图 5.19 所示为某一个时刻各个质元振动所形成的波形图。图 5.20 所示为简谐波动在不同时刻的波形图。

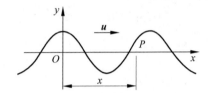

图 5.19 某一个时刻的波形图

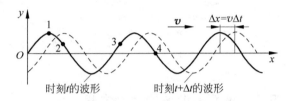

图 5.20 在不同时刻的波形图

波动方程中的 A 和 ω 相应地表示波源的振幅和波源的振动角频率,它们也是各个质元振动的振幅和角频率。这是体现振动特点的物理量,与振动方程相似。由于简谐波的传播并不是介质中质元的移动,而是振动相位或振动能量在空间的传播,这类波是行进中的波,通常称为行波。因此,波动方程还需要描述波动在空间传播的新的物理量,它们分别是波长 λ、波速 u 和角波数 k,它们称为描述波动的三个特征量。

(1) 波动的波长 λ。在一个振动周期 T 中,任意一个振动状态传播的距离,也就是在同一波形上振动状态相同的两个相邻点之间的距离称为波长,用 λ 表示(长度单位为 m)。凡相隔一个波长的两点的振动是同相位的(或两点的相位差为 2π)。

(2) 波速 u。单位时间同一个振动状态传播的距离,即同一个振动状态传播的速度称为波速,也称为波的相速度。由于在一个波动周期 T 内,振动状态的传播距离是一个波长 λ,因此,根据波速定义,有

$$u = \frac{\lambda}{T} = \lambda\nu \tag{5-27}$$

(3) 角波数 k。在 2π 长度上出现全波的数目称为角波数,用 k 表示,$k = \dfrac{2\pi}{\lambda}$(单位为 rad/m)。

利用这三个波动的特征量,一列沿 x 轴正方向传播的平面简谐波的波动方程还可以写成以下几种方式:

$$y = A\cos\left[2\pi\left(\frac{t}{T} - \frac{x}{\lambda}\right) + \varphi_0\right] \tag{5-28}$$

$$y = A\cos\left[2\pi\left(\nu t - \frac{x}{\lambda}\right) + \varphi_0\right] \tag{5-29}$$

$$y = A\cos\left[\frac{2\pi}{\lambda}(ut - x)\right] \tag{5-30}$$

【拓展阅读】 相速度和群速度

例题 2 一平面简谐波以 8m/s 的速度沿 x 轴正向传播。在 $x = 1$m 处,质元的振动方

程为 $y=5\cos(4\pi t-\pi)$。试写出波函数。

【解题思路】

把该质元的振动方程 $y=5\cos(4\pi t-\pi)$ 与简谐波的波动方程 $y=A\cos\left(\omega\cdot t-\dfrac{2\pi}{\lambda}x+\varphi\right)$ 比较可知,波函数的振幅 $A=5\mathrm{m}$,角频率 $\omega=4\pi$,由此得周期 $T=2\pi/\omega=0.4\mathrm{s}$,波长 $\lambda=uT=8\mathrm{m/s}\times0.5\mathrm{s}=4\mathrm{m}$。最后只要得出初相位 φ,就可以写出波函数。

【解题过程】

方法一:根据波的特点,在传播方向上各点相位都比前一个落后。由于 $x>1\mathrm{m}$ 的任意一处质元的相位,比 $x=1\mathrm{m}$ 落后 $\dfrac{2\pi}{\lambda}(x-1)$,所以波函数为

$$y=5\cos\left[4\pi t-\frac{2\pi}{4}(x-1)-\pi\right]=5\cos\left(4\pi t-\frac{\pi}{2}x-\frac{\pi}{2}\right)$$

方法二:根据波的特点,原点相位总比传播方向上各点超前,因此,可以取原点与 $x=1\mathrm{m}$ 处这两个点的相位进行比较。

坐标原点处的相位比 $x=1\mathrm{m}$ 处的相位超前 $\dfrac{2\pi}{\lambda}\times1=\dfrac{\pi}{2}$,坐标原点处的振动方程为 $y=5\cos\left(4\pi t-\pi+\dfrac{\pi}{2}\right)$,由此得出波函数为

$$y=5\cos\left[4\pi\left(t-\frac{x}{8}\right)-\pi+\frac{\pi}{2}\right]=5\cos\left(4\pi t-\frac{\pi}{2}x-\frac{\pi}{2}\right)$$

例题 3　图 5.21 所示为一列沿 x 轴正方向传播的简谐波,该列简谐波是振幅为 2cm,波速为 2m/s 的横波。设 O 点为坐标原点,在波的传播方向上 a 点的坐标为 0.2m,a 与 b 两质点相距 0.4m(小于一个波长),当质点 a 在波峰位置时,质点 b 在 x 轴下方与 x 轴相距 1cm 的位置,假设该横波的周期小于 0.5s,试写出该简谐波的波动方程。

【解题思路】

确定简谐波方程需要确定与振动有关的振幅、频率和相位等三个特征量和与波有关的波长、波速和角波数等另外三个特征量。

比较简谐波方程:$y=A\cos\left(\omega\cdot t-\dfrac{2\pi}{\lambda}x+\varphi\right)$,已知 $A=0.02\mathrm{m}$,而要求波的周期,可以先求 a 点和 b 点的相位差。通过相位差求出波长后根据 $T=\lambda/u$ 求出波的周期。本题从旋转矢量图入手也可以求出相应答案。

【解题过程】

以 $A=0.02\mathrm{m}$ 为半径画一个圆,因为质点 a 在波峰位置,a 振动矢量在 x 的投影为振幅 A,所以 a 振动矢量与 x 轴的夹角为零,如图 5.22 所示位置 O 处,t 时刻 a 点的相位满足:

$$\omega\cdot t-\frac{2\pi}{\lambda}x_a+\varphi=0$$

而质点 b 在 x 轴下方与 x 轴相距 1cm 的位置,所以 b 位置振动矢量在如图 5.22 所示的 1 位置或 2 位置,因为这两个位置的振动矢量在 x 轴上的投影为 $-0.01\mathrm{m}$,它们与 $-x$ 轴的夹角为 $\pm\dfrac{\pi}{3}$,由此得 t 时刻 b 点的相位:

$$\omega\cdot t-\frac{2\pi}{\lambda}x_b+\varphi=-\frac{2\pi}{3}\quad\text{或}\quad\omega\cdot t-\frac{2\pi}{\lambda}x_b+\varphi=-\frac{4\pi}{3}$$

将 a、b 两点的相位相减,由 $x_b-x_a=0.4\text{m}$,求得波长 $\lambda=0.6\text{m}$ 或 $\lambda=1.2\text{m}$。振动周期 $T=\dfrac{\lambda}{u}=0.3\text{s}$ 或 $T=\dfrac{\lambda}{u}=0.6\text{s}$。

因为周期小于 0.5s,取振动周期为 $T=0.3\text{s}$,此时波长 $\lambda=0.6\text{m}$,又从坐标原点传播到 a 点所花时间为 $t=\dfrac{x_a}{u}=0.1\text{s}$,即 $t=\dfrac{T}{3}$,由旋转矢量图可得 $\varphi=-\dfrac{2\pi}{3}$,所以波动方程为

$$y=0.02\cos\left(\frac{2\pi}{0.3}\cdot t-\frac{2\pi}{0.6}x-\frac{2\pi}{3}\right)=0.02\cos\left[\frac{\pi}{3}(20t-10x-2)\right]$$

图　5.21　　　　　　　　　　　　　图　5.22

【拓展阅读】　对太阳中的波动的研究

5.6　简谐波的能量和能量的传播

——波的能量和振动的能量有什么区别？

5.6.1　简谐波的动能和势能

在简谐波的传播过程中,介质中每一个质元都由于介质的形变产生的弹力而相继发生振动,因而具有同步变化的动能和势能。一个质元接受前一个质元的能量而振动,然后又将振动的能量传递给后一个质元,使振动的状态和能量在介质中传播,从而形成了波。

假设质元可以看成谐振子,由波动方程可以得出,体积为 ΔV 的质元在任意时刻的振动速度是

$$v=-A\omega\sin\left[\omega\left(t-\frac{x}{u}\right)+\varphi_0\right] \tag{5-31}$$

于是,质量为 Δm 质元的动能

$$\mathrm{d}E_k=\frac{1}{2}\Delta m\cdot v^2=\frac{1}{2}\rho\Delta V\cdot A^2\omega^2\sin^2\left[\omega\left(t-\frac{x}{u}\right)+\varphi_0\right]=\frac{1}{2}kA^2\sin^2\left[\omega\left(t-\frac{x}{u}\right)+\varphi_0\right] \tag{5-32}$$

由于在质点传递过程中,每一个质元不仅有 y 方向的位移,而且由于介质发生形变,使质元产生形变势能。可以证明,每一个时刻的质元的势能等于质元的动能,即

$$\mathrm{d}E_p=\mathrm{d}E_k=\frac{1}{2}kA^2\sin^2\left[\omega\left(t-\frac{x}{u}\right)+\varphi_0\right] \tag{5-33}$$

于是,质元的总机械能是

$$\mathrm{d}E=\mathrm{d}E_k+\mathrm{d}E_p=kA^2\sin^2\left[\omega\left(t-\frac{x}{u}\right)+\varphi_0\right] \tag{5-34}$$

在简谐波传播过程中,虽然每一个质元都在作简谐运动,但是一列波动的能量与一个振子作简谐运动的能量有很大的区别:

（1）简谐运动能量描述了一个振子的能量及其转化，振子的机械能局限在很小的体积元区域内。简谐运动的机械能是振子振动动能和势能之和。如果只有保守力做功，忽略其他阻尼作用，振子的动能和势能互相转化，振动总机械能为 $E = \dfrac{1}{2}kA^2$，它是守恒的。

简谐运动的动能和势能都随时间周期性地变化，但动能和势能的变化不同步，它们之间存在确定的相位差。在整个振动过程中，当动能达到最大时，势能为零；势能达到最大时，动能为零。

（2）波的能量描述了许多质元之间的能量转换及其传递过程，波的能量可以传播到一个较大的范围，在一个很小的体积元区域内它是不守恒的。

在简谐波传播过程中，每一个介质质元的动能和势能都随时间周期性变化，它们在每一个时刻都是同相位的。每一个质元从前一个邻近质元处获得能量，又沿着波动传播方向把能量传递给相邻的下一个质元。

机械波的动能和势能没有相位差，它们同时达到最大值或最小值。机械能是动能和势能之和，也是时间的周期函数。每一个质元的机械能不守恒。

5.6.2　简谐波的能量流

波是振动状态和能量的传播，为了描述波的能量传递过程，需要引入两个新的物理量：一个是描述在介质的特定区域内能量大小的物理量，称为能量密度，它定义为介质中单位体积的能量，用 w 表示：

$$w = \frac{\mathrm{d}E}{\mathrm{d}V} \tag{5-35}$$

另一个是描述沿波的传播方向能量传递多少的物理量，称为波的平均能流密度或波的强度，它定义为单位时间内通过垂直于波的传播方向的单位截面的总能量，用 I 表示：

$$I = \frac{E}{S \cdot \Delta t} = \frac{E}{S \cdot u\Delta t} \cdot u = w \cdot u \tag{5-36}$$

其中波传播的空间体积 $\Delta V = S \cdot u\Delta t$，所以波的强度 I 等于能量体密度 w（即单位体积的总能量）乘以波的传播速度 u，波的强度的大小与波振幅平方成正比，它的方向就是波的传播方向。

在实际情况下，波在传播过程中，它的一部分能量总会被介质吸收，因而波的强度会逐渐减弱，这种现象称为波的吸收。在小河中扔入一块小石子后就会立即产生水波，但是这样的水波的波振幅往往会在传播过程中逐渐减小，直至水波完全消失，其原因是水波的一部分能量被周围区域的水吸收了；类似地，人们在离波源短距离处能够听到的某种声波，在离波源的长距离处可能就会听不见，这也是由于声波的能量被周围空气介质吸收了的缘故。

5.7　两个简谐波的合成

——什么是波的相长干涉和相消干涉？

5.7.1　两列简谐波的相长干涉和相消干涉

当两列波在空间传播时，一般情况下会出现很复杂的叠加现象。一种最简单、最基本的叠加现象是两列频率相同、振动方向相同、相位相同或有固定相位差的波的叠加。在这样两列波的叠加区域,通过观察和实验,总结得出以下的规律:

(1) 两列波在传播过程中如果在某一个区域相遇以后再分开,两列波将仍然保持各自原有的特性(频率、波长、振动方向等)继续传播。这个结论称为波的独立性传播原理。

(2) 在两列波相遇的叠加区域中,任一处的振动是两列波各自独立存在时产生振动的合振动,也就是各点的位移是两列波各自引起的位移的矢量和。这个结论称为波的叠加原理。

(3) 由于叠加原理,在相遇区域出现有些区域波动被加强,有些区域波动被减弱的稳定分布的现象,这种强弱稳定的空间分布称为干涉条纹,产生干涉条纹的现象称为波的干涉。凡是合振幅为两个分振幅之和的干涉称为相长干涉,凡是合振幅为两个分振幅之差的干涉称为相消干涉。能够产生干涉现象的两列波称为相干波。水波的干涉如图 5.23 所示。

【演示实验】 两列水波的干涉

设有两列相干的简谐波 y_1 和 y_2,它们在振源处的振动方程分别为(图 5.24)

$$y_{10} = A_1\cos(\omega \cdot t + \varphi_1), \quad y_{20} = A_2\cos(\omega \cdot t + \varphi_2) \tag{5-37}$$

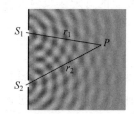

图 5.23　两列水波的干涉现象　　　　图 5.24　两列相干的简谐波的合成

从各自振源 S_1 和 S_2 传播到 P 处的振动方程分别为

$$y_1 = A_1\cos\left(\omega \cdot t - \frac{2\pi}{\lambda}r_1 + \varphi_1\right), \quad y_2 = A_2\cos\left(\omega \cdot t - \frac{2\pi}{\lambda}r_2 + \varphi_2\right) \tag{5-38}$$

用旋转矢量图法表示两个位置矢量 $\boldsymbol{A}_1$ 和 $\boldsymbol{A}_2$,合振动的位移 $y = y_1 + y_2$ 是两个分振动位移的矢量和,如图 5.10 所示。合矢量 $\boldsymbol{A}$ 在 x 轴上的投影就是合振动的位移大小

$$y = A\cos(\omega \cdot t + \alpha) \tag{5-39}$$

显然合振动仍然是一个简谐运动,且有

$$A = \sqrt{A_1^2 + A_2^2 + 2A_1A_2\cos(\alpha_2 - \alpha_1)} \tag{5-40}$$

$$\tan\alpha = \frac{A_1\sin\alpha_1 + A_2\sin\alpha_2}{A_1\cos\alpha_1 + A_2\cos\alpha_2} \tag{5-41}$$

其中,$\alpha_1 = -\dfrac{2\pi}{\lambda}r_1 + \varphi_1$,$\alpha_2 = -\dfrac{2\pi}{\lambda}r_2 + \varphi_2$,两列波的相位差是

$$\Delta\alpha = \alpha_2 - \alpha_1 = \varphi_2 - \varphi_1 + \frac{2\pi}{\lambda}(r_1 - r_2) \tag{5-42}$$

当两列波的初相位差为零,波程差 r_1-r_2 是波长的整数倍($r_1-r_2=j\lambda$)时,两列波的相位差就为 2π 的整数倍($\Delta\alpha=2j\pi$),于是,$\cos(\alpha_2-\alpha_1)=1$,由式(5-38)可知,此时合振动的振幅为最大,$A_{max}=A_1+A_2$,合成以后的波的强度最大,$I_{max}=A_{max}^2=(A_1+A_2)^2$,即此处为两列波干涉以后加强的位置。

当两列波的初相位差为零,波程差 r_1-r_2 是半波长的奇数倍,即 $r_1-r_2=(2j+1)\dfrac{\lambda}{2}$ 时,两列波的相位差就为 π 的奇数倍,即 $\Delta\alpha=(2j+1)\pi$,于是,$\cos(\alpha_2-\alpha_1)=-1$,由式(5-38)可知,此时合振动的振幅为最小,$A_{min}=|A_1-A_2|$,合成以后的波的强度最小,$I_{min}=A_{min}^2=(A_1-A_2)^2$,即此处为两列波干涉以后相消的位置。

5.7.2 驻波——波的干涉的一个特例

【演示实验】 驻波的形成

驻波是波的干涉的一个特例。当两列振幅相同、频率相同的相干波,在同一直线上沿相反方向传播并发生干涉时,就会形成驻波。

设两列简谐波分别沿相反方向传播,

$$y_1=A\cos\left(\omega\cdot t-\frac{2\pi}{\lambda}x\right),\quad y_2=A\cos\left(\omega\cdot t+\frac{2\pi}{\lambda}x\right) \tag{5-43}$$

当两列波相遇时,各质元的合位移为

$$y=y_1+y_2=A\cos\left(\omega\cdot t-\frac{2\pi}{\lambda}x\right)+A\cos\left(\omega\cdot t+\frac{2\pi}{\lambda}x\right)$$

$$=\left(2A\cos\frac{2\pi}{\lambda}x\right)\cos\omega\cdot t \tag{5-44}$$

式(5-42)就是驻波的运动方程。

驻波既不传播信息也不传递能量,与行波的行相比,驻波的驻具有以下特点。

(1) 波形图上驻波的振幅与 x 有关,$A_{驻}=\left|2A\cos\dfrac{2\pi}{\lambda}x\right|$,不同位置 x 处的质元有着不同的振幅,其变化范围为 $0\sim2A$,如图 5.25 所示。

当 $A_{驻}=2A$ 时,驻波在该位置有最大振幅,称为驻波的波腹,此时,$\left|\cos\dfrac{2\pi}{\lambda}x\right|=1$,$\dfrac{2\pi}{\lambda}x=j\pi,j=0,1,2,\cdots$

$$x=\frac{j\lambda}{2},\quad j=0,1,2,\cdots \tag{5-45}$$

容易得出,两个相邻波腹之间的距离为 $\dfrac{\lambda}{2}$。

当 $A_{驻}=0$ 时,驻波在该位置有最小振幅,即振幅为零,称为驻波的波节,此时,$\left|\cos\dfrac{2\pi}{\lambda}x\right|=0,\dfrac{2\pi}{\lambda}x=(2j+1)\dfrac{\pi}{2},j=0,1,2,\cdots$

$$x=\frac{(2j+1)\lambda}{4},\quad j=0,1,2,\cdots \tag{5-46}$$

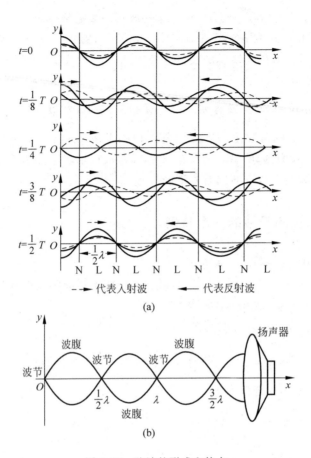

图 5.25　驻波的形成和特点

容易得出,两个相邻波节之间的距离为 $\frac{\lambda}{2}$。

在驻波图像(图 5.25)中可以观察到波腹和波节交替等距离排列。这个排列一旦形成,便不会随时间改变,从而形成稳定的驻波波形。相邻波节和波腹之间的距离为 $\frac{\lambda}{4}$。

(2)驻波各点振动的相位关系有:

(a)相邻两波节之间各点质元的相位相同,相邻两波腹处质元的相位相反;

(b)波节两侧各质元的振动相位相反,波腹两侧各质元的振动相位相同。

(3)驻波的能量有如下的特点:

驻波中的能量虽然在整体上是不传播的,但是每一个质元的能量仍然会发生变化。在某些时刻,全部质元的位移都达到最大值,各质元速度为零,此时动能为零,能量以形变势能的形式集中于波节附近;在某些时刻,全部质元恢复到平衡位置,此时速度最大,能量以动能形式集中于波腹附近;在某些时刻,动能和势能并存,驻波中不断进行着动能和势能之间的转换和在波腹与波节之间的转移,能量既不通过波腹,也不通过波节,只能在相邻的波腹和波节之间流动,因此,驻波中不存在能量的定向传播。

行波和驻波的比较见表 5.1。

表 5.1　行波和驻波的比较

	行　波	驻　波
波动方程	$x = A\cos(\omega t + \varphi)$	$y = \left(2A\cos\dfrac{2\pi}{\lambda}x\right)\cos\omega t$
振幅	各质元处的振幅相同	各质元处的振幅不同
相位	各处的相位不同	分区域同相位或反相位
能量	由近向远传播（沿波传播方向）	波节或波腹之间的能量交换和转移（没有定向的传播）

　　各种乐器，包括弦乐器、管乐器和打击乐器，都是通过一定的方式产生驻波而发声，如图 5.26、图 5.27 所示。在管风琴或单簧管的空气中也可以产生驻波。在一盆水或一个饮料杯中以适当的频率晃动盆或杯时可以观察到驻波的形成。

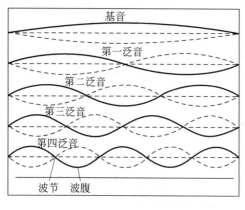

图 5.26　钢琴发出的声波波形

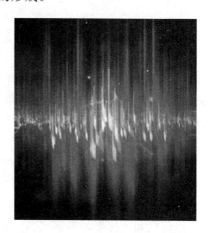

图 5.27　音乐的波形

5.8　多普勒效应

——什么是电子警察和频率红移？

　　生活经验告诉我们，当一辆呼啸而过的火车向着观察者接近的时候，它发出的鸣笛声的频率在逐渐升高，听起来声音的音调显得越来越尖锐，而当火车离观察者而去的时候，它的鸣笛声的频率在逐渐降低，听起来声音的音调显得越来越低沉。

　　多普勒效应指的就是这种由于波源与接受波动的观察者之间的相对运动而引起的波动频率发生变化的现象。这种效应是奥地利物理学家多普勒（Christian Doppler，1803—1853）于 1842 年提出的。它告诉我们，如果观察者不动，波源向着观察者以一定的速度接近观察者，或如果波源不动，观察者以一定的速度接近波源，观察者接收到的频率将比观察者与波源相对静止时波源频率高；反之，如果二者远离，观察者接收到的频率将比波源不动时波源频率低。这个原理还表明，无论波源的运动速度多大，波速是不变的，变化的只是观察者接收到的频率。多普勒原理还定量地得出了波源和观察者之间相对运动速度与接收到的波的频率的关系,也就是从相对运动速度可以得出频率的变化,反之,从频率的变化也可以得出相对运动速度。

马路上的电子警察正是利用多普勒原理制成的测速计来迅速测定车速的。电子警察把测速器对准行驶的汽车,发射固定频率的超声波,再从仪器上测量经汽车反射回来的波的频率。由于多普勒效应,入射频率和反射频率之间会存在差异,从频率的差异就可以在仪器上迅速地显示出车速的大小。

多普勒效应不仅适用于声波,也适用于所有类型的波,包括超声波和卫星发射的电磁波。当飞机相对卫星的速度有变化的时候,卫星所接受到飞机传过来的无线电波的频率也会发生相应地变化,技术人员利用多普勒原理可以确定客机的位置。

从地球上观察恒星发来的光,如果地球和恒星相对远离,则观测到的光波频率变低;如果地球与恒星相对靠近,则观测到的光波频率变高,这就是著名的频率红移现象。在红移现象中,光波的速度与光源的运动速度是无关的。

思 考 题

1. 有一些往返运动,例如,在地面上拍打一个皮球,使之在竖直方向上下跳动;又例如,把一个小球放在光滑的凹球面底部,稍加推动,使其作来回小幅度摆动。试问,皮球和小球的运动是不是简谐运动?为什么?你认为要判定一个运动是简谐运动,它需要满足哪些条件?

2. 图 5.3 表示了一个简谐运动的图像。你能从图像提供的信息中得出这个简谐运动的振幅 A、周期 T、角频率 ω、初相位 φ 等特征量吗?这个简谐运动的运动方程是什么?

3. 从图 5.3 的简谐运动的图像可以得出该振动的位移的表达式和三个特征量,由此,你能得出速度和加速度的表达式吗?它们的三个特征量分别是什么?

4. 从速度和加速度的表达式中你怎样理解"速度的相位超前(大于)位移的相位 $\frac{\pi}{2}$,加速度的相位超前(大于)位移的相位 π"的物理含义?

5. 如果把一个谐振子在 $t=0$ 时刻从平衡位置 $x=0$ 处沿 x 轴负方向拉开到最大位移处放手,这个振子振动的初始条件是什么?

如果在 $t=0$ 时刻从平衡位置 $x=0$ 处沿 x 轴正方向以速度 v_0 推动一下这个谐振子放手,此时振子振动的初始条件又是什么?

6. 简谐运动的常用表达式是 $x=A\cos(\omega t+\varphi)$,还有一种表达式是 $x=B\sin\omega t+C\cos\omega t$。试用振幅 A 和初相位 φ 表示 B 和 C,并在旋转矢量图上说明这个表达式的意义。

7. 伽利略曾经提出了这样一个问题:一根很长的细线挂在又高又暗的城堡中,人们既无法看到它的悬挂点在什么高度,也无法爬到上面去测量它的长度,只能看到它的下端在摆动,问:可以用什么简易方法测量出这根细线的长度?

8. 简谐运动的运动方程表明,振动的位移是随时间变化的,其角频率是 ω,从式(5-10)和式(5-11)可以看出,动能和势能也是随时间变化的,问:

(1) 它们的角频率仍然是 ω 吗?为什么?

(2) 既然简谐运动的动能和势能都是随时间变化的,那么在一个周期的时间间隔内,动能和势能的平均值分别是多少？它们是否相等？为什么？

9. 有两个同方向、不同频率但频率差别很小的简谐运动，$x_1 = A\cos\omega_1 t$，$x_2 = A\cos\omega_2 t$（$\omega_1 \approx \omega_2$，并假设两个振动的初相相同），问：这两个振动的合振动仍然是简谐运动吗？合振动的位移表达式是什么？如果这两个振动的角频率之和远大于两个振动的角频率之差，这两个简谐运动合成时，合振动会出现什么新的特征？

10. 在一个质点同时参与两个处于同一直线上又同频率的振动情况下，当初相相同时，合振幅是分振幅之和。就能量与振幅的关系而言，合成后的振动能量大于分振动的能量之和；当初相相反时，合振幅是分振幅之差，合成后振动的能量小于分振动能量之和。问：前一种合成以后，这个多余的振动能量来自何方？后一种合成以后，这个失去的能量又走向何方？

11. 有两个位移方向互相垂直、但频率不同的简谐运动，$x = A\cos\omega_1 t$，$y = A\cos\omega_2 t$（并假设两个振动的初相相同）问：这两个振动的合振动仍然是简谐运动吗？如果这两个振动的角频率虽然不同，但它们之比却是整数，例如 2 或 3 等，合振动会出现什么新的特征？

12. 如果有一盏闪光灯可以照到月球的表面。假设可以用这样的高速转动闪光灯，以致月球表面的光点在不到 1s 的时间内在月球表面移动几千公里，这样的移动传递了信息或能量吗？这可以看成是一种波动行为吗？它是机械波吗？

13. 在一根细绳上产生的机械横波能够传递能量，那么这个横波能传递动量吗？在细绳一端产生的振动沿着细绳传播一段距离后最终会消失，试问，这部分振动的能量到哪里去了？

14. 如果相对于介质静止的波源产生一列简谐波沿介质传播开去，一观察者乘坐一列与波速相同的火车与这列波平行地同向前进，问：这个观察者看到的是什么波动图像？如果火车速度比波速快或比波速慢，他又会看到什么波动图像？

15. 在波的传播过程中，为什么任一体积元中的动能和势能具有相同的相位？请用细绳上传播的简谐横波加以说明。

在波的传播过程中任一体积元中的能量随时间而改变，这与能量守恒定律有矛盾吗？请用细绳上传播的简谐横波加以说明。

16. 假设有一个人站在地面上，每一秒钟向前抛出一个小球击中前方的靶子，如果这个人在沿水平方向以速度 A 前进的汽车上，仍然每一秒钟就向车前方抛出一个小球，由于汽车在前进，小球击中靶子的频率与静止时有没有变化？如果小球离开手的速度是 B，那么小球相对于地面的速度是多少？试把这样的现象与波动的多普勒现象比较，你能从中得出什么结论吗？

习 题

5.1 一个小球在水平方向作简谐运动。振动位移的正的最大值 $A = 2\mathrm{cm}$，速度的正的最大值 $v_{max} = 3\mathrm{cm/s}$，取小球在达到速度最大正值时为 $t = 0$ 时刻。求：

（1）该小球的振动角频率 ω；

（2）该小球振动的初相位 φ；

（3）该小球加速度的最大值 a_{max}。

5.2 一劲度系数为 k 的轻弹簧的上端固定在天花板上,下端悬挂一质量为 m_1 的砝码,取向下为 x 轴正方向,于是弹簧有一伸长量。在达到稳定以后,在 m_1 下部再悬挂另一质量为 m_2 的砝码,于是弹簧伸长 Δx_2,在再次达到稳定后取走 m_2 的砝码,令弹簧开始振动。求该振动的周期表达式。

5.3 在一平板的竖直下方装有弹簧,平板上放一质量为 1.0kg 的重物,如习题 5.3 图所示。现使平板在竖直方向上作上下简谐运动,周期为 0.50s,振幅为 2.0×10^{-2} m,问:

习题 5.3 图

(1) 平板到最低点时,重物对平板的作用力多大?

(2) 若频率不变,则平板以多大的振幅振动时,重物跳离平板?

(3) 若振幅不变,则平板以多大的频率振动时,重物跳离平板?

5.4 已知一简谐振子的一段振动曲线如习题 5.4 图所示,振动周期为 T。试求:

(1) a、b、c、d、e 各点的相位以及振子到达这些状态的时刻 t;

(2) 该简谐振子的运动方程;

(3) 画出与该振动曲线对应的旋转矢量图。

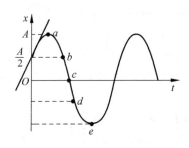
习题 5.4 图

5.5 一质量为 0.01kg 的物体作简谐运动,其振幅为 0.08m,周期为 4s。设起始时刻 $t=0$,物体的起始位移 $x=0.04$ m,并向 x 轴负方向运动(习题 5.5 图)。试求:

(1) $t=1.0$s 时,物体所处的位置和所受的力;

(2) 由起始位置运动到 $x=-0.04$ m 处所需要的最短时间。

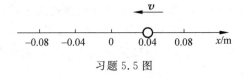
习题 5.5 图

5.6 一质量为 100g 的物体竖直悬挂在一个轻弹簧下端,弹簧伸长 Δl 以后物体就处于平衡位置。然后再对物体施加一个向下的拉力,使弹簧再伸长到 x_0 后除去外力,将物体释放。已知物体在 32s 内完成了 48 次全振动,振幅为 5cm。求:

(1) 外加拉力是多大?

(2) 当物体在平衡位置以下 1cm 处时,此振动系统的动能和势能各是多少?

5.7 已知一平面简谐波沿 x 轴负向传播,振动周期 $T=0.5$s,波长 $\lambda=10$m,振幅 $A=0.1$m。当 $t=0$ 时波源振动的位移恰好为正的最大值。若波源处为原点,写出沿波传播方

向距离波源 $x = \dfrac{\lambda}{2}$ 处的振动方程以及当 $t = \dfrac{T}{2}$ 时，$x = \dfrac{\lambda}{4}$ 处质点的振动速度。

5.8　已知一平面简谐波频率为 1000Hz，波速为 300m/s，求：

（1）该波动曲线上相位差为 $\dfrac{\pi}{4}$ 的两点之间的距离；

（2）在某点处时间间隔为 0.001s 的两个振动状态间的相位差。

5.9　两个相干波源 S_1 和 S_2 相距 $L = 9$m，它们发出两列简谐波的频率相同，$\nu = 100$Hz，波速相同，$u = 400$m/s，两个波源之间保持确定的相位差，S_2 的相位比 S_1 超前 $\dfrac{\pi}{2}$，如习题 5.9 图所示。问：当两列波动在 S_1 和 S_2 的连线上传播时，在包括 S_1 左侧、S_1 和 S_2 之间和 S_2 右侧在内的各点在内的哪些位置上两列波的振动相互加强？在哪些位置上两列波的振动相互减弱？

习题 5.9 图

第 6 章

刚体机械运动状态的描述

本章引入和导读

万吨巨轮在海洋中的平动

大门绕门框一边的定轴转动

前面几章讨论的质点运动学和动力学只涉及一个质点或由几个质点组成的质点系的运动。质点有质量,但没有大小,也没有形状,质点模型是物理学中分析物体机械运动的一个有效的理想模型,是对实际物体运动在一定条件下的近似。

在很多生活和生产的实际问题中,人们遇到的物体是有一定大小和形状的,其质量也会有一定的分布,而且在运动过程中物体的大小和形状也是可能发生改变的。有些物体在运动过程中甚至会发生很大的形变,甚至变得面目全非。当然,在许多情况下,很多物体在运动过程中的实际变形的程度是很微小的,以致常常可以忽略形变,近似认为物体基本上保持原状。

如果在实际问题中必须计入物体的形状和大小以及它们的变化,还必须计入质量分布对物体运动的影响,质点模型就显得太粗糙而不适用了,物理学在质点模型的基础上进一步提出了刚体模型。刚体与质点不同,它不仅具有一定的大小和形状,还具有一定的质量分布,刚体与实际物体也不同,它在机械运动过程中不会发生任何形变。显然刚体也是一种理想模型,它只是对在运动过程中大小和形状发生微小变化的实际物体的一种近似。虽然只是一种近似,但是对刚体运动的描述毕竟比对质点运动的描述更接近对实际物体运动的描述。研究刚体运动的力学分支就是刚体力学。

如同对质点运动的讨论一样,对刚体运动的讨论也分为运动学和动力学两部分。本章讨论刚体的运动学部分,并只限于讨论刚体的平动和定轴转动这两类运动。

一个作平动的刚体上各点的运动轨迹是完全相同的,刚体上任意两点的连线在运动过程中始终保持平行,因此,对刚体平动的运动状态的描述完全可以用刚体上任意一个质点的运动状态来代替。刚体平动运动状态的变化遵从与质点类似的运动定理和守恒定律。

对刚体定轴转动的运动学的讨论过程与对质点运动学的讨论过程也非常相似,只不过在刚体的转动中,用角量代替了线量,所得到的转动的运动学公式与质点运动学公式完全可以进行类比。

从对质点运动状态的描述到对刚体运动状态的描述,体现了人们在认识客观自然界的过程中,从点到体,从简单到复杂的认识的深化过程。学习本章,建议用类比的方法对刚体运动和质点运动进行比较,既要理解两种描述的相似点,又要掌握两种描述的区别。

6.1　刚体运动及其分类

——什么是刚体?怎样对刚体运动进行分类?

6.1.1　刚体是固态物体的一个理想模型

实验表明,当涉及实际物体的运动,尤其是需要近距离考察物体的运动,同时又必须考虑物体大小和形状的变化时,显然不能把物体理想化为质点来描述,尽管物体大小和形状的变化一般都很小,甚至需要精密的测量仪器才能得以发现。例如,载重汽车驶上一座大桥时,车轮与桥面接触处的轮胎会发生形变,这是比较容易观察到的;与此同时,桥面也会发生很小的形变,这是肉眼一般难以发现的。但是,一旦这样的形变超过了一定的限度,大桥就会坍塌。在这种类似的情况下,不仅不能把物体看成质点,而且还必须考虑它们形状和大小的改变。

描述这类物体的运动,一个自然的延伸就是把这些物体看成由许多质点组成的**质点系**,每一个质点称为物体的一个**质元**,通过描述每一个质元的运动来描述整个质点系的运动。由于当质点系的形状和大小发生变化时,质元的间距也会在运动中发生相应的变化,这样的变化是纷繁复杂的,试图通过对质点系中每一个质元的行为的描述来得到对整个质点系运动状态的描述显然是十分困难的。

如同研究物体机械运动时为了得出物体作为一个整体的运动规律,排除由于物体大小以及其他运动细节带来的复杂性,从而引入质点理想模型一样,在研究质点系的运动时,为了得出物体的整体运动规律,排除由于物体的大小和形变对运动的影响带来的复杂性,可以把物体看成是由许多质元组成的一类特殊的质点系,并且这个质点系中各个质元之间的距离在物体运动过程中始终保持不变,以致物体的大小和形状也始终保持不变。这样的质点系就称为刚体。与质点一样,刚体也是力学中固态物体的一个理想模型。刚体的运动规律是牛顿运动定律对这类特殊质点系的应用。

6.1.2　刚体运动的分类——平动和定轴转动

刚体运动可以分为很多类型,其中最典型的是两大类:平移运动(又称平动)和定轴转动。

如果一个刚体在运动过程中,刚体上每一点的运动轨迹都相同,刚体上任意两点的连线在运动过程中始终保持平行,这样的运动称为**刚体的平动**,如图 6.1 所示。一艘巨轮在风平浪静的海洋中沿直线平稳行进时,其船身的运动就可以看成是一种平动。

在刚体平动过程中,刚体上各个质元的运动轨迹可以是直线也可以是曲线,它们的运动轨迹以及位移、速度和加速度都是相同的。只要描述刚体上任意一质元的运动,就可以确定整个刚体的运动。这就是描述刚体平动运动所体现的质点化思想。

如果一个刚体在运动过程中,所有质元都绕同一根直线作圆周运动,这样的运动称为**刚体的转动**,这根直线就称为**刚体的转轴**,如图 6.2 所示。如果刚体的转轴相对于参考系是固定不动的,这样的转动称为**刚体的定轴转动**。

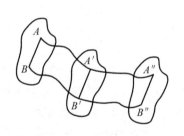

图 6.1　刚体的平动

图 6.2　刚体的转动

利用定滑轮升高物体时,物体的上升运动可以看成平动,而定滑轮的转动是一种定轴转动,转轴就是被固定的定滑轮的转轴(图 6.3);一扇大门在开启或关闭过程中的运动也是定轴转动,转轴就是固定的门轴,还有电动机和发电机转子的运动也是定轴转动(图 6.4),本章主要讨论刚体的定轴转动。

图 6.3　定滑轮的运动

图 6.4　电动机转子模型

在刚体定轴转动过程中,如果转轴不在刚体上,刚体上每一个质元的运动轨迹都是圆周,每一个质元转动的角速度是相等的。由于各个质元运动圆周的半径,即质元与转轴的距离都是不相同的,因此,各个质元的线速度是不相等的。如果转轴就在刚体上,除了转轴上的每一个质元都是固定不动的外,其他质元都围绕转轴作圆周运动。

6.2 怎样描述刚体定轴转动的运动状态

——什么是刚体定轴转动的角量和线量?

6.2.1 刚体的转动角位移及其运动方程

当刚体发生定轴转动时,由于转轴固定,刚体上任意两个质元之间的间距也不变,因此,只要确定了刚体上任意一个质元的位置,刚体上所有质元的位置也就完全确定了。

在定轴转动问题中,可以按照描述质点运动类似的方法,先选择参考系,并建立合适的直角坐标系以描述质元的位置。但是,描述定轴转动还有一个更简洁方便的方法,那就是首先选择转轴所在的平面作为参考面,例如,选定图 6.5 中的 xOz 平面为参考面,并规定 Oz 方向为转轴正方向。于是一个质元的位置,可以用转轴和质元共同所在的转动平面相对于参考面所转过的角度 φ 得以唯一地确定,由此就产生了描述定轴转动的一系列角量:刚体的转动角位置、角位移、角速度和角加速度。

角位置 图 6.5 中 $OO'Q$ 所在平面相对于参考面 xOz 转过的角度 φ 就是质元在某时刻的角位置。

角位移 角位置随时间发生的改变。

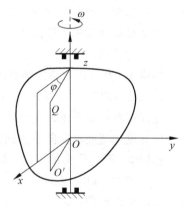

如同质点的位移一样,角位移 $\Delta\varphi$ 也是一个矢量,它的正方向是按照右手螺旋定则确定的:当 $OO'Q$ 所在平面转动 $\Delta\varphi$ 时,用右手四指弯曲的方向表示 $OO'Q$ 所在平面的转动方向,右手大拇指的指向就是角位移 $\Delta\varphi$ 的正方向。与其相反的就是 $\Delta\varphi$ 的反方向。在定轴转动中,$\Delta\varphi$ 只能沿转轴正、反两个方向:当沿正方向时,角位移 $\Delta\varphi>0$;反之,则角位移 $\Delta\varphi<0$。因而可以把 $\Delta\varphi$ 看成代数量。

角位置随时间变化的关系式为

图 6.5 刚体的定轴转动

$$\varphi = \varphi(t) \tag{6-1}$$

式(6-1)就是刚体定轴转动的运动方程。角位置 φ 和角位移 $\Delta\varphi$ 的单位都是弧度(rad)。

6.2.2 刚体的转动角速度和角加速度

角速度 定义了刚体转动的运动方程以后,就可以相应定义刚体转动的角速度。

刚体的角速度用 ω 表示,角速度的大小是

$$\omega = \frac{d\varphi}{dt} \tag{6-2}$$

角速度 ω 的单位是 rad/s。在应用中有时还用每分钟转过的圈数 r 来描述转动的快慢,

称为转速 n, 其单位是 r/min, ω 与 n 之间的关系是

$$\omega = \frac{\pi n}{30}$$

如同角位移一样, 角速度 ω 也是矢量, 它的方向也是按照右手螺旋定则确定的, 与角位移 $\Delta\varphi$ 的方向相同。在定轴转动中, 由于角速度 ω 只能取沿转轴正、反两方向, 因而可以写成代数量。

角加速度 当刚体的角速度随时间发生变化时, 就有了角加速度。刚体的角加速度用 β 表示。角加速度也是矢量。角加速度的大小

$$\beta = \frac{d\omega}{dt} = \frac{d^2\varphi}{dt^2} \tag{6-3}$$

角加速度的单位是 rad/s^2。角加速度 β 的方向由角速度 ω 随时间变化的情况而定。如果刚体的角速度 ω 随时间增大, 角加速度 β 就与 ω 同向; 如果刚体的角速度 ω 随时间减少, 角加速度 β 就与 ω 反向。在定轴转动中, 由于角加速度 β 只能取沿转轴正、反两方向, 因而可以写成代数量。

与角量相关的还可以定义以下线量:

与角速度相关的线速度 设质元 i 与转轴的距离是 r_i, 它的线速度用 v_i 表示, 线速度的大小

$$v_i = \omega r_i \tag{6-4}$$

这就是质元作圆周运动时, 速率与角速度的关系。线速度是矢量, 线速度始终沿圆周的切线方向, 因此, 线速度的切线方向的分量 $v_t = v_i$, 法向分量 $v_n = 0$。

与角加速度相关的线加速度 在一般情况下, 线加速度既有沿切向的分量 $a_t = r_i\beta$, 又有沿法向的分量 $a_n = r_i\omega^2$。

特例 1 刚体作匀速定轴转动时, 质元 i 的角速度 ω 保持不变, 角加速度 $\beta = 0$。此时, $\varphi = \varphi_0 + \omega t$。刚体上质元 i 的线速度的大小 $v_i = \omega r_i$ 也保持不变, 但是线速度方向在变化, 因此一定存在着线加速度。这个线加速度只有法向分量 $a_n = r_i\omega^2$, 而切向分量 $a_t = 0$, 此时这个法向分量加速度称为**向心加速度**。

特例 2 刚体作角加速度 β 不变的匀加速定轴转动时, 角速度 ω 随时间增加, 角位移 $\Delta\varphi$ 也随时间增大。以 ω_0 表示 $t = 0$ 时刻刚体的角速度, φ_0 表示 $t = 0$ 时刻刚体的角位置, 于是可以得出匀加速转动的运动学表达式:

$$\omega = \omega_0 + \beta t, \quad \varphi = \varphi_0 + \omega_0 t + \frac{1}{2}\beta t^2, \quad \omega^2 = \omega_0^2 + 2\beta(\varphi - \varphi_0) \tag{6-5}$$

这样的表达式与质点匀加速运动的公式相似, 不过是用角量代替了质点运动的线量。

思 考 题

1. 描述刚体定轴转动时, 为什么一般采用角量(角位移、角速度、角加速度等), 而不采用描述质点运动的线量(位移、速度、角速度等)? 请用类比的方法列出质点作匀加速运动和刚体作匀加速定轴转动相对应的运动学公式。

2. 在刚体作定轴转动过程中, 刚体上各质元的法向加速度可以写成 $a_n = \frac{v^2}{r}$, r 是质元

与转轴的距离,这个公式表明,法向加速度与 r 成正比;但是法向加速度还可以写成 $a_n = \omega^2 r$,这个公式表明,法向加速度与 r 成反比。这两个表达式互相矛盾吗? 为什么?

3. 在刚体作定轴匀变速转动过程中,离刚体转轴为 r 处的任意一质元 Δm 有没有切向加速度? 其大小是否改变? 有没有法向加速度? 其大小是否改变?

习 题

6.1 已知一飞轮作定轴转动,其角位移随时间变化的关系是

$$\varphi = at + bt^2 \, (\text{SI})$$

其中 a,b 都是常量。求:飞轮的角速度、角加速度以及与转轴距离为 r 处质元的切向加速度 a_t 和法向加速度 a_n。

6.2 一直径为 0.5m 的飞轮以初角速度 500r/min 开始作匀加速转动,在 5s 内角速度增大到 3000r/min。求:

(1) 以 rad/s 为单位,飞轮的初角速度和末角速度是多少?

(2) 飞轮的角加速度是多少?

(3) 在 5s 的加速过程中,飞轮转过了多少圈?

(4) 在 5s 的加速过程中,飞轮边缘上某一点的切向加速度是多少?

(5) 在到达末角速度时,飞轮边缘上某一点的法向加速度是多少?

(6) 飞轮边缘上某一点的线速度是多少?

6.3 已知齿轮的角加速度随时间变化的关系式是 $\beta = 4at - 3bt^2 \, (\text{SI})$,其中 a 和 b 都是常量。当齿轮从静止开始作加速转动时,求:齿轮的角速度和角位移。

6.4 一汽车发动机的转速在 7s 内从 200r/min 均匀地增加到 3000r/min。有一个飞轮安装在发动机上,并与发动机同轴,飞轮半径 $r = 0.2$m。求:

(1) 在这段时间内,发动机的初角速度、末角速度以及角加速度;

(2) 在这段时间内,发动机转过的圈数;

(3) 在第 7s 末时,这个飞轮边缘上一点的切向角速度、法向角速度和总加速度。

第 *7* 章

刚体机械运动状态变化原因的描述

本章引入和导读

【演示实验】 锥体上滚

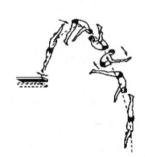 

刚体质心的运动和定轴转动

与描述质点运动状态相类似,继第 6 章对刚体的运动状态(是什么?)——平动和定轴转动进行描述以后,本章将接着讨论平动和定轴转动这两种运动状态的变化的原因(为什么?),这部分内容称为"刚体的动力学"。

作为一类特殊的"质点系",由于"刚体"上各质元间的相对位置在运动过程中保持不变,因此,在刚体平动动力学中,描述力、质量和加速度之间关系的动力学方程有着与质点动力学类似的表达式,刚体平动运动状态的变化依然遵从与"质点"运动状态变化类似的运动定理和守恒定律。

与质点动力学不同的是,在质点动力学中力的作用点就是质点本身,而在刚体平动动力学中力可以作用在刚体的任意一点上;而且不管作用在哪一点,其产生的平动作用的效果都是相同的。尤其是对每一个刚体总可以找到一个特殊的"点"——质心,如果把刚体的全部质量集中在质心上,在外力作用下,刚体质心的运动就等价于单个质点的运动,作用于该单个质点的外力等价于作用于刚体的全部外力,其大小就等于刚体的质量乘以质心的加速度。这个关系式与质点牛顿第二定律的表现形式完全相同。

在刚体定轴转动动力学中也存在着类似于质点动力学中力、质量和加速度之间关系的动力学方程,但是,由于描述刚体转动状态变化的物理量是角量——刚体的角速度和角加速度而不是质点的速度和加速度,因此,表示质点受到的外力、质点质量和加速度之间关系的质点动力学方程被表示刚体受到的外力矩、刚体的转动惯量和刚体角加速度之间的关系的刚体动力学方程所替代。

学习本章,建议用类比的方法对刚体运动状态变化的因果关系和质点运动状态变化的因果关系进行比较,既要理解两种描述的相似点,又要掌握两种描述的区别。

7.1 刚体的质心和质心运动定理

——怎样建立刚体运动定理与质点运动定理的类比?

7.1.1 刚体的质心

质点具有质量,但是质点是一个点,没有任何形状和大小,它的质量全部集中在这个点上。刚体也具有质量,但刚体是具有一定大小和形状的物体。与一个物体各部分的重力在物体上有一定分布并具有合力作用点——重心的情况类似,刚体的各部分质量在刚体上也存在一定的质量分布,这样的分布必然导致存在一个质量中心——质心。在物体的尺寸不十分大的情况下,物体的重心位置和质心位置是重合的。

质心是物理上描写物体整体运动的一个点,它并不属于哪一个质点;质心的位置可以在刚体上,也可以不在刚体上。在刚体平动运动中,质心的运动就可以代表整个刚体的平动。

【拓展阅读】 刚体的质心以及常见物体的质心位置

7.1.2 刚体的质心运动定理

在质点动力学中,质点动量的时间变化率等于质点所受到的合外力,在质量不变时,质点的运动定理可以表述为

$$F = \frac{\mathrm{d}p}{\mathrm{d}t} = ma \tag{7-1}$$

这里,F 是质点受到的所有外力之和,m 是质点的质量,a 是质点的加速度。

与质点的运动定理类似,在质量不变时,刚体的运动定理可以表述为

$$F = \frac{\mathrm{d}p}{\mathrm{d}t} = ma_c \tag{7-2}$$

其中,F 是刚体受到的所有外力之和,m 是刚体的总质量,a_c 是质心的加速度,这就是刚体的质心运动定理。

在外力作用下,一个刚体无论是作平动还是作转动,不管它的各部分相对于质心的运动多么复杂,它的质心的运动总是遵循着质心运动定理。例如,一颗手榴弹被抛向空中以后,在重力的影响下,手榴弹在空中总是会翻滚着前进,它的质心的运动如同重力作用于一个质点的运动那样,总是沿抛物线运动的,如图7.2所示。

图7.1 手榴弹在空中翻滚运动
时质心的运动轨迹

但是,手榴弹毕竟不是一个点,它在空中边翻滚边前进,各部分相对于质心都有复杂的运动,因此,质心运动定理只能给出手榴弹的整体运动特征,不能对手榴弹上每一部分的运动作出全面的描述。

7.2 刚体定轴转动的角动量和角动量定理

——怎样建立刚体的转动动力学与质点动力学之间的类比?

7.2.1 刚体的转动惯性和转动惯量

在刚体的定轴转动过程中,对于质量不同的两个刚体,在相同力矩的作用下,它们的转动状态发生的变化是不同的。经验表明,当对一扇大铁门和一扇小木门施加相同的力矩时,推动前者比推动后者要困难得多,因为前者不仅比后者具有更大的质量,而且比后者具有更大的转动惯性。即使对于质量相同的两个刚体,例如两扇相同质量的大门,一扇大门绕着固定在大门一边的垂直于地面的轴线转动,另一扇大门绕着固定在大门中间的垂直于地面的轴线转动。当对两扇大门施加相同的力矩时,它们从静止到开始运动获得的角加速度也是不同的,究其原因就在于它们各自相对于转轴的质量的分布情况是不同的,它们具有不同的转动惯性。

在质点动力学中,每一个质点都具有保持原有运动状态的属性——惯性,惯性的大小是用质点的质量来量度的。

与此类似,在刚体动力学中,每一个定轴转动的刚体都具有保持原有运动状态的属性——转动惯性,转动惯性的大小是用刚体的转动惯量来量度的。转动惯量是一个既与质量有关(这与质点运动相似)又与相对于转轴的质量分布有关(这是刚体运动特有的)的物理量。在刚体转动时,转动惯量的地位和作用与在质点运动中质量的地位相当。

质量是质点的固有属性。只要质点的质量不变,质点的惯性也不变;转动惯量也是刚体的固有属性,对于同一个转轴,不同质量刚体的转动惯量大小是不同的,而对于不同的转轴,同一个质量的刚体的转动惯性也是不同的。

一般来说,对于两个相同质量的刚体,相对于某一个指定转轴,如果其中一个刚体的质量分布比另一个刚体更分散,前一个刚体就比后一个刚体具有更大的转动惯量。例如,由相同材料和相同质量分别制成的一个空心球面和一个实心球体,它们的质心都在球心,显然,球面比球体具有更大的半径。如果都以通过各自球心的直线为转轴,它们的质量分布是不同的。与球体相比,球面的所有质元处在距转轴更远的位置上,也就是球面的质量分布比球体更分散,因此,球面具有比球体更大的转动惯量,从而使球面从静止到产生加速转动或从转动的状态趋于停止就显得比球体更困难。又如,由相同材料和相同质量分别制成的一个圆环与一个圆盘,它们的质心都在圆心上,显然,圆环有着比圆盘更大的半径。如果都以通过各自圆心且垂直于圆环或圆盘各自平面的直线为转轴,圆环的质量分布比圆盘显得更分散。因此,圆环就比圆盘具有更大的转动惯量,从而使圆环从静止到产生加速转动或从转动的状态趋于停止就显得比圆盘更困难。

由此可以看出,转动惯量的大小既与刚体质量有关,也与刚体上各个质元相对于转轴的距离有关。于是可以从定义质元的转动惯量入手来定义刚体的转动惯量。在图 7.2 中,一

个刚体围绕通过 O 点的垂直固定轴转动,把刚体分割成许多微小的质元,其中第 i 个质元 Δm_i 离开转轴的垂直距离为 r_i,作乘积 $\Delta m_i r_i^2$,这就是第 i 个质元的转动惯量,对所有质元的转动惯量求和可以得到

$$J = \sum_i \Delta m_i r_i^2 \qquad (7\text{-}3)$$

这个量 J 就定义为刚体相对于指定转轴的转动惯量。对于确定的刚体和一定的固定转轴,J 是一个恒定的量。转动惯量的大小既与刚体质量有关,又与转轴位置有关,也就是与刚体上各个质元与转轴的距离(即刚体的质量分布)有关。表 7.1 列出了一些常见物体的转动惯量。

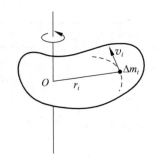

图 7.2　刚体相对于固定转轴的转动惯量

【拓展阅读】　刚体转动惯量的定义和计算

表 7.1　一些常见物体的转动惯量

刚体名称和形状	轴 的 位 置	转动惯量 J
薄圆环或薄圆筒(半径为 R)	通过圆环的中心或圆筒中心轴且垂直于环面	mR^2
薄圆盘或圆柱体(半径为 R)	通过圆盘的中心或中心轴且垂直于盘面	$\dfrac{1}{2}mR^2$
绕中心轴的细杆(长度为 l)	通过细杆的中点且垂直于杆	$\dfrac{1}{12}ml^2$
绕一端轴的细杆(长度为 l)	通过细杆的一端且垂直于杆	$\dfrac{1}{3}ml^2$

续表

刚体名称和形状	轴 的 位 置	转动惯量 J
实心球体(半径为 R)	通过球体直径	$\dfrac{2}{5}mR^2$
薄球壳(半径为 R)	通过球壳直径	$\dfrac{2}{3}mR^2$

由表 7.1 可以看到,对同一个刚体,相对于不同的转轴,它的转动惯量是不同的。例如表中长度为 l,质量为 m 的细杆,绕通过细杆中点(质心)且垂直于细杆的中心轴的转动惯量是 $J_C=\dfrac{1}{12}ml^2$,而绕通过细杆一端且垂直于细杆的转轴的转动惯量是 $J=\dfrac{1}{3}ml^2$。仔细考察它们之间的相互关系,可以发现 $J=J_C+m\left(\dfrac{l}{2}\right)^2$,注意到式中的 $\dfrac{l}{2}$ 是两个平行转轴之间的间距。实际上,上述结论仅是关于不同转轴的转动惯量的平行轴定理的一个特例。

平行轴定理　设刚体的质量是 m,刚体相对于通过其质心 C 的转轴(设为转轴 1)的转动惯量是 J_C。若另一个与转轴 1 平行的转轴 2,两轴相距为 d,则刚体相对于转轴 2 的转动惯量是 $J=J_C+md^2$。

作为对该定理的应用,利用表 7.1 可以得出一个均匀圆盘相对于通过其边缘一点且垂直于圆盘表面的转轴的转动惯量是

$$J=J_C+md^2=\dfrac{1}{2}mR^2+m(R)^2=\dfrac{3}{2}mR^2$$

7.2.2　刚体定轴转动的角动量和角动量定理

在质点动力学中,质点相对于某一个定点运动时具有角动量。在刚体转动动力学中,刚体相对于一定转轴转动时具有角动量,刚体角动量是通过计算每一个质元相对于转轴的角动量来定义的。

当刚体以角速度 ω 转动时,一个质量为 m_i 的质元在垂直于 Oz 转轴的一个平面内以同

样的角速度ω作圆周运动,圆周的半径为r_i(图7.3)。根据质点角动量定义,它相对于Oz转轴的角动量大小是

$$J_{zi} = m_i r_i^2 \omega \qquad (7\text{-}4)$$

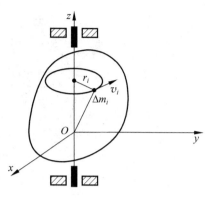

假设质元转动方向与Oz转轴正方向构成右手螺旋关系,则质元角动量的方向确定为沿Oz转轴正方向。刚体上每一个质元都在这样的平面内以同样的角速度ω作圆周运动,每一个质元相对于转轴都有角动量,这些角动量大小不等,但它们的方向都是相同的,因此,把全部质元的角动量相加就可以得出刚体相对于Oz转轴的角动量大小是

图7.3 刚体绕着固定转轴的转动

$$L_z = \sum_i l_{zi} = \left(\sum_i \Delta m_i r_i^2 \right)\omega = J\omega \qquad (7\text{-}5)$$

方向沿Oz转轴正方向。

与质点的角动量定理类似,描述刚体定轴转动也有相应的角动量定理:当刚体受到的所有合外力的力矩为$\boldsymbol{M}$时,刚体相对于一个固定转轴的角动量的时间变化率$\dfrac{\mathrm{d}\boldsymbol{L}}{\mathrm{d}t}$与外力矩$\boldsymbol{M}$的关系是

$$\boldsymbol{M} = \frac{\mathrm{d}\boldsymbol{L}}{\mathrm{d}t} \qquad (7\text{-}6)$$

式(7-6)表明,作用于刚体上的合外力的力矩等于刚体的总角动量随时间的变化率,这就是刚体的**角动量定理**。

这里,$\Delta \boldsymbol{L} = \displaystyle\int \boldsymbol{M}\mathrm{d}t$ 称作角动量的增量,$\displaystyle\int \boldsymbol{M}\mathrm{d}t$ 称作力矩$\boldsymbol{M}$所产生的冲量矩。

从质点的动量定理中可以得出当质点的质量不变时,

$$\boldsymbol{F} = \frac{\mathrm{d}\boldsymbol{p}}{\mathrm{d}t} = \frac{\mathrm{d}(m\boldsymbol{v})}{\mathrm{d}t} = m\frac{\mathrm{d}\boldsymbol{v}}{\mathrm{d}t} = m\boldsymbol{a}$$

与此类似,取z轴为转轴,根据角动量的定义,$L_z = J\omega$,当刚体的转动惯量不变时,可以得出

$$M = \frac{\mathrm{d}L_z}{\mathrm{d}t} = \frac{\mathrm{d}(J\omega)}{\mathrm{d}t} = J\frac{\mathrm{d}\omega}{\mathrm{d}t} = J\beta \qquad (7\text{-}7)$$

当质点受到的合外力$\boldsymbol{F}$为零时,质点的动量$m\boldsymbol{v}$是一个守恒量,这就是质点的动量守恒定理。类似地,当刚体受到的合外力矩$\boldsymbol{M}$为零时,刚体的角动量$J\boldsymbol{\omega}$是一个守恒量,这就是刚体的**角动量守恒定理**。

图7.4所示的是演示刚体角动量守恒定理的茹可夫斯基转椅实验。假设不计任何的外力矩作用,人和转椅可以绕固定的轴转动。当手握哑铃的人双手向两侧伸展时,起始的转动角速度为ω,人和转椅相对于转轴的转动惯量为J。如果在转动过程中,人急速地把双手向胸前收拢,于是可以明显地发觉,人和转椅的转动角速度ω明显加快了。这是由于人和转椅不受任何外力矩的作用,刚体的角动量守恒。在转动过程中,由于质量分布发生改变,人和转椅相对于转轴的转动惯量J减小,于是根据刚体角动量守恒定理可以得出,转动的角

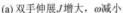

(a) 双手伸展 J 增大，ω 减小   (b) 双手收拢 J 减小，ω 增大

图 7.4 演示刚体角动量守恒的茹可夫斯基转椅

速度 ω 就增大了。

以上对刚体转动的动力学的讨论与对质点动力学的讨论过程非常相似，只不过是在刚体转动过程中，用力矩代替了力，用角加速度代替了加速度，用转动惯量代替了质量，所得到的转动动力学的公式与质点动力学的公式可以建立如下的对应类比：

$$F \Leftrightarrow M, \quad m \Leftrightarrow J, \quad mv \Leftrightarrow J\omega, \quad a \Leftrightarrow \beta \tag{7-8}$$

7.3 刚体定轴转动的动能和动能定理

——怎样建立刚体转动动能定理与质点动能定理的类比？

质点的动能定理表明，外力对质点所做的功等于质点动能的增加

$$A = \frac{1}{2}mv_b^2 - \frac{1}{2}mv_a^2 \tag{7-9}$$

与此类似，可以建立刚体定轴转动的动能定理。

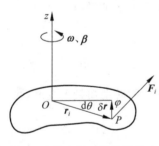

设 F_i 是作用在刚体的 P 点上的外力（图 7.5），P 点离开转轴的矢径是 r_i。当刚体围绕 z 轴转动时，产生一个角位移 $d\theta$，P 点的矢径增量是 dr，于是外力 F_i 做的元功是

$$dA = F_i \cdot dr = F_i \cos\varphi \mid dr \mid = F_i r \cos\varphi d\theta \tag{7-10}$$

图 7.5 外力矩对刚体做的功

式中，$F_i r \cos\varphi$ 就是外力对转轴的力矩 M，因此

$$dA = M d\theta \tag{7-11}$$

当刚体从初始位置 θ_0 转过一个有限的角位移，到达末位置 θ，外力矩做的功为

$$A_{外} = \int_{\theta_0}^{\theta} M d\theta \tag{7-12}$$

利用式（7-7）可得

$$\int_{\theta_0}^{\theta} M d\theta = \int J \frac{d\omega}{dt} d\theta = \int_{\omega_0}^{\omega} J\omega d\omega \tag{7-13}$$

由此得出

$$A_{外} = \int_{\theta_0}^{\theta} M d\theta = \frac{1}{2}J\omega^2 - \frac{1}{2}J\omega_0^2 \tag{7-14}$$

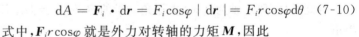

这里, $A_{外}$ 是外力矩对刚体所做的功, $\frac{1}{2}J\omega_0^2$ 和 $\frac{1}{2}J\omega^2$ 分别定义为刚体在初始位置和终结位置时的转动动能。

以上结论表明,外力矩对刚体做的功等于刚体转动动能的增加,这就是刚体定轴转动的动能定理。与质点的动能定理相比,二者的物理量之间可以建立这样的对应关系:

$$m \Leftrightarrow J, \quad v \Leftrightarrow \omega, \quad \frac{1}{2}mv^2 \Leftrightarrow \frac{1}{2}J\omega^2, \quad \int_a^b \boldsymbol{F} \cdot \mathrm{d}\boldsymbol{s} \Leftrightarrow \int_{\theta_1}^{\theta_2} M\mathrm{d}\theta \tag{7-15}$$

在刚体平动运动中,引入质心的概念可以把刚体的运动看成质量集中在质心上的一个质点的运动,从而在整体上建立了对刚体运动的描述方式,这种描述方式称为刚体平动的质点化。质点化描述只与刚体的质量有关,而与刚体的形状和质量分布无关。在刚体转动运动中,不仅必须计入刚体质量,还必须计入与刚体的形状和质量分布有关的转动惯量,从而进一步建立刚体形状和质量分布对运动变化产生影响的描述。

刚体和质点都是理想模型,刚体力学讨论"体"的运动是在质点力学讨论"点"的运动的基础上通过类比发展起来的,刚体模型比质点模型在描述机械运动方面更接近实际事物的运动,既能讨论平动,又能讨论转动。从质点力学到刚体力学体现了人们对客观事物的认识"由'点'到'体'"逐步深入的过程。

例题1　一根长度为 l,质量为 m 的均匀细棒,在竖直平面内一端悬挂在固定点 O 上,并可以绕与细棒垂直的水平轴转动,如图7.6所示。设细棒从水平位置开始下摆。求:

（1）细棒开始摆动的角加速度是多少?

（2）细棒摆到最低位置处的角速度是多少?

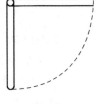

图　7.6

【解题思路】

在中学物理中经常讨论这样一个问题。细绳末端系有一个物体,并使细绳从水平位置开始释放,由于忽略非保守力(例如摩擦力)的作用,细绳和物体只受到唯一保守力——重力的作用,所以细棒的机械能守恒。在讨论此类问题时,只需要讨论物体的运动速度和加速度,不计细绳的质量,也不计细绳在摆动过程中的任何伸长和任何非保守力的作用,这是对问题的一种简化处理。

在大学物理中需要进一步讨论更接近实际运动的情况,计入摆绳质量就是首先加入的一个条件。本题中用具有一定质量的细棒代替了摆绳,并将其作为刚体处理,因而不计细棒在运动过程中的任何伸长,也不计非保守力的作用。

本题的物理过程是这样的:细棒从水平位置释放,它在释放瞬间就受到重力产生的力矩作用,从而产生角加速度而开始绕固定轴转动。此外,由于刚体处在重力场中,刚体在初始位置具有重力势能;这部分重力势能相当于质量集中在质心处的质点具有的重力势能。当细棒下落到竖直位置时(设为重力势能的零点位置),这部分重力势能就完全转化为刚体的转动动能。因此,求解本题首先需要写出细棒受到的重力矩,由刚体的转动定律得出刚体在释放瞬间产生的加速度;然后,写出细棒在初始位置的重力势能和在竖直位置处的转动动能表达式,根据机械能守恒,这两部分能量相等,由此就可以得出最低点的角速度。

【解题过程】

（1）细棒在初始位置时受到重力矩的作用。重力的作用点在质心处,因此,重力矩的大

小是 $M=\dfrac{1}{2}mgl$。由转动定律

$$M=J\beta$$

式中，J 是细棒的转动惯量，$J=\dfrac{1}{3}ml^2$，而 β 就是细棒的角加速度。于是得出

$$\beta=\dfrac{M}{J}=\dfrac{\dfrac{1}{2}mgl}{\dfrac{1}{3}ml^2}=\dfrac{3g}{2l}$$

（2）细棒在初始位置具有重力势能 $E_p=\dfrac{1}{2}mgl$（设细棒在竖直位置时，棒的质心位置为势能零点），在竖直位置具有转动动能 $E_k=\dfrac{1}{2}J\omega^2$，$\omega$ 就是细棒在竖直位置时的角速度。

根据机械能守恒定律有 $\dfrac{1}{2}J\omega^2=\dfrac{1}{2}mgl$，由此得出

$$\omega=\sqrt{\dfrac{mgl}{J}}=\sqrt{\dfrac{3g}{l}}$$

思　考　题

1. 质心和重心是力学中两个重要的物理量，它们各自描述物体的什么属性？质心和重心一定重合吗？在什么情况下它们的位置重合？在什么情况下它们的位置有偏离？各举例说明。

2.（1）若一个刚体受到两个力的作用，但它们的合力为零，这两个力对转轴的合力矩一定为零吗？请举例说明。

（2）若一个刚体受到两个力的作用，它们对转轴的合力矩为零，这两个力的合力一定为零吗？请举例说明。

3. 一个半径为 R 的薄圆环相对于通过环的中心且垂直于环面的转轴的转动惯量为 J，另一个用同样材料制成的薄圆环的半径为 $\dfrac{R}{2}$，它相对于通过环的中心且垂直于环面的转轴的转动惯量为 J_1，问：下列哪一个关系是正确的？

  A. $J_1=\dfrac{1}{2}J$ B. $J_1=\dfrac{1}{4}J$ C. $J_1=\dfrac{1}{8}J$ D. $J_1=\dfrac{1}{16}J$

4. 与质量是物体运动惯性的量度相类比，可以说转动惯量是刚体转动惯性的量度。在经典力学中，物体的质量是不变的，因此，物体的惯性也是不变的。在刚体转动力学中，刚体的转动惯量是固定不变的吗？由此推导出，刚体的转动惯性是固定不变的吗？为什么？你认为，定义转动惯量这个物理量有什么意义？如果把质量和转动惯量作类比，质量和转动惯量有什么联系和区别？

5. 刚体定轴转动动能可以看成是刚体上各个质元动能之和。你能根据一个质量为 Δm 的质元的动能表达式 $\Delta E_k=\dfrac{1}{2}(\Delta m_i)v_i^2$ 导出刚体定轴转动的动能表达式 $E_k=\dfrac{1}{2}J\omega^2$ 吗？（这里 J 是刚体的转动惯量，ω 是刚体的转动加速度）

6. 讨论用绳索悬挂在定滑轮上的物体上升或下降的问题时，为了简化问题的求解，中学物理特别指出，在这些问题中不计滑轮的质量，也不计绳索与滑轮接触处的摩擦力，这里

为什么需要这样的简化？实际上，滑轮是有一定质量的，绳索与滑轮接触处是存在摩擦力的，当悬挂在滑轮两边的物体加速上升或下降时，滑轮会发生相应的定轴转动。一旦计入这些因素，在求解物体上升或下滑问题时，列出的运动方程会有怎样的变化？

7. 有一轻绳绕在具有水平转轴的定滑轮上，当在轻绳一端悬挂一个质量为 m 的物体时，滑轮向下运动，并具有角加速度 β。如果不挂物体改用一个大小为 mg 的力向下拉动轻绳，与角加速度 β 相比，则滑轮的角加速度将会发生什么变化？下列哪个结果是正确的？

　　A. 不变　　　　　　B. 变大　　　　　　C. 变小　　　　　　D. 无法判断

8. 在图 7.4 演示角动量守恒的茹可夫斯基转椅实验中，不计任何外力矩。当实验者双臂伸开时，相对于转轴的转动惯量为 J_0，转动角速度为 ω_0，然后实验者将双臂合拢，此时转动惯量减少为 $\dfrac{2}{3}J_0$，转动角速度将发生什么变化？下列哪个结果是正确的？

　　A. $\dfrac{2}{3}\omega_0$　　　　B. $\dfrac{3}{2}\omega_0$　　　　C. $\dfrac{\sqrt{3}}{2}\omega_0$　　　　D. $\dfrac{2}{\sqrt{3}}\omega_0$

9. 在学习角动量守恒定律时，曾经提出过"为什么猫从高处掉下来不会摔死"的问题。对此问题，有一种看法认为这与猫的尾巴的转动能够调整猫围绕身体转轴的角动量以保持猫的角动量守恒有关，此看法曾经引起了许多讨论。请利用互联网以这个主题词查询有关资料，说说你的看法。

习　题

7.1　一根长度为 L、质量为 M 的匀质细棒，可绕上端点在竖直平面内自由转动，初始时刻静止在平衡位置（习题 7.1 图），现有一颗质量为 m 的子弹以初速度 v_0 水平射入细棒的转轴下方 l 处，并嵌入其中。试求细棒受到子弹打击后上摆的最大角度$\left(\text{棒相对于上端点处水平轴的转动惯量 } J=\dfrac{1}{3}ML^2\right)$。

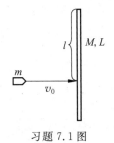

习题 7.1 图

7.2　一质量为 m，半径为 R 的均匀圆盘在水平面上绕中心轴转动，如习题 7.2 图所示。设圆盘与水平面的摩擦系数为 μ，问：由于受摩擦力的作用，圆盘从初角速度为 ω_0 到停止转动，圆盘转过的角度是多少？共转了多少圈？

7.3　如习题 7.3 图所示，一根质量为 m、长度为 l 的均匀细棒 OA，O 端为固定端，细棒可以围绕通过 O 端的光滑轴线在竖直平面内转动。一开始棒 OA 处于水平位置，然后自由下摆。求：当细棒摆到与水平方向成 θ 角度的位置时，细棒的质心 C 点和端点 A 点的速度$\left(\text{细棒对 } O \text{ 点的转动惯量 } J=\dfrac{1}{3}ml^2\right)$。

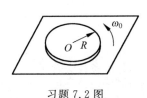

习题 7.2 图

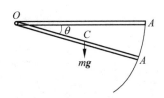

习题 7.3 图

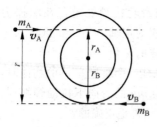

习题 7.4 图

7.4　两滑冰运动员，在相距 1.5m 的两平行线上相向而行，两人质量分别为 $m_A = 60\text{kg}, m_B = 70\text{kg}$，他们的速率分别为 $v_A = 7\text{m/s}, v_B = 6\text{m/s}$，当两者的距离最近时，便手拉起手开始绕质心作圆周运动，两者的距离始终保持为 1.5m，如习题 7.4 图所示。求该瞬时：

（1）系统对通过质心的竖直轴的总角动量；

（2）系统的角速度；

（3）两人拉手前、后的总动能，这一过程中能量是否守恒？

7.5　一质量为 $M = 1\text{kg}$，半径为 $R = 20\text{cm}$ 的匀质球体可绕固定的过球心 O 的水平转轴转动，转动惯量 $J = \dfrac{2}{5}MR^2$。设初始时刻球体静止。现有一质量为 $m = 10\text{g}$ 的质点以 $v_0 = 5\text{m/s}$ 的速度沿切向与球体边缘发生完全非弹性碰撞，引起球体转动，如习题 7.5 图所示。不计任何摩擦阻力。问：

（1）碰撞前后整个系统相对于 O 的角动量是否守恒？

（2）碰撞后角速度多大？

（3）碰撞过程中整个系统损失了多少动能？

7.6　一个质量为 M，半径为 R 并以角速度 ω 旋转的飞轮（可看作匀质圆盘），在某一瞬间突然有一片质量为 m 的碎片从轮的边缘上飞出，如习题 7.6 图所示。假定碎片脱离飞轮时的瞬时速度大小为 v_0，方向竖直向上。问：

（1）碎片能上升的高度是多少？

（2）余下部分的角速度、角动量和转动动能各为多少？

习题 7.5 图

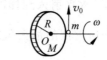

习题 7.6 图

第 8 章

物体热力学状态和状态变化过程的宏观描述

本章引入和导读

(a) 封闭在容器中的气体

(b) 化学反应产生的溶液

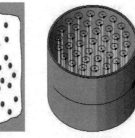
(c) 超导体

(d) 铁磁体

热力学系统的几个实例

　　冷和热的观念人类早已有之。古代的人们用火来加热食物,温暖身体。如今,从千里冰封的地球北极到形似火炉的热带赤道,从万里雪飘的寒冬腊月到赤日炎炎的高温酷暑,人们时时处处都在与热和温度打交道。

　　究竟什么是热? 什么是温度? 物体的冷热程度与温度有什么区别? 从 17 世纪末期开始,围绕这些问题,人们对热和温度的本性展开了长期的研究和探索,从此形成了物理学中的一个研究热运动的重要分支——热学。

　　热运动是除机械运动以外人们最常见的一种运动形式。什么是热运动? 热运动与机械运动有什么区别?

　　热运动是由分子、原子所构成物质的一种基本运动形式。自然界常见的气体、液体和固体是由大量分子、原子构成的物体;物体的分子、原子之间存在着相互作用;分子、原子处于无规则的运动状态中,这样的运动就称为**热运动**。机械运动仅涉及宏观物体位置及其运动状态的改变,经典力学在宏观层次描述了物体的机械运动。与经典力学对机械运动的描述方式不同,热学建立了对**热运动**的宏观层次和微观层次的两种描述方式。

　　在宏观层次上,热学中以压强、体积和温度等状态量取代了力学中的位置矢量和速度矢量等物理量,从而描述了热力学系统的状态;以热力学基本定律取代了牛顿运动定律,从而给出了对热运动状态变化过程的宏观描述。热学的宏观理论在揭示热现象的共性上具有高度的可靠性和普遍性。

在微观层次上,热学的微观理论提出了微观粒子结构的假设模型,把系统的宏观性质看成是大量微观粒子性质的集体表现,把宏观物理量看成是微观物理量的统计平均值,给出了对原子分子热运动状态和状态变化的统计描述。热学的微观理论在揭示具体系统的热力学个性上比宏观理论更深刻。

热学的宏观理论和微观理论是热学中相辅相成、不可分割的两部分。本章主要讨论物体热运动状态和状态变化过程的宏观描述。

8.1 热学研究的对象、内容和热力学系统的分类

——什么是热力学系统及其分类?

8.1.1 热学研究的对象和内容

热学是研究热现象和分子热运动的理论,研究的对象是由大量分子、原子组成的热力学系统,研究的内容是分子、原子热运动形态以及热运动与其他运动形态之间的转化规律。

热力学系统由大量分子、原子构成,分子、原子处于无规则的热运动中,它们之间存在着相互作用力。例如,密闭在一个汽缸中的气体和盛在容器中的一杯水中都包含大量分子,分子之间存在吸引或排斥的相互作用力,这就是一个常见的热力学系统。参与化学合成或分解反应的多种化学物质,在电场或磁场中极化或磁化的物质等也是热力学系统。更广泛地讲,从气体、液体到固体,从人类生活的地球和包围地球的大气层到太阳系、银河系乃至宇宙空间都可以看成是纷繁复杂的热力学系统。

热学不仅研究通常为人们熟悉的处于单一状态的热力学系统(气态、液态或固态)的温度或体积的变化过程(例如封闭在容器中的气体加热后的等温或等压膨胀过程、热机的对外做功过程等);而且还研究热力学系统从一个状态转化到另一个状态的相变过程(例如水被高温加热以后的蒸发过程和水在低温下的凝聚过程等)。此外,热学还研究热力学系统内部结构和性能的变化过程(例如金属导体在达到某一个低温临界温度后电阻突然消失从而转变为超导体的过程,磁性材料在高温处理下引起内部结构的改变从而磁性消失即发生退磁的过程等)。在本节中讨论的内容主要是单一状态的热力学系统的宏观状态的描述,不涉及热力学系统内部结构和性能的变化过程。

热学的研究与人们的生产和生活有着密切的联系,热力学系统是无处不在的,没有哪一个生产和生活领域与热学是毫无关系的。

8.1.2 热力学系统的分类

讨论热力学现象时,通常总是把注意力集中在某一部分物质上,这部分物质就称为热力学系统(简称系统)。而热力学系统以外的周围物质就称为系统的外界(简称外界)。热力学系统或者与外界完全隔离开来,或者与外界有着能量和物质的交换。根据系统与外界的关系,可将热力学系统分为三大类:孤立系统、闭合系统和开放系统。以一桶水作为热力学系

统的实例(图8.1)。

(1) 盛在密闭容器中的一桶水被绝热材料包围,这桶水就是一个孤立系统。孤立系统既不与外界交换物质也不交换能量。在实际生活中没有完全的孤立系统,当系统与外界交换的物质和能量与系统本身的物质和能量相比显得微小,可以忽略不计时,系统就可以看成是孤立系统。

(2) 把上述一桶水除去绝热材料,但仍然将水盛在密闭容器中并加热到沸腾,然后把这桶沸水放在空气中慢慢冷却,这桶水就是一个封闭系统。封闭系统不与外界交换物质,但允许与外界交换能量。在实际生活中也没有完全的封闭系统,当系统与外界交换的能量(但不交换物质)与系统本身能量相比显得非常微小,可以忽略不计时,系统就可以看成是封闭系统。

(3) 如果把这桶水除去绝热材料且解除密闭状态,并放在炉子上加热,同时将冷水不断注入桶内并让热水不断地流出,这桶水就成了开放系统。开放系统既与外界交换物质又与外界交换能量。

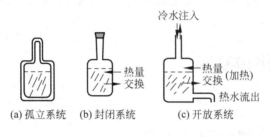

图 8.1　热力学系统分类示意图

自然界中实际存在的热力学系统,无论是非生命系统还是生命系统都是开放系统。天空中的云雾彩霞升腾组合,每一朵云彩都是开放系统。小溪中的潺潺流水奔流不息,任何一段水域都是开放系统。包括人体在内的各种生命体为了维持生存都需要新陈代谢,吸入新鲜空气,呼出二氧化碳气体,摄入食物,排出废物,每一个生命体都是开放系统。对生命体而言,如果这样的交换一旦停止,生命活动也就终结了,生命体进入死亡状态。

8.2　热力学平衡状态

——什么是静中有动的统计平衡态?

与力学中必须首先确定对物体的机械状态的描述类似,在热学中也必须首先确定对热运动宏观状态的描述。

日常生活中一个常见的现象是,使冷热程度不同的两杯水通过器壁互相接触,它们之间发生热传导作用(假设只允许这两杯水互相传热,除此以外,它们与周围空气完全隔绝),原来比较热的水会逐渐变冷,原来比较冷的水会逐渐变热。经过一段时间以后两杯水都可以达到一个宏观上冷热程度处处相同,并且其他各种宏观性质不随时间改变的状态。这里,如果把每一杯水看作一个热力学系统,它们都是封闭系统;如果把这样的两杯水在整体上看成一个热力学系统,这个热力学系统就是一个孤立系统。

实验表明,对一个孤立的热力学系统而言,不管它最初处于什么状态,经过一定的时间以后总会自发地趋向一个宏观上各部分冷热程度处处均匀,并且其他各种宏观性质(压强、密度等)也处处均匀并不随时间改变的状态。这个状态就称为**热力学平衡态**(简称平衡态)。在处于热力学平衡态的系统内部既没有物质从一部分向另一部分的流动,也没有能量的流动。

从宏观上看,平衡态内部各部分的热学宏观性质不再随时间发生变化,处于静止状态,但是从微观上看,系统内的大量分子、原子还在不停地运动着,描述分子、原子状态的位移、速度等各类物理量还在随时间不断地发生变化,因此,平衡态是一种"静中有动"的热动平衡态。"静"指的是从宏观上看,热力学系统的宏观性质不随时间变化;"动"指的是从微观上看,每一个原子或分子都在不停地运动,它们的位置矢量和速度矢量都在随时间发生改变。在一定条件下这些微观量会呈现出一种不随时间改变的宏观的统计平均效果,这就表现为静的宏观平衡态。围绕这样的平均效果,系统的宏观状态仍会存在微小的偏离,这样的偏离表现为系统宏观态的涨落,因此,热动平衡态是一种统计意义上的平衡态。

8.3 热平衡定律和温度

—— 什么是温度的科学定义?

8.3.1 对物体的冷热程度的感觉判断

在热学发展史上,人们早就使用了热和温度这两个词来描述物体的冷热程度,但是,很长一段时间以来,热和温度的含义没有被明确地区分开来。在 18 世纪到 19 世纪初期,人们一度认为,热传递过程就是一个物体把某种像流体一样的没有质量、没有体积的物质——热质传递给物体,而温度则是物体自身的一种属性。加热物体就可以升高物体的温度,温度是衡量物体含有热质这个物质多少的一种量度。如果两个物体包含的热质相同,它们的温度就相同。这就是在物理学发展史上出现过的热质说。

与热质说对立的是唯动说。玻意耳、笛卡儿、胡克、牛顿等一批科学家通过一系列实验研究,认为热是一种运动。1798 年,物理学家本杰明·汤姆孙(即伦福德伯爵,1753—1814)完成了对炮弹钻孔的实验,一年以后英国科学家戴维又进行了把冰块通过摩擦融化为水的实验,这些实验研究使热质说面临严重的挑战。直到 19 世纪中期,人们肯定了热是一种运动而不是一种物质,从而提出了分子动理论,并在这个理论的基础上科学地区分了温度和热这两个概念,重建了热学的理论。热质说终于被热动说所取代。

【物理史料】 伦福德和炮弹钻孔实验

【物理史料】 从热质说到热动说

人们对于温度的认识和温度高低的判断,也经历了一个历史发展的过程。在日常生活经验中,人们提到的物体温度总是与对物体的冷热程度的判断联系在一起的,而对物体冷热程度的两种判断方式常常是"跟着感觉走"的。

一是凭人的触觉来判定物体的冷热程度。例如,在严寒的冬天一个人在室外用手去触摸一根铁棒和一根木柱,他总是会感到铁棒更冷一些。如果这个人冬天在室外玩过雪球以后,进入室内马上在一盆与室温基本相当的冷水中洗手,他的感觉是这盆水很热。

二是凭人的视觉来判定物体的冷热程度。例如,当炉灶上的火焰从橙红色逐渐转变成青紫色,人们往往就可以从"炉火纯青"中判断火焰越来越热;当人们看到一块冰逐渐融化时,人们从"冰消瓦解"中会得出冰一定比原来更热的结论。

显然,通过人的感觉只能对物体的冷热程度作出定性的判断,这样的判断虽然具有可比性和直观性,但带有主观任意性。

随着生产和生活实践的发展,人们产生了对冷热程度作出科学的判断并给出定量表示的需求,这个定量表示物体冷热程度的物理量就是温度。

8.3.2　热平衡定律和温度的科学定义

在热力学中温度是通过热力学基本定律之一——热平衡定律(又称热力学第零定律)加以科学定义的。

对于处在热平衡状态下的一个热力学系统而言,既然状态是确定的,这个系统就一定存在着某个描述这个热平衡状态冷热程度的状态量。

对于处于不同热平衡状态的两个系统而言,当它们互相接触发生热传递作用以后,它们的冷热状态会逐渐趋于相同,最后两个系统都处于一个新的相同的热平衡状态。既然处于相同的热平衡状态,这两个热平衡系统就一定存在着某个相同的状态量。

对处于热平衡状态的三个系统 A、B、C(图 8.2)而言,如果系统 A 同时与其他两个系统 B 和 C 热接触(但 B 和 C 之间用热绝缘壁隔开),实验表明,A 和 B 达到了相同的热平衡状态,A 和 C 也达到了相同的热平衡状态。由此自然可以问:此时 B 和 C 没有直接接触,它们是否也处于相同的热平衡状态呢? 它们是否存在同样的状态量呢? 实验表明,去除 B 和 C 之间的绝热壁以后,它们各自具有的热平衡状态不发生任何变化,即它们也处于同样的热平衡状态,因此也具有相同的状态量。通过大量实验可以归纳得出这样的结论:

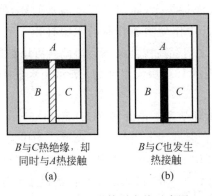

B与C热绝缘,却　　　　B与C也发生
同时与A热接触　　　　　热接触
(a)　　　　　　　　(b)

图 8.2　热力学第零定律示意图

与系统 A 分别处于热平衡状态的系统 B 和系统 C,彼此也处于热平衡状态,这个结论就称为**热平衡定律**(又称热力学第零定律)。

热平衡定律表明,两个系统是不是处于热平衡,取决于系统内部热运动的状态。热平衡是系统状态的固有性质,能够和第三个系统分别处于热平衡的两个系统之间也互为热平衡,无论它们是否直接接触,一定具有一个共同的表示冷热程度的状态量,这个状态量就定义为系统的**温度**。

两个温度不同的热平衡系统相互接触后,由温度差而产生热传递。如果同一个系统内部存在温度差,不同温度的部分也会产生热的传递。一旦温度差消失,两个系统之间或一个系统内部的热传递也就不再存在。

热平衡定律是一个实验性的定律,它不是从某些基本假设推理出来的,它是通过对实验事实的抽象概括而得出的。这个定律具有一般性和普遍性,阐述的是物理世界的本质之一,是热力学的一个基本定律。

按照以上这样的方式定义的温度是一个与系统的物态组成(气体还是液体)无关的、体现热力学平衡态性质的物理量。温度通常用符号 t 或 T 表示。

8.4 温标和温度计

——什么是温度的定量表示方式?

为了进行温度的科学测量,就需要建立对温度的定量表示方式。温度的定量表示方式称为**温标**。有了温标,基于热平衡定律就可以制成测量温度的仪器——温度计。

【物理史料】 基于热胀冷缩原理的温度计

每一个温度计都是基于一定的温标才能对温度作出定量表示的,因此,温度计必须包括三个要素:一是测温物质,例如,水银和酒精就常常被选定为测温物质;二是测温物质的某种属性变化与温度变化的对应关系;三是测温物质的某些确定的状态与温度的起始点和固定点的对应关系,并赋予相应温度的数值。

瑞典天文学家摄尔修斯(Anders Celsius)在 1742 年制定了一种温标,这种温标在 1854 年举行的第十届度量衡国际会议上以决议的形式通过,这个温标称为摄氏温标,在温度计上常用℃表示。摄氏温标规定,固定点零度与水的冰点相对应,固定点 100℃与水的沸点相对应,又假设温度计中作为测温物质的水银柱由于受热膨胀和受冷收缩而引起的高度的变化与温度的变化之间存在线性关系。由此就可以在这两个固定点之间划分 100 个等分刻度,每一个刻度就表示 1℃,摄氏温度用 t 表示。水银柱的刻度上升一格,就说明测得的温度上升 1℃。

除了摄氏温标外,德国物理学家华伦海特(G. D. Fahrenheit)(图 8.3)在 1714 年创建了另一种温标,称为华氏温标,在温度计上用符号℉表示。华氏温标规定,在一个大气压下水的冰点为 32℉,水的沸点为 212℉。在冰点和沸点这两个固定点中间分为 180 等分刻度,每等分代表 1℉,水银柱的刻度上升一格,就表示测得的温度上升了 1℉。

对处于同一个热力学状态下的物体进行测量所得到的摄氏温度(t)和华氏温度(t_F)之间的换算关系是

$$t_F/\mathrm{^\circ F} = \frac{9}{5}t/\mathrm{^\circ C} + 32$$

式中，t_F 表示华氏温度，t 表示摄氏温度。例如，在摄氏温标下，用通常的水银温度计测得人的正常体温一般是 $t = 36.5\mathrm{^\circ C}$；在华氏温标下，由上式可得出人的体温约为 $t_F = 87.7\mathrm{^\circ F}$。

德国物理学家华伦海特

摄氏和华氏温度计

瑞典天文学家摄尔修斯

图　8.3

选取什么样的测温物质，利用测温物质的什么属性，选取什么样的固定点，从而制定什么温标，都是根据测量的需要确定的。

在一般情况下，具有与温度变化有关的属性的任何物质都可以作为测温物质。但是，实验表明，用不同测温物质制成的温度计测量同一个热力学平衡系统的温度时，得出的结论并不完全一致。例如，在摄氏温标下，用酒精温度计和水银温度计分别测量同一个物体的温度，得到的结果会存在一些偏差（虽然这样的偏差在实际测量中一般都是一个很小的量）。这是因为由酒精或水银作为测温物质所建立的摄氏温标，除了选定的两个固定点、与水的冰点和沸点按照规定都相同以外，它们的某种属性随温度的变化关系（例如体积的膨胀或收缩与温度变化的关系）不同。

1927 年，第七届国际计量大会采纳了英国的物理学家汤姆孙（William Thomson，1824—1907，后来封为开尔文勋爵）在 1848 年提出的一个新的温标，这个温标与任何测温物质的物理属性无关，称为开氏温标或热力学温标，用 T 表示，其单位为开尔文，符号为 K。1960 年第十一届国际计量大会规定，在这个温标下，选取的固定点为水的三相点（纯冰、纯水和水蒸气共存的状态），它的温度为 273.16K。热力学温标的零点称为绝对零度。摄氏温标下温度与热力学温标下温度之间的换算关系是

$$t/\mathrm{^\circ C} = (T - T_0)/\mathrm{K}$$

式中，$T_0 = 273.15\mathrm{K}$。因为热力学温度相差 1 度，摄氏温度也相差 1 度，所以温差可以用 K 表示，也可以用℃表示。

在三种温标下，测得的温度之间的关系如图 8.4 所示。

随着科学技术的发展，人们对测温仪器的要求越来越高。18 世纪末至 20 世纪初，许多科学家运用各种物理原理，发明了多种形式的新型温度计，如电阻式温度计、辐射式高温计、光测高温计、氢温度计等，如图 8.5 所示。

图 8.4　三种温标的比较

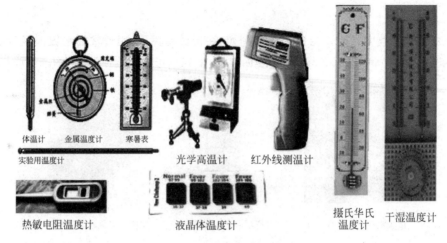

体温计　金属温度计　寒暑表
实验用温度计　　　　　　光学高温计　红外线测温计

热敏电阻温度计　　　液晶体温度计　　　摄氏华氏　干湿温度计
　　　　　　　　　　　　　　　　　　温度计

图 8.5　常用的各种温度计

8.5　气体的状态方程

——什么是热力学系统的静态描述?

【拓展阅读】　热力学状态量的分类

在确定的平衡态下,热力学系统的温度和其他各个状态参量都有确定的数值。一旦温度发生变动,其他参量一定会发生相应的变化;反之,其他参量发生变化时,温度也会相应改变。因此,温度与其他状态参量之间必然存在一定的联系,温度一定是其他状态参量的函数。

对于一定质量的处于平衡态的简单气体系统,如果确定了压强 p 和体积 V,系统的温度 T 也就随之确定,不能取任意数值。类似地,如果选定温度 T 和压强 p,系统的体积 V 就相应由系统的 T 和 p 确定,不能取任意数值。因此,在压强 p、温度 T 和体积 V 这三个状态参量中只有两个是独立的,称为独立状态参量,第三个状态参量就是这两个独立状态参量的函数。

如果取压强 p 和体积 V 作为独立参量,温度 T 就可以写成压强 p 和体积 V 的函数

$$T = f(p,V) \quad \text{或} \quad F(T,p,V) = 0 \tag{8-1}$$

这样的函数关系称为**气体的状态方程**。

(1) **理想气体的状态方程**。实验证明,一定质量的气体在温度保持不变的条件下,它的压强 p 和体积 V 的乘积近似等于一个常数 C,这个常数 C 在不同的温度下有不同的数值。气体的压强越低,接近上述结论的精确度就越高。在气体压强趋于零的极限条件下,这个常数与气体的温度成正比,可以写成以下形式:

$$pV = \frac{m}{M}RT = \nu RT \tag{8-2}$$

这里 m 是气体的质量,M 是气体的摩尔质量,ν 是气体的物质的量,R 称为普适气体常数 $(R=8.3144\text{J}/(\text{mol}\cdot\text{K}))$。

式(8-2)体现了所有实际气体在压强趋于零的极限下的共同性质,反映了气体状态量之间相互关系的共同规律,因此,式(8-2)称为理想气体的状态方程。理想气体是实际气体的一种理想模型,在压强很低的情况下,可以把实际气体近似看作理想气体。

（2）**实际气体的状态方程**。在温度较高（比它的液化温度高得多）和密度很小、压强很低时,实际气体可以近似看成理想气体。但是,在低温下当气体开始凝结或在高压下当气体密度增大并接近液化点时,气体的性质会在很大程度上偏离理想气体的状态方程。为了得到能够描述实际气体性质的状态方程,必须对理想气体状态方程作出修改,并且在压强很低的情况下,修改后的状态方程应该仍然能恢复为理想气体的状态方程。

在高压和低温下对理想气体状态作出修改而得到的状态方程中最有代表性的是范德瓦耳斯气体状态方程。这个方程是 1873 年荷兰物理学家范德瓦耳斯(J. D. van der Waals, 1837—1923)对理想气体状态方程加以修改后首先提出的。

对于 1mol 理想气体,范德瓦耳斯气体状态方程是

$$\left(p + \frac{a}{v^2}\right)(v - b) = RT \tag{8-3}$$

这里 a 和 b 分别是考虑到气体分子之间的吸引力和排斥力以后而在理想气体状态方程上加入的修正量,它们可以由实验测定,称为范德瓦耳斯常数。对一定的气体而言它们都是常数。

无论是气体还是液体,每一个实际热力学系统都有自己的状态方程。目前人们主要通过一定范围的实验和理论研究来建立实际气体的经验和半经验的状态方程,它们在一定范围内可以近似地描述实际气体的状态量之间的关系。

【拓展阅读】 "广延量"和"强度量"

8.6　动中有静的准静态过程

——什么是热力学过程的动态描述？

8.6.1　从静态描述到动态描述

平衡态和状态方程是对热力学系统的静态描述,它们不能反映出热力学系统的演化规律。按照平衡态的定义,任何孤立系统一旦处于热力学平衡态,系统的状态参量就不再随时间改变。于是,处于平衡态的气体将永远是气体,不会液化;而处于平衡态的液体将永远是液体,不会凝固。实际上,自然界处处生机勃勃,各种热力学系统并不存在完全不受外界扰动和不随时间改变的"死气沉沉"的平衡态。即使一时局部暂时处于平衡态的热力学系统,在受到外界扰动后,会从平衡态进入非平衡态。例如,在一定温度下处于平衡态的水一旦被加热以后,将经历从蒸发到沸腾、逐渐汽化的非平衡过程。在经历了一系列非平衡过程以后,可能会达到另一个新的汽液共存的平衡态,然后继续加热又会进入新的非平衡态。因此,平衡始终是相对的、暂时的,而非平衡是绝对的、永远的。从日常生活中雪花、冰块的缓慢融化到化学药品的瞬间爆炸都属于这样的非平衡过程。

为了得到更接近于真实自然界的物理图像,继静态描述以后,必须研究热力学系统在外界影响下发生变化的动态过程。只有认识了动态过程,人们才能更好地认识和理解千姿百态的自然界和纷繁复杂的万事万物。

8.6.2 引起系统状态变化的两种方式

对一个热力学系统而言,引起系统状态改变的主要途径是外力对系统做功和系统与外界交换热量两种方式。

在外力推动汽缸的活塞做功的过程中,如果汽缸中的气体被压缩,施加在活塞上的压强一定大于汽缸内部气体的压强。在压缩过程的每一个中间阶段汽缸内部气体没有统一的、各处均匀的温度和压强,系统处于非平衡状态。因此,功的大小是用外力和活塞移动的位移的乘积来表示的,无法用气体本身的压强和体积的变化来表示。

在系统与外界交换热量的过程中,例如把盛满水的容器放在热源上加热,热源的温度一定大于水的温度。当容器中的水从外界吸收热量时,水温就开始升高,而且总是靠近热源的容器底部的水温度升高得比较快。由于容器中的水不断发生热对流,在加热过程中整个容器中的水没有统一的、处处相同的温度,系统处于非平衡状态。因此,系统吸收热量的多少能用热源的温度变化来计算,无法用系统本身的温度变化来表示。

为了能够以系统本身状态量的变化来表示外界对系统做的功,就必须使系统在过程的每一个中间阶段都有确定的状态量(例如压强和温度),即系统在过程的每一步中都处于平衡态。只要汽缸中的活塞在移动,这个要求就是无法达到的。但是,如果设想外力很缓慢地推动汽缸的活塞移动,在这个过程中可以认为外力与汽缸内部压力几乎相等(假设活塞与汽缸壁摩擦力很小以致可以忽略),而且由于系统体积的缓慢改变引起的气体密度和压强的变化程度很小,系统恢复到处处密度均匀和压强均匀需要的时间很短,即系统可以很快地从非平衡态恢复到平衡态。在这种缓慢过程中,每一个中间状态都可以看作近似处于平衡态,外力对系统做的功就可以近似用系统本身的状态参量的变化来表示。

类似地,在把盛满水的容器放在热源上加热的过程中,只要热源的温度与水中任何一部分的温度存在有限的温度差,系统就不可能处于平衡态。设想在系统加热的过程中,处于平衡态的热力学系统首先与一个温度略高于自身温度的热源接触,虽然由于热传递而引起系统各部分温度都会不同程度地升高,但是由此引起的系统内部温度不统一的变化程度很小,系统能够很快地从非平衡态趋于并最后达到与热源温度相等的新的平衡态。由此推理,一旦当系统与一个高于系统温度的实际热源接触时,两者之间虽然存在一个有限的温度差,但是可以把这样的加热过程设想成系统与一系列温差很微小但逐渐升高的热源接触的过程。通过这样的过程,系统将很缓慢地逐步达到与实际热源温度相同的状态。在这样加热过程的每一个中间状态,系统可以看成处于非常接近于热源温度的新的平衡态,于是,系统与外界交换的热量就可以用系统本身的温度变化来表示。

8.6.3 动中有静的准静态过程

如同在力学中引入质点,在热学中引入平衡态这样的理想模型一样,为了用系统本身的状态参量的变化描述热力学过程,对由于做功和传热两种方式引起系统状态改变的过程引入一个理想过程的模型——准静态过程。

如果在一个过程中,系统每时每刻都无限接近平衡态,这样的过程称为**准静态过程**。准静态过程是一个理想化的极限过程。在任何时刻,系统的状态都可以看成平衡态。在做功过程中,它只能在活塞无限缓慢移动的过程中才能实现;在传热过程中,它只能在系统与温差无限小的热源交换热量的过程中才能实现。实际过程只可能尽可能地接近它,而不能完全实现它。当实际过程进行得足够缓慢时,我们可以近似地把它看成是准静态过程。

在热学中,常常用过程曲线很直观地表示热力学过程的特点。例如,在 p-V 图上可以画出理想气体的等温过程曲线和等压过程曲线。从这样的曲线图上又可以计算系统在从一个平衡态到另一个平衡态的过程中外界对系统做的功。

实际上,在画出这样的过程曲线时,已经默认了这个过程必须是准静态过程。因为只有在准静态过程中,系统在过程中的每一个中间状态的压强和体积才可以与过程曲线图上某一点建立一一对应关系。如果系统经历的不是准静态过程,整个过程就不可能用实线在状态图中表示出来。

从动和静的统计意义上看,从引入平衡态到引入准静态过程都是关于动静的物理对称性思想在热学中的具体体现。

只要系统处于平衡态,就一定具有确定的状态量,这是静态的;但是,这种平衡是热动平衡,平衡态建立了系统表面上的静止的状态与系统内部的运动的状态之间的一种对应的关系,这是一种统计意义上的关系。

只要系统经历一个准静态过程,就一定涉及系统状态的变化,这是动态的;但在准静态过程中的任意时刻,系统又可以看作无限接近平衡态,这是静态的。因此,准静态过程建立了系统状态变化的运动与系统处于平衡态的静止状态之间的一种动中有静的对应关系,这仍然是一种统计意义上的关系。

思 考 题

1. 温度是一个常用的物理量,在热学中为什么首先要对温度和温标作出一番定义? 热力学第零定律看起来似乎很简单,但是为什么建立温度的概念需要这个定律? 没有这个定律能对温度作出定义吗?

2. 与力学相比,在力学中确定长度的定量表示时,不需要建立长标;在确定时间的定量表示时,也不需要讨论时标,在测量中只要确定了相应的公认长度单位和时间单位就可以通过测量得到具体的数值了。那么,为什么在对温度作定量表示时,却需要建立温标?

3. 把金属棒的一端放在冰水中,另一端与沸水接触,假设这两个热源的温度保持不变。经过一段时间以后,金属棒上会出现温度处处不同但不随时间改变的状态。此时这根金属棒的状态是平衡态吗? 为什么?

4. 设想有一个容器,一半充满气体,另一半是真空,中间用隔板分开。如果迅速抽去隔板,气体充满整个容器的过程是不是准静态过程? 为什么? 如果真空部分被分隔成许多体积很小的小间隔 ΔV,在气体开始向真空扩散时,相继依次迅速抽去小间隔的隔板,此时气体充满整个容器的过程是不是准静态过程? 为什么?

第 **9** 章

物体热力学状态和状态变化过程的统计描述

本章引入和导读

【演示实验】 道尔顿板

17 世纪后期,当牛顿完整地构建了经典力学的理论并在宏观领域各个分支中取得了巨大成就,而热学理论也建立了对热运动宏观状态的描述以后,人们思考的一个问题是: 热量、温度、压强等物理量与力学中力、速度、加速度这些力学量属性有没有联系?

英国物理学家麦克斯韦　　　　　　　　模拟分子速率分布的道尔顿板实验装置

当时人们对这些问题的回答是,用力学成果来解释包括热现象在内的所有自然现象都是可能的,已经发展起来的热学理论中的热量、温度、压强等物理量与力学属性没有联系是难以接受的,力、速度、加速度这些力学量在热学理论中似乎没有"用武之地",也是不能容忍的。于是,到了 19 世纪初期,随着热质说理论的逐渐衰落,试图在力学和热学的基本概念之间建立联系的气体分子动理论开始形成。在几经反复以后,气体分子动理论逐步得到了物理学家的承认,从而为以后统计的思想进入热学提供了充分的可能性。

力学只涉及宏观层次的机械运动规律,热学不仅通过压强、体积和温度等物理量给出了对热力学平衡态的宏观描述,而且给出了对原子、分子微观热运动状态和状态变化的统计描述。虽然单个分子、原子的微观运动情况千变万化,非常复杂,但是就大量分子组成的系统而言其状态变化却呈现出确定的统计规律。

以对热学量的统计性描述的思想取代了对力学量的确定性描述,以微观量的统计平均值与热学宏观量相对应,这就是热学的物理思想与力学的物理思想的主要区别所在。热学正是沿着这样的思想认识途径建立起关于热运动的宏观和微观的一般理论。

第8章在热学宏观理论中,从定义平衡态和建立状态方程开始,描述了热力学系统处于平衡态的宏观性质和气体的状态变化过程。本章从提出关于气体动理论的个体和集体假设入手,建立了压强和温度的宏观量与微观量统计平均值的对应关系;建立了分子速度的统计分布函数和分子能量按自由度的统计均分定理。从而在微观理论上,从统计平均值和统计分布函数上揭示了宏观热力学量与微观物理量的对应关系。

9.1 关于分子个体行为和集体行为的基本假设

——什么是气体动理论的基本假设?

气体动理论是关于热学的一种微观理论,它以分子的运动来解释热力学系统的宏观性质。这个理论基于两个基本概念:一是物质由大量作无规则运动的分子、原子组成;二是宏观热现象是微观分子、原子无规则运动的一种表现形式。

1845年英国科学家瓦特斯顿(J. J. Waterston,1811—1883)首先把气体分子、原子假设为弹性小球,并用弹性小球互相碰撞产生的无规则运动来解释热现象的宏观规律,这正是当初人们为了试图用力学的思想方法来解释热现象而架起的一座桥梁。

【物理史料】 弹性小球——气体动理论的一个理想模型

基于弹性小球的假设和模型,气体动理论对与热力学系统平衡相对应的微观粒子的运动状态提出了关于分子个体行为的三个基本假设和关于分子集体行为的三个基本假设。

关于分子个体行为的三个基本假设是:

(1)分子本身的大小线度与分子之间的平均距离相比,可以忽略不计;

(2)分子之间除了碰撞以外,在运动过程中分子之间以及分子与容器壁之间没有相互作用;

(3)分子之间以及分子与器壁之间的碰撞是完全弹性碰撞,即在碰撞前后分子的动量和动能守恒。

关于分子集体行为的三个基本假设是:

(1)当系统处于平衡态时,每个分子仍然处于无规则运动状态,每一个分子的运动速度不相同,而且在碰撞过程中每一个分子的速度都会发生变化;

(2)当系统处于平衡态时,系统内分子处于容器内部各个位置上的机会相等,即分子在容器内按照位置的分布是均匀的;

(3)当系统处于平衡态时,系统内分子的速度指向任何方向的机会相等,即分子速度在容器内按方向的分布是均匀的。

把微观粒子看成这样的弹性小球模型,就可以阐明理想气体压强和温度的微观本质,建立分子运动的统计平均效应与宏观压强和温度之间的对应关系。

9.2 气体压强和温度的微观解释

——什么是压强和温度的统计意义？

9.2.1 气体压强的微观解释

气体压强是一个宏观热力学量,从宏观上看,气体压强的大小与气体的高度有关,与气体的温度和密度等有关。从微观上看,压强大小和方向与分子、原子的运动又有什么关系?

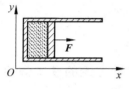

图 9.1 带有可移动活塞的容器模型

设想在一个带有可移动活塞的容器中充满气体,容器的体积为 V,活塞的截面积为 S(图 9.1)。

由于气体分子如同弹性小球那样在容器中作无规则运动,因此,在每一个时刻,总有来自各个方向的大量分子撞击到活塞上,而分子每一次的弹性碰撞都会对活塞施加一个动量,正是大量分子碰撞施加的动量使活塞受到一个合推力的作用,宏观上显示的压强就可以看成微观上大量分子对活塞碰撞所产生的一个统计平均效应。假设这个合推力在 x 方向的分量为 F,在活塞的单位面积上产生的平均压强就是 $p = \dfrac{F}{S}$。

压强的大小与以下因素有关:一是每一个碰撞分子对活塞施加的动量的大小;二是单位时间内在单位面积上碰撞的分子数目;三是碰撞分子对活塞施加的作用力大小。

从以上提到的三个因素入手,利用力学中质点发生弹性碰撞以后动量增量的表达式,可以得到气体对活塞施加的压强为

$$p = \frac{1}{3} nm \overline{v^2} = \frac{2}{3} n \overline{w} \tag{9-1}$$

这就是气体的压强公式,其中 n 是单位体积内的分子数(分子数密度),$\overline{w} = \dfrac{1}{2} m \overline{v^2}$ 是分子动能的统计平均值。由此可见,压强是一个统计平均值。只有当气体的分子数密度足够大时,气体产生的压强才有确定的统计平均值。对一个分子而言,讨论压强是没有意义的。

【数学推导】 压强公式的导出

9.2.2 气体温度的微观解释

由压强的微观解释可以得出温度的微观解释。

在体积不变的情况下,对气体加热,气体的压强和温度都会升高。从压强公式可以看出,压强的增大意味着分子的平均动能的增大,而压强的增大又会引起气体温度的升高,分子的平均动能与温度之间存在着什么关系呢?

利用压强公式 $p = \dfrac{1}{3} nm \overline{v^2} = \dfrac{2}{3} n \overline{w}$ 和理想气体的状态方程 $pV = \nu RT$,可以得到

$$\overline{w} = \frac{3}{2} \frac{1}{n} \frac{RT}{V} = \frac{3}{2} \frac{V}{N} \nu \frac{RT}{V} = \frac{3}{2} \frac{1}{\nu N_0} \nu RT = \frac{3}{2} \frac{R}{N_0} T \tag{9-2}$$

这里，$N_0 = 6.023 \times 10^{23}$ 是 1mol 气体所含的分子数，称为阿伏伽德罗常数。取常数 $k = \dfrac{R}{N_0}$ 为另一常数，称为玻尔兹曼常数，于是有

$$\bar{w} = \frac{3}{2}kT \tag{9-3}$$

这就是气体的温度公式。由此可见，分子的平均动能只与温度有关，而且与热力学温度成正比。温度表明了气体内部分子无规则运动的剧烈程度。温度也是一个统计平均值，对于一个分子来说，讨论温度是没有意义的。

如今人们已经很容易在实验室里从宏观上测量到容器中的气体压强以及利用温度计测量气体温度。但是，利用弹性小球模型对压强作出微观的解释却是在气体动理论发展初期，克劳修斯等人试图用力学思想去定义热学基本概念而取得的重要成果。正是这个成果打破了牛顿力学的经典确定论观念、跨出了使概率统计思想进入物理学殿堂的重要一步。

9.3 分子无规则运动的速度分布函数

——什么是大量分子无规则运动速度呈现的统计规律？

9.3.1 麦克斯韦速度分布函数

统计平均值是描述随机量的一个重要工具，它体现了随机量取值的平均效应，但是仅用统计平均值不足以确切地反映出随机量的特点。就分子的速度这个随机量而言，人们不仅需要知道用速度平方这个随机量的统计平均值表示的平均动能，还需要知道分子的速度处于不同速度空间内的可能性（概率）的大小，描述这个可能性（概率）的数学表达式就是分子速度的统计分布函数。

在热学中，处于宏观平衡态的气体分子在微观上仍然在作无规则的运动，这种平衡态是不同于力学平衡态的一种热动平衡态。由于气体分子的相互碰撞，每一个分子的速度大小和方向都在不断地发生改变。在每一个特定的时刻去观察某一个特定的分子，其速度的大小和方向完全是随机的。但是，实验表明，对大量分子整体而言，在一定的条件下，处于不同速度区间内的分子数与气体所有分子数的比例却遵循着一定的统计规律。

英国物理学家麦克斯韦（J. C. Maxwell，1831—1879）在 1860 年提出设想，认为气体中分子之间的大量碰撞的结果并不会导致分子速度大小趋于"分担式"的平均分布，而是最后呈现出类似于高斯误差分布律的分布方式，即每一个分子速度的大小都可能处于从零到无穷大的任意值，但处于不同速度大小区间内的分子数对所有分子数的比值（即分子处于不同速率区间内的概率）是不同的。在确定的温度下，处于不同速度大小区间的分子数对总分子数的比值呈现出一种确定的分布。

麦克斯韦先提出了两个基本假设：一是分子速度 v 在三个空间方向上的速度分量 v_x、v_y、v_z 是互相独立的，即分子速度的任一个分量的分布与其他分量无关；二是分子在三个空间方向上出现速度分量 v_x、v_y、v_z 的可能性是相同的，即分子在三个空间方向上的分布是各向同性的。

设气体的全部分子数是 N，分子速率处于 $v \to v + \mathrm{d}v$ 区间内的分子数是 $\mathrm{d}N$，则处于 $v \to$

$v+\mathrm{d}v$ 区间内的分子数占所有分子数的比值是 $\dfrac{\mathrm{d}N}{N}$，速率间隔 $\mathrm{d}v$ 越大，这个比值也越大。当

$\mathrm{d}v$ 足够小时，可以认为 $\dfrac{\mathrm{d}N}{N}$ 与 $\mathrm{d}v$ 成正比。

正是基于以上两个基本假设，麦克斯韦得出了在速率 v 附近 $v \rightarrow v+\mathrm{d}v$ 单位速率间隔内的分子数占全部分子数的比值 $f(v)$ 为

$$\frac{\mathrm{d}N}{N\mathrm{d}v} = f(v) = 4\pi\left(\frac{m}{2\pi kT}\right)^{\frac{3}{2}} v^2 \mathrm{e}^{\frac{mv^2}{2kT}} \tag{9-4}$$

这里的 $f(v)$ 就称为气体分子的麦克斯韦速率分布函数。其中 T 是气体的热力学温度，m 是一个分子的质量，k 是玻尔兹曼常数。

从图 9.2 中可以得出处于任一速率区间 $v_1 \rightarrow v_2$ 内的分子数与所有分子数的比值为

$$\frac{\Delta N}{N} = \int_{v_1}^{v_2} f(v)\mathrm{d}v \tag{9-5}$$

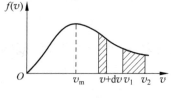

图 9.2　麦克斯韦速率
分布函数

这个比值正是分布函数曲线在任一速率区间 $v_1 \rightarrow v_2$ 下所包围的阴影部分的面积。如果选择处于从零到无限大的全部速率区间，在这个区间内的分子数就是气体的全部分子数，它们的比值就是 1，这个比值表明，在从零到无限大的速率区间内分布函数下的阴影面积等于 1（图 9.2）。

$$\int_0^{\infty} f(v)\mathrm{d}v = 1 \tag{9-6}$$

这就是麦克斯韦速率分布函数 $f(v)$ 必须满足的归一化条件。

由于速度是一个矢量，在 x、y、z 方向上具有三个分量 v_x、v_y、v_z，于是可以设气体的全部分子数是 N，分子速度处于 $v_x \rightarrow v_x+\mathrm{d}v_x$、$v_y \rightarrow v_y+\mathrm{d}v_y$、$v_z \rightarrow v_z+\mathrm{d}v_z$ 区间内的分子数是 $\mathrm{d}N$，则处于这个区间内的分子数占所有分子数的比率是 $\dfrac{\mathrm{d}N}{N}$，速度间隔越大，这个比率也越大。当 $\mathrm{d}v_x\mathrm{d}v_y\mathrm{d}v_z$ 足够小时，可以认为 $\dfrac{\mathrm{d}N}{N}$ 与 $\mathrm{d}v_x\mathrm{d}v_y\mathrm{d}v_z$ 成正比。

正是基于以上两个基本假设，麦克斯韦得出，在速度 v 附近 $v_x \rightarrow v_x+\mathrm{d}v_x$、$v_y \rightarrow v_y+\mathrm{d}v_y$、$v_z \rightarrow v_z+\mathrm{d}v_z$ 单位速率间隔内的分子数占全部分子数的比值为

$$\frac{\mathrm{d}N}{N\mathrm{d}v_x\mathrm{d}v_y\mathrm{d}v_z} = f(v_x,v_y,v_z) = \left(\frac{m}{2\pi kT}\right)^{\frac{3}{2}} \mathrm{e}^{-\frac{1}{2}m\left(v_x^2+v_y^2+v_z^2\right)/kT} \tag{9-7}$$

这里的 $f(v_x,v_y,v_z)$ 称为气体分子的麦克斯韦速度分布函数。其中 T 是气体的热力学温度，m 是一个气体分子的质量，k 是玻尔兹曼常数。

与速率分布函数类似，处于任一速度区间 $v_x \rightarrow v_x+\mathrm{d}v_x$、$v_y \rightarrow v_y+\mathrm{d}v_y$、$v_z \rightarrow v_z+\mathrm{d}v_z$ 内的分子数与所有分子数的比值为

$$\frac{\mathrm{d}N}{N} = f(v_x,v_y,v_z)\mathrm{d}v_x\mathrm{d}v_y\mathrm{d}v_z = \left(\frac{m}{2\pi kT}\right)^{\frac{3}{2}} \mathrm{e}^{-\frac{1}{2}m\left(v_x^2+v_y^2+v_z^2\right)/kT}\mathrm{d}v_x\mathrm{d}v_y\mathrm{d}v_z \tag{9-8}$$

而处于各个速度分量从 $-\infty$ 到 $+\infty$ 内的分子数就是气体的全部分子数，它们的比值就是 1。

$$\frac{\Delta N}{N} = \iiint_{-\infty}^{+\infty} f(v_x,v_y,v_z)\mathrm{d}v_x\mathrm{d}v_y\mathrm{d}v_z = 1 \tag{9-9}$$

这就是麦克斯韦速度分布函数 $f(v_x,v_y,v_z)$ 必须满足的归一化条件。

麦克斯韦速率分布函数或速度分布函数都是统计分布函数,给出的是气体处于平衡态时处在某一个速率区间或速度区间内的气体分子数与所有分子数的比值,也就是分子速率或速度处于该区间的概率。

麦克斯韦速率分布和速度分布只对大量分子组成的平衡态气体成立,如果说具有某一个确定速率或速度的分子数有多少,这是没有意义的。当气体处于非平衡态时,分子速率分布和速度分布不遵循麦克斯韦速率分布函数和速度分布函数。

对具有确定温度和压强的同一种气体,气体分子速率分布或速度分布函数给出了在不同速率和速度区间内的分子数占所有分子数的不同比例。对具有相同温度和压强的两种不同类型的气体,气体分子速率和速度分布函数给出了两种不同的速率和速度分布图像。

与以统计平均值方式表示温度和压强这样的粗线条的统计方法相比,以分布函数表示的统计分布在概率分布的意义上是更细致的统计方法。

9.3.2 三个特征速率

利用麦克斯韦速率分布可以求得与分子无规则运动速率有关的统计平均值,其中常用的是以下三个特征速率。

最概然速率   从麦克斯韦速率分布函数中可以看出,分子的速率可以取从零到无限大之间的所有数值,但是速率很大的分子数和速率很小的分子数所占全部分子的比率实际上都很小,而具有中等速率的分子数占全部分子数的比率很大,其中在分布函数上呈现出一个极大值,与这个极大值对应的速率 v_p 称为最概然速率。

根据函数极大值的定义,v_p 满足下列条件:

$$\left.\frac{\mathrm{d}f(v)}{\mathrm{d}v}\right|_{v=v_p}=0 \tag{9-10}$$

由此可以得到最概然速率为

$$v_p=\sqrt{\frac{2kT}{m}} \tag{9-11}$$

最概然速率的物理意义是:如果把速率区间划分为许多单位间隔的小区间,与分布在其他速率附近的单位速率区间的分子数相比,分布在 v_p 附近的单位速率区间内的分子数占全部分子数的比例最大,或者说,虽然分子速率都在随机地发生改变,但是分子的速率处在最概然速率 v_p 附近单位速率区间内的可能性最大。

式(9-11)表明,对于给定分子质量的同一种气体,气体的温度越高,v_p 越大;对给定温度的两种不同的气体,气体分子的质量越大,v_p 越小。图9.3给出了同一气体在两种不同温度下的分布函数。当温度升高($T_2>T_1$)时,$v_{p_2}>v_{p_1}$,即函数极大值的位置移向速率大的一方,但是根据归一化

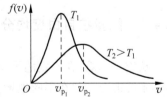

图9.3 同一种气体在两种不同温度下的速率分布函数

条件,分布函数下包围的面积必须等于1,因此,温度升高时函数曲线就变得较为平坦。

图9.4给出了两种不同质量气体在同一温度下的分布函数。分子质量较小的气体,

v_p 较大,其分布函数的曲线显得较平坦。

平均速率　按照统计平均值的定义,平均速率就是大量分子的速率的统计平均值,用 $\bar{v}$ 表示。根据统计平均值的定义,可以得出

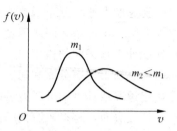

图 9.4　两种不同质量气体在同一温度下的速率分布函数

$$\bar{v} = \int_0^\infty v f(v)\,\mathrm{d}v = 4\pi \left(\frac{m}{2\pi kT}\right)^{\frac{3}{2}} \int_0^\infty v^3 \mathrm{e}^{-\frac{mv^2}{2kT}}\,\mathrm{d}v = \sqrt{\frac{8kT}{\pi m}}$$

$$(9\text{-}12)$$

方均根速率　所谓方均根速率是指先求出速率平方值,再按照统计平均值的定义,取这个平方值的平均值,最后对这个平均值进行开方,得到平方根值,用 $v_{\mathrm{rms}} = \sqrt{\overline{v^2}}$ 表示。按照统计平均值定义

$$\overline{v^2} = \int_0^\infty v^2 f(v)\,\mathrm{d}v = 4\pi \left(\frac{m}{2\pi kT}\right)^{\frac{3}{2}} \int_0^\infty v^4 \mathrm{e}^{-\frac{mv^2}{2kT}}\,\mathrm{d}v = \frac{3kT}{m}$$

于是有

$$v_{\mathrm{rms}} = \sqrt{\overline{v^2}} = \sqrt{\frac{3kT}{m}} \qquad\qquad (9\text{-}13)$$

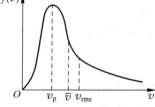

图 9.5　三种特征速率的比较

对处于同一温度下的同一种气体,这三种特征速率从大到小的排列次序是:$v_{\mathrm{rms}} > \bar{v} > v_p$(图 9.5)。在室温下,这三个速率的数量级大致是每秒几百米。

作为统计平均值出现的三种特征速率的共同特点是,它们都与 $\sqrt{T}$ 成正比,与 $\sqrt{m}$ 成反比。它们的区别是在不同的问题中三种速率有着不同的应用。在讨论速率分布时,需要用到最概然速率;在讨论分子运动的平均距离时,需要用到平均速率;在讨论分子平均动能时,需要用到方均根速率。

9.4　能量按自由度均分定理

——什么是大量分子无规则运动能量呈现的统计规律?

9.4.1　能量按自由度均分定理

从宏观上看,在一定的平衡态下,热力学系统的能量是确定的。但从微观上看,组成热力学系统的分子却在不断地剧烈运动。由于分子的激烈无规则运动和互相碰撞,使得与分子运动有关的微观能量不断地在各个微观状态之间进行再分配,以致每一个微观状态的能量瞬息万变,变得非常不确定。一个是在平衡态下宏观能量的确定性,另一个是微观状态能量的不确定性,在确定的宏观能量与不确定的微观状态能量之间是否存在一定的对应关系呢?

对分子、原子全部微观能量的分析表明,虽然微观状态的能量变化莫测,但是,在统计意

义上由碰撞引起能量交换和能量再分配的结果呈现出两种不变性：一种是微观分子热运动的动能和相互作用势能总和的不变性，从而可以把它们与统计意义上不随时间改变的宏观平衡态相对应，这部分能量就是系统平衡态的能量；另一种是系统能量按分子自由度的数目平均分配的不变性。

什么是自由度？自由度是决定一个质点在空间的位置所需要的独立坐标数。当一个质点在空间某一位置时，其位置矢量在 x、y、z 轴上就具有 3 个独立分量，只要确定了这 3 个分量，就可以完全确定质点的位置，因此，这个质点就具有 3 个自由度。如果气体分子整体上被看成是一个弹性小球，要确定这个弹性小球的空间位置就如同确定质点的空间位置一样，需要 3 个独立的坐标，因此，这样的弹性小球具有 3 个自由度。

一个分子由若干原子构成，原子由更小的粒子组成。显然，只考虑分子整体上作为一个弹性小球而不计分子内部的结构是不全面的。由一个原子构成的单原子分子整体上只有平动，因此，只有 3 个平动自由度。对于由化学键连接起来的两个原子，除了整体上质心仍然具有 3 个平动自由度外，确定两个原子的空间位置还需要 3 个自由度（确定两个原子连线的化学键方位需要 2 个与原子转动有关的自由度；确定原子在连线的化学键上的相对位置需要 1 个与振动有关的自由度），因此，双原子分子共具有 6 个自由度。图 9.6 就是一个由一根弹簧连接两个质点构成的双原子分子模型。由于两个原子被看成质点，因此，不存在绕连线为轴的转动，因此，双原子分子共具有 6 个自由度。

图 9.6　双原子分子模型

一般地讲，由 n 个原子构成的分子，最多有 $3n$ 个自由度，其中 3 个是平动自由度，3 个是转动自由度，其余的 $3n-6$ 个是振动自由度。实际上，由于分子运动受到一定的限制，它的自由度数目会相应地减少。

分子的能量是如何按照自由度平均分配的呢？

先讨论单原子气体的分子。理想气体分子的平均平动动能是

$$\overline{w} = \frac{1}{2}m\,\overline{v^2} = \frac{3}{2}kT \tag{9-14}$$

单原子气体分子只具有 3 个平动自由度。设分子的速度为 v，而 $v^2 = v_x^2 + v_y^2 + v_z^2$，从统计意义上可以推知，分子的平均平动动能可以写成

$$\overline{w} = \frac{1}{2}m\,\overline{v^2} = \frac{1}{2}m\,\overline{v_x^2} + \frac{1}{2}m\,\overline{v_y^2} + \frac{1}{2}m\,\overline{v_z^2} = \frac{3}{2}kT \tag{9-15}$$

在热平衡状态下，每一个分子沿 x、y、z 方向运动的可能性是相同的，因此，与每一个速度分量对应的平动动能是相同的，即每一个分子的平动动能是按 3 个自由度平均分配的，每一个自由度的能量平均值为

$$\frac{1}{2}m\,\overline{v_x^2} = \frac{1}{2}m\,\overline{v_y^2} = \frac{1}{2}m\,\overline{v_z^2} = \frac{1}{2}kT \tag{9-16}$$

虽然对于个别分子，它在某一个瞬间的能量与平均动能有很大的差别，也不是按自由度均分，但是由于大量分子互相碰撞的结果，某一个自由度上的较多能量将会传递到其他自由度上，并尽可能地平均分配给分子的每一个自由度，以便使整个气体系统显示出更加无序的状态。

以上的讨论可以推广到多原子分子系统。在常温条件下（如 $T=300\mathrm{K}$），对于多原子分子系统，分子之间的互相碰撞将不会改变原子内部的结构和运动状态，但是会引起分子之间

能量的交换和再分配。多原子分子的热运动形式不仅有平动,还有转动和振动,构成系统能量的不仅有平动动能,还有转动动能和振动动能,因此,无规则运动的分子之间的碰撞引起的能量交换和再分配过程不仅发生在每一个分子的平动动能之间,也同样发生在转动动能和振动动能之间。系统达到热平衡以后,其热运动能量将平均地分配到每一个自由度上,并且都是 $\frac{1}{2}kT$。由此可以归纳出如下结论:

在温度为 T 的热平衡系统(气体、液体或固体)中,分子的每一个自由度都具有相同的平均动能,其大小等于 $\frac{1}{2}kT$。

这个表述就称为**能量按自由度均分定理**,简称**能量均分定理**。

能量均分定理是关于分子无规则热运动能量的统计规律,均分是在平均值意义上按自由度的均分。一个分子在任一瞬间它的能量并不按自由度均分,但正是由于大量分子之间的无规则运动导致的互相碰撞使能量从一种形式转化为另一种形式,从一个自由度转移到另一个自由度,在达到平衡态时,宏观能量不随时间改变并且形成了能量按自由度的均分。

9.4.2 理想气体的内能与热容

通常把与系统分子热运动有关的能量称为系统的**内能**,由能量均分定理可以得出理想气体的内能表达式。

如果研究的气体系统的分子有 t 个平动自由度,r 个转动自由度,s 个振动自由度,由于在热平衡状态下,分子的一个振动自由度不仅具有 $\frac{1}{2}kT$ 的振动动能,同时还具有 $\frac{1}{2}kT$ 的振动势能,因此,每一个分子的平均热运动能量是

$$\bar{w} = (t + r + 2s)\frac{1}{2}kT \tag{9-17}$$

例如,对于单原子分子,$t=3$,$r=0$,$s=0$,于是分子平均热运动能量是 $\bar{w} = \frac{3}{2}kT$;对于双原子分子,$t=3$,$r=2$,$s=1$,于是分子平均热运动能量是 $\bar{w} = \frac{7}{2}kT$。

设气体的物质的量是 ν,一摩尔气体的分子数是 N_0(阿伏伽德罗常数),则可以得出理想气体的内能为

$$U = \nu N_0 \frac{1}{2}(t + r + 2s)kT = \frac{1}{2}\nu(t + r + 2s)RT \quad (R \text{ 是普适气体常数})$$

1mol 理想气体的内能为

$$U = \frac{1}{2}(t + r + 2s)RT \tag{9-18}$$

于是,1mol 单原子分子理想气体的内能为

$$U = \frac{3}{2}RT \tag{9-19}$$

1mol 双原子分子理想气体的内能为

$$U = \frac{7}{2}RT \tag{9-20}$$

根据等容摩尔容量的定义,由 $C_v = \left(\dfrac{\delta Q}{dT}\right)_v = \dfrac{dU}{dT}$ 可以得出:

1mol 单原子分子理想气体的等容摩尔容量为

$$C_v = \frac{3}{2}R \tag{9-21}$$

1mol 双原子分子理想气体等容摩尔容量为

$$C_v = \frac{7}{2}R \tag{9-22}$$

实验表明,对单原子分子理想气体,热容量理论结果与实验数据符合得很好,而对双原子分子理想气体,只有在高温下热容量的理论结果与实验相符,在低温下,理论值与实验数据存在较大的偏离。例如,1mol 氢分子的 C_v 在低温下约为 $\dfrac{3}{2}R$,在常温下约为 $\dfrac{5}{2}R$,只有在高温下才接近 $\dfrac{7}{2}R$。表面上看,似乎在低温下能量只分配给平动自由度,常温下再分配给转动自由度,在高温下才分配给振动自由度。实际上,热容量的结论是基于能量均分定理得到的,而能量均分定理是以经典的概念为基础的。参与再分配的那部分能量只有在可以被看作是经典意义上连续分布的能量时,才形成按自由度的均分。量子力学表明,在常温下,分子平动的能量可以看成连续分布,但分子振动和转动的能量往往是以分立的能级呈现的,一般不会对按自由度的均分作出贡献,只有在高温下才可能参与能量的均分。

思 考 题

1. 在力学中,曾经提出了质点的模型。而在热学中,又提出了弹性小球的模型。为什么这里需要引入弹性小球模型而不是直接使用质点模型? 从物理上看,弹性小球模型在哪些方面优于质点模型?

2. 在导出压强公式时,利用了关于分子原子个体行为和集体行为的哪些假设?

3. 一个盛有理想气体的密闭容器被放在一辆相对地面作高速运动的卡车上,一种说法认为,容器中的气体温度将比容器相对于地面静止时的温度高,你同意这个说法吗? 如果卡车急速停止运动,容器中的气体温度会发生变化吗? 压强会发生变化吗? 为什么?

4. 麦克斯韦速率分布和速度分布的物理意义分别是什么? 根据麦克斯韦速率分布的物理意义试说明下列各表达式的含义。

A. $f(v)dv$ B. $\displaystyle\int_0^\infty v f(v)dv$ C. $\displaystyle\int_{v_1}^{v_2} v f(v)dv$

D. $\displaystyle\int_{v_1}^{v_2} N v f(v)dv$ E. $\displaystyle\int_0^{v_p} f(v)dv$ F. $\displaystyle\int_{v_p}^\infty v^2 f(v)dv$

5. 什么是最概然速率? 什么是最概然平动动能? 每一个分子的动能可以写成 $\varepsilon = \dfrac{1}{2}mv^2$,试由麦克斯韦速率分布律导出分子平均动能在 $\varepsilon \to \varepsilon + d\varepsilon$ 区间内的分子数占总分子数的比例是

$$\frac{dN}{N} = \rho(\varepsilon)d\varepsilon = \frac{2}{\sqrt{\pi}}\left(\frac{1}{kT}\right)^{\frac{3}{2}} \varepsilon^{\frac{1}{2}} e^{-\frac{\varepsilon}{kT}} d\varepsilon$$

由此表达式,你能求出分子的最概然平动动能 ε_p 吗? ε_p 等于 $\frac{1}{2}mv_p^2$ 吗? 为什么?

6. 地球上物体的逃逸速度(即第二宇宙速度)是 11.2km/s。对于氢分子(H_2)而言,在什么温度下,它的方均根速率等于逃逸速度?

7. 根据 6 题的讨论,请分析,为什么在高空中氢比氧更容易逃离大气层? 月球表面会有大气层吗? 为什么?

8. 两个容器中分别装有 A、B 两种气体,它们的温度和体积都相同。在下列三种情况下,它们的分子速率分布函数是否相同?

(1) A 为氮气,B 为氢气,且总质量相同,即 $m_A = m_B$;

(2) A、B 均为氢气,但 $m_A \neq m_B$;

(3) A 为氢气,B 为一氧化碳,$m_A = m_B = 1mol$。

9. 一容器内盛有某种气体,如果该容器漏气,容器内气体分子的平均动能是否会发生变化? 该气体的总内能是否会发生变化?

习　题

9.1　一容器内充满氧气(O_2),压强为 $p = 1.00 \times 10^5 Pa$,温度 $T = 300K$。试求:

(1) $1mm^3$ 气体中含有的氧气分子数;

(2) 氧气分子的质量;

(3) 氧气分子的平均平动动能;

(4) 氧气分子的平均速率。

(氧气的摩尔质量 $M = 32 \times 10^{-3} kg/mol$,假设氧气可以看成理想气体)

9.2　设 $x = \frac{v}{v_p}$,试证明可以将麦克斯韦速率分布函数式(9-7)表示成以理想气体最概然速率 v_p 为单位表示的形式: $g(x) = \frac{4}{\sqrt{\pi}}x^2 e^{-x^2}$。并利用已知数学公式 $\int_0^1 e^{-x^3} dx = 0.7468$,计算:

(1) 分子速率小于最概然速率的分子占分子总数的百分比为多少?

(2) 分子速率大于最概然速率的分子占分子总数的百分比为多少?

9.3　在三个容器 A、B、C 中分别装有三种不同密度的理想气体,它们的分子数之比是 $n_A : n_B : n_C = 4 : 2 : 1$,而它们的平均平动动能之比是 $\varepsilon_{kA} : \varepsilon_{kB} : \varepsilon_{kC} = 1 : 2 : 4$。问它们的压强之比是多少?

9.4　7g 的 N_2 气体被封闭在一个容器内,当温度 $T = 273K$ 时,求:

(1) 该气体分子的平均平动动能和平均转动动能;

(2) 该气体的总内能。

9.5　假定某理想气体的总分子数是 N,在一定温度下气体的速率分布如习题 9.5 图所示。由该速率分布求:

(1) 最概然速率;

(2) 当 N 和图中的 v_1 为已知值,a 等于多少?

（3）平均速率；

（4）速率大于$\dfrac{v_1}{2}$的分子数是多少？

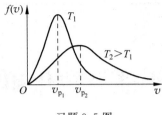

习题 9.5 图

9.6 设某种气体的分子总数为 N。在不同温度下,无论这些分子的速率分布如何不同,分子的方均根速率决不会小于等于平均速率,即$\sqrt{\overline{v^2}}>\overline{v}$。试证明以上结论。

9.7 一定质量的理想气体,先处于状态 $A(p,V,T_1)$,后来经过一个等容过程,压强增大为 $2p$,处于状态 $B(2p,V,T_2)$,试定性画出处于这两个状态下的气体分子最概然速率分布曲线。

9.8 某容器内装有理想气体,气体温度是 $T=273\mathrm{K}$,压强是 $p=1.013\times10^5\mathrm{Pa}$,气体密度是 $\rho=1.25\mathrm{kg/m^3}$,试求：

（1）容器内气体的摩尔质量,由此摩尔质量判定该气体是什么气体；

（2）该气体分子的方均根速率；

（3）该气体分子的平均平动动能和转动动能；

（4）单位体积内该气体分子的总平均动能；

（5）该气体的总内能。

第10章

热力学过程中能量转化和守恒的描述

本章引入和导读

【物理史料】 英国著名实验物理学家——焦耳(J. P. Joule,1818—1889)

在力学中,从运动学到动力学,建立了从静(确定质点位置矢量)到动(确定质点位置随时间变化的速度、加速度等矢量)的描述方式后,就进一步探讨了质点运动状态变化与外力的关系,例如,探讨动量的变化与外力冲量之间的关系、动能的改变与外力做功的关系等。

英国物理学家焦耳

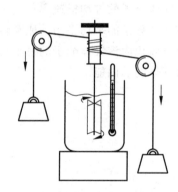

热功当量的实验装置

类似地,对一个热力学系统,在确定了从静(热力学平衡状态)到动(热力学准静态过程)的描述方式以后,很自然地就会进一步探讨这样的问题:当外界通过做功和热量传递引起热力学系统状态的改变时,系统的状态变化与外界做功的大小与热量传递多少之间存在怎样的定量关系? 这就是本章讨论的主要内容。

当外界对系统做功引起系统状态发生变化时,实现了机械运动与其他运动形式之间的相互转化。例如,当汽缸中的气体受到外力压缩并且温度随之升高时,外力推动活塞移动做功的过程就伴随着机械运动和热运动两种运动形式之间的转化。力学的动能定理告诉我们,外力做功可以引起物体的动能改变。在不计任何摩擦的情况下,外力做的功等于物体动能的增加。在热学中,通过外力对系统做功,将引起热力学系统的什么能量发生改变?

当外界对系统传递热量引起系统的热运动状态发生变化时,例如,在温度高的物体与温度低的物体接触时发生的热传导过程中,物体的热运动状态发生了变化,但在这个过程中没有外界对系统做功的行为,因而也没有运动形式的转化。当系统与外界发生热交换时,将会引起系统的什么能量发生改变?

在实际热力学过程中,做功和传热这两种方式往往是组合在一起实现的,它们在引起系统能量改变的"质"和"量"上有什么联系和区别? 有没有等当性和转化性?

热力学运动状态的丰富性和多样性引发了人们对这些过程变化规律的探讨。

实验表明,做功和传递热量都可以引起系统的状态函数——内能的改变,做功和传递热量之间存在着"质"的可转化性和"量"的等当性;做功和传递热量的总量与反映系统宏观状态函数——内能的改变之间存在本质上的联系和定量的关系,这就是热力学第一定律。它是人们在认识普遍的能量守恒及其转化定律的道路上对机械能守恒定律认识的深化,也是普遍的能量守恒及其转化定律的具体体现。

10.1 内能和热力学第一定律

——什么是热力学系统的内能?

在机械运动中,外力对物体做功,就会增加物体的机械能。例如,在升高物体位置的过程中,外力克服重力做功,就会增加物体的重力势能。在地面上推动一辆小车加速前进时,外力克服摩擦力和其他阻力做功,就会增加物体的动能。

在没有发生任何热传递的情况下,当外力推动汽缸的活塞移动并压缩气体时,汽缸内气体的体积发生了变化,外力克服气体压力做功。外力的功除了增加活塞的机械能以外,也会引起汽缸内气体温度的升高。温度的升高意味着功把一部分机械能转化为其他形式的能量,这是什么形式的能量呢? 当汽缸中气体膨胀推动活塞移动时,除了增加活塞的机械能以外,汽缸内气体温度会随之下降,温度的降低意味着有一部分其他形式的能量转化为活塞的机械能,这又是什么其他形式的能量呢? 在上述活塞移动过程中,如果把只有外力做功的过程改变为只对气体加热的过程,气体的温度也可以发生同样的改变量。加热的方式增加了气体的什么能量呢? 外力做的机械功与加热传递的能量都会引起气体温度的升高,做功和传热这两者之间存在什么关系呢?

先讨论只有外力做功的过程。实验事实表明,在不发生任何热传递的过程中,只要确定了气体初始的平衡态(简称初态)和终结的平衡态(简称末态),不管从初态到末态经过了怎样的过程,外力推动活塞对系统做的功都是相同的,也就是做功的大小只取决于气体的初态和末态,而与做功经过的路径无关。

在力学中,重力的功只与物体的起始位置和终结位置有关,与重力做功的路径无关,并由此引入了与位置有关的势函数——重力势能,用 E_p 表示,重力做的功等于重力势能的增量。在机械运动中重力势能的数值大小是相对某参考点位置而言的,可以任意选择或规定为零,而两个位置的重力势能之差是完全确定的。

与此类比,在热学中,根据以上的实验结果,也可以引入一个与状态有关的态函数——内能,用 U 表示。当只有外界对系统做功,系统在不发生任何热传递的过程中从平衡态 1 到达平衡态 2 时,外界对系统做的功 A' 等于系统内能的增量 $U_2-U_1=A'$。在热学中,内能的数值大小也是相对于某标准态而言的,可以任意选择某标准态规定为零内能,从而得出平衡态的内能相对于该零点的具体数值；但不管选择哪个标准态为零内能，两个平衡态的内能之差是完全确定的。

再讨论既有外力做功又有热量传递的过程。实验表明，如果系统与外界存在一定的温度差并发生热传递，同时外界还对系统做机械功，使系统从平衡态 1 变到平衡态 2，此时系统的状态函数——内能的增量仍然是 U_2-U_1，但是，这个量却不等于外界做功 A' 的大小。根据能量守恒定律，在这个过程中一定有其他的能量传递给系统，以弥补 U_2-U_1 与功 A' 的差值。这部分能量的传递只能是由系统与外界环境之间的温度差引起的热传递而引起的，这部分能量就是热量，用 Q 表示。于是就有 $Q=U_2-U_1-A'$，或者表示为

$$Q+A'=U_2-U_1=\Delta U \tag{10-1}$$

这个等式表明，在既有外力做功又有热量传递的过程中，外界对系统做的功 A' 和系统从外界吸取的热量 Q 的总和就是系统内能的增量 ΔU。式(10.1)称为**热力学第一定律**。

热力学第一定律是通过对大量实验事实的总结而得出的。热力学第一定律是包括热量的传递在内的广义的能量守恒定律，其中内能的引入是热力学第一定律的核心。只要系统处于平衡态，就一定有相应的确定的内能值，内能是状态量。

在确定的两个平衡态之间，系统经历的过程不同，外界对系统做的功 A' 和系统从外界获得的热量 Q 的数值各自都是不同的，功 A' 和热量 Q 都是过程量；但是只要初始平衡态和终结平衡态是确定的，不管经过什么路程，功 A' 和热量 Q 之和就是确定的，等于两个状态的内能之差，在一般情况下，气体的内能是温度、压强和体积的函数。1845 年焦耳用气体向真空自由膨胀的实验证实，理想气体的内能只是温度的函数，$U=U(T)$，与其他状态参量无关，这个结论在热学中称为焦耳定律。

在热力学第一定律中，规定系统从外界吸收热量时，$Q>0$，当系统向外界放出热量时，$Q<0$；外力对系统做功时，$A'>0$，当系统对外做功时，$A'=-A<0$（A 是系统对外做的功）。

当系统从外界吸取热量，如果 $A'=0$，即外力对系统没有做功，这部分热量全部保留在系统内部用来增加系统的内能；反之，当系统向外界放出热量时，如果 $A'=0$，这部分输出的热量则来自系统内能的减少。

从热力学第一定律中还可以看到，如果系统不从外界获取热量，$Q=0$，但系统对外做功，$A>0$，而 $\Delta U=A'=-A$，因此，$\Delta U<0$，即系统对外做功必定以减少系统的内能为代价。任何一个热力学系统的内能都是有限的，如果系统没有从外界吸收热量，这样的系统是不可能持续不断地对外做功的。大量实验验证了上述结论，于是可以得出热力学第一定律的另一种表述形式："第一类永动机是不可能制造成功的"，这是热力学第一定律的否定式的表述形式。所谓第一类永动机（图 10.1）就是不需要任何动力和燃料，即不需要从外界接受任何能量但可以永动地对外做功的机器。历史上许多事实表明，任何制造第一类永动机的尝试最后都是以失败告终的。

【网站链接】 第一类永动机

对于微小的过程，在确定了初态和终态以后，内能 U 的改变是确定的，因为内能 U 是状态量，它的变化量可以用 dU 表示；因为 Q 和 A' 是过程量，它们的改变量分别用 đQ 和 đA' 表示，因此，微小过程的热力学第一定律可以表述为

$$đQ+đA'=dU \tag{10-2}$$

由于热力学系统是由大量分子和原子组成的，原子又由原子核和电子组成，这些微观粒

伽利略设计的第一类永动机 　　历史上的第一类永动机

图 10.1　第一类永动机

子都在作无规则的热运动,它们可以带电,也可以不带电,系统可以处于电场中,也可以处于磁场中,因此,从微观结构看,微观粒子的运动形式是多样的,系统的内能包括分子和原子无规则热运动的动能和它们之间的相互作用能,分子和原子内的能量以及电场能和磁场能等。其中与分子原子或其他微观粒子无规则热运动有关的那一部分内能称为热能。

10.2　热力学第一定律对理想气体的应用

——怎样得出准静态过程的功、热量和内能？

　　热力学第一定律是一个普遍的原理,它的作用在于不需要分析系统的内部结构和分子原子的运动过程就能描述和预测系统的宏观行为,从而架起了微观世界和宏观世界的桥梁。

　　在应用热力学第一定律分析系统经历的过程时,系统的初态和终态必须是确定的平衡态,这样才能得到确定的内能增量 ΔU;但是,系统经历的过程却可以是任意的,也就是热力学第一定律不仅适用于准静态过程,也适用于非准静态过程;不仅适用于绝热过程,也适用于非绝热过程;不仅适用于单一过程,也适用于循环过程,因此,热力学第一定律的应用范围是很广泛的。

10.2.1　准静态单一过程的功

　　在热力学中,准静态过程的功的表达式具有重要的意义。

　　人们比较熟悉的做功的例子是外力推动活塞移动时对汽缸内的气体做功,这是与体积改变有关的功。实际上,在热力学中不仅涉及与体积有关的功、与表面面积改变有关的功和与长度拉伸有关的功等这几类机械功,还包括电介质在电场中被极化和磁介质在磁场中被磁化等这类电磁功和化学功等各种形式的功,因此,热力学中功是广义功。

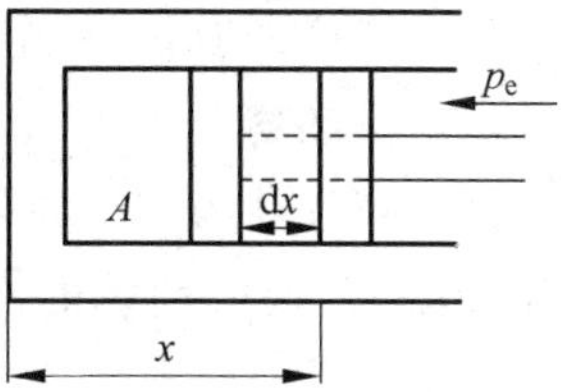

　　下面仅以理想气体为例,讨论在准静态单一过程中机械功的表达式。

图 10.2　外力推动活塞无摩擦地移动

　　假设一个装有活塞的汽缸中充满气体,活塞可以无摩擦地沿汽缸壁的水平方向运动(图 10.2)。

　　设活塞初始位置在 x 处,此时气体的体积是 V,活塞受到外力作用施加在活塞上的压强是 p_e,活塞的面积是 S。于是当活塞沿水平 x 方向移动距离 $\mathrm{d}x$ 时,只要活塞移动得足够缓慢,就可以近似地将这个过程看成是准静态过程。如果摩擦力很小以致可以忽略不计,在整个准静态过程中的每一个中间阶段,气体的内部压强 p 大小就可以看成等于施加于气体的外部压强 p_e 的大小,但方向与之相反。于是气体对外界做的元功是

$$\text{d}A = -p_e S \text{d}x = pS\text{d}x = p\text{d}V \tag{10-3}$$

这里,$\text{d}V = S\text{d}x$ 是气体体积的微小增量。从元功的表达式可以看出,当气体膨胀时 $\text{d}V > 0$,气体对外界做正功 $\text{d}A > 0$;当气体被压缩时 $\text{d}V < 0$,气体对外界做负功 $\text{d}A < 0$。

在一个体积变化有限的准静态过程中,当气体的体积从 V_1 变化至 V_2,气体对外界所做的总功是

$$A = \int \text{d}A = \int_{V_1}^{V_2} p\text{d}V \tag{10-4}$$

如果 $V_2 > V_1$,气体体积膨胀,对外界做正功,$A > 0$;如果 $V_1 > V_2$,气体体积被压缩,对外界做负功,$A < 0$。

图 10.3 是气体从初始状态 (p_1, V_1) 经历准静态单一过程到达终结状态 (p_2, V_2) 的过程曲线,在这个过程中气体对外界做正功,功在数值上等于过程曲线所包围的阴影部分面积的大小。

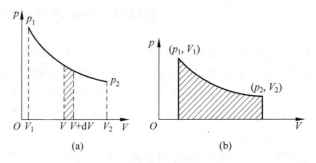

图 10.3　准静态单一过程的功的大小

(a) 阴影部分表示外界在 $V \rightarrow V + \text{d}V$ 过程中做的元功;(b) 阴影部分表示外界在整个准静态过程中做的功

10.2.2　准静态单一过程的热容和热量

当一个热力学系统吸收或放出热量时,系统的温度将随之升高或下降。为了描述在不同过程中温度的变化,一个合理的方法是引入物体温度升高 1℃ 吸收的热量作为依据,这个物理量就是**热容**。

以理想气体为例。如果气体吸收的热量是 ΔQ,气体的温度从 T_1 升高到 T_2,则定义该气体升高 1℃ 吸收的热量,即平均热容是

$$\bar{C} = \frac{\Delta Q}{T_2 - T_1} = \frac{\Delta Q}{\Delta T} \tag{10-5}$$

当 ΔT 越来越小,直至趋于零时,平均热容量就成为瞬时热容量 C_m(简称热容):

$$C = \frac{\text{d}Q}{\text{d}T} \tag{10-6}$$

如果气体的热容是 C,总质量是 M,则单位质量的气体升高 1℃ 所吸收的热量就称为该气体的比热容,记作 c(简称比热):

$$c = \frac{1}{M}\frac{\mathrm{d}Q}{\mathrm{d}T}, \quad C = m \tag{10-7}$$

一个热力学系统的热容量与状态的转变过程有关,因此,一个热力学系统可以有多个热容的表达式,不同过程的热容是不同的。根据不同过程的性质,气体的热容的数值可以取正、负、零或无穷大,其中常用的热容有等容过程热容和等压过程热容两种。

等体过程的热容　在气体的体积保持不变的过程中,如果气体从外界吸收热量,此时气体的热容称为等体热容,记作 $C_V = \left(\dfrac{\mathrm{d}Q}{\mathrm{d}T}\right)_V$。一般情况下,它是温度和体积的函数,在很小的范围内,可以近似看成常数。

等压过程的热容　在气体的压强保持不变的过程中,如果气体从外界吸收热量,此时气体的热容称为等压热容,记作 $C_p = \left(\dfrac{\mathrm{d}Q}{\mathrm{d}T}\right)_p$,一般情况下,它是温度和压强的函数,在很小的范围内,可以近似作为常数。

在等体过程中,气体体积保持不变,不对外做机械功,吸收的热量全部用于增加气体的内能,从而使气体的温度升高。而在等压过程中,气体吸收的热量在使其温度升高的同时,为了保持压强不变又必须要对外做功,从而引起气体体积增大,因此,在等压过程气体升高 1℃ 所吸收的热量比等体过程多,等压热容一定大于等体热容。

按照热力学第一定律,对于简单理想气体系统发生的一个元过程,有

$$\mathrm{d}Q = \mathrm{d}U + p\mathrm{d}V \tag{10-8}$$

在等体过程中,$\mathrm{d}V = 0$,$\mathrm{d}Q = (\mathrm{d}U)_V$,又因为理想气体的内能只是温度的函数,与体积无关,因此,等体热容为

$$C_V = \left(\frac{\mathrm{d}Q}{\mathrm{d}T}\right)_V = \left(\frac{\partial U}{\partial T}\right)_V = \left(\frac{\mathrm{d}U}{\mathrm{d}T}\right)_V \tag{10-9}$$

在等压过程中

$$\mathrm{d}p = 0$$
$$(\mathrm{d}Q)_p = \mathrm{d}U + p\mathrm{d}V = \mathrm{d}U + \mathrm{d}(pV) = \mathrm{d}(U + pV)$$

由于 U、p、V 都是系统的状态量,$U + pV$ 也是状态函数,定义 $H = U + pV$,H 称为焓。又理想气体的内能只是温度的函数,从理想气体状态方程可知,$pV = \nu RT$,即 pV 只是温度的函数,与体积无关,由此,H 也只是温度的函数,与体积无关,于是

$$C_p = \left(\frac{\mathrm{d}Q}{\mathrm{d}T}\right)_p = \frac{\mathrm{d}H}{\mathrm{d}T} = \frac{\mathrm{d}U}{\mathrm{d}T} + \frac{\mathrm{d}(pV)}{\mathrm{d}T} = C_V + \nu R \tag{10-10}$$

利用热容 C_p、C_V 的表达式,对简单理想气体系统发生的元过程,还可以把热力学第一定律 $\mathrm{d}Q = \mathrm{d}U + p\mathrm{d}V$ 改写成以下两种形式:

$$\mathrm{d}Q = C_V\mathrm{d}T + p\mathrm{d}V \tag{10-11}$$
$$\mathrm{d}Q = C_p\mathrm{d}T - V\mathrm{d}p \tag{10-12}$$

利用热容的定义,就可以得出物体在不同过程中吸收的热量。

等体过程　根据等体过程热容的定义,气体在等体条件下,温度从 T_1 升高到 T_2 时所吸收的热量是

$$Q = \int_{T_1}^{T_2} C_V\mathrm{d}T = M\int_{T_1}^{T_2} C_V\mathrm{d}T \tag{10-13}$$

上式中 C_V 是等体过程的比热容。

在近似认为等体热容量不变的情况下,可以直接写出

$$Q = C_V(T_2 - T_1) = C_V\Delta T = MC_V\Delta T \tag{10-14}$$

等压过程 根据等压过程热容量的定义,气体在等压条件下,温度从 T_1 升高到 T_2 时所吸收的热量是

$$Q = \int_{T_1}^{T_2} C_p dT = M\int_{T_1}^{T_2} c_p dT \tag{10-15}$$

上式 c_p 是等压过程的比热容。

在近似认为等压热容不变的情况下,可以直接写出

$$Q = C_p(T_2 - T_1) = C_p\Delta T = Mc_p\Delta T \tag{10-16}$$

等温过程 在等温过程中,不管气体吸收(或放出)多少热量,气体的温度始终保持不变($dT=0$),因此,气体的热容为无穷大。

绝热过程 在绝热过程中,系统不与外界交换任何热量,$Q=0$,因此,系统的热容为零。

10.2.3 准静态单一过程内能的改变

等体过程 由于气体对外做功为零,根据热力学第一定律有

$$\Delta U = U_2 - U_1 = Q$$

设等体过程终结状态与初始状态的温度差是 ΔT,则内能的增量

$$\Delta U = Q = C_V\Delta T = Mc_p\Delta T \tag{10-17}$$

因此,在等体过程中,如果气体从外界吸收热量,气体内能增加,温度相应升高; 如果向外界放出热量,气体内能减少,温度相应下降。

等压过程 在这个过程中,系统对外界做的功是

$$A = \int dA = \int_{V_1}^{V_2} p dV = p\int_{V_1}^{V_2} dV = p(V_2 - V_1)$$

系统从外界吸收的热量是

$$Q = \int_{T_1}^{T_2} C_p dT = M\int_{T_1}^{T_2} c_p dT = Mc_p(T_2 - T_1) \tag{10-18}$$

其中 T_1 和 T_2 分别是气体处于初态和终态的温度。根据热力学第一定律,系统内能的增量是

$$U_2 - U_1 = \Delta U = Q - A = Mc_p(T_2 - T_1) - p(V_2 - V_1) \tag{10-19}$$

等温过程 由于理想气体的内能仅是温度的函数,$U=U(T)$,因此,在等温过程中气体的内能保持不变。根据热力学第一定律,气体吸收的热量全部用于对外做功。

绝热过程 在绝热过程中,系统不与外界交换任何热量,因此,$Q=0$。系统内能的增加全部来自外界对系统做的功,

$$\Delta U = A' = C_V\Delta T \tag{10-20}$$

10.3 准静态单一过程的过程方程

——什么是单一过程的过程方程?

如果在准静态单一过程中,描述气体的三个状态量体积 V、压强 p 和温度 T 中有一个

量保持不变,就可以得到相应的等体过程方程、等压过程方程和等温过程方程。此外,如果在准静态单一过程中,系统不与外界交换热量,从热力学第一定律就可以得到绝热过程的过程方程。

等体过程 在这个过程中,气体的体积 V 保持不变,气体的过程方程为 $V_1 = V_2 = V$ 或 $\dfrac{p_1}{T_1} = \dfrac{p_2}{T_2} = \dfrac{p}{T} = $ 常数。在 p-V 图上,等容过程曲线是一条与 p 轴平行的直线段。气体对外做功为

$$A = \int \mathrm{d}A = \int p\mathrm{d}V = 0$$

即气体不对外做功(图 10.4(a))。

等压过程 在这个过程中,气体的压强不变,气体的过程方程是 $p_1 = p_2 = p$ 或 $\dfrac{V_1}{T_1} = \dfrac{V_2}{T_2} = \dfrac{V}{T} = $ 常数,在 p-V 图上,等压过程曲线是一条与 V 轴平行的直线段。气体对外做功为

$$A = \int \mathrm{d}A = \int_{V_1}^{V_2} p\mathrm{d}V = p\int_{V_1}^{V_2} \mathrm{d}V = p(V_2 - V_1) \tag{10-21}$$

在等压过程中,如果气体体积膨胀,系统对外界做正功,如果气体被压缩,系统对外界做负功(图 10.4(b))。

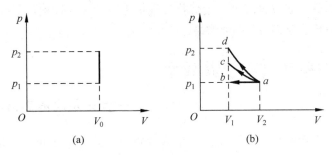

图 10.4 (a) 等体过程;(b) ad 为绝热压缩过程,ac 为等温压缩过程,ab 为等压压缩过程

等温过程 在这个过程中,气体的温度不变,气体的过程方程是 $T_1 = T_2$ 或 $p_1V_1 = p_2V_2$,即 $pV = $ 常数。在 p-V 图上,等温曲线是一条双曲线(图 10.4(b))。

利用理想气体状态方程 $pV = \dfrac{M}{m}RT = \nu RT$,$p = \dfrac{\nu RT}{V}$,气体对外做功为

$$A = \int_{V_1}^{V_2} \mathrm{d}A = \int_{V_1}^{V_2} p\mathrm{d}V = \int_{V_1}^{V_2} \dfrac{\nu RT}{V}\mathrm{d}V = \nu RT\ln\dfrac{V_2}{V_1} \tag{10-22}$$

在等温过程中,如果气体体积膨胀,系统对外界做正功;如果气体被压缩,系统对外界做负功。

绝热过程 在这个过程中,气体不与外界交换热量,$\mathrm{d}Q = 0$,利用元过程的热力学第一定律的两个表达式(10-11)和式(10-12)分别得出

$$p\mathrm{d}V = -C_V\mathrm{d}T \tag{10-23}$$
$$V\mathrm{d}p = C_p\mathrm{d}T \tag{10-24}$$

以上两式表明,在绝热过程中由于温度改变引起相应的体积和压强变化。把以上两式相除消去 $\mathrm{d}T$,可以得出体积变化与压强变化的相互关系:

$$\frac{\mathrm{d}p}{p} = -\frac{C_p}{C_V}\frac{\mathrm{d}V}{V} = -\gamma\frac{\mathrm{d}V}{V} \tag{10-25}$$

上式中 $\gamma = \frac{C_p}{C_V}$ 是两个热容之比,称为绝热指数。对于绝大多数绝热过程,可以把 γ 看成常量。于是通过对上式积分得出

$$\ln p + \gamma \ln V = C$$

或者写成

$$pV^{\gamma} = C_1 \quad (C \text{ 和 } C_1 \text{ 均为常数}) \tag{10-26}$$

这是绝热过程方程的一种表达式。图 10.4(b) 的 ad 表示在绝热过程中压强 p 与体积 V 之间的关系。利用理想气体状态方程还可以得出在绝热过程中温度 T 与体积 V 之间以及温度 T 与压强 p 之间的另外两种绝热过程方程的表达式:

$$TV^{\gamma-1} = C_2 \quad (C_2 \text{ 为常量}) \tag{10-27}$$

$$p^{\gamma-1}T^{-\gamma} = C_3 \quad (C_3 \text{ 为常量}) \tag{10-28}$$

在绝热过程中 $\mathrm{d}A = -\mathrm{d}A' = -\Delta U = -C_V\Delta T$,即外界对系统做的功把机械能全部转化为系统的内能增量,或者说,系统对外界做的功全部是由减少系统本身的内能为代价的。

实际上,在气体中实现的很多过程既不是等温过程,也不是绝热过程,而是介乎两者之间的过程,这样的过程称为多方过程。多方过程的过程方程常常写作 $pV^n = C(C \text{ 为常量})$,其中 n 称为多方指数。多方过程可以近似代表气体进行的实际过程,而等温过程、等压过程和等容过程等可以看成是多方过程的特例。

10.4 准静态循环过程及其效率

——什么是准静态循环过程的效率?

当系统从某一个初始状态开始经过多个单一的准静态过程又回到初始状态,这样的过程称为循环过程。由于系统经历一个循环过程回到初始状态,因此,系统的内能保持不变,$\Delta U = 0$。

在单一的准静态过程中,系统可以只从一个热源吸收热量或只向一个热源放出热量。但是,在循环的过程中,系统至少必须与两个不同温度的热源交换热量。如果系统从一个高温热源吸收的热量大于系统向另一个低温热源放出的热量,系统从外界吸收净热量。

在单一的准静态过程中,系统可以只有对外做功或只有外界对系统做功的过程。但是,在经过一个循环的过程中,系统必须包括对外做功和外界对系统做功两个过程。如果在一个循环过程中,系统对外界做的功大于外界对系统做的功,系统就对外做了净功。

设气体在一个循环过程中,先从起始状态开始从高温热源 T_1 吸收热量 Q_1,对外做功,并向低温热源 T_2 放出热量 Q_2,回到起始状态。根据热力学第一定律可得出,$Q + A' = 0$,$Q = -A'$,即系统从外界吸收的净热量等于系统对外做的净功。$Q = Q_1 - Q_2 = -A' = A$,这里 A 就是系统对外输出的功,它的大小等于循环闭合曲线所包围的面积,图 10.5 是热力学循环过程和热机工作原理的示意图。

对一个热机而言,如果给定了高温热源的温度 T_1 和低温热源的温度 T_2,经过一个循环以后,系统对外做的净功与从高温热源吸收的热量的比值越大,这样的热机的实用价值就越大。

在物理上把热机输出的功 A 与从高温热源吸收的热量 Q_1 之比定义为热机的效率：

$$\eta = \frac{A}{Q_1} = \frac{Q_1 - Q_2}{Q_1} = 1 - \frac{Q_2}{Q_1} \tag{10-29}$$

任何热机的效率都是小于 1 的。

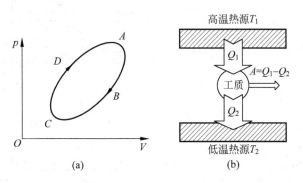

图 10.5
(a) 热力学循环过程；(b) 热机工作原理

10.5 卡诺循环——一个理想化的循环过程

——什么是卡诺循环及其效率？

【物理史料】 卡诺和卡诺循环

法国物理学家和工程师卡诺(N. L. Sadi Carnot,1796—1832)假设热机运行过程都是准静态过程,热机的工作物质(固体、液体或气体)只与两个热源交换热量：热机从一个高温热源 T_1 吸收热量,经历一个保持温度为 T_1 的等温膨胀过程；热机向另一个低温热源 T_2 放出热量,经历一个保持温度为 T_2 的等温压缩过程。为了在只与两个热源交换热量的条件下形成循环过程,热机在从高温热源转到低温热源的过程以及在与之相反的过程中必须也只能经历两个相应的绝热过程。于是,两个等温过程和两个绝热过程就形成了著名的卡诺循环。

以理想气体为工作物质,则卡诺循环的过程如图 10.6 所示,它可以分为以下几个过程。

$A(p_1,V_1,T_1) \rightarrow B(p_2,V_2,T_1)$：气体从初始状态开始作等温膨胀,从高温热源吸取热量 Q_1。由于经历等温过程 T_1,气体内能不变,因此,气体吸收的热量就等于系统对外做功的大小。

$$Q_1 = A_1 = \int_{V_1}^{V_2} \mathrm{d}A_1 = \int_{V_1}^{V_2} p\mathrm{d}V = \int_{V_1}^{V_2} \frac{\nu R T_1}{V}\mathrm{d}V = \nu R T_1 \ln \frac{V_2}{V_1}$$

$B(p_2,V_2,T_1) \rightarrow C(p_3,V_3,T_2)$：气体不再与高温热源 T_1 接触,开始作绝热膨胀,温度降到与低温热源相同的温度 T_2,在这个过程中,系统没有与外界交换热量,但对外做功。

$C(p_3,V_3,T_2) \rightarrow D(p_4,V_4,T_2)$：气体作等温压缩,向低温热源放出热量 Q_2。由于经历等温过程 T_2,气体内能不变,因此,气体放出的热量就等于外界对气体做功的大小。

$$Q_2 = A_2' = \int_{V_3}^{V_4} \mathrm{d}A_2' = -\int_{V_3}^{V_4} p\mathrm{d}V = -\int_{V_3}^{V_4} \frac{\nu R T_2}{V}\mathrm{d}V = -\nu R T_2 \ln \frac{V_4}{V_3} = \nu R T_2 \ln \frac{V_3}{V_4}$$

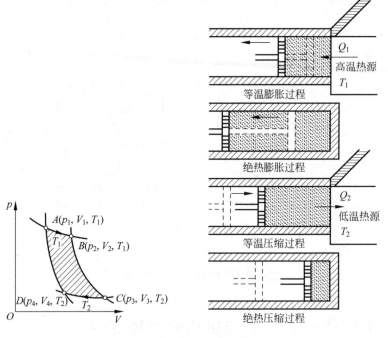

图 10.6　卡诺循环示意图

$D(p_4,V_4,T_2) \rightarrow A(p_1,V_1,T_1)$：气体不再与低温热源 T_2 接触，并开始作绝热压缩，从 $D(p_4,V_4,T_2) \rightarrow A(p_1,V_1,T_1)$，回复到初始状态，温度升高到与高温热源相同的温度 T_1，在这个过程中，系统没有与外界交换热量，但外界对气体做功。

按照热力学第一定律，在完成一个循环的过程中，热机回到初始状态，因而内能不变，于是热机吸收的净热量全部转化为气体对外做的功，

$$A = Q = Q_1 - Q_2 = \nu R T_1 \ln \frac{V_2}{V_1} - \nu R T_2 \ln \frac{V_3}{V_4}$$

按照热机的效率的定义式(10-29)，卡诺热机的效率是

$$\eta = 1 - \frac{Q_2}{Q_1} = 1 - \frac{T_2 \ln \dfrac{V_3}{V_4}}{T_1 \ln \dfrac{V_2}{V_1}} \tag{10-30}$$

从图 10.6 中可以看出，V_1 和 V_2 分别是气体处于 T_1 等温线上的初始状态体积和终结状态的体积，又分别是气体处于两个绝热过程的初始体积和终结体积；V_3 和 V_4 分别是气体处于 T_2 等温线上的初始状态和终结状态的体积，又分别是气体处于两个绝热过程的初始体积和终结体积；同样，T_1 和 T_2 不仅是气体分别处于两个等温过程的温度，而且还分别是气体处于两个绝热过程的初始温度和终结温度。利用绝热过程方程可以分别得出在这两个绝热过程中体积变化和温度变化的关系：

$$\frac{T_1}{T_2} = \left(\frac{V_3}{V_2}\right)^{\gamma-1}, \quad \frac{T_1}{T_2} = \left(\frac{V_4}{V_1}\right)^{\gamma-1}$$

两式相比，有 $\dfrac{V_3}{V_4} = \dfrac{V_2}{V_1}$，代入效率 η 的表达式(10-30)可以得到

$$\eta = 1 - \frac{T_2}{T_1} \tag{10-31}$$

上式表明,在卡诺循环中,热机的效率只与两个热源的温度有关,与工作物质无关。高温热源的温度 T_1 越高,低温热源的温度 T_2 越低,卡诺热机的效率越高,这就为提高热机的效率在理论上指明了方向。由于 T_2 不可能为零,T_1 不可能为无限大,热机的效率不可能等于1。

卡诺热机是一种理想的热机,进行的每一个过程都是准静态过程。在固定两个热源之间工作的实际热机由于存在散热和摩擦力等因素,进行的过程都不是准静态过程,因此,卡诺热机的效率是热机所能达到的理想的最大效率,实际热机的效率都低于卡诺热机(表10.1)。

表 10.1　实际热机可以达到的最大效率和实际效率[①]

热 机 类 型	输入高温/℃	输出低温/℃	可能达到的最大效率/%	实际效率/%
运输业				
汽油发动机(汽车/卡车)	400	25	55	10~15
柴油发动机(汽车/卡车/机车)	500	25	60	15~20
蒸汽机车	180	100	20	10
蒸汽发电厂				
化石燃料	550	40	60	40
核动力	350	40	50	35
太阳能	225	40	38	30
海洋热能	25	5		7

卡诺通过对各种热机效率的研究归纳得出以下的结论:

(1) 在相同高温热源 T_1 和低温热源 T_2 之间工作的一切可逆热机,其效率都为 $\eta_{可逆} = 1 - \frac{T_2}{T_1}$,与工作物质无关;

(2) 在相同高温热源 T_1 和低温热源 T_2 之间工作的一切不可逆热机,其效率不可能超过可逆热机的效率,即 $\eta_{不可逆} \leqslant 1 - \frac{T_2}{T_1}$。

以上结论称为**卡诺定理**。卡诺循环和卡诺定理在热机的制造和应用上具有重要的意义。它不仅为提高和改进热机效率提供了理论依据和途径,而且对热力学中一个重要的物理量——熵的引入起到重要的作用。

10.6　能量守恒和转化的思想是物理学的重要思想

——什么是做功和热传递的量的等当性和质的可转化性?

热力学第一定律表明,做功和热传递(都是过程量)是引起系统状态改变以致内能(状态量)发生改变的两种方式。如果气体只有与外界发生热传递的单一过程,加热的过程会导致气体的内能增加,系统的温度升高;如果只有外力做机械功的单一过程,同样会导致气体的内能增加,气体的温度也会随之升高。

---

① Art Hobson. 物理学的概念与文化修养[M]. 4版. 北京: 高等教育出版社,2008: 138.

虽然单一的做功或热传递过程都可以引起系统内能改变,但是实际上做功的过程与传热过程往往是同时出现的,并共同引起了内能的改变。

例如,外界推动活塞做功时,一部分机械能转化为气体的内能,但是活塞移动时对容器壁的摩擦会引起器壁发热,同样会导致气体温度的升高,内能发生改变。热力学第一定律的数学表达式 $Q+A'=U_2-U_1=\Delta U$ 中最左边的加号正是内能改变最普遍的表达式。

在这个关系式中,传递热量与做功在引起内能改变的作用上处于同等的地位。在外力对系统做功的过程中一部分机械能转化为系统的内能,这个过程是外力做"宏观功"的过程,其结果引起了系统内能的改变;在传热的过程中,高温物体的分子把无规则运动的能量传递给低温物体的分子,这个过程可以看作是高温物体分子做"微观功"的过程,其结果也引起了系统内能的改变。由此就可以得出结论:一定量的功或相应的一定量的热量传递都可以产生相同的内能变化,做功是过程量,同样热量传递也是过程量。做功的机械运动形式与传热的热运动形式既在"量"上具有等当性,又在"质"上具有可转化性。实际上,热力学第一定律中的功是广义的功,守恒和转化不限于在机械运动和热运动之间,机械能可以转化为内能或其他形式的能量。因此,热力学第一定律在普遍的意义上揭示出,在"量"上各种运动形式互相转化而不会发生损耗;在"质"上各种运动形式具有固有的、不会消失的互相转化的能力。

热力学第一定律是人们在认识普遍的能量守恒及其转化定律的道路上的深化,是普遍的能量守恒和转化定律的一个具体体现。

能量守恒和转化的思想是物理学的重要思想。它揭示了各种不同运动形式在互相转化过程中体现的"质"和"量"的关系。物理学发展史表明,物理学中的各种守恒定律,包括动量守恒定律、角动量守恒定律以及其他守恒定律是人类在不断深化对自然界认识的过程中所体现的聪明才智和智慧结晶,是物理学思想宝库中极其重要的财富。

【物理史料】 能量守恒和转化定律的提出

思 考 题

1. 从本质上看,热力学系统的内能和系统与外界交换的热量都是能量,它们在概念上有什么区别吗? 以下的表述是否正确? 为什么?

(1) 热力学系统的温度越高,其热量越多;

(2) 热力学系统的温度越高,其内能越大。

2. 一个热力学系统的热容量在什么情况下为正? 为负? 为零? 为无穷大?

3. 试说明对一定质量的理想气体,下列过程是否能够发生? 为什么?

(1) 从外界吸收热量,但保持温度恒定的过程;

(2) 在绝热条件下温度升高,但保持体积恒定的过程;

(3) 向外界放出热量,同时对外做功的过程;

(4) 从外界吸收热量,同时体积缩小的过程。

4. 对一定量的理想气体加热,系统的状态发生了改变,试判别下列说法是否正确,为什么?

(1) 这个系统吸收了一定的热量;

(2) 外界对这个系统做了功;

(3) 这个系统本身包含的热量增加;

（4）系统的内能等于它本身包含的热量和具有的做功能力之和。

5. 两个由相同理想气体构成的系统,它们的温度和压强相同,但体积不同。问：它们的内能相同吗？它们的比热容相同吗？为什么？

6. 在大学物理力学中,虽然已经讨论过机械能守恒定律,但没有被说成是普遍的能量守恒和转化定律的具体表现,而大学物理中热力学第一定律却被称为能量守恒和转化定律的一个具体体现。为什么？

7. 如果把卡诺热机的循环作逆向进行,即外界输入功 A',从低温热源吸取热量 Q_2,使低温热源的温度下降,并向高温热源放出热量,这就是制冷循环。由此可以定义制冷系数为 $\varepsilon = \dfrac{Q_2}{A} = \dfrac{Q_2}{Q_1 - Q_2} = \dfrac{T_2}{T_1 - T_2}$,这个制冷系数可以大于 1 吗？如果一个卡诺热机的效率很高,其制冷系数也一定很高吗？

8. 如果把卡诺热机的循环作逆向进行,即外界输入功 A',从低温热源吸取热量 Q_2,并向高温热源放出热量,使高温热源的温度升高,这就是热泵循环。由此定义热泵的热功系数是 $\eta' = \dfrac{1}{\eta} = \dfrac{Q_1}{A} = \dfrac{Q_1}{Q_1 - Q_2} = \dfrac{T_1}{T_1 - T_2}$,这里 η 是卡诺循环的效率。这个热功系数可以大于 1 吗？如果一个卡诺热机的效率很高,其热功系数也一定很高吗？

习　题

10.1　一定量的理想气体,由初始状态 a 经 b 到达终结状态 c(如习题 10.1 图,图中 abc 为一直线)。在此过程中：

（1）气体对外做功多少？

（2）气体内能增量为多少？

（3）气体吸收热量为多少？

10.2　在习题 10.2 图中,一气体系统从 A 态沿 ABC 到达 C 态时,吸收了 350J 的热量,同时对外做了 126J 的功。问：

（1）如果气体系统沿 ADC 到达 C 态,则系统对外做功 42J,问该系统吸收了多少热量？

（2）当气体系统由 C 态沿曲线 CA 返回 A 态时,如果外界对系统做功 84J,问该系统是吸热还是放热？热量传递是多少？

习题 10.1 图

10.3　如习题 10.3 图所示 1mol 的 H_2 在初态时压强为 $1.013 \times 10^5 \mathrm{Pa}$,温度为 20℃,体积为 V_0,如果使该气体分别经过以下两个途径达同一终态：

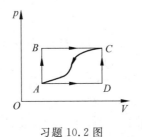

习题 10.2 图

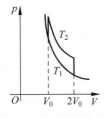

习题 10.3 图

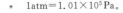

* 1atm=1.01×10^5 Pa。

（1）先保持体积不变，对系统加热使其温度升高到 80℃，然后作等温膨胀，使系统体积增大为原体积的 2 倍；

（2）先使系统作等温膨胀，使体积增大为原体积的 2 倍，然后保持体积不变，使其温度升高至 80℃。

试分别计算以上两个途径中系统吸收的热量，对外所做的功和内能增量。将上述两途径经历的过程分别画在同一 p-V 图上并说明所得结果。

10.4　多方过程的过程方程常常写作 $pV^n = C$（C 为常量），其中 n 称为多方指数。而等温过程、等压过程和等容过程等可以看成是多方过程的特例。

（1）说明 $n = 0, 1, \gamma, \infty$ 各代表什么过程；

（2）证明：多方过程中理想气体对外做功为 $A = \dfrac{p_1 V_1 - p_2 V_2}{n - 1}$；

（3）证明：多方过程中理想气体的摩尔热容量为 $C = C_V \left(\dfrac{\gamma - n}{1 - n} \right)$。

10.5　一定量的单原子分子理想气体，从初态 A 出发，沿图示直线过程到达另一状态 B，又经过等容、等压过程回到状态 A。

（1）求 $A \rightarrow B, B \rightarrow C, C \rightarrow A$ 各过程中系统对外所做的功 A，内能的增量 ΔU 以及所吸收的热量 Q；

（2）整个循环过程中系统对外所做的总功以及从外界吸收的总热量（各过程吸热的代数和）。

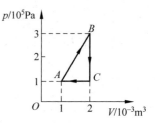

习题 10.5 图

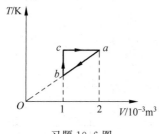

习题 10.6 图

10.6　1mol 单原子分子理想气体的循环过程如习题 10.6 图所示，其中 c 点的温度为 $T_c = 600$K。试求：

（1）在完成一循环以后系统对外所做的净功；

（2）该循环的效率。

10.7　设家用电冰箱是一个理想的卡诺制冷机，它的制冷系数可以定义为 $\varepsilon = \dfrac{Q_2}{A} = \dfrac{Q_2}{Q_1 - Q_2} = \dfrac{T_2}{T_1 - T_2}$（参见思考题 7）。该冰箱放在气温为 27℃ 的房间内，当冰箱从冷冻室中抽取 2.09×10^5J 热量时，冰箱内部温度为 -13℃，并可以制成一盘同温度的冰块。求：

（1）制成这样一盘冰块需要输入多少功？

（2）如果这个冰箱以 2.09×10^2J/s 的速率取出热量，制成这样一盘冰块需要的电功率是多少瓦？

（3）制成这样的冰块需要多少时间？

10.8　用一个电动机带动一个热泵，从 -5℃ 的室外吸取热量，输入到 17℃ 的室内，使其温度升高。热泵的热功系数定义为 $\eta' = \dfrac{1}{\eta} = \dfrac{Q_1}{A} = \dfrac{Q_1}{Q_1 - Q_2} = \dfrac{T_1}{T_1 - T_2}$（参见思考题 8）。问：

（1）每消耗 1000J 的功，室内可以获得多少热量（Q_1）？

（2）如果换一种供热方式。假设有一个理想热机，运行在一个高温热源 T 和上述室内低温热源 17℃ 之间，热机从高温热源吸取热量 Q 并输出 1000J 的功，并向室内低温热源 17℃ 输出同样的热量 Q_1，则热机需要从高温热源吸取多少热量？请对两种供热方式作比较。

第**11**章

热力学过程中能量传递和转化方向性的描述

本章引入和导读

【物理史料】 克劳修斯和热力学第一、第二定律

德国物理学家克劳修斯

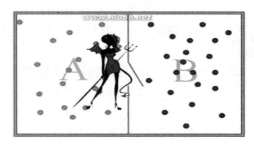

麦克斯韦妖

任何物体都具有内能,在地球上储存量十分丰富的海水总质量约达 1.4×10^{18} t,它的温度只要降低 0.1℃,就能释放相当于 1800 万个功率为 100 万 kW 的核电站一年的发电量,而人类一直不能利用这种新能源,究其原因,是因为涉及物理学的一个基本定律。

热力学第一定律揭示了自然界中各类运动形式及相应能量之间转化的普遍性,深化了人们对能量守恒和转化的普遍性的认识,至今人们还没有发现违反热力学第一定律的现象。

然而,大量实验和观察表明,在各种运动形式及其对应的能量能够互相转化这个普遍性之外,运动形式的转化过程还具有一种方向性,即只能自发、单向地从一种运动形式转化为另一种运动形式,而不能自发地逆向转化。例如,自然界实际发生的过程是,热量只能自发地从高温物体传递到低温物体,而不能自发地逆向传递,这类自发的方向性过程称为不可逆过程。在自然界中实际发生的过程都是不可逆过程。

物理学家研究了自然界实际发生的各种不可逆过程及它们之间互相依存的关系,特别在研究热机工作原理的基础上,得出了在有限的空间和时间内一切与热运动有关的物理实际过程具有不可逆性的结论,并且用多种方式表述了这样的结论,这些表述就是热力学第二定律。

自然界中的实际过程只有同时满足热力学第一定律和第二定律才能自发地发生,在热力学中热力学第二定律的地位高于热力学第一定律,热力学第二定律是人们对自然界宏观过

程能量转化方向的认识的深化。

从前面几章中,基于热平衡定律定义了温度,温度是状态量,给出了对系统处于平衡态冷热程度的一种定量描述。基于热力学第一定律定义了内能,内能也是状态量,给出了对系统能量守恒和转化关系的一种定量描述。

在本章中,基于热力学第二定律将定义一个新的物理量——熵,熵也是状态量,给出了对宏观过程方向性关系的一种定量描述,同时也是对微观运动无序性的描述。熵的变化揭示的不是能量的守恒性,而是热力学过程进行的方向性和能量做功品质的优劣性。熵与能量有联系也有区别,在热力学中熵显得比能量更抽象,更不可捉摸,然而,在热力学中熵的地位比能量更重要。

作为热力学基本定律的一个重要组成部分,本章还介绍了热力学第三定律。

11.1 不可逆过程和可逆过程

——什么是自然界实际过程的方向性?

人们通过大量实验和观察发现,自然界中实际发生的宏观过程都是具有方向性的,热力学第一定律给出了过程中能量守恒和转化的普遍性,但对过程进行的方向性并没有给出任何的限制。

就热传递的过程而言,大量实验和生活经验表明,把一杯沸水放在室温下的空气中让它自然冷却,水与空气热交换的结果始终是沸水中热量自发地流向空气,沸水慢慢地降温,水杯周围空气的温度略有上升,最后达到水温与室温相等为止。人们从来没有见到过把一杯温水放在空气中,周围的空气自发地把热量传递给温水,从而使温水的温度不断升高甚至达到沸腾,而空气的温度却越来越低这样的现象。在酷热的夏天,室外的温度高于室内的温度,即使门窗紧闭,室外的“滚滚热浪”也会自发地通过门窗的缝隙和其他渠道流进室内,使室内的温度升高。人们从来没有见过室内的热量自发地流到室外,从而使室内的温度下降的现象。

虽然热量无论从高温物体传递给低温物体或从低温物体传递到高温物体都不违反热力学第一定律。但是,大量事实表明,热量能自发地从高温物体传递到低温物体,但是却不能自发地从低温物体传递给高温物体。在生活中,人们依靠制冷的空调可以在炎热的夏天降低室内的温度,依靠制冷设备可以把电冰箱内的温度降到零度以下,但是这些过程的发生必然伴随着另一个过程的发生,留下了不可消除的“代价”。这就是热量传递过程的方向性。

就功变热的过程而言,日常生活经验告诉我们,在人们用力推动打气筒的活塞给自行车轮胎打气时,由于外力做功,气体被快速压缩,筒壁的温度相应就会升高,并向周围空气放出热量。但是,人们从来没有见到过这些热量会自发重新聚集起来导致气体重新膨胀,把热量转化为推动活塞运动的功。生活经验和观察还告诉我们,在汽车行进过程中,只有汽油燃烧的一部分热量转化为驱动汽车发动机对外做的功,其余热量一定会通过排气管向空气排放出去,从没见到这些排放出去的能量重新转化为推动发动机的动力。

大量实验事实表明,功可以全部转化为热量,而热量不可能全部转化为功,因此,任何热机的效率不可能达到百分之百。虽然在这样的过程中,能量的转化和守恒都不违反热力学第一定律,但是,把功转化为热量,这个过程可以自发地完成。要把热量全部转化为功,这个过程就不可能自发地完成,一旦发生必然伴随着另一个过程的实现,产生无法消除的外界影响。这就是功转变为热量的过程的方向性。

热量从高温物体传递到低温物体和功转变为热量的过程及其相应的逆向过程都保持着整个系统总能量的守恒,符合热力学第一定律,但是实际自发发生的过程却具有"方向性":热量只能从高温物体向低温物体自发传递,功只能自发地全部转变为热量。在这样的"单向过程"自发实现以后,相反的逆过程不是完全不能实现,而是一旦当系统实现了相反的逆过程,即使系统逆向恢复到原先的初始状态,外界也无法恢复到原先的初始状态,必然留下不可消除的外界影响,况且,有些系统本身无法恢复到原先的状态。热学中把这种自发发生的单向过程称为不可逆过程。反之,如果能实现一个热力学系统所经历的单向过程的逆过程,系统和外界都能重新恢复到它们原来的初始状态,这样经历的单向过程就称为可逆过程。

功全部转变为热量的过程是不可逆过程,热量从高温物体传递给低温物体的过程也是不可逆过程。在对自然界的各种过程进行观察归纳以后可以得出这样的结论:

自然界中一切与热现象有关的实际宏观过程都是不可逆过程。可逆过程是理想化的过程,在自然界中是不存在的。

不可逆过程的种类是无限多的,又是互相依存的,一个宏观过程的不可逆性保证了另一个过程的不可逆性;进行一个不可逆过程的逆过程必然伴随着另一个不可逆过程的发生。

11.2 热力学第二定律的两种典型表述

——为什么热力学第二定律的地位高于热力学第一定律?

正是在对热机工作原理研究的基础上,人们得出了关于在有限的空间和时间内一切和热运动有关的物理过程具有不可逆性这样一个事实性的总结,对这样的总结的表述就是热力学第二定律。由于自然界的不可逆过程是无限多的,对任何一种自然界实际过程的不可逆性的表述都可以作为热力学第二定律的表述。因此,热力学第二定律有很多种表述,其中最典型表述是以下两种:

一种表述是德国物理学家克劳修斯(R. J. Emanuel Clausius,1822—1888)在 1850 年首先提出的,并于 1854 年和 1875 年以更明确又更简洁的方式给出的:

不可能把热量从低温物体传到高温物体而不产生其他影响。

这是对热量传递过程不可逆性的表述。

另一种表述是英国物理学家威廉·汤姆孙(后来以开尔文勋爵著称)(William Thomson,1824—1907)在 1851 年提出的:

不可能从单一热源吸取热量使之完全转变为有用的功而不产生其他影响。

这是对功和热量互相转化过程不可逆性的表述。

这两种表述已被证明是完全等效的,如果一个表述不成立,那么另一个表述也不成立。假设有一台热机能够从单一热源吸取热量并全部转化为功(即开尔文表述不成立),就可以把这些功转变为热量输入比前一个热源温度更高的高温热源,这样就实现了把热量从低温物体传递到高温物体上,而且不对外界产生任何影响(即克劳修斯表述不成立)。

如同热力学第一定律有一个否定性的表述那样,热力学第二定律也有一种否定性的表述:"第二类永动机是不可能制成的",这也被称为是热力学第二定律的第三种表述。所谓第二类永动机指的是只从一个热源吸取热量并把热量全部转化为功的机器。例如,如果有一台热机能从一个热源(海洋、大气乃至宇宙)吸取热能,并将这些热能完全用于功的输出,这就是第二类永动机。历史上首个成型的第二类永动机装置是 1881 年美国人约翰·嘎姆吉为美国海军设计的零发动机,这一装置利用海水的热量将液氨汽化,推动机械运转。但是这一装置无法持续运转,因为汽化后的液氨在没有低温热源存在的条件下无法重新液化,因而不能完成循环,这个制作永动机的努力最后以失败告终。

只满足第一定律的过程在自然界中不一定可以自发地发生,只有同时满足第一定律和第二定律的过程在自然界才能自发地发生,因此,在热力学中,热力学第二定律的地位高于热力学第一定律,热力学第二定律是人们对宏观热力学过程能量转化方向认识的深化。

【拓展阅读】 麦克斯韦妖推翻了热力学第二定律吗?

11.3   不可逆过程是能量品质不断降低的过程

——为什么热能不如其他形式的能量有用?

由热力学第二定律可知,任何热机只能把从高温热源吸取的一部分热量转变为有用功,而其余部分则流向低温热源。因此,热能不像其他形式的能量那样能够全部用于做功。从这个意义上说,热能不如其他形式的能量更有用。

从卡诺热机的效率表达式可知,理想气体卡诺循环效率的大小只取决于高温热源的温度 T_1 和低温热源的温度 T_2,T_1 越高,T_2 越低,效率越高。

在通常的热机运行过程中,常常以大气和地球构成的环境系统作为低温热源,由于这样的环境系统的热容量是很大的,因此,它们可以看成是温度 T_2 保持不变的低温热源。卡诺热机在循环过程中,从高温热源吸取热量 Q_1,其中只有 $Q_1\left(1-\dfrac{T_2}{T_1}\right)$ 的部分热量转变为功而得到利用,这部分能量就称为可用能,而 $Q_1\dfrac{T_2}{T_1}$ 部分的热量就从高温热源流向低温热源,没有得到利用。在这个过程中,能量是守恒的。但是,如果不同的热机从不同 T_1 的高温热源取出相同的热能 Q_1,并向相同温度的低温热源 T_2 放出热量,这些热机可以获取的可用能是不同的;T_1 越高,热机获取的可用能就越多。从高温热源获取的热能的可用度越高,于是就称能量的品质越好。反之,可用能越少,能量的品质就越差。

除了热机的可用能外,还有各类实际的摆,如钟摆、秋千摆等在摆动过程中也会同样涉及可用能。它们的一个简化模型就是把一块石块绑在一根细长绳子下端组成的摆。先用手推动一下石块使之来回摆动,随着时间推移,石块的动能逐渐减少,摆动的幅度也相应减少,最后就会停下来,此时石块的动能为零。在这样的过程中,"摆"具有的动能可以用于系统克服各种阻力做功,这部分能量就是可用能。做功的结果使动能转变成热能,这部分热能再也不能转变为动能而使摆重新摆动起来。在摆从开始运动到静止的摆动过程中,能量仍然是守恒的,能量并没有失去,但却永久失去了可用能,即失去了能量转化为功的品质。

事实表明,在实际发生的能量转化的过程中,只要把其他形式的能量转变为热能,就会降低能量的品质。所谓地球上的能源危机不是指能量逐渐消失的危机,而是指当人们利用各种手段从地球上的不可再生能源(这些能源被消耗以后,在人的寿命期限内不能轻易得到补充,例如石油和煤炭)中获取其他形式的能量,并通过各种手段转变为热能用于加热升温和作为驱动动力时,虽然能量依然是守恒的,但是,能量确是从高度有用的形式降为不大有用的形式,即降低了能量的品质,而这些不可再生能源在地球上的储存量是有限的。

热力学第一定律指出自然界的一切过程都是能量守恒的过程,热力学第二定律表明自然界一切实际发生的不可逆过程都是能量品质不断降低的过程。

【拓展阅读】　什么是能源危机?

11.4　熵和熵增加原理

——在热力学中熵的地位为什么比内能更重要?

11.4.1　一个比内能更重要的状态函数——熵

热力学第零定律指明系统处于热平衡态时的性质。在热力学第零定律中,引入了温度这个状态量。只要系统处于热力学平衡态,这个系统就具有确定的温度。

热力学第一定律指明任何热力学过程都必须遵守能量守恒定律。在热力学第一定律中引入了内能这个状态函数。只要系统处于热平衡态,这个系统就具有确定的内能。当系统经过做功和传热的过程,从系统的一个初始状态到达另一个终结状态时,这两个状态就存在确定的内能差值,这个差值可正可负,也可以等于零。

热力学第二定律指明自然界中实际发生的不可逆过程都具有方向性。这类过程的不可逆性是初态和终态的差异造成的,这种差异是任何过程都无法消除的,能不能找到一个全新的状态函数来指出或判断初态和终态之间过程进行的方向呢?

克劳修斯在 1865 年提出了一个新的状态函数——熵。

克劳修斯指出,热量有两种变换,一种是热传递变换,热量可以从一个物体传递到另一个物体;另一种是热转换变换,热量可以转换为功。在定性上每一种变换都有两个可能的方向,一个是自然方向,即变换可以自发发生;另一个是非自然方向,即变换不可能自发发生。他努力对这两种变换建立定量的变换理论,他的目标是确立既适合热传递变换又适合热转换变换的转化等价量。他通过论证得出,对可逆过程,卡诺定理可以用下列形式表述:

$$\int \frac{\mathrm{d}Q}{T} = 0 \tag{11-1}$$

克劳修斯取 $\mathrm{d}S = \dfrac{\mathrm{d}Q}{T}$,并把 S 称为熵。

对于微小的可逆过程,熵的变化是

$$\mathrm{d}S = \frac{\mathrm{d}Q}{T} \tag{11-2}$$

对于微小的不可逆过程,熵的变化是

$$\mathrm{d}S > \frac{\mathrm{d}Q}{T} \tag{11-3}$$

熵与内能一样也是一个状态量。只要系统处于热平衡态,这个系统就具有确定的熵。

【数学推导】 熵的数学表达式

与内能作为一个状态量一样,熵的数值大小也是相对于某标准态而言的,可以任意选择标准态的熵的值或规定为零。一旦确定初始状态和终结状态,不管系统经历什么样的过程,系统的熵的变化量就是确定的。

当系统从状态 1 经过可逆过程变化为状态 2 时,末态熵与初态熵之差等于 $\dfrac{\text{đ}Q}{T}$ 沿从初态到末态的路径积分

$$S_2 - S_1 = \int_1^2 \mathrm{d}S = \int_1^2 \frac{\text{đ}Q}{T} \tag{11-4}$$

对可逆循环过程,沿闭合路径的积分等于零:

$$\oint_c \frac{\text{đ}Q}{T} = 0 \tag{11-5}$$

当系统从状态 1 经过不可逆过程变为状态 2 时,末态熵与初态熵之差大于 $\dfrac{\text{đ}Q}{T}$ 沿从初态到末态的路径积分

$$S_2 - S_1 = \int_1^2 \mathrm{d}S > \int_1^2 \frac{\text{đ}Q}{T} \tag{11-6}$$

对不可逆过程,沿闭合路径的积分小于零:

$$\oint_c \frac{\text{đ}Q}{T} < 0 \tag{11-7}$$

【拓展阅读】 *熵和内能的相似*

基于以上的表达式,克劳修斯提出了热力学第二定律的最一般的数学表述(又称为热力学第二定律的第四种表述):

对闭合过程有

$$\oint \frac{\text{đ}Q}{T} \leqslant 0 \tag{11-8}$$

对有限过程有

$$\Delta S = S_2 - S_1 \geqslant \int_1^2 \frac{\text{đ}Q}{T} \tag{11-9}$$

其中的等号适用于可逆循环,不等号适用于不可逆循环。以上表达式分别称为克劳修斯等式和不等式。

11.4.2 熵增加原理:宇宙的熵增加

对于绝热过程,$\text{đ}Q=0$,于是有 $\Delta S \geqslant 0$,等号表示可逆过程,即在可逆的绝热过程中,系统的熵保持不变;大于号表示不可逆过程,即在不可逆的绝热过程中,系统的熵增大。

在一个与外界隔绝的孤立系统中发生的实际过程都是不可逆过程,因而都是熵增加的过程。一旦过程结束,孤立的绝热系统处于平衡态,熵趋于极大值。这个极为重要的结论就称为熵增加原理。

能量的概念描述的是运动转化的能力,能量越大,各种运动形式相互转化的能力就越

大。能量转化和守恒定律(热力学第一定律)阐明了各种能量形式可以发生相互的转化,但各种能量总和始终保持不变,能量既不能无中生有,也不能变有为无。

熵的概念描述的是能量转化完成的程度,系统越接近平衡态,系统的熵越大。在此过程中,能量的数量不变,但可供利用或转化的能量越来越少,能量越来越"贬值"了。熵增加原理(热力学第二定律)定量地揭示了宏观过程转化的方向性和限度。

热力学第一定律和第二定律构成了自然界的一幅完整图画,使人们对与热运动相联系的能量转化过程的基本特征有了全面的认识。克劳修斯指出,如果热力学第一、第二定律适用于全宇宙,则"宇宙的能量是恒定的""宇宙的熵趋于某个极大值"。在1867年的演讲中,他进一步指出:"宇宙越是接近于熵为最大值的极限状态,它继续发生变化的可能就越小;当它完全达到这个状态时,就不会再出现进一步的变化了,宇宙就将永远处在一种惰性的死寂状态。"这就是所谓热寂论。

近代宇宙学的研究发展表明,对于膨胀的宇宙,不存在稳定的热平衡态,即使原来温度一致,也可能产生温度差,关键在于有引力。实际上,宇宙演化的过程与热寂论的预言刚好相反,不是趋于无序、简单、热平衡,而是趋于有序、复杂、非热平衡。

熵增加原理和能量守恒定律均对自然界实际过程的运行和发展给出了限制:在任何实际过程中,一切参与者的总能量一定保持不变,而总熵则一定不会减少。在热功转化的过程中,只有一部分热量朝着转化为功的方向进行,其余热量向低温热源放出,再也不能转化为功,在这个过程中,系统的熵增大了;同样在热量传递的过程中,不同温度物体之间的热量传递一定朝着温度均匀化的方向进行,直到温度一致为止,这部分传递的热量也不能再对外做功,在这个过程中,整个系统的熵增大了。由此可见,熵表征了能量在自然转化过程中丧失了转化为做功的能力,熵越大,系统的这种"能量退降"越大。

在孤立系统中,系统的内能保持不变,能量守恒,而熵却不存在守恒原理,反而趋于极大。系统的任何一种能量在空间分布得越不均匀,系统的熵就越小,反之,系统的能量分布得越均匀,系统的熵就越大;一旦系统的能量在空间呈现完全均匀分布,系统的熵就达到极大。

"宇宙的能量守恒,宇宙的熵增加。"克劳修斯的这个著名的表述指出了能量和熵之间的区别。

【物理史料】　熵增加原理和热寂说

例题1　计算1mol理想气体的熵。

【解题思路】

熵是状态函数,取不同的状态参量(p、V 或 T,其中只有两个是独立的),总可以通过熵的定义和状态方程得出熵的表达式。由于只有在可逆过程中才能借助克劳修斯等式计算熵,而且得到的是两个状态之间的熵差,因此,得出熵差以后,再给出一个初始态的熵,就能得出相对于这个初始态的熵。

【解题步骤】

选取 T 和 V 为状态参量,由熵变的表达式和理想气体状态方程可以得出

$$dS = \frac{dQ}{T} = C_V \frac{dT}{T} + R \frac{dV}{V} \quad (设\ C_V\ 为常量) \tag{11-10}$$

设理想气体从初始状态(p_0, V_0, T_0)通过可逆过程到达任意的状态(p, V, T),于是对上

式积分,得出

$$\Delta S = \int_{T_0}^{T} C_V \frac{dT}{T} + \int_{V_0}^{V} R \frac{dV}{V} = C_V \ln \frac{T}{T_0} + R \ln \frac{V}{V_0} = C_V \ln T + R \ln V - (C_V \ln T_0 + R \ln V_0)$$

$$\Delta S = S - S_0 = C_V \ln T + R \ln V - (C_V \ln T_0 + R \ln V_0)$$

于是

$$S = C_V \ln T + R \ln V + S_0 - (C_V \ln T_0 + R \ln V_0) \tag{11-11}$$

由此,只要选定初始状态的 $S_0(T_0, V_0)$,就可以得出任一状态的 $S(V, T)$ 的表达式。

【拓展思考】

如果选择 p 和 V 为状态参量,$S(p, V)$ 的表达式是什么?

1843 年焦耳曾经设计了一套使气体膨胀的实验仪器。该仪器是一个由对外绝热的容器组成的孤立系统。一个活栓把容器内部隔成 A、B 两部分,在容器的 A 部分中充满气体,而容器的 B 部分为真空。A,B 两部分的体积都是 V,气体的初始温度都是 T。当打开活栓后,气体自由膨胀,体积占满容器全部空间,体积为 $2V$。图 11.1 是实验装置的简化模型图。

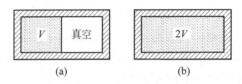

图 11.1 气体向真空自由膨胀

焦耳发现,气体在膨胀前后温度没有发生变化,即气体没有与外界交换热量,又由于气体向初始处于真空状态的容器中膨胀,气体也没有对外做功。按照热力学第一定律可知,气体的内能没有变化。一般情况下,气体的内能是体积和温度的函数,而在膨胀过程中体积发生变化,内能却不变,因此,气体的内能与体积无关,只是温度的函数。后经严格的实验证明,这个结论只对理想气体才是正确的。

例题 2 根据以上实验装置给出的温度 T 和体积 V,试计算理想气体向真空自由膨胀过程的熵变。

【解题思路】

例题 1 只是通过可逆过程利用克劳修斯等式求出熵差,而理想气体向真空自由膨胀的过程是不可逆过程。对不可逆过程,克劳修斯不等式不能提供关于计算两个状态之间熵差的途径。但是基于熵是状态函数,而不可逆过程总有初始状态和终结状态,因此,计算不可逆过程熵差可以采取以下途径:

(1) 先利用例题 1 的方法分别计算出初始状态的熵和终极状态的熵,然后就可以得到这两个状态的熵差;

(2) 在不可逆过程的初始状态和终结状态之间可以设计一个假想的可逆过程,借助于这个可逆过程来计算熵差。

【解题过程】

本题正是利用第一种途径求解的。设容器中的气体是 1mol 理想气体。由于气体内能在膨胀前后不发生变化,而内能仅是温度的函数,因此,膨胀前后气体的温度不变,仍然为

T,但体积从 V 变为 $2V$。按照理想气体熵变化的表达式(11-11)有

$$\Delta S = S - S_0 = C_V \ln T + R \ln V - (C_V \ln T_0 + R \ln V_0)$$

其中,$T = T_0$,$V = 2V_0$,代入上式,得

$$\Delta S = R \ln 2 > 0 \qquad (11-12)$$

这就表明,在绝热自由膨胀过程中,理想气体的熵增加。

理想气体的自由膨胀过程是一个在孤立系统中可以自发发生的不可逆过程。相反,如果气体发生自动收缩,从 $(T, 2V)$ 状态恢复到 (T, V) 状态,容易得出,气体的熵变 $\Delta S = -R \ln 2 < 0$,这是熵减少的过程。按照熵增加原理,对于孤立系统而言,这是不可能自发发生的。

由于自然界的不可逆过程都是相关联的,因此,由气体向真空的自由膨胀过程可以推知,对孤立系统而言,在其中自发发生的任何不可逆过程总是熵增加的过程。

11.5 热力学第二定律的微观解释和熵的微观意义

——为什么系统越无序它的熵就越大?

从微观上看,任何热力学过程总是包含着大量分子的无规则运动,通常把分子排列分布数目的多少与分子无规则运动的有序和无序状态联系在一起。分子排列分布数目越多,微观状态就越多,分子的无规则运动就越无序。

仍然以气体向真空自由膨胀这个不可逆的过程为例。在这个过程开始时,气体分子处于容器的某一部分,而膨胀结束后气体分子处于整个容器中。由于膨胀初始时分子呈现的可能排列分布数少于膨胀结束时分子呈现的可能排列分布数,而每一个可能的排列对应于系统的一个微观状态,排列分布数目越多,微观状态就越多,于是系统就显得越无序,因此,这个过程在微观上就是分子从较为有序的无规则运动走向更无序的无规则运动的过程。反之,如果使自由膨胀后的气体再恢复到初始状态,这个过程在微观上就是分子从较为无序的无规则运动走向较为有序的无规则运动的过程,这个过程不是自发的,需要外界付出相应的代价。

再以摩擦生热的过程中功转变为热的不可逆过程为例。在这个过程中,摩擦消耗的机械能是所有分子都作有规则定向运动时具有的能量,而内能是分子作无规则热运动时的能量。功变热的过程就是由规则的定向运动能量转变为无规则热运动的能量,这是自发的;反之,无规则热运动转变为有规则定向运动,这不是自发的,需要外界付出相应的代价。

热力学第二定律从微观上揭示了热力学不可逆过程中大量分子无规则运动呈现的无序程度变化的规律,它表明,不同运动形式的自然转化过程必定沿着分子无规则运动的无序性增大的方向进行。

从宏观上看,热力学第二定律表明了一个孤立的热力学系统的熵总是朝着熵增大的方向发展,直到系统达到平衡态时,熵达到极大值。而从微观上看,热力学第二定律表明分子运动总是朝着无规则运动的无序性方向进行。玻尔兹曼对这两者之间的关系提出了一个著名的关系式:

$$S = k \ln W \qquad (11-13)$$

称为玻尔兹曼关系式。在这个关系式中,k 是玻尔兹曼常数,S 是热力学系统的熵,W 是系

统的一个宏观状态所具有的微观状态的数目,称为热力学概率。分子运动越无序,每一个宏观状态具有的微观状态越多,热力学概率越大。由玻尔兹曼关系式可以看出,孤立系统熵增加的过程就是系统越来越走向无序的过程,因此,熵在微观上就成为系统无序程度的量度,系统越无序,熵就越大。

11.6　热力学第三定律和零熵

——为什么绝对零度是不可能达到的?

卡诺热机的效率表明,在两个确定的高温热源和低温热源之间工作的任何热机的效率只取决于热源的温度,与工作物质无关。只有当低温热源的温度 $T_2 = 0K$ 时,热机的效率等于 1。但是,按照热力学第二定律,热机从高温热源吸取的热量不可能全部转化为功,热机的效率是不可能等于 1 的。由此推理,绝对零度是不可能达到的。

实际上,绝对零度不能达到的结论不是从热力学第二定律推论出来的,它是从实验事实得出的经验总结。这些实验事实是人们从获得低温的研究工作中得到的。

早在 1702 年,法国物理学家阿蒙顿(G. Amontons)在他的著作中就提到了绝对零度的概念。他观察到空气的压强会随温度的降低而下降,而且温度下降一个份额,气压也下降等量的份额。他推测,继续降低温度到某一个低温时,空气的压强将等于零。他预言,任何物体都不可能冷却到这个温度以下,在达到这个温度时,所有的运动都将趋于静止。根据他的计算,这个温度就是后来提出的摄氏温标下的 $-239.5℃$。后来,兰伯特更精确地重复了阿蒙顿的实验,得到的绝对零度是 $-270.3℃$。

一个世纪以后,法国物理学家查理(J. A. C. Charles, 1746—1823)和盖·吕萨克(J. L. Gay Lussac, 1778—1850)从气体的压缩系数中得到温度的极限值应该为 $-273℃$。1848 年,英国物理学家汤姆孙在确立热力学温标时,提出"空气温度计上的 $-273℃$ 是这样的一个点,不管温度降到多低都无法达到这点"。

由此可见,早在 17 世纪末,物理学家就预言到了可能存在任何低温都不可能达到的绝对零度。

1906 年,德国物理化学家能斯特(W. H. Nernst, 1864—1941)在研究低温条件下物质的变化时,把热力学的原理应用到低温现象和化学反应过程中,提出了热学的新理论,并得到了一个推论:"在低温下,任何物质的比热容都要趋向一个很小的确定值,这个值与凝聚态的性质无关。"后来他证明,这个确定值就是零。1911 年,他将热学的新理论表述为:"**不可能通过有限的循环过程,使物体冷到绝对零度。**"这就是热力学第三定律常用的一种表述,也称为绝对零度不可能达到原理。

德国著名物理学家普朗克(M. Planck, 1858—1947)把这一定律改述为:"**当绝对温度趋于零时,固体和液体的熵也趋于零。**"这就消除了熵常数取值的任意性。这是热力学第三定律的又一种表述。

热力学第三定律的这两种表述是完全等价的。

热力学第三定律是人们继热力学第零定律、第一定律和第二定律之后,进行了大量低温实验以后总结得出的一个具有普遍意义的热力学定律。这四个热力学定律构成了完整的热力学理论体系。

11.7　人类对大自然的尊重和敬畏

——热力学定律否定性表述的重要意义是什么？

为了深化对物理世界的认识，人们经常对物理定律按照不同的特征作出分类。就表述方式上分，物理定律和定理的表述可以被分成两大类。

一类是肯定性的表述方式。它的基本格式是："在什么条件下可以得到什么结果。"以力学中的物理定律为例，可以发现，大多数物理定律就是采用这样的方式表述的。例如，一个作匀速直线运动的物体，如果受到一个外力的作用，物体的运动状态就一定会发生改变；一个物体受到外力的冲量作用时，物体的动量会发生改变；当外力对物体做功时，物体的动能会发生改变等。物理学肯定性表述的定律告诉我们，只要给出充分的条件，人们总可以利用这些条件充分发挥主动性"去达到某种预料的结果"。

另一类是否定性的表述方式。它的基本格式是："在什么条件下不可能得到什么结果。"热力学第一、第二、第三定律就是采用这种方式表述的：热力学第一定律的否定性表述是"第一类永动机是不可能制成的"；热力学第二定律的否定性表述是"第二类永动机是不可能制成的"；热力学第三定律的否定性表述是"绝对零度是不可能达到的"。这三个定律都以"在一定条件下人们不可能得到什么样的结果"的否定方式表述了热运动的基本规律。这类否定性表述告诉我们，在给定的条件下，人们一定不可能"去达到某种预料的结果"。这就对人类的认识和行动在给定的条件下加上了限制，人们不能随心所欲地"想干什么就做到什么"。

热力学第一定律告诫人们，在自然界发生的任何过程中包括物体内能在内的全部参与者的总能量是不生不灭的，人们的各种努力只能使能量从一种形式转换为另一种形式，或从一个地方传送到另一个地方，能量不能无中生有。人们必须放弃制造第一类永动机的意图。

热力学第二定律告诫人们，任何物理过程的全部参与者的总熵是永不减少的。自然界自发的过程只能朝熵增大的方向进行。正是热力学第二定律揭示了物理世界的演化具有方向性和不可逆性的"时间箭头"，这是与牛顿的"宇宙机器"演化可逆性完全不同的世界图景。人们可以利用能量做功，可以设法提高热机的效率，但是热量转换为功的比例是受到严格限制的。各种能量在转化为热能以后，就会降低能量的品质。人们必须放弃制造第二类永动机的意图。

热力学第三定律告诫人们，在绝对零度时，系统的熵不再是状态函数。在绝对零度，不仅任何过程的熵都不发生改变，而且平衡态系统的熵本身就是零。人们可以利用各种方法获得低温，尽可能接近绝对零度。现代科学使用绝热去磁的方法已经获得了 $5 \times 10^{-8} \mathrm{K}$ 的低温，但是用有限手段是不可能达到绝对零度的。人们必须放弃达到绝对零度的意图。

随着社会的发展和科学技术的进步，人们对自然界各种物质结构和物质运动形式的认识不断深化。与其他学科相比，在过去的 20 世纪中，物理学已经成了自然科学发展史上一个最富有物质成果和思想成果的学科。特别是近几十年来，物理学的研究领域在空间层次的微观上已达 $10^{-19} \mathrm{m}$（核子）之小，宏观上已达 $10^{26} \mathrm{m}$（哈勃半径）之远；在时间尺度的范围

也从 10^{-24} s(粒子的寿命)的短寿命层次到 10^{18} s(宇宙年龄)的长寿命层次;然而,热力学的第一、第二和第三定律却没有以这样鼓舞人心的语言表述,反而以特有的区别于其他物理规律的否定性的表述方式揭示了物理现象的规律,这不是对人类认识能力的否定和抹黑,相反,它恰恰体现了人类对自然界事物发展规律的一种尊重和敬畏,体现了人类在涉及人和自然界关系上所作所为的一种规范和克制。

思 考 题

1. 在第 9 章中讨论了非准静态过程和准静态过程,本章又提出了不可逆过程和可逆过程。准静态过程和可逆过程都是从实际过程中抽象出来的理想化过程。请对这两个过程作一番比较:为什么需要定义这两个理想化过程,它们的物理含义是什么? 这两个过程有什么联系和区别?

2. 以下关于可逆过程和不可逆过程的表述是否正确? 为什么?

(1) 用外力推动汽缸的活塞快速移动,使气体绝热压缩,这个功转变为热的过程是不可逆过程;

(2) 把容器与恒温热源接触,使容器内的气体缓慢作等温膨胀,这个热变成功的过程是不可逆过程;

(3) 两个不同温度的物体的温差为 ΔT,它们之间互相交换热量的过程是可逆过程。

3. 自然界的不可逆过程是无限多的,对任何一种自然界实际过程的不可逆性的表述都可以作为热力学第二定律的表述。那么,除了上面两种典型的表述外,你还能列举出热力学第二定律的其他表述吗?

4. 试根据热力学第二定律思考下列问题:

(1) 在 p-V 图上两根绝热线能相交吗? 为什么?

(2) 在 p-V 图上两根等温线能相交吗? 为什么?

(3) 在 p-V 图上一根等温线和一根绝热线相交能出现两个以上的交点吗? 为什么?

5. 有人曾经想利用海洋不同深度处海水的不同温度制造出一种机器,把海水的内能转变为有用的机械功,这样的设想是否违反热力学第二定律?

6. "理想气体和单一热源接触,把吸收热量全部用来对外做功,气体作等温膨胀。"对这样的过程以下的评论是否正确?

(1) 这个过程不违反热力学第一定律,但违反热力学第二定律;

(2) 这个过程不违反热力学第二定律,但违反热力学第一定律;

(3) 这个过程不违反热力学第一定律,也不违反热力学第二定律;

(4) 这个过程违反热力学第一定律,也违反热力学第二定律。

7. 以下关于熵的变化的表述是否正确? 为什么?

(1) 一个系统在经历任意绝热过程中,$\Delta S = 0$;

(2) 一个系统在经历任意可逆过程中,$\Delta S = 0$;

(3) 一个孤立系统在经历任意过程中,$\Delta S \geqslant 0$。

8. 熵是状态函数,初态和终态确定以后,这两个状态之间的熵差是确定的。为什么这个熵差在可逆过程中等于一个路径积分,而在不可逆过程中却大于似乎同样的一个路径积分？你对此作如何解释？

9. 为什么说在热力学中热力学第二定律的地位高于热力学第一定律？为什么自然界中的实际过程必须同时满足第一定律和第二定律才能发生？第一定律和第二定律的表述与通常的力学定律表述有哪些明显的不同？

10. 在热力学中熵显得比内能更抽象，更不可捉摸，但是为什么说在热力学中熵的地位比内能的地位更重要？熵与内能究竟有哪些区别？

11. 一绝热容器用隔板分成相等的两部分，一部分充满理想气体，另一部分为真空。现抽取隔板，气体作自由膨胀，充满整个容器并达到平衡状态。以下哪一个表述是正确的？请说明理由。

(1) 气体温度不变，熵不变；

(2) 气体温度不变，熵增加；

(3) 气体温度升高，熵增加；

(4) 气体温度降低，熵增加。

12. 熵增加原理适用于哪一类系统？历史上曾有人把这个原理推广到整个宇宙，从而得出宇宙最后终将趋于平衡态，整个宇宙的温度趋于处处相同的结论，此时宇宙进入热寂状态。在这个状态下，生物的进化停止了，万物的生长没有了，宇宙变得一片死气沉沉。你对这样的结论的看法是什么？为什么？

13. 地球上生命进化是从简单的单细胞生物开始的，如今演化成地球上包括人的生命体在内多种高度有序的生物，这是"从无序走向有序"的过程。你认为，这样的生物演化过程与热力学第二定律有矛盾吗？

习　　题

11.1　把一块质量为 1kg，温度为 100℃ 的铁块甲与另一块质量为 1kg，温度为 0℃ 的铁块乙相互发生热接触，最后达到平衡温度。问：在此过程中，系统的熵变是多少？（铁的摩尔热容是 $C_m = 3R$，1kg 铁的比热容是 $c = 449 \text{J/K} \cdot \text{kg}$）

11.2　在 0℃ 时，1mol 的冰融化为 1mol 的水需要吸收热量 6000J。问：

(1) 在 0℃ 时，1mol 的冰融化为 1mol 的水时，熵变是多少？

(2) 在 0℃ 时，这些水的微观状态数 $W_{水}$ 与冰的微观状态数 $W_{冰}$ 之比是多少？

11.3　利用热力学第二定律证明：

(1) 一条等温线与一条绝热线不可能相交于两点；

(2) 一条等温线与两条绝热线不可能构成一个循环。

第12章

静电力和静电场的描述

本章引入和导读

摩擦起电现象

静电感应现象

电现象和磁现象很早就引起人们的注意。早在公元前 600 年,古希腊人就有关于琥珀摩擦后能吸引轻小物体和磁石吸铁的记载,这样的力分别称为电力和磁力。经过长期的知识积累和系统研究,物理学中形成了专门研究电现象的电学和专门研究磁现象的磁学两门独立的分支学科。一直到 19 世纪,经过法拉第和麦克斯韦等人的努力,电力和磁力被统一为电磁力,电学和磁学得到了长足的发展,形成了以麦克斯韦方程组为基础的统一的电磁学理论,从而继牛顿力学以后在物理学上树立了又一座丰碑。

在经典力学中,牛顿提出了万有引力的表达式,完成了对从天体到地球上的宏观物体的运动规律的描述,第一次为人类提供了天上运动和地上运动相统一的自然图像。按"万有"的含义理解,它是无处不在、无时不有的。在牛顿看来,找到宇宙中普遍存在的力,就一定可以对宇宙的万事万物的运动作出最后的彻底的解释。那么,自然界的力统统都可以归结为万有引力吗?

电磁学在发展初期仍然受到了牛顿力学这种物理思想的深刻影响,到了 19 世纪中期,法拉第和麦克斯韦发现,电磁力恰恰是不同于万有引力,是需要从头开始研究的对象。爱因斯坦敏锐地洞见了物理学发展史上这一重大转折,曾明确指出,牛顿的公理化方法已经不适用了,并进一步指出"在研究电和光的规律时,建立新的基本概念的必要性"。

按照"从静到动"的逐步深入的认识过程,作为描述电磁运动的开始,本章先描述静止电荷在真空中产生的静电力和静电场,后面几章将建立对电产生磁(即磁场)以及磁产生电(即电磁感应现象)的描述。最后,以专门一节内容提出,麦克斯韦集电和磁的运动规律之大成,提出了麦克斯韦方程组,形成了统一的电磁场理论。

中学物理课程中已经讨论了静电场中电荷、电场、电场强度和电势等物理概念,大学物理将给出更加科学的定义,对场的认识的深化和发展这一思想主线将贯穿在整个大学物理电磁学体系中。

本章首先对中学物理讨论的点电荷之间的库仑定律给出完整的矢量表述,然后提出静电力是通过电场传递的,引入描述电场自身特征的两个物理量——电场强度和电势,把中学物理关于点电荷的电场强度和电势的相关讨论延伸到以下问题:如果是电荷系或连续带电体(例如长直带电导体、带电圆环、带电圆柱体等),产生的电场强度该如何计算? 电场强度和电势都是描述静电场状态的物理量,它们之间有什么联系和区别? 这种联系有没有更深的物理含义?

在任何实际电场中都会有各种物质存在。大学物理将比中学物理更深入地讨论以下相关问题:电场对物质有什么作用? 当静电场中有导体或电介质存在时,导体或电介质中的电荷分布会发生怎样的改变? 而电荷分布的改变又会对静电场的空间分布产生什么影响? 在外力对静电场中的介质做功的过程中,介质中储存的能量与产生的电场能量又有什么关系? ……

12.1　对场的认识的深化是电磁学中的一条思想主线

——对电磁力的研究为什么需要从头开始?

为什么对电磁力的研究需要从头开始?

从头开始意味着电磁力与万有引力是两种不同性质的力,对电磁力的研究需要开辟完全不同于万有引力研究的道路。

第一,在牛顿力学中,牛顿仅得出质点之间存在万有引力的表达式,没有揭示万有引力的起源;万有引力只与两个物体之间的相对位置有关,与物体的运动速度无关;然而,在电磁学中电磁力的产生却来自带电体的物质结构,它的大小与方向既与进入电磁场的带电粒子的位置有关,又与其运动速度密切相关。

第二,在牛顿力学中,牛顿把物体之间的万有引力看成是一种超距作用,引力的传递是瞬时的,传递速度无限大;但是,电磁力的作用不是超距的,是通过场传递的,传递速度是有限的。

第三,在牛顿力学中,牛顿以三大定律作为公理推导出其他定理,从而建立了一整套经典力学的理论体系,但是电磁学不是基于公理体系建立起来的,而是建立在大量实验和观察结果的基础上的。

作为电磁学的开始,大学物理中电磁学内容的展开正是从静电场起显示出从头开始的思想和方法。静电场的从头开始表现在以下几个方面。

在知识体系上,静电学与力学不同,它没有牛顿定律那样的公理体系,当然也没有来自从公理出发通过推理形成的概念,静电学概念的建立主要直接来自实验。

在力和运动变化的关系上,力学首先建立状态描述的物理量——位置矢量、速度矢量和加速度矢量,再讨论引起状态变化的力和加速度的关系;静电学首先从实验得出两个点电荷之间静电相互作用力的库仑定律,提出力是通过静电场传递的,再由单位检验正电荷在电场中受到的力和力对电荷做的功两个方面定义描述静电场状态的物理量——电场强度和电势,揭示出静电场本身的两个基本特征。

在研究对象上,力学的研究对象是受力作用的物体,这些物体总是定域在空间有限区域内的;而静电场虽然是由场源电荷产生的,但是静电学的研究对象不是场源电荷,而是由场源电荷产生的场,场是非定域的,遍布在无限大的空间区域内。

在关于力的作用传递上,由于受到牛顿理论的影响,一直到18世纪末,超距作用的思想在欧洲大陆的物理学家中还牢固地占领着统治地位。

1831年英国物理学家法拉第(M. Faraday,1791—1867)首先提出,超距作用的思想是没有物理意义的,物质之间的电力和磁力是需要介质传递的近距作用力。法拉第设想,电力和磁力是通过相应的力线或场传递的。基于力的传递性和力线存在的实体性,1857年法拉第进一步指出,力或场是独立于物体的另一种物质形态,物体的运动都是场作用的结果;不管空间有没有物质,整个空间都充满了实体性的力线和力场。因此,从静电场开始引入的电场线到磁场中引入的磁感线,不仅是形象地描述场的几何方法,更体现了人们对场的物质性的一种初步认识。

静电场概念的提出,从物理学研究对象和研究方法上拉开了电磁学从头开始思想的序幕,是人们对物质性的认识从实体物质性提升为场的物质性的认识的从头开始。

12.2 电荷的分类和电荷守恒定律
——物体带电现象的产生或消失的实质是什么?

12.2.1 电荷和起电

如同质量是实物的属性一样,电荷也是实物的属性之一。早在公元前600年,古希腊人就发现用毛皮摩擦琥珀,可以使琥珀带有吸引轻小物体的能力,这种吸引力称为静电力,这个过程称为起电。起电以后的物质称为带电体。起电的方式有多种,例如,粗糙的鞋底在尼龙地毯上的摩擦过程,用塑料梳子梳理干燥的头发的过程等都是在日常生活中常见的起电过程。

物质结构的理论表明,任何物质的分子原子中都包含两种电荷。自然界中的电荷分为两类:正电荷和负电荷,同种电荷互相排斥,异种电荷互相吸引,这样的相互作用就表现为静电力。实验表明,两个起电物体之间在一定距离内的静电力远大于两个物体之间的万有引力,而且静电力既可以表现为两个电荷之间的互相吸引力,也可以表现为互相排斥力。因此,这类静电力是不同于万有引力的另一种相互作用力。

一个物体起电的本质并不是在物体中自身创造出新的电荷,而是将物体中包含的正、负电荷的中心分开,或者使电荷从一个物体转移到另一个物体上。以摩擦起电为例。摩擦的行为会使物体中部分原子失去外层电子(带负电),原本是电中性的原子失去部分电子后,原子的原子核(带正电)带电量绝对值就大于外层电子(带负电)的电量绝对值之和,整个原子就表现为带正电。但失去的外层电子并没有消失,它转移到了另外和它接触的物体上,获得电子的物体就表现为带负电。

12.2.2　电量和电荷守恒

物体所带的电荷数量称为电荷量,简称电量,常用字母 Q 或 q 表示。电量单位在国际单位制中是库仑,记作 C。正电荷的电量取正值,负电荷的电量取负值。如果物体中正电荷的电量大于负电荷的电量绝对值,该物体就带正电;反之则带负电。当带正电荷 q 的导体与带负电荷 $-q$ 的另一个导体互相接触以后,电荷在两个导体之间发生转移,其结果使两个导体最后不表现出任何带电性,这种现象称为电的中和。

在一个封闭系统内,无论进行何种过程,系统内正负电荷量的代数和保持不变。电荷既不能创造,也不能消失,它只能从一个物体转移到另一个物体,或从物体的一部分转移到另一部分,在转移的过程中,系统的电荷总数保持不变。这个表述就称为电荷守恒定律。实验表明,在所有的宏观过程和微观过程中,孤立带电系统的总电荷量守恒。电荷守恒定律是物理学的基本定律之一。

电量是不连续的,美国物理学家密立根(Robert Andrews Millikan,1868—1953)所做的油滴实验表明,自然界中的任何宏观电荷总是以一个基本单元的整数倍出现,这个基本单元就是单个电子所带的电量的绝对值,用字母 e 表示

$$1e = 1.602 \times 10^{-19} \mathrm{C}$$

目前实验上尚未发现电量比 e 更小的电荷存在的可靠依据。基本粒子理论认为质子、中子等粒子是由具有 $\frac{1}{3}e$ 或者 $\frac{2}{3}e$ 分数电荷的夸克组成,但是夸克被束缚在粒子内部,不能分离出来成为自由夸克,因此电荷的不连续性依然存在。

当讨论两个带电体之间的静电力时,如果两个带电体之间的距离远大于带电体本身的线度的时候,可以不考虑带电体的具体形状大小和电荷分布等因素,这样的带电体就可以看作一个带电的点,称为**点电荷**。点电荷是一个相对的概念,如同力学中的质点理想模型,点电荷是带电物体的理想模型。

12.3　静电力的库仑定律

——什么是点电荷库仑定律的完整表述?

【物理史料】　库仑定律的提出

1785 年,法国科学家库仑(C. A. Coulomb,1736—1806)研究了两个点电荷之间的相互作用力的规律,从与万有引力定律的类比中提出了点电荷的库仑定律:

在真空中的两个静止点电荷之间静电作用力 F 的大小与这两个点电荷所带电量的乘积 $q_1 q_2$ 成正比,与它们之间距离 r 的平方成反比,作用力的方向沿两个点电荷连线方向(同性相斥,异性相吸)。其数学表达式为

$$F = \frac{1}{4\pi\varepsilon_0} \frac{q_1 q_2}{r^2} \tag{12-1}$$

此处的 ε_0 称为真空介电常数(真空电容率),它是自然界的一个基本常数

$$\varepsilon_0 = 8.854187817\cdots \times 10^{-12} \mathrm{C}^2/(\mathrm{N} \cdot \mathrm{m}^2)$$

一般可以近似地取

$$\varepsilon_0 = 8.854 \times 10^{-12} \mathrm{C}^2/(\mathrm{N} \cdot \mathrm{m}^2), \quad k = \frac{1}{4\pi\varepsilon_0} = 8.988 \times 10^9 (\mathrm{N} \cdot \mathrm{m}^2)/\mathrm{C}^2$$

在本书的例题和习题中,经常取 k 的数值为

$$k = \frac{1}{4\pi\varepsilon_0} \approx 9 \times 10^9 (\mathrm{N} \cdot \mathrm{m}^2)/\mathrm{C}^2$$

这个数字和实际数字有小于 0.1% 的误差。

作为一种相互作用力,静电力是一个矢量。用 $\boldsymbol{F}_{21}$ 表示点电荷 q_1 对点电荷 q_2 的作用力,规定矢量 $\boldsymbol{r}_{21}$ 从点电荷 q_1 指向点电荷 q_2,其单位矢量为 $\boldsymbol{r}_{21}^0$,如图 12.1 所示,于是可以得到库仑定律完整的矢量表达式

$$\boldsymbol{F}_{21} = \frac{1}{4\pi\varepsilon_0} \frac{q_1 q_2}{r^2} \boldsymbol{r}_{21}^0 \tag{12-2}$$

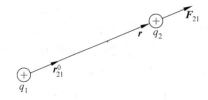

图 12.1　点电荷之间的相互作用力

用 $\boldsymbol{F}_{12}$ 表示点电荷 q_2 对点电荷 q_1 的作用力,规定矢量 $\boldsymbol{r}_{12}$ 从点电荷 q_2 指向点电荷 q_1,其单位矢量为 $\boldsymbol{r}_{12}^0$,于是

$$\boldsymbol{F}_{12} = \frac{1}{4\pi\varepsilon_0} \frac{q_1 q_2}{r^2} \boldsymbol{r}_{12}^0 \tag{12-3}$$

在库仑定律的表达式中,电量取代数量(正电荷取"+"值,负电荷取"−"值)。当两个物体带同种电荷的时候($q_1 q_2 > 0$),$\boldsymbol{F}_{21}$ 和 $\boldsymbol{F}_{12}$ 大小相等,方向分别与 $\boldsymbol{r}_{21}$、$\boldsymbol{r}_{12}$ 相同,表现为斥力;当两个物体带异种电荷的时候($q_1 q_2 < 0$),$\boldsymbol{F}_{21}$ 和 $\boldsymbol{F}_{12}$ 大小相等,方向分别与 $\boldsymbol{r}_{21}$、$\boldsymbol{r}_{12}$ 相反,表现为引力。无论是相互吸引还是相互排斥,均有

$$\boldsymbol{F}_{21} = -\boldsymbol{F}_{12} \tag{12-4}$$

这就表明,两个静止点电荷之间的作用力遵循牛顿第三定律。

如果把一个点电荷 Q 规定为产生静电场的场源电荷,把另一个点电荷 q 规定为受到电场力的目标电荷,并且规定矢量 $\boldsymbol{r}$ 的方向是从场源电荷 Q 指向目标电荷 q,其单位矢量为 $\boldsymbol{r}^0$,于是,目标电荷 q 受到的静电力可以表示为

$$\boldsymbol{F} = \frac{1}{4\pi\varepsilon_0} \frac{Qq}{r^2} \boldsymbol{r}^0 \tag{12-5}$$

与静电力相比,万有引力是一个非常小的量。

以两个相距为 r 的 α 粒子为例(图 12.2),α 粒子的质量 $m = 6.64 \times 10^{-27} \mathrm{kg}$,带电量 $q = +2e = 3.2 \times 10^{-19} \mathrm{C}$,因此,处在约定距离上的两个 α 粒子之间存在两种相互作用:一是静电力 $\boldsymbol{F}_e$,与电荷量有关;二是万有引力 $\boldsymbol{F}_g$,与质量有关。它们之间的静电力和万有引力的大小分别是

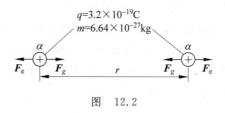

图 12.2

$$F_e = \frac{1}{4\pi\varepsilon_0}\frac{q^2}{r^2}, \quad F_g = G\frac{m^2}{r^2}$$

静电力和万有引力之比是

$$\frac{F_e}{F_g} = \frac{1}{4\pi\varepsilon_0 G}\frac{q^2}{m^2}$$

代入相关数据,可以得到比值是

$$\frac{F_e}{F_g} = \frac{1}{4\pi\varepsilon_0 G}\frac{q^2}{m^2} = 3.1\times 10^{35}$$

这个结果表明,在研究两个带电粒子静电作用的时候,它们之间静电作用力远远大于它们之间的万有引力,以致通常可以忽略万有引力的作用。

12.4 静电场的物理描述方式

——什么是电场强度和电势?

12.4.1 静电场状态的物理描述方式

库仑定律描述了两个静止点电荷之间相互作用力的定量关系。与力学中常见的两个物体必须接触才能发生相互作用不同,两个点电荷之间不用接触,在一定距离上它们之间就会发生静电相互作用。

一个点电荷是如何施力于另一个点电荷的呢?对此历史上曾经有两种观点,一种是超距作用观点。和当年牛顿把万有引力看成超距作用一样,这种观点认为静电力的传递不需要介质,也不需要时间,一个点电荷可以超越空间把静电力立刻作用于另一个点电荷;另一种观点则认为在点电荷周围存在着电场,其他点电荷所受的作用力是通过电场传递的,传递速度是有限的。

相对观察者静止的带电体周围存在的电场称为**静电场**,静电场的主要表现特征是:

(1)放入静电场中的任何带电体都会受到通过电场传递的作用力,称为**电场力**。电场力是随空间位置而变化的,处于电场中不同位置的带电体受到的电场力不同。

(2)放入静电场中的带电体在电场中移动时,电场力将对该带电体做功。电场力做功只与带电体移动的起点和终点的位置有关,与经过的路径无关,所以电场力是一种保守力。

(3)放入静电场中的导体和电介质(绝缘体)将受电场的作用,相应产生静电感应和极化现象,这是**电场力对物质的作用**。这种作用是相互的,静电场会改变导体和介质的特性,反之,导体和介质也会改变原有的静电场。

静电场的这些特征表明,从电场力和电场力做功两个方面建立对静电场的描述是合适的,由此就相应地引入了**电场强度**(描述电场力的特征)和**电势**(描述电场力做功的特征)这两个重要的物理量。静电场中的每一个位置都有一个确定的电场强度和电势。

由于点电荷的电场可以延伸到无限远处,因此,如果需要完整地描述整个静电场就需要有无限多的电场强度和电势。

12.4.2 电场力、电场强度和电场强度叠加原理

根据库仑定律,在静电场的同一个确定位置处,带有不同电量的点电荷受到的作用力是不同的,而同一个点电荷放在不同位置处受到的作用力也是不同的。为了从力的方面描述静电场的性质,必须考虑点电荷放置的位置和点电荷的带电量这两个因素。

假设有一带电量为 Q 的带电体在它周围空间产生了静电场,把另一个带正电的点电荷 q_0 作为检验电荷放入电场中观测所受到的作用力。检验电荷的体积必须足够小,使它的位置处于电场的某一点,有利于体现静电场各点的性质;检验电荷所带的电荷量 q_0 也必须足够小,从而把它引入电场中不会影响原来电场的分布。

实验结果表明,把检验电荷 q_0 放在电场中任一确定的位置,无论它带的电量如何变化,它所受的静电力 F 的大小与它所带电量 q_0 总是成正比,比值 $\dfrac{F}{q_0}$ 只与检验电荷所在的位置有关,而与检验电荷所带的电量无关。这个比值从力的角度反映了电场本身的一个特征,这个比值就被定义为电场强度 E:

$$E = \frac{F}{q_0} \qquad (12\text{-}6)$$

电场强度是一个矢量。电场中某点的电场强度 E 的大小为该点单位正电荷($q_0 = 1\text{C}$)受力大小,方向为该点正电荷的受力方向。在国际单位制中,电场强度的单位是 N/C(牛顿/库仑),或 V/m(伏特/米)。

设单个点电荷 q 处于 O 点(场源电荷),在它激发的电场中的 P 点处置入试验电荷 q_0,O 点到 P 点的距离为 r,$\hat{r}_0$ 是单位矢量,如图 12.3 所示。

根据库仑定律和电场强度的定义得出 P 点的电场强度是

$$E = \frac{F}{q_0} = \frac{q}{4\pi\varepsilon_0 r^2} \hat{r}_0 \qquad (12\text{-}7)$$

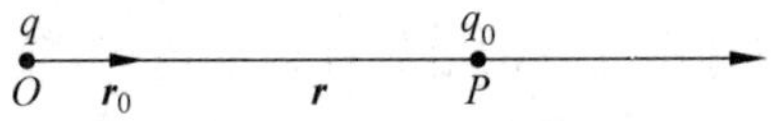

图　12.3

电场强度是描述静电场内在特征的一个物理量,即使在静电场某一位置没有放置检验电荷,该点仍然存在电场,有着确定的电场强度。作为电场强度定义的式(12-6)是电场强度大小和方向的外显表现,它表明,电场强度等于电场对放置在某位置上的单位检验电荷产生的电场力。在静电场中任意一点只有一个电场强度 E 和其位置对应,因此电场强度 E 具有单值性,只是位置的函数。

如果电场是由若干个场源电荷 $q_1, q_2, \cdots, q_n$ 共同激发的,则处于 P 点的检验电荷 q_0 受到的电场力 $\boldsymbol{F}$ 将是各个场源电荷单独存在时对它所施加的电场力的矢量和,由此得到,P 点的电场强度 $\boldsymbol{E}$ 也应该是各个场源电荷单独存在时该点电场强度的矢量和,即

$$\boldsymbol{F} = \boldsymbol{F}_1 + \boldsymbol{F}_2 + \cdots + \boldsymbol{F}_n$$

$$\boldsymbol{E} = \frac{\boldsymbol{F}}{q_0} = \frac{\boldsymbol{F}_1 + \boldsymbol{F}_2 + \cdots + \boldsymbol{F}_n}{q_0}$$

$$= \frac{\boldsymbol{F}_1}{q_0} + \frac{\boldsymbol{F}_2}{q_0} + \cdots + \frac{\boldsymbol{F}_n}{q_0}$$

$$= \boldsymbol{E}_1 + \boldsymbol{E}_2 + \cdots + \boldsymbol{E}_n$$

由于各个场源电荷在 P 点处单独产生的电场强度分别为

$$\boldsymbol{E}_i = \frac{q_n}{4\pi\varepsilon_0 r_i^2}\boldsymbol{r}_{n0} \quad (i = 1, 2, \cdots)$$

于是,这个点电荷系在 P 点处产生的合电场强度为

$$\boldsymbol{E} = \sum \boldsymbol{E}_i = \sum \frac{q_n}{4\pi\varepsilon_0 r_i^2}\boldsymbol{r}_{n0} \quad (i = 1, 2, \cdots) \tag{12-8}$$

点电荷系在空间所建立的电场中任一点的电场强度等于每一个场源电荷单独存在时在该点产生的电场强度的矢量和,这个结论就称为**电场强度的叠加原理**。

12.4.3　电势能、电势和电势叠加原理

为了从电场力做功的角度描述静电场的性质,需要把点电荷作为检验电荷放入电场中,计算它在静电力作用下移动时静电力做的功。

首先讨论场源电荷为点电荷 q 时产生的静电场,并假设放入静电场的检验电荷带正电 q_0,它在静电力的作用下,沿路径 L 从 a 运动到 b,如图 12.4 所示。

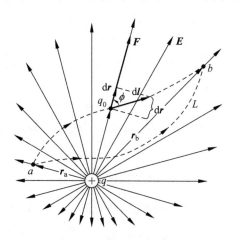

图 12.4　静电力做的功

在移动过程中,按照功的定义,静电力对该点电荷做的功是

$$A = \int_{a(L)}^{b} \boldsymbol{F} \cdot \mathrm{d}\boldsymbol{r} = \int_{a(L)}^{b} q_0 \boldsymbol{E} \cdot \mathrm{d}\boldsymbol{r} = \int_{r_a}^{r_b} \frac{qq_0}{4\pi\varepsilon_0 r^2}\mathrm{d}r = \frac{qq_0}{4\pi\varepsilon_0}\int_{r_a}^{r_b} \frac{\mathrm{d}r}{r^2} = \frac{qq_0}{4\pi\varepsilon_0}\left(\frac{1}{r_a} - \frac{1}{r_b}\right) \tag{12-9}$$

由于上述路径 L 是任意的，因此，式(12-9)表明，在静电场中，静电力移动正电荷所做的功只取决于该正电荷的起点位置和终点位置，而与移动的具体路径无关。因此，与重力类似，静电力也是保守力；与重力场类似，静电场也是一种保守力场，由此可以定义一个只与位置有关的函数——电势能 W_p：

$$W_p = \frac{qq_0}{4\pi\varepsilon_0}\left(\frac{1}{r}\right) \tag{12-10}$$

于是，静电力做的功(式(12-9))可以表示成

$$A = W_{pa} - W_{pb} \tag{12-11}$$

即静电力移动电荷做的功等于该电荷处在起始位置和终结位置这两个位置上的电势能之差。

如果电荷在电场力作用下沿闭合路径移动一周回到起点，电场力所做的功为零：

$$\oint_L \boldsymbol{F} \cdot \mathrm{d}\boldsymbol{r} = 0 \tag{12-12}$$

由于任意带电体都可以分割成许许多多的点电荷，根据电场叠加原理可知，任意带电体产生的静电力都可以看成是许许多多点电荷产生的电场力的叠加。因此，式(12-11)和式(12-12)不仅适用于点电荷产生的静电场，还可以推广到任意带电体产生的静电场。

如同定义重力势能必须确定零势能点一样，如果选取 $r_b \to \infty$，于是 $W_{pb} = 0$，即选定静电场中 b 点为电势能的零点，则 a 点的电势能是

$$\int_{a(L)}^{\infty} \boldsymbol{F} \cdot \mathrm{d}\boldsymbol{r} = W_{pa} = \frac{qq_0}{4\pi\varepsilon_0 r_a} \tag{12-13}$$

去除下标 a，在单个点电荷产生的静电场中，取无限远处为电势能的零点，则与场源点电荷 q 距离为 r 处的电势能大小就是

$$W_p = \frac{qq_0}{4\pi\varepsilon_0 r} \tag{12-14}$$

把式(12-14)两边分别除以 q_0，利用式(12-13)，得到单位正电荷具有的电势能大小是

$$\frac{W_{pa}}{q_0} = \int_{a(L)}^{b} \boldsymbol{E} \cdot \mathrm{d}\boldsymbol{r} = \frac{q}{4\pi\varepsilon_0}\left(\frac{1}{r_a} - \frac{1}{r_b}\right) \tag{12-15}$$

$$\oint_L \boldsymbol{E} \cdot \mathrm{d}\boldsymbol{r} = 0 \tag{12-16}$$

式(12-16)称为**静电场的环路定理**。

静电场的环路定理表明静电场有两个重要特征：静电场是有源场(静电场都是由带电体产生的，电场线起始于正电荷，终止于负电荷，不闭合)；静电场是无旋场(电场强度沿闭合路径积分为零)。

式(12-15)表明，在静电场中，如同电场强度一样，也可以定义一个势函数 $\frac{U_p}{q_0}$，这个比值只与检验电荷所在的位置有关，而与检验电荷所带的电量无关，它从电场力做功的角度反映了电场本身的又一个特征，这个比值就称为电势，$\varphi = \frac{W_p}{q_0}$。电场强度沿路径 L 从 a 到 b 的积分，等于电势 φ 的减少：

$$\int_{a(L)}^{b} \boldsymbol{E} \cdot \mathrm{d}\boldsymbol{r} = \frac{W_{pa}}{q_0} - \frac{W_{pb}}{q_0} = \varphi_a - \varphi_b = -(\varphi_b - \varphi_a) \tag{12-17}$$

这里 φ_a 和 φ_b 分别是电场中 a 点和 b 点的电势。式(12.17)表明，在静电场中，单位正电荷

受到的电场力做功的大小等于起点和终点的电势之差。从式(12-15)看到,在点电荷产生的静电场中 a 点和 b 点的电势分别可以写成

$$\varphi_a = \frac{q}{4\pi\varepsilon_0 r_a}, \quad \varphi_b = \frac{q}{4\pi\varepsilon_0 r_b} \tag{12-18}$$

通常选取无穷远处为势能零点,在式(12-18)中选取 $r_b \to \infty$,于是 $\varphi_b = 0$,则 a 点的电势就是

$$\int_{a(L)}^{\infty} \boldsymbol{E} \cdot \mathrm{d}\boldsymbol{r} = \varphi_a = \frac{q}{4\pi\varepsilon_0 r_a} \tag{12-19}$$

去除下标 a,在单个场源点电荷 q 产生的静电场中,取无限远处为零电势,则与场源电荷距离为 r 处的电势就是

$$\varphi = \frac{W_\mathrm{P}}{q_0} = \frac{q}{4\pi\varepsilon_0 r} \tag{12-20}$$

电势是一个标量。电场中某点的电势 φ 的大小为该点单位正电荷($q_0 = 1\mathrm{C}$)具有的电势能的大小。在国际单位制中,电势的单位是 J/C(焦耳/库仑)或 V(伏特),$1\mathrm{V} = 1\mathrm{J/C}$。

电势也是描述静电场内在特征的一个重要的物理量,它只是空间位置的函数。即使在静电场某一空间位置没有放置检验电荷,该点仍然具有电场,有着确定的电势,而作为电势定义的式(12-17)是电势大小的外显表现,它表明电势的大小等于单位检验正电荷在电场中具有的电势能。

如果 $q > 0$,则 r 处的电势 $\varphi > 0$,即在正点电荷产生的静电场中,电势处处为正;如果 $q < 0$,则 r 处的电势 $\varphi < 0$,即在负点电荷产生的静电场中,电势处处为负。

如果电场是由若干个场源点电荷 $q_1, q_2, \cdots, q_n$ 共同激发的,则处于 P 点的试验电荷 q_0 具有的电势能 U 是各个场源点电荷单独存在时检验电荷 q_0 所具有的电势能的代数和,由此得到 P 点的电势 φ 应该是各个场源点电荷单独存在时该点电势的代数和。

设 k 个场源点电荷在 P 点处单独产生的电势分别为

$$\varphi_i = \frac{q_i}{4\pi\varepsilon_0 r_i} \quad (i = 1, 2, 3, \cdots) \tag{12-21}$$

这个点电荷系在 P 点处产生的总电势为

$$\varphi = \varphi_1 + \varphi_2 + \varphi_3 + \cdots = \sum_{i=1}^{n} \varphi_i = \sum_{i=1}^{n} \frac{q_i}{4\pi\varepsilon_0 r_i} \quad (i = 1, 2, 3; \cdots) \tag{12-22}$$

点电荷系在空间所建立的电场中任一点的电势等于每一个场源电荷单独存在时在该点产生的电势的代数和,这个结论就称为**电势的叠加原理**。

由于任意带电体都可以分割成许许多多的点电荷,根据电势叠加原理可知,任意带电体产生的电势都可以看成是许许多多点电荷产生的电势代数和的叠加。因此,以上结论不仅适用于点电荷系产生的静电场,还可以推广到任意带电体产生的静电场。

把电场强度与电势作一个简单的比较。电场强度和电势都是静电场本身的内在特征。电场强度是一个矢量,一旦确定了场源电荷以后,电场强度只是位置的函数,在静电场中任意一点只有一个电场强度 $\boldsymbol{E}$ 和其位置相对应;而电势是一个标量,一旦确定了场源电荷以后,电势也只是位置函数。但是只有在确定了电势零点之后,静电场中任意一点才只有一个具体的电势与其位置相对应。

把电势和电势能也作一个简单的比较。

电势是静电场的内在特征,一旦确定了场源电荷以后,电势仅仅是位置的函数。电场中每一个位置即使不放检验电荷,该点仍然具有电势。依据场源电荷的正负,电势相应也有正负之分。而电势能表示的是放入电场的电荷与电场的相互作用能。电势能既是位置的函数,也与放入电场的电荷的电量有关。如果在静电场中某点电势为 φ,当在该点放置电荷 q_0 时,该点电荷就具有电势能

$$U_p = q_0 \varphi \tag{12-23}$$

电势能的大小和正负不仅与该点电势 φ 的大小和正负有关,也与检验电荷 q_0 的大小和正负有关。

12.4.4 电场强度和电势的关系

电场强度和电势是描述静电场特征的两个重要物理量,式(12-17)以积分形式表示了电势与电场强度的积分关系,在已知电场强度并选定电势零点以后,静电场中某一点电势就等于电场强度的线积分。反之也同样存在着电势与电场强度的微分关系,给定电势以后,静电场中某一点的电场强度取决于电势在该点的空间变化率,即电势对空间坐标的微分。

设电荷 q_0 在电场 E 中从 $a \to b$ 移动了元位移 dl,则从式(12-17)得出

$$\varphi_a - \varphi_b = E \cdot dl = Edl\cos\theta$$

这里,θ 是 E 与 dl 之间的夹角,$\varphi_b = \varphi_a + d\varphi$,$d\varphi$ 是 φ_a 沿 l 方向的增量。由此得出

$$E\cos\theta = E_l = -\frac{d\varphi}{dl} \tag{12-24}$$

$E_l = E\cos\theta$ 为电场强度在 dl 方向的分量。$\frac{d\varphi}{dl}$ 是电势在沿 l 方向的单位长度上的变化,称为电势的空间变化率。式(12-24)表明,电场强度在某一个方向的投影分量等于该点电势沿这个方向的空间变化率的负值。从此式还可以看出,当 $\theta = 0°$,即电荷 q_0 沿着电场 E 的方向移动时,$\frac{d\varphi}{dl}$ 有极大值,这个极大值的负值就是电场强度。

$$E = -\frac{d\varphi}{dl}\bigg|_{max} \tag{12-25}$$

在直角坐标系里,任一方向总有对应的 x、y、z 三个坐标分量,于是,电场强度也有沿三个坐标分量的投影 E_x、E_y、E_z:

$$E_x = -\frac{\partial\varphi}{\partial x}, \quad E_y = -\frac{\partial\varphi}{\partial y}, \quad E_z = -\frac{\partial\varphi}{\partial z} \tag{12-26}$$

以矢量形式表示,电场强度可以写为

$$E = -\left(\frac{\partial\varphi}{\partial x}i + \frac{\partial\varphi}{\partial y}j + \frac{\partial\varphi}{\partial z}k\right) \tag{12-27}$$

如果已知电势分布 $\varphi(x, y, z)$,即可求出电场强度分布,这就是电势与电场强度的微分关系。式(12-27)等号右边括号内的矢量称为电势梯度,记作 grad φ 或 $\nabla\varphi$,于是 $E = -\nabla\varphi$。电势梯度是一个矢量,它在数值上等于最大的电势变化率,它的方向是该点附近电势升高最快

的方向。电场中某一点的电场强度大小等于该点电势梯度的负值,而方向则与电势梯度的方向相反,即指向电势降低的方向。

【拓展阅读】 电势与电场强度的关系式所体现的物理意义

12.5　典型的带电体产生的电场强度和电势

——求电场强度和电势的从部分到整体的方法是什么?

作为场源电荷的带电体产生的电场一般可以分为三类:

(1) 一个点电荷产生的静电场。它的电场强度定义见式(12-6),它的电势定义见式(12-17)。

(2) 若干个点电荷组成的电荷系产生的电场。根据电场叠加原理,若干点电荷的电场是各个点电荷单独存在时产生的电场的叠加,因此,可以利用从部分得出整体的方法来计算电场强度。首先计算一个点电荷的电场强度和电势(这是部分),然后得到若干个点电荷组成的电荷系产生的电场强度和电势(这是整体)。由于点电荷是分立的,这样的叠加是通过求和的方式进行的(从部分得到整体)。电场强度叠加的表达式见式(12-8),这是对矢量的求和,按矢量叠加法则进行;电势叠加的表达式见式(12-22),这是对标量的求和,按代数叠加法则进行。

(3) 连续分布的带电体产生的电场。它的电场强度和电势仍然可以根据电场叠加原理或电势叠加原理,利用从部分得出整体的方法来计算。由于电荷是连续分布的,首先把整个带电体分割成许多微小的电荷元 dq,把电荷元看成点电荷,先求出电荷元的电场强度和电势(这是部分),再利用叠加原理得出连续带电体产生的电场强度和电势(这是整体),这样的叠加必须通过积分来进行(从部分得到整体)。对电场强度,这样的叠加就是求矢量和;对电势,这样的叠加就是求代数和,而求代数和显然比求矢量和更为方便。

例题 1　一对带等量异号的正负点电荷 $q_1 = +12 \times 10^{-9}\mathrm{C}$,$q_2 = -12 \times 10^{-9}\mathrm{C}$ 放置在相距 0.1m 处,如图 12.5 所示,求图中 a、b、c 各点的电场强度和电势。

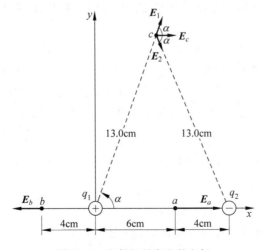

图 12.5　电偶极子产生的电场

【解题思路】

这是一个电荷系产生的电场。这个电荷系由两个等量异号、相距一定距离的点电荷 q_1 和 q_2 组成,这样的电荷系称为电偶极子。

电偶极子产生的电场强度和电势是由两个点电荷产生的电场强度和电势叠加而成的。因此,根据叠加原理,可以分别先求出两个点电荷在某个点的电场强度和电势,然后对电场强度求它们的矢量和,即 $\boldsymbol{E}=\boldsymbol{E}_1+\boldsymbol{E}_2$。求矢量和的方式一般有两种:一种是把每一个电场强度按照坐标系进行分解,然后把坐标分量叠加以后再合成;另一种是直接按矢量加法的法则进行,求电势的代数和,即 $\varphi=\varphi_1+\varphi_2$。

【解题过程】

先求电场强度。依据点电荷产生的电场强度的公式,容易得出两个点电荷独立存在时在各点产生的电场强度的大小。

例如,q_1 在 a 点产生的电场强度是

$$E_{1a}=\frac{1}{4\pi\varepsilon_0}\frac{|q_1|}{r^2}=9\times10^9\times\frac{12\times10^{-9}}{0.06^2}\text{N/C}=3\times10^4\,\text{N/C}$$

q_2 在 a 点产生的电场强度是

$$E_{2a}=\frac{1}{4\pi\varepsilon_0}\frac{|q_2|}{r^2}=9\times10^9\times\frac{12\times10^{-9}}{0.04^2}\text{N/C}=6.75\times10^4\,\text{N/C}$$

类似地,可以得到 q_1 和 q_2 分别在 b 和 c 两点产生的电场强度大小:

$$E_{1b}=6.8\times10^4\,\text{N/C},\quad E_{2b}=0.55\times10^4\,\text{N/C}$$

$$E_{1c}=6.39\times10^3\,\text{N/C},\quad E_{2c}=6.39\times10^3\,\text{N/C}$$

注意到 q_1 和 q_2 分别带正电和负电,因此:

(1) a 点的电场强度 $\boldsymbol{E}_a$ 是 $\boldsymbol{E}_{1a}$ 和 $\boldsymbol{E}_{2a}$ 按矢量方式的叠加。由于在 a 点 $\boldsymbol{E}_{1a}$ 和 $\boldsymbol{E}_{2a}$ 的方向相同,都指向 x 轴正方向,因此,电场强度 $\boldsymbol{E}_a$ 的大小是 $\boldsymbol{E}_{1a}$ 和 $\boldsymbol{E}_{2a}$ 两者大小之和,方向指向 x 轴正方向,如图 12.5 所示。

$$\boldsymbol{E}_a=E_{1a}\boldsymbol{i}+E_{2a}\boldsymbol{i}=9.8\times10^4\boldsymbol{i}\,\text{N/C}$$

(2) b 点的电场强度 $\boldsymbol{E}_b$ 是 $\boldsymbol{E}_{1b}$ 和 $\boldsymbol{E}_{2b}$ 按矢量方式的叠加。由于在 b 点 $\boldsymbol{E}_{1b}$ 指向 x 轴负方向,$\boldsymbol{E}_{2b}$ 指向 x 轴正方向,因此,电场强度 $\boldsymbol{E}_b$ 的大小是 $\boldsymbol{E}_{1b}$ 和 $\boldsymbol{E}_{2b}$ 两者大小之差,方向指向 x 轴负方向,如图 12.5 所示。

$$\boldsymbol{E}_b=-E_{1b}\boldsymbol{i}+E_{2b}\boldsymbol{i}=-6.2\times10^4\boldsymbol{i}\,\text{N/C}$$

(3) c 点的电场 $\boldsymbol{E}_c$ 是 $\boldsymbol{E}_{1c}$ 和 $\boldsymbol{E}_{2c}$ 按矢量方式的叠加。由于 $\boldsymbol{E}_{1c}$ 和 $\boldsymbol{E}_{2c}$ 两个电场叠加后在 y 方向上的分量相互抵消,只保留了在 x 方向的分量,方向指向 x 轴正方向,因此,电场强度 $\boldsymbol{E}_c$ 的大小是 $\boldsymbol{E}_{1c}$ 和 $\boldsymbol{E}_{2c}$ 两者在 x 方向的分量 E_{1cx} 和 E_{2cx} 之和,方向指向 x 轴正方向,如图 12.5 所示。

$$E_{1cx}=E_{2cx}=E_{1c}\cos\alpha=6.39\times10^3\times\frac{5}{13}\text{N/C}$$

$$=2.46\times10^3\,\text{N/C}$$

$$\boldsymbol{E}_c=2E_{1cx}\boldsymbol{i}=4.9\times10^3\boldsymbol{i}\,\text{N/C}$$

c 点的电场强度也可以直接用矢量合成的方法得出:

$$\boldsymbol{E}_c=\boldsymbol{E}_{1c}+\boldsymbol{E}_{2c}=\frac{1}{4\pi\varepsilon_0}\frac{q_1}{r^2}\boldsymbol{r}_1+\frac{1}{4\pi\varepsilon_0}\frac{q_2}{r^2}\boldsymbol{r}_2$$

$$= \frac{1}{4\pi\varepsilon_0 r^2}(q_1\boldsymbol{r}_1 + q_2\boldsymbol{r}_2) = \frac{q_1}{4\pi\varepsilon_0 r^2}(\boldsymbol{r}_1 - \boldsymbol{r}_2)$$

$$= \frac{q_1}{4\pi\varepsilon_0 r^2}(2\cos\alpha\boldsymbol{i})$$

$$= 2(9\times10^9)\frac{12\times10^{-9}}{0.13^2}\left(\frac{5}{13}\right)\boldsymbol{i}\,\text{N/C}$$

$$= 4.92\times10^3\boldsymbol{i}\,\text{N/C}$$

再求电势。根据点电荷的电势公式,容易得出,电势的正负取决于产生电场的点电荷所带电荷的正负,电势的大小与点电荷和考察点的距离有关。

就本题的电偶极子而言,容易看出,在 c 点,由于这两个点电荷所带等量符号相反,它们离开 c 点的距离相等,因此,它们各自在 c 点产生的电势大小相等,符号相反,叠加以后该点电势的代数和等于零。即 $\varphi_c = 0$。

而 a 点的电势是 q_1 和 q_2 分别产生的电势 φ_{1a} 和 φ_{2a} 的叠加。

$$\varphi_{1a} = \frac{1}{4\pi\varepsilon_0}\frac{q_1}{r_{1a}} = 9\times10^9\times\frac{12\times10^{-9}}{0.06}\text{V} = 1.8\times10^3\text{V}$$

$$\varphi_{2a} = \frac{1}{4\pi\varepsilon_0}\frac{q_2}{r_{2a}} = 9\times10^9\times\frac{-12\times10^{-9}}{0.04}\text{V} = -2.7\times10^3\text{V}$$

$$\varphi_a = \varphi_{1a} + \varphi_{2a} = -0.9\times10^3\text{V}$$

b 点的电势是 q_1 和 q_2 分别产生的电势 φ_{1b} 和 φ_{2b} 的叠加。

$$\varphi_{1b} = \frac{1}{4\pi\varepsilon_0}\frac{q_1}{r_{1b}} = 9\times10^9\times\frac{12\times10^{-9}}{0.04}\text{V} = 2.7\times10^3\text{V}$$

$$\varphi_{2b} = \frac{1}{4\pi\varepsilon_0}\frac{q_2}{r_{2b}} = 9\times10^9\times\frac{-12\times10^{-9}}{0.14}\text{V} = -0.8\times10^3\text{V}$$

$$\varphi_b = \varphi_{1b} + \varphi_{2b} = 1.9\times10^3\text{V}$$

例题 2 有一长为 $2a$ 的均匀带电直线段,带电量为 Q,直线段外一点 P 到此线段的垂直距离为 x,垂线相交于带电直线段的中点,如图 12.6 所示。求 P 处的电场强度。

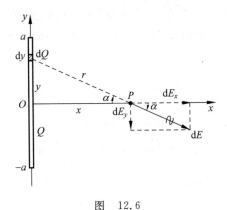

图 12.6

【解题思路】

这是一个均匀带电的连续带电线段产生的电场。求解这样的带电体产生的电场仍然可以采用从部分到整体的方法。但是,因为这是一个均匀带电的连续带电线段,因此,与例题1

不同,解题过程必须分为三步:第一步先分割,即把连续带电线段分割成许多电荷元 dQ,由于单位长度上所带的电荷量,即电荷的分布线密度 $\lambda = Q/2a$,于是任一长度为 dy 的微小电荷元的电量就是 $dQ = \lambda dy$,由此求出该电荷元产生的电场强度(这是部分)。第二步后分解,由于线段上每一个电荷元 dQ 在 P 点产生的电场强度都是矢量,且与 x 轴之间都有一个夹角;而且不同位置处的电荷元产生的电场强度方向与 x 轴之间的夹角都是不同的,难以直接进行矢量的叠加,这就需要把 P 点的电场强度沿 x 轴和 y 轴方向分解。最后第三步再合成,即把该带电体上所有电荷元在 P 点产生的电场强度按照 x 方向和 y 方向分量叠加,然后再合成(这是整体)。由于电荷是连续分布的,这样的叠加和合成(从部分到整体)都是通过积分来完成的。

【解题过程】

该带电线段的电荷线密度 $\lambda = Q/2a$,在此线段上距离原点 O 为 y 处取一电荷元 dy,它的带电量为 $dq = \lambda dy = Qdy/2a$。

该电荷元在 P 处产生的电场强度大小为

$$dE = \frac{1}{4\pi\varepsilon_0}\frac{dq}{r^2} = \frac{1}{4\pi\varepsilon_0}\frac{Q}{2a}\frac{dy}{(x^2+y^2)}$$

它的方向如图 12.6 所示,在 x 方向和 y 方向的两个电场强度分量分别为

$$dE_x = dE\frac{x}{r} = \frac{1}{4\pi\varepsilon_0}\frac{Q}{2a}\frac{xdy}{(x^2+y^2)^{3/2}}$$

$$dE_y = dE\frac{y}{r} = \frac{1}{4\pi\varepsilon_0}\frac{Q}{2a}\frac{ydy}{(x^2+y^2)^{3/2}}$$

对以上两式积分,注意到 y 的变化范围从 $-a$ 到 $+a$,积分可得

$$E_x = \int dE_x = \int_{-a}^{a}\frac{1}{4\pi\varepsilon_0}\frac{Q}{2a}\frac{xdy}{(x^2+y^2)^{3/2}} = \frac{Q}{4\pi\varepsilon_0}\frac{1}{x\sqrt{x^2+a^2}}$$

$$E_y = \int dE_y = \int_{-a}^{a}\frac{1}{4\pi\varepsilon_0}\frac{Q}{2a}\frac{ydy}{(x^2+y^2)^{3/2}} = 0$$

上式表明,该带电线段在 P 点产生的电场强度沿 y 方向的分量为零,只有沿 x 方向的分量,这也是沿 y 方向带电线段的电荷分布关于 P 点对称所致,因此,最后合成为矢量表达式为

$$\boldsymbol{E} = \frac{Q}{4\pi\varepsilon_0}\frac{1}{x\sqrt{x^2+a^2}}\boldsymbol{i}$$

特例:如果带电线段的长度无限长($x \ll a$),可以得到

$$\boldsymbol{E} = \frac{Q}{4\pi\varepsilon_0}\frac{1}{x\sqrt{a^2}}\boldsymbol{i} = \frac{Q}{4\pi\varepsilon_0 xa}\boldsymbol{i}$$

用电荷线密度 $\lambda = Q/2a$ 表示,则有

$$\boldsymbol{E} = \frac{\lambda}{2\pi\varepsilon_0 x}\boldsymbol{i}$$

这个结果表明,对于无限长的均匀带电直线,线外一点 P 的电场强度大小与电荷线密度 λ 成正比,与该点到直线的距离 x 成反比。电场强度方向垂直于直线段,指向由电荷的正负决定。

例题 3 有一均匀带电细圆环，带电量为 Q、半径为 a，如图 12.7 所示。求圆环轴线上距离圆心距离为 x 的某点 P 处的电场强度和电势。

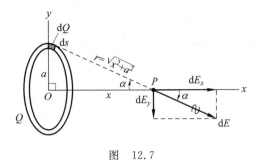

图 12.7

【解题思路】

这仍然是求解连续带电体的电场强度的问题，因此，与例题 2 类似，可以按照"先分割，后分解，再合成"的思路，通过从部分到整体的方法求解。但与上题不同的是，本题的带电体是一个半径有限的带电圆环，由于电荷均匀分布在圆环上，因此，圆环的电荷线密度 $\lambda = \dfrac{Q}{2\pi a}$。电场强度是矢量，求解电场强度时需要按照"先分割，后分解，再合成"三步；而电势是标量，求解电势时，只需要"先分割，再合成"两步即可。

【解题过程】

先求电场强度。由于电荷均匀分布在圆环上，在环上分割出一个长度为 $\mathrm{d}s$ 的电荷元，它所带的电荷量为 $\mathrm{d}q$，

$$\mathrm{d}q = \lambda \mathrm{d}s = \frac{Q}{2\pi a}\mathrm{d}s$$

该电荷元在 P 处产生的电场强度为

$$\mathrm{d}\boldsymbol{E} = \frac{1}{4\pi\varepsilon_0}\frac{\mathrm{d}q}{r^2}\boldsymbol{r}$$

把它沿 x 方向和垂直 x 方向分解为

$$\mathrm{d}E_x = \mathrm{d}E\cos\alpha, \quad \mathrm{d}E_\perp = \mathrm{d}E\sin\alpha$$

P 点的电场强度为所有电荷元在 x 方向和垂直 x 方向上产生的电场强度的积分，又由对称性可知

$$\int \mathrm{d}E_\perp = 0$$

因此，$\boldsymbol{E}$ 沿 x 轴方向，其大小为

$$E = E_x = \int \mathrm{d}E_x = \frac{1}{4\pi\varepsilon_0}\int \frac{\mathrm{d}q}{r^2}\cos\alpha$$

$$= \frac{\cos\alpha}{4\pi\varepsilon_0 r^2}\int \mathrm{d}q$$

$$= \frac{Q\cos\alpha}{4\pi\varepsilon_0 r^2}$$

由几何关系可知

$$\cos\alpha = \frac{x}{r} = \frac{x}{(x^2 + a^2)^{1/2}}$$

代入得到 E 的大小是

$$E = \frac{Qx}{4\pi\varepsilon_0 (x^2 + a^2)^{3/2}}$$

E 的方向由 Q 的正负号确定。当 $Q > 0$ 时，$E > 0$，沿 x 轴正方向；反之，则沿 x 轴负方向。

再求电势。首先选取无穷远处电势为零电势，于是圆环上长度为 ds 的电荷元在 P 处产生的电势为

$$d\varphi = \frac{1}{4\pi\varepsilon_0} \frac{\lambda ds}{\sqrt{x^2 + a^2}}$$

根据电势叠加原理，整个圆环在 P 处产生的电势则为环上所有电荷元产生的电势的积分：

$$\varphi_P = \int d\varphi = \int \frac{1}{4\pi\varepsilon_0} \frac{\lambda ds}{\sqrt{x^2 + a^2}} = \frac{1}{4\pi\varepsilon_0} \frac{Q}{\sqrt{x^2 + a^2}}$$

特例：

① 当 P 点位于圆心 O 处，此时 $x = 0$，得到 $E = 0$，$\varphi_0 = \frac{1}{4\pi\varepsilon_0} \frac{Q}{a}$；

② 当 P 点距离圆心距离 x 越来越大，直至无限大时，半径为 $a(x \gg a)$ 的圆环尺度与 P 点距圆心的距离 x 相比可以忽略，因此可以看成是一个点电荷，于是它在 P 处产生的电场强度和电势就恢复到点电荷电场强度和电势的相应的表达式 $E_P = \frac{1}{4\pi\varepsilon_0} \frac{Q}{x^2}$，$\varphi_P = \frac{1}{4\pi\varepsilon_0} \frac{Q}{x}$。

本题的另一种解法：

先求出轴线上 P 点的电势，然后利用电势与电场强度之间的关系，通过微分求得电场强度。

首先仍然选取无穷远处电势为零，于是圆环上长度为 ds 的电荷元在 P 处产生的电势为

$$d\varphi = \frac{1}{4\pi\varepsilon_0} \frac{\lambda ds}{\sqrt{x^2 + a^2}}$$

根据电势叠加原理，整个圆环在 P 处产生的电势为环上所有电荷元产生的电势的积分

$$\varphi_P = \int d\varphi = \int \frac{1}{4\pi\varepsilon_0} \frac{\lambda ds}{\sqrt{x^2 + a^2}} = \frac{1}{4\pi\varepsilon_0} \frac{Q}{\sqrt{x^2 + a^2}}$$

设圆环轴线为 x 轴，由于细圆环的电荷分布对轴线是对称的，圆环上各个电荷元在轴线上各点产生的场强在垂直于轴线方向上的分量为零，只有沿 x 轴的分量，即 P 处的场强 E 只有 E_x。依据式(12-26)就得出

$$E = E_x = -\frac{\partial \varphi}{\partial x} = -\frac{\partial}{\partial x}\left(\frac{Q}{4\pi\varepsilon_0 \sqrt{R^2 + x^2}}\right) = \frac{Qx}{4\pi\varepsilon_0 (R^2 + x^2)^{\frac{3}{2}}}$$

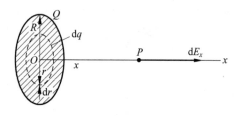

图 12.8

例题 4 有一均匀带正电的圆板，其半径为 R，面电荷密度为 σ。设 P 点位于平板轴线上，与圆板圆心距离为 x，如图 12.8 所示。求 P 点的电场强度和电势。

【解题思路】

这依然是计算电量连续分布的带电体产生的电场强度的问题。注意到，在采用"先分割，后分

解,再合成"的方法时,有时可能存在多种分割电荷元的方式。在本题中有两种方式:一种是如同例题3那样,在带电体上选择电荷元 dq,并选择适当的坐标系,把电荷元产生的电场强度分解后再合成,最后得出整个带电体在 P 点产生的电场;另一种是利用已有结论,选取更适当的组合电荷元进行求解。本题利用例题3的结论,选择了后一种方式。

设想把圆盘分割为无数半径不同的同心均匀带电圆环,把这些带电圆环看成组合电荷元,每个圆环电荷元产生的电场强度就可以套用例题3的结论,最后得出整个圆盘产生的电场强度。用同样的方法也可以求得电势。

【解题过程】

先分割。取半径为 r,宽度为 dr 的带电圆环作为组合电荷元,它的带电量为

$$dq = \sigma 2\pi r dr$$

利用例题3结论,可得出该带电圆环在 P 点产生的电场强度为

$$dE = \frac{1}{4\pi\varepsilon_0} \frac{x dq}{(r^2 + x^2)^{3/2}}$$

$$= \frac{1}{4\pi\varepsilon_0} \frac{x\sigma 2\pi r dr}{(r^2 + x^2)^{3/2}}$$

后分解。由于本题中每一个带电圆环产生的 $d\boldsymbol{E}$ 只有一个方向,即沿 x 轴正方向,因此,不需要作矢量的分解。

再合成。最后整个带电圆盘在 P 点产生的电场强度大小就可以通过积分来求得

$$E = \int dE = \int_0^R \frac{1}{2\pi\varepsilon_0} \frac{x\sigma\pi r dr}{(r^2 + x^2)^{3/2}}$$

$$= \frac{\sigma}{2\varepsilon_0} \left[1 - \frac{x}{(R^2 + x^2)^{1/2}} \right]$$

用同样的方法,容易得出整个带电圆盘在在 P 点产生的电势为

$$\varphi_P = \frac{\sigma}{2\varepsilon_0} \left[(R^2 + x^2)^{1/2} - x \right]$$

特例:当 $R \to \infty$ 的时候,整个圆盘就可以看作是一个无限大的带电平板,由上式可以得出无限大带电平板外位于 x 轴正方向的一点 P 的电场强度的大小为

$$E = \frac{\sigma}{2\varepsilon_0}$$

P 的电场强度 $\boldsymbol{E}$ 和该点离平板的距离 x 无关! 当 $\sigma > 0$,$\boldsymbol{E}$ 沿 x 轴正方向;当 $\sigma < 0$,$\boldsymbol{E}$ 沿 x 轴负方向。

12.6　静电场的几何描述方式

——什么是电场线和电通量?

12.6.1　电场线

【物理史料】 电场线和电通量

利用电场线是对电场进行描述的一种几何方式。为了形象地描述静电场中的电场强度分布,电场线的形状和数量必须符合以下规则:

（1）电场线上任意一点的切线方向表示该点电场强度 E 的方向；

（2）电场线上任意一点附近垂直于电场强度方向的单位面积上通过的电场线条数（电场线数密度）等于该点电场强度 E 的大小。

电场强度在空间是连续分布的,电场线都是带有指向的连续曲线；电场是有源的,电场线起始于正电荷终止于负电荷,不会形成闭合曲线；在电场中每一点只有一个电场强度,两根电场线互不相交。

图 12.9 为几种典型带电系统产生的电场线分布示意图。

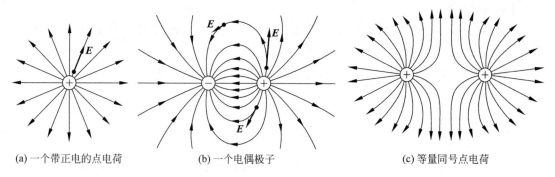

(a) 一个带正电的点电荷　　　　(b) 一个电偶极子　　　　(c) 等量同号点电荷

图 12.9　几种典型带电系统产生的电场线分布

12.6.2　电通量

在电场 E 中,垂直通过任意一个设想的面 S（平面或曲面）的电场线的条数称为电通量,用 Φ_e 表示。

如果电场是处处均匀的,且垂直通过平面 S,即电场强度方向与面 S 的外法线方向平行,则 $\Phi_e = ES$；

如果电场是处处均匀的,电场强度 E 矢量方向与平面 S 的外法线方向的夹角为 θ,则 $\Phi_e = ES\cos\theta = E \cdot S$（$S = Sn_0$,$n$ 是平面 S 的外法线的单位矢量）（图 12.10(a),(b)）。

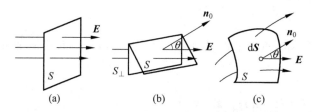

图 12.10　电通量的计算

如果磁场是处处不均匀的,S 面又是曲面,为了求出通过某曲面 S 的电通量,如同计算连续带电体的电场强度一样,可以先把 S 分割为无限多个面元 dS,计算出通过每个面元的电通量,然后,再通过积分形式把通过所有面积元的电通量叠加,最后得出通过整个曲面 S 的电通量。

为了表示面元 dS 的方位,可以将 dS 表示为矢量形式 $d\boldsymbol{S}$,它的方向沿面元的外法线方向,大小等于面元的面积。由于 dS 面元很小,可以近似看作平面处理,且通过此面元上各处的电场强度也可以近似视为相等。设面元电场强度矢量的方向与面元 dS 的外法线方向的夹角为 θ,并根据曲面的方向分解为切向 E_t 和法向 E_n 两个分量,于是通过该面元的电通量 $d\Phi_e$(图 12.10(c))为

$$d\Phi_e = E_n dS = E\cos\theta dS = EdS_n = \boldsymbol{E} \cdot d\boldsymbol{S} \tag{12-28}$$

电通量是标量,没有方向,只有正负之分。由式(12-28)可知,当 $0 \leqslant \theta \leqslant \dfrac{\pi}{2}$ 时,$d\Phi_e$ 为正值,即穿出曲面的电通量为正;当 $\dfrac{\pi}{2} \leqslant \theta \leqslant \pi$ 时,$d\Phi_e$ 为负值,即穿入曲面的电通量为负值。有了通过单个面元的电通量 $d\Phi_e$,则对通过各面元的电通量求和,就可以得出通过整个曲面 S 的电通量

$$\Phi_e = \int d\Phi_e = \int_S \boldsymbol{E} \cdot d\boldsymbol{S} \tag{12-29}$$

特例:如果曲面 S 为封闭曲面且不包围任何点电荷的话,则穿进该曲面的电场线条数等于穿出该曲面的电场线条数,这种情况下通过整个闭合曲面 S 的电通量

$$\Phi_e = \oint_S \boldsymbol{E} \cdot d\boldsymbol{S} = 0 \tag{12-30}$$

12.6.3 等势面

利用电场线可以形象地描绘电场强度的空间分布,同样,也可利用等势面来形象地描绘电势的空间分布。

一般来说,静电场中各点的电势值是随着空间位置而逐点连续变化的,因此,电势是空间坐标的函数。在电势的空间分布中,常常引入等势面来形象地描述电势的变化特征。

所谓**等势面**顾名思义就是由电势相等的点连成的曲面,图 12.11 给出了两个典型的带电系统的等势面图像。图中带指向的实线表示电场线,虚线表示等势面。

从图中可以看出等势面具有以下重要的特征:

(1)在等势面比较密集的地方电场强度较大,比较稀疏的地方电场强度较小;

(2)某处的等势面总是与该处的电场强度垂直,因此,在等势面上移动电荷时,电场力不做功。

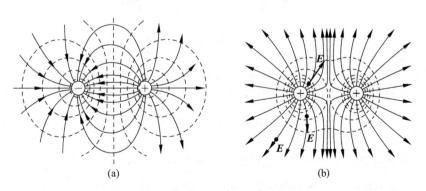

图 12.11 两个点电荷的电场的电场线和等势面

(a)一对等量异号电荷的电场;(b)一对等量同号电荷的电场

12.7 静电场的高斯定理

——求电场强度和电势从整体到部分的方法是什么?

12.7.1 静电场的高斯定理

高斯(Carl Friedrich Gauss,1777—1855)定理是电磁场理论的基本方程之一。它不仅适用于静电场,也适用于变化的电场。

在静电场中,高斯定理给出了穿过任一曲面的电通量和该曲面内包围的电荷量之间的定量关系。

静电场高斯定理可以从库仑定律和电场强度叠加原理导出。

首先讨论一个点电荷的例子。如图 12.12 所示,以一个点电荷 $+q$ 作为球心,以任意半径 r 作一个球面包围此电荷,球面上任意一点的电场强度大小都相等,方向都沿半径方向向外并和球面垂直。由点电荷的电场强度表达式,可以得出穿出该球面的电通量为

$$\Phi_e = \oint_S \boldsymbol{E} \cdot \mathrm{d}\boldsymbol{S} = \oint_S E \,\mathrm{d}S = E \oint_S \mathrm{d}S = \frac{q}{4\pi\varepsilon_0 r^2} 4\pi r^2 = \frac{q}{\varepsilon_0} \qquad (12\text{-}31)$$

由于半径 r 是任意选定的,而最后的等式右边不出现 r,这个结果表明,穿过该球面的电通量只与被球面包围的电量 q 有关,与球面半径 r 无关,即穿过任意半径大小的球面的电通量(即电场线条数)都是 $\frac{q}{\varepsilon_0}$。如果以一个点电荷 $-q$ 作为球心,以任意半径作一个球面包围此电荷,同理可以得出通过该球面的电通量为负,数值为 $\frac{q}{\varepsilon_0}$。

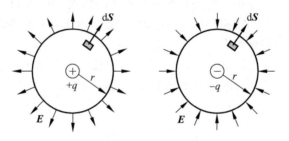

图 12.12　导出静电场高斯定理用图

推理 1　如果点电荷 $+q$ 不放在球面的圆心处,而放在球面内任意一个位置上或者包围点电荷的不是球面,而是任意形状闭合曲面,由于电场线的连续性,只要曲面包围了电荷量为 q 的点电荷,该电荷发出的电场线将全部穿过该闭合曲面,电场线条数依然是 $\frac{q}{\varepsilon_0}$,电通量保持不变。如果放置的点电荷为 $-q$,对应着 $\frac{q}{\varepsilon_0}$ 条电场线穿入此闭合曲面。

推理 2　如果任一闭合曲面内包围了电量分别为 q_1 和 q_2 的两个点电荷,它们发出的电场线条数将分别为 $\frac{q_1}{\varepsilon_0}$ 和 $\frac{q_2}{\varepsilon_0}$,这些电场线都穿过了闭合曲面,因此穿过闭合曲面的总电场线数

量为$\dfrac{q_1+q_2}{\varepsilon_0}$,这里的$q_1+q_2$是这两个电荷的代数和(正电荷取正值,负电荷取负值)。

推理3 由以上从两个点电荷推理得出的结论可以推广到多个点电荷的情况,也可以推广到连续带电体的情形。

推理4 如果闭合曲面内不包含电荷,或者闭合曲面内包含的电荷的代数和为零,穿入该闭合曲面的电场线将全部穿出闭合面,即穿过该闭合面的电通量为零。

从以上推理可以归纳出如下表述:

静电场中通过任意曲面S的电通量$\varPhi_e$等于该曲面所包围的所有电荷的代数和除以ε_0。

这个表述就称为静电场的高斯定理。

对分立的电荷,高斯定理的数学表达式是

$$\varPhi_e = \oint_S \boldsymbol{E} \cdot \mathrm{d}\boldsymbol{S} = \frac{\displaystyle\sum_{(S)} q_i}{\varepsilon_0} \tag{12-32}$$

对连续分布的电荷,高斯定理的数学表达式是

$$\varPhi_e = \oint_S \boldsymbol{E} \cdot \mathrm{d}\boldsymbol{S} = \frac{1}{\varepsilon_0} \int_V \rho \mathrm{d}V \tag{12-33}$$

其中,ρ为高斯面所包围带电体的电荷体密度,V为带电体的体积。

高斯定理反映了静电场的一个基本性质,即静电场是有源场,电场的源头就是场源电荷。

12.7.2 高斯定理提供了计算电场强度从整体到部分的方法

对于电荷分布呈某种对称性的带电体,利用高斯定理可以采取从整体到部分的方法较方便地计算出电场强度和电势的分布。

例题5 求均匀带电球体内外的电场强度。已知球体的带电量为Q,球半径为R。

【解题思路】

首先分析电场的对称性。由于电荷分布在均匀球体上,从而呈现了一种球对称性,因此,它产生的电场分布也具有球对称性,即在任何与球体同心的球面上各点的电场强度的大小相等,方向沿半径向外。

其次,注意到在高斯定理的表达式中,通过闭合曲面的电通量,只与闭合面内的电荷量有关,与闭合面内电荷的分布及闭合面外的电荷无关。而高斯定理中的$\boldsymbol{E}$是闭合曲面上任一点的电场强度,它是空间(包括曲面内、外)所有电荷激发而产生的总电场强度。本题中只有球体上带电,球外没有其他带电体,因此,闭合面上的电场强度$\boldsymbol{E}$仅仅是由球体上的电荷激发产生的。

再次,为了从高斯定理中得出电场强度,需要把电场强度$\boldsymbol{E}$从积分号里提取出来。而为了提取电场强度$\boldsymbol{E}$,需要把积分号下的$\boldsymbol{E}\cdot\mathrm{d}\boldsymbol{S}$的矢量的标积转变为数量的乘积$E\cdot\mathrm{d}S$,在本题中,这种转变是这样实现的:取包围带电球体的闭合曲面为与带电球体同心的球面,于是在此同心球面上,电场强度方向和该球面的外法线方向平行,$\boldsymbol{E}\cdot\mathrm{d}\boldsymbol{S}$的矢量的标积$\boldsymbol{E}\cdot\mathrm{d}\boldsymbol{S}=E\cdot\mathrm{d}S$。又由于此球面上$\boldsymbol{E}$处处相等,$E$就可以从积分号内提取出来,等式右边的

积分结果就是闭合面的表面积。在本问题中,虽然取包围带电球面的任何闭合曲面,高斯定理都成立,但是为了便于求解电场强度,根据场的对称性而选择了特别的球面,这样选择的闭合曲面(球面)称为高斯面。

【解题过程】

由于该带电体具有球对称性,由此产生的静电场也具有球对称性。设带电球体的球心为 O,讨论空间某位置 P 点的电场强度。作一个与该带电球面同心、半径为 $r = \overline{OP}$ 的球面为高斯面(图 12.13)。

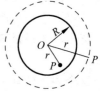

由于该带电体具有球对称性,由此产生的静电场也具有球对称性。设带电球体的球心为 O,讨论空间某位置 P 点的电场强度。作一个与该带电球面同心、半径为 $r = \overline{OP}$ 的球面为高斯面。根据高斯定理,通过该高斯面的电通量为

图 12.13　带电球体和高斯面

$$\Phi_e = \oint_S \boldsymbol{E} \cdot \mathrm{d}\boldsymbol{S} = \oint_S E \cdot \mathrm{d}S = E \oint_S \mathrm{d}S = E 4\pi r^2$$

当 $r > R$ 时,P 点位于球体外,高斯面包围了带电球体,高斯面内电量为 Q,于是得出整个高斯面上各点电场强度

$$E_{外} \cdot 4\pi r^2 = \frac{Q}{\varepsilon_0} \Rightarrow E_{外} = \frac{1}{4\pi\varepsilon_0} \frac{Q}{r^2}$$

高斯面是"整体",而 P 点是高斯面上的"部分",从"整体"到"部分",由此可以得出 $E_P = \frac{1}{4\pi\varepsilon_0} \frac{Q}{r^2}$,方向沿半径向外。

当 $r < R$ 时,P 点所在的高斯面处在带电球体内,高斯面包围的电量为 $Q_e = \frac{r^3}{R^3} Q$,由此可以得出整个高斯面上各点电场强度

$$E_{内} \cdot 4\pi r^2 = \frac{Q}{\varepsilon_0} \frac{r^3}{R^3} \Rightarrow E_{内} = \frac{1}{4\pi\varepsilon_0} \frac{r}{R^3} Q$$

高斯面是"整体",而 P 点是高斯面上的"部分",从"整体"到"部分",从而得出 $E_P = \frac{1}{4\pi\varepsilon_0} \frac{r}{R^3} Q$,方向沿半径向外。

依据上述结果,可以画出 E-r 曲线,如图 12.14 所示。

特例:均匀带电球面是带电球体的一个特例,即电荷分布在球面上,球内没有电荷。球面的带电量为 Q,球半径为 R。作一个与该带电球面同心,半径为 $r = \overline{OP}$ 的球面为高斯面。

当 $r > R$ 时,P 点位于球体外,高斯面包围了带电球体,高斯面内电量为 Q,于是得出整个高斯面上各点电场强度。

$$E_{外} \cdot 4\pi r^2 = \frac{Q}{\varepsilon_0} \Rightarrow E_{外} = \frac{1}{4\pi\varepsilon_0} \frac{Q}{r^2} \quad (方向沿半径向外)$$

当 $r < R$ 时,高斯面处在带电球体内,高斯面包围的电量为零,于是得出整个高斯面上各点电场强度

$$E_{内} \cdot 4\pi r^2 = 0 \Rightarrow E_{内} = 0$$

依据上述结果,可以画出 E-r 曲线,如图 12.15 所示。

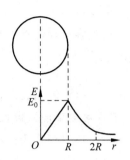

图 12.14　带电球体的 E-r 曲线图

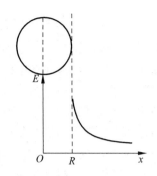

图 12.15　均匀带电球面的 E-r 曲线图

例题 6　求无限长均匀带电直线的电场强度。设单位长度带电直线的带电量为 λ（线密度）。

【解题思路】

与例题 5 类似，首先分析电场的对称性。由于电荷分布在均匀带电直线上，从而呈现了一种轴对称性，因此，它产生的电场分布也具有轴对称性，在任何与直线同轴的圆柱侧面上各点的电场强度的大小相等，方向沿半径向外。

其次，为了从高斯定理中得出电场强度，需要把电场强度 E 从积分号里提取出来。在本题中，这种转变是这样实现的：取包围带电直线的闭合圆柱曲面（圆柱面半径为 r，高度为 h）为高斯面，此高斯面包括上下底面和圆柱侧面。在圆柱侧面上，电场强度方向和该侧面的外法线方向平行，$E \cdot \mathrm{d}S$ 的矢量的标积为 $E \cdot \mathrm{d}S = E \cdot \mathrm{d}S$，又由于此侧面上 E 处处相等，E 就可以从积分号内提取出来，等式右边的积分结果就是闭合面的表面积。在上下底面上，电场强度的方向与底面的外法线方向垂直，$E \cdot \mathrm{d}S = 0$。最后利用高斯定理，即可求得高斯面上的电场强度 E。高斯面是"整体"，而 P 点是高斯面上的"部分"，于是从"整体"到"部分"，就可以得出 P 点的电场强度。

【解题过程】

由于该带电直线具有轴对称性，由此产生的静电场也具有轴对称性。设讨论空间某位置 P 点的电场强度。作一个与该带电圆柱体同轴，半径为 $r = \overline{OP}$，高度为 h 的闭合圆柱面为高斯面 S，如图 12.16 所示。

根据高斯定理，通过该高斯面 S 的电通量为

$$\Phi_\mathrm{e} = \oint_S E \cdot \mathrm{d}S = \frac{Q}{\varepsilon_0}$$

这里 $S = S_{\text{上底}} + S_{\text{下底}} + S_{\text{侧面}}$。

$$\Phi_\mathrm{e} = \oint_S E \cdot \mathrm{d}S = \int_{S_{\text{上底}}} E \cdot \mathrm{d}S + \int_{S_{\text{下底}}} E \cdot \mathrm{d}S + \int_{S_{\text{侧面}}} E \cdot \mathrm{d}S$$

由于电场具有轴对称性，在上底面和下底面上 E 与 $\mathrm{d}S$ 垂直，在侧面上 E 与 $\mathrm{d}S$ 平行，且在侧面上各点的 E 大小相等，方向沿径向向外，高斯面包围的电荷是 λh，有

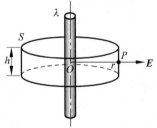

图 12.16　无限长均匀带电直线的电场和高斯面

$$\int_{S_{\text{侧面}}} E \cdot dS = \frac{\lambda h}{\varepsilon_0} \Rightarrow E \int_{S_{\text{侧面}}} dS = \frac{\lambda h}{\varepsilon_0} \Rightarrow E = \frac{\lambda}{2\pi\varepsilon_0 r}$$

思考：在什么条件下，可以把实际问题中有限长带电直线看成无限长带电直线？

例题7 求无限大均匀带电平面的电场强度分布。设电荷面密度为 σ。

【解题思路】

先分析对称性。无限大带电平面产生的空间各点的电场强度分布具有面对称性，即平面左右两边和平面距离相等的各点电场强度大小相等，方向都垂直指离平面。再选择高斯面。根据电场特征，选择一个轴线垂直于平面的圆筒式的封闭面（图12.17）作为高斯面，带电平面平分此圆筒。此圆筒面两侧的底面与带电平面平行，设底面的面积为 S，所讨论的 P 点处于其中一个底面上，该点电场强度为 E，方向指离底面，与底面外法线方向平行，因此，在两侧底面上有 $E \cdot dS = E \cdot dS$，而圆筒侧面上的电场强度方向与侧面的外法线方向垂直，因此，$E \cdot dS = 0$。于是，通过整个高斯面的电通量只需要计算通过两个底面的电通量，并且 E 可以提取到积分号外面。最后利用高斯定理即可以求得底面处的电场强度，这是"整体"，而 P 点是"部分"。

【解题过程】

根据电场分布的对称性特征，选择一个轴线垂直于平面的圆筒式的封闭面（图12.17）作为高斯面，带电平面平分此圆筒。

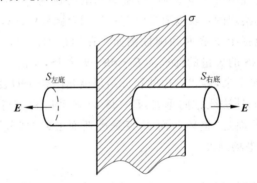

图12.17 无限大均匀带电平面的电场和高斯面

根据高斯定理

$$\Phi_E = \oint_q E \cdot dS = \frac{Q}{\varepsilon_0}$$

$$S = S_{\text{左底}} + S_{\text{右底}} + S_{\text{侧面}}$$

通过该高斯面的电通量由两部分组成：一是通过两底面的电通量，由于在底面上电场强度方向与底面外法线方向平行，因此，在两侧底面上均有 $E \cdot dS = E \cdot dS$；二是通过圆柱侧面的电通量，由于侧面上的电场强度方向与侧面的外法线方向垂直，因此，$E \cdot dS = 0$。于是通过高斯面的电通量为

$$\Phi_e = \oint_S E \cdot dS = \int_{\text{左底}} E \cdot dS + \int_{\text{右底}} E \cdot dS + \int_{\text{侧面}} E \cdot dS = 0 + ES + ES = 2ES$$

由高斯定理可得

$$2ES = \frac{1}{\varepsilon_0} \sigma S \Rightarrow E = \frac{\sigma}{2\varepsilon_0}$$

此结果表明,无限大均匀带电平面的电场分布和场点离开平面的距离无关,在带电平面两侧的电场为匀强电场,方向指离平面。

思考:在什么条件下,实际应用中的有限带电平面可以看成无限大带电平面?

由以上三道例题可以看出,对于具有某种对称性分布的带电体(或带电面),利用高斯定理可以较简便地求得电场强度的分布。对于不具有特定对称性的电场,不能直接由高斯定理求得电场强度,但是,在这样的电场中,高斯定理依然是成立的。

12.8　静电场与导体和电介质的相互作用

——静电场与物质的相互作用是什么?

12.8.1　物质导电性能的分类

早在 18 世纪,人们就开始认识到有些物质接触带电体后能够带电,也就是物质内部的电荷发生了移动,而有些物质内部却不会发生电荷的运动。在电学中,把物质具有可以移动电荷的性质称为物质具有的导电性能。

根据物质的导电性能的大小,可以将物质分为三类:第一类具有大量能够在外电场作用下自由移动的电荷,这种物质的导电性能很强,称为导体,如金、银、铜、铁、锡、铝等金属就是导体。第二类是电荷难于在其中自由移动的物质,这种物质的导电性能很差,称为电介质(也称为绝缘体),如金刚石、人工晶体、琥珀、陶瓷、橡胶等。第三类是导电性介于导体和绝缘体之间的物质,称为半导体。半导体一般是固体,如锗、硅以及某些化合物等。

表征物质导电性能大小的物理量称为电阻率,通常用 ρ 来表示,它在数值上等于在一定温度下该物质处于单位长度和单位横截面积时的电阻。不同的物质有不同的电阻率,电阻率越小的物质,其导电性能越强。导体的电阻率较小,具有可以自由移动的电荷,导电性能很好。而电介质分子中的正负电荷束缚得很紧,电阻率较大,内部可自由移动的电荷很少,因而导电性能很差。

常用的电阻率有两种定义:

(1) 定义长度为 1cm、截面积为 $1cm^2$ 的导体在一定温度下的电阻为电阻率。这样定义的电阻率的单位是欧姆·厘米($\Omega \cdot cm$)。例如,铜在 20℃ 时的电阻率约为 $1.7 \times 10^{-6} \Omega \cdot cm$。

(2) 定义长度为 1m、截面积为 $1mm^2$ 的导体在一定温度下的电阻为电阻率。这样定义的电阻率的单位是欧姆·毫米^2/米($\Omega \cdot mm^2/m$)。例如,铜在 20℃ 时的电阻率约为 $0.017\Omega \cdot mm^2/m$。用第二种定义的单位表示电阻率时,电阻率的数值是用第一种定义的单位表示时的 10000 倍。

电阻率的倒数称为电导率,一般用第一种定义的倒数来表示。

12.8.2　静电场与导体的相互作用

在真空的静电场中放置的电荷是一种自由电荷,从理论上讲,它们在电场力作用下能够到达的空间范围是不受限制的。在讨论真空中静电场的性质时,放置的点电荷对静电场的影响也是可以忽略不计的。但在实际物质中,电荷总是存在于导体中的。当导体放入到静电场中后,由于体积大小的限制,电荷不再是完全自由的。但是,在导体内部,带有电荷的粒子毕竟还可以在较大范围内"自由"活动,因而称为自由电荷。这样放置的导体中的自由电荷也会对静电场的分布产生影响。

设在匀强电场 E_0 中放入一个不带电的导体,如图 12.18(a)所示。在电场的作用下,导体中的自由电荷受到电场力的作用发生移动,在导体的右侧出现正电荷而在左侧出现负电荷。导体上出现电荷后会在内部产生和 E_0 方向相反的电场 E',如图 12.18(b)所示。当导体内部的电场 $E=E_0+E'$ 不为零时,自由电荷在电场力的作用下会继续运动,从而使 E' 增大,直至导体内部电场 $E=0$ 时,自由电荷将停止运动,导体表面的电荷分布不再发生变化,内部的静电场的空间分布也不再发生变化,此时导体达到静电平衡的状态,其电场的空间分布如图 12.18(c)所示。

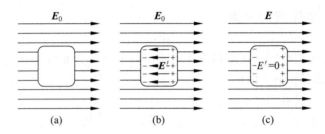

图 12.18   导体的静电平衡

由此可见,导体放入静电场以后,导体中的自由电荷会与静电场产生相互作用:一方面,这些自由电荷受到外电场的影响,从而导致它们在导体内部发生移动形成电荷的重新分布,使导体的带电状态发生改变;另一方面,导体上的电荷分布会产生一个内部电场,与外电场叠加后改变导体内部的电场分布,这样的相互作用直到导体内部电场强度为零,导体上不再有任何电荷的流动,达到静电平衡的状态。静电平衡的出现是外电场对导体中自由电荷作用与导体内部的内电场对自由电荷共同作用的结果。

处于静电平衡的导体满足以下条件:

(1)电荷只分布在导体表面,导体内部净电荷为零;

(2)导体表面附近的场强与该处导体表面垂直,导体表面没有电荷定向移动,导体表面为等势面;

(3)导体表面的场强大小与电荷面密度成正比,表面曲率越大的地方,电荷密度越大,场强也越大(图 12.19)。

由于面电荷密度的分布和曲率有着密切的关系,因此,如果导体的形状有着曲率很大的尖端部位,此处的电荷密度就很大,从而电场强度也很强。当场强达到足以使空气中残留的离子加速运动,并与空气中的分子发生碰撞时,空气中就可能会产生大量新的离子。那些与尖端部位

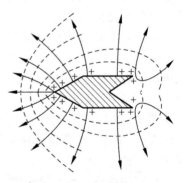

图 12.19   尖形导体处于静电
平衡时的电荷分布

上电荷的电性相反的离子不断被吸引到尖端,与尖端中的电荷中和,产生尖端放电。避雷针正是利用了尖端放电的原理制成的。

在离子同空气分子碰撞的过程中还会使分子处于激发状态,从而产生光辐射,形成可以被观测到的光晕,称为电晕。这种电晕在高压输电时必须尽量避免,以减小电能的浪费。

处于静电平衡状态的导体,不管内部有没有其他带电的导体壳或实心导体,其内部都没有电场,电场强度为零。这样,静电平衡就使导体表面"保护"了被它包围的区域,使导体的这块区域不再受到外电场和表面电荷产生的电场影响,这种现象称为**静电屏蔽**。

静电屏蔽在实际中有着重要的应用,如图 12.20 所示。例如,为了使精密电子仪器在测量时不受外界任何电场的影响,通常在仪器外面包围金属外壳或金属网罩,对外场进行屏蔽,从而对仪器起到保护的作用;又如,为了在维修高压设备时,为避免设备周围强电场对维修者的影响,通常让维修工人穿上用特殊金属材料制成的防护服,对电场进行屏蔽,对工人起到保护作用。

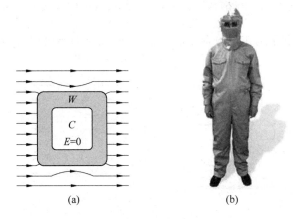

图 12.20　静电屏蔽
(a) 导体内部场强为零;(b) 穿上特殊防护服的维修工人

12.8.3　静电场与电介质的相互作用

在导体内部,带有电荷的粒子毕竟还可以在较大范围内自由活动,在电介质内部则没有可以自由运动的载流子,介质内部的电荷在静电场作用下虽然也会发生移动,但它们的移动会受到更多的约束。

所有的电介质的分子可以根据其正负电荷作用重心是否重合而分为有极分子和无极分子两类。

有极分子　有极分子的一端集中了正电荷而另一端集中了负电荷,正负电荷量虽然相等,但在分子中正负电荷的分布却不对称,正负电荷的重心不重合。这样的电荷分布使分子形成了电偶极子,具有电偶极矩。H_2O 和 N_2O 分子就是这样的有极分子。有极分子在没有受到电场作用时,分子的取向是随机的(图 12.21(a))。

一旦把有极分子置于电场中,有极分子的取向在电场力产生的偶极矩作用下发生转变,并按照电场线方向进行排列,但是由于分子热运动的作用,有极分子的取向沿着电场线的方向排列并不是严格的(图 12.21(b))。但从总体来看,这种取向的结果使电介质沿着电场线的方向前后两个侧面分别出现正、负电荷,这样的电荷称为束缚电荷。电介质的电偶极矩沿着外电场方向排列并在电介质的侧面出现束缚电荷的现象称为电介质的极化现象。有极分子的极化现象常称为取向极化。

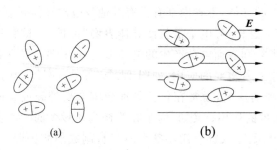

图　12.21

（a）无电场作用时有极分子的排列；（b）有电场作用下的有极分子的排列

无极分子　无极分子的正负电荷重心重合，分子没有固有电偶极矩，如 CH_4、H_2、N_2 就是这样的无极分子（图 12.22）。

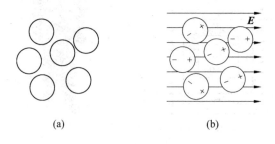

图　12.22

（a）无电场时有极分子的排列；（b）有电场作用下的无极分子排列

当把无极分子置于电场中时，在电场力的作用下正电荷会沿着电场线的方向移动，而负电荷会向相反方向移动，从而使分子中的正负电荷分布发生变化。两种电荷的重心会分开一段很小的距离，使分子具有一定的电偶极矩，这种电矩称为感生电矩。在外电场作用下，感生电矩也会产生沿电场线方向排列的趋势，电介质的两个侧面也会出现正负束缚电荷，这种电介质的极化现象称为位移极化。

12.8.4　真空中的电容器及其电容

如果把两个带电体分开，使它们中间保持真空或充满介质，这样形成的电子器件就称为电容器。最常见的是由两块导电平板（称为极板）组成的平板电容器。

把两块极板分别与电源的正负极相连，于是电子就会从一块极板迁移到另一块极板上，这个过程称为充电。在充电过程中，与电源正负极板相连接的两块极板上分别带上等量异号电荷（与电源正极相连的极板带正电，与电源负极相连的极板带负电），两板之间出现电势差。当两板之间电势差等于电源电压时，充电过程就停止了。

设把已充电的电容器与电源断开后，两极板分别带有 Q 和 $-Q$ 的电量，极板间具有一定的电势差 U。实验表明，电容器两极板之间的电场强度大小 E 和电量 Q 成正比，极板间的电势差 U 也和电量 Q 成正比，但是电量 Q 和电势差 U 的比值保持不变。这个比值就定义为该电容器的电容，用 C 表示，

$$C = \frac{Q}{U} \qquad\qquad (12\text{-}34)$$

电容器的电容是电容器本身的属性,它的大小是由电容器极板的形状、尺寸和极板间电介质的性质所决定的。电容器的极板即使不带电,也具有一定的电容,电容与极板是否带电和带电量多少无关。

电容器的极板一旦带电以后,电容的大小在数值上就定义为电容两极板之间的电势差每升高一个单位时,两极板上能够增加的电量。以两块平行放置金属板构成的平板电容器为例(图 12.23)。假设电容器放在真空中,极板面积是 S,当极板带上电荷 Q 时,电场集中在两块极板之间。由高斯定理可以得到,两极板间的电场为 $E = \sigma/\varepsilon_0$,其中 σ 是每块板上的电荷面密度,即 $\sigma = Q/S$,因此场强 $\boldsymbol{E}$ 的大小可以表示为

$$E = \frac{\sigma}{\varepsilon_0} = \frac{Q}{\varepsilon_0 S}$$

由于两极板间的电场为匀强电场,极板间的距离为 d,则两极板间的电势差为

$$U_{ab} = Ed = \frac{1}{\varepsilon_0}\frac{Qd}{S}$$

由此可得真空中平行板电容器的电容为

$$C = \frac{Q}{V_{ab}} = \varepsilon_0\frac{S}{d} \qquad\qquad (12\text{-}35)$$

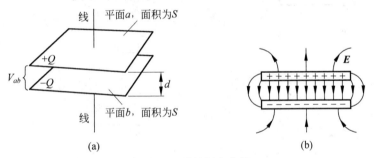

图 12.23 平行板电容器

由此可见,平行板电容器的电容大小与极板的面积 S 成正比,而和板极间的距离 d 成反比。如果极板的位置是可变的,电容 C 会随着极板间的距离 d 发生变化,这就是电容式麦克风的工作原理。手机上的触屏、MP3 播放器等器件就是利用了电容的原理制成的。

电容的单位为法拉,符号为 F,这是为了纪念 19 世纪的英国物理学家法拉第(Michael Faraday,1791—1867)而命名的。从式(12-34)可知,电容器的电容在数值上等于电容器两极板之间电势差为 1V 时所带的电量。当所带电量为 1C 时,就称该电容器的电容为 1F:

$$1F = 1C/V$$

法拉是很大的电容单位,常用的电容的单位有 μF(微法)和 pF(皮法):

$$1\mu F = 10^{-6}F$$
$$1pF = 10^{-12}F$$

例如,相机中的闪光灯的电容是几百微法,收音机中的电容为 $10\sim100$pF。

电容是电容器储存能量能力的量度。由于只有做功才能在两块极板间移动电荷并产生电势差,因此电容器带电的过程必然是电势能储存在电容器中的过程。电容 C 越大,在一

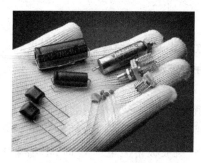

图 12.24 常见的若干电容器

定电势差下极板上的电量越大,电容器储存的能量越多。图 12.24 显示的是常见的若干电容器。

电容器的用途十分广泛,可以用于照相机的闪光灯、脉冲激光、汽车的安全气囊以及广播电视接收器等。

在实际电路中,当单个电容器的电容不能满足使用要求时,可以将若干个电容连接起来使用,连接方式通常有串联和并联两种。

电容器的串联　两个电容器串联在 a、b 两端,如图 12.25(a)所示。当 a、b 两端的电压为 V_{ab} 时,电容器开始充电。在充电过程中,两个电容器的极板上所带电量 Q 始终相等,总电压 V 是每个电容器的电压之和。这两个电容的等效总电容 C 是多少呢?

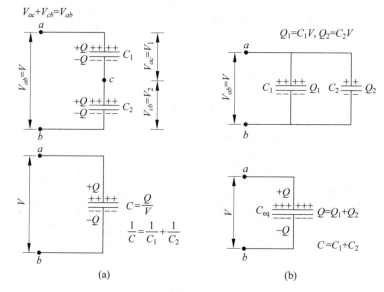

图 12.25　电容器的两种连接方式

(a) 串联；(b) 并联

按照电容定义 $C=Q/V$,设串联电容中间一点为 c,我们可以写出各点间的电势差:

$$V_{ac} = V_1 = \frac{Q}{C_1}, \quad V_{cb} = V_2 = \frac{Q}{C_2}$$

$$V_{ab} = V = V_1 + V_2 = Q\left(\frac{1}{C_1} + \frac{1}{C_2}\right)$$

则

$$\frac{V}{Q} = \frac{1}{C_1} + \frac{1}{C_2} \tag{12-36}$$

如果把两个串联的电容作为一个整体,根据电容定义,等效总电容 C 可表示为

$$\frac{1}{C} = \frac{V}{Q} \tag{12-37}$$

由式(12-36)和式(12-37),可得

$$\frac{1}{C} = \frac{1}{C_1} + \frac{1}{C_2} \tag{12-38}$$

对于多个电容串联的电路,其等效总电容 C 满足

$$\frac{1}{C} = \frac{1}{C_1} + \frac{1}{C_2} + \frac{1}{C_3} + \cdots = \sum \frac{1}{C_i} \tag{12-39}$$

即电容串联以后等效总电容的倒数等于各个电容器电容的倒数之和。

电容器的并联 两个电容并联在 a、b 两端,如图 12.25(b)所示。当 a、b 两端的电压为 U_{ab} 时,电容器开始充电。此时,两个电容器上的电压 U 相等,也就是说总电量 Q 是每个电容器上的电量之和。这两个电容的等效总电容 C 是多少呢?

$$Q_1 = C_1 V, \quad Q_2 = C_2 V$$

$$Q = Q_1 + Q_2 = (C_1 + C_2)V$$

因此

$$\frac{Q}{V} = C_1 + C_2 \tag{12-40}$$

如果把两个并联的电容作为一个整体,根据电容定义,两个并联电容的等效总电容 C 为

$$C = C_1 + C_2 \tag{12-41}$$

对于多个电容并联的电路,则等效总电容 C 为

$$C = C_1 + C_2 + C_3 + \cdots = \sum C_i \tag{12-42}$$

即电容并联以后等效总电容等于各个电容器电容之和。

12.8.5 充满电介质的电容器及其电容

实际使用的电容器的极板间都充满电介质(如云母、玻璃等)。如果一个电容器的两极板之间为真空时,其初始电容为 C_0,当这个电容器的极板之间充满电介质以后,这个电容器的电容将会发生改变。

设平行板真空电容器与电源连接以后,极板上带电量为 Q,极板间的电势差为 V_0,初始电容是 $C_0 = \dfrac{Q}{V_0}$(图 12.26(a)),当极板间充满电介质(如云母、玻璃等)后,实验测得两极板之间的电势差 V 小于 V_0(图 12.26(b)),插入电介质后的电容是 $C = \dfrac{Q}{V}$。与真空电容器相

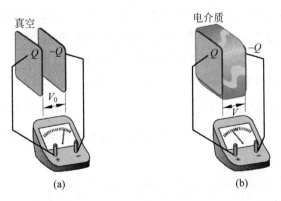

图 12.26 电介质对平行板电容器的极板间电场的影响

比,插入介质后,电容增大了。电容 C 和 C_0 的比值(即电势差 U_0 和 U 的比值)称为相对介电常数 ε_r,

$$\varepsilon_r = \frac{C}{C_0} \tag{12-43}$$

相对介电常数是一个大于 1 的数,它的大小和电介质的种类、状态(温度)相关。例如空气在常温下的相对介电常数约为 1.0006,几乎等于 1。因此,空气电容器通常可以看成是在真空中的情况。表 12.1 列举了几种电介质的相对介电常数。

表 12.1 几种常用电介质的相对介电常数

电介质	相对介电常数	电介质	相对介电常数
真空	1	聚氯乙烯	3.18
空气(1atm)	1.00059	有机玻璃	3.40
空气(100atm)	1.0548	玻璃	5~10
特氟龙	2.1	氯丁橡胶	6.70
聚乙烯	2.25	锗	16
苯	2.28	甘油	42.5
云母	3~6	水	80.4
聚酯薄膜	3.1	钛酸锶	310

实际中使用的电介质不是完美的绝缘体,因此电容器极板间还会存在漏电流。在电容器两极板之间的电势差不是很大的情况下,可以忽略漏电流的影响,认为电容器的电容不变。但是如果电势差很大,漏电流作用的时间很长,随着时间推移,极板上的电量就会发生变化,介质的绝缘性能也会发生变化,于是相应的电容也会发生变化,此时该电容器的电容就不是一个恒量。

当这个电容器的极板间充满电介质时,电容器内部的电场强度会发生怎样的变化?

上述实验表明,将电介质插入后极板间的电压减小,从而使极板间的电场减弱。由于 $U = Ed$,$U_0 = E_0 d$,所以

$$E = \frac{E_0}{\varepsilon_r} \quad (\text{当电量 } Q \text{ 不变时}) \tag{12-44}$$

由此可见,电介质插入后电场强度减小为真空时的 $1/\varepsilon_r$。这是由于电介质在电场中发生了变化以及电介质的分子结构发生了改变。

电介质插入极板间以后在电介质表面会出现与极板所带电荷符号相反的电荷——束缚电荷,从而在电容器内部形成一个与外电场方向相反的电场,叠加在外电场上。图 12.27 分别表示真空电容器极板间的电场和有介质的电容器极板间的电场。

设电介质极板上自由电荷的面密度为 σ,束缚电荷的面密度为 σ',极板表面积为 S,于是,电容器每块极板上的净电荷密度为 $\sigma - \sigma'$。由于导体表面附近的电场 $E = \dfrac{\sigma}{\varepsilon_0}$,对某特定的材料介电常数 ε_0 是一个恒定的量。没有电介质和有电介质存在时电场强度可以分别表示为

$$E_0 = \frac{\sigma}{\varepsilon_0} \quad \text{和} \quad E = \frac{\sigma - \sigma'}{\varepsilon_0} \tag{12-45}$$

由式(12-44)和式(12-45)可得

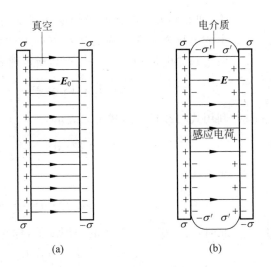

图 12.27　电容器极板间的电场

（a）真空电容器极板间的电场；（b）有介质的电容器极板间的电场

$$\sigma' = \sigma\left(1 - \frac{1}{\varepsilon_\mathrm{r}}\right) \tag{12-46}$$

上式表明,当 ε_r 很大时, σ' 和 σ 近似相同,也就是说面束缚电荷可以将极板表面的大部分电荷抵消掉,于是,介质中的电场强度以及电势差与真空条件下相比就小很多。

ε_r 和 ε_0 的乘积称为电介质的介电常数,用 ε 表示:

$$\varepsilon = \varepsilon_0\varepsilon_\mathrm{r} \tag{12-47}$$

利用介电常数,电场强度可表示为

$$E = \frac{\sigma - \sigma'}{\varepsilon_0} = \frac{E_0}{\varepsilon_\mathrm{r}} \tag{12-48}$$

由此,有电介质存在时的电容可以表示为

$$C = \varepsilon_\mathrm{r} C_0 = \varepsilon_0\varepsilon_\mathrm{r}\frac{S}{d} = \varepsilon\frac{S}{d} \tag{12-49}$$

电容器两极板间是真空时, $\varepsilon_\mathrm{r} = 1$, $\varepsilon = \varepsilon_0$,和前面讨论的真空中的电容器的电容形式一致。因此, ε_0 称为真空介电常数。相对介电常数 ε_r 是一个无量纲的量, ε_0 和 ε 的单位相同,均为 $\mathrm{C^2/N \cdot m^2}$ 或者 $\mathrm{F/m}$,这里 F 是法拉(电容单位)。

当外电场不太大时,电介质仅仅产生极化现象。如果电容器两极板之间的电势差很大且达到一定数值时,电介质分子中的正负电荷受到很大电场力的作用,可能分开变成"自由"电荷,从而使绝缘体变为导体,这种现象称为电介质的击穿。电介质被击穿时电容器两极板之间的电压称为击穿电压。电容器一旦被击穿,电容器就失效了。

12.8.6　电介质存在时的高斯定理

把真空中的高斯定理推广到有电介质存在时的静电场中,可以得到电介质中的高斯定理。

仍以平行板电容器为例,如图 12.28 所示,在电容器左边极板和电介质中作一个封闭的高斯面,高斯面的左右两侧面平行于极板、面积为 S,其中左侧面在极板中,该处电场强度为

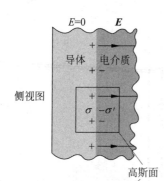

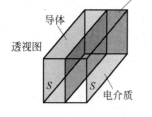

图 12.28　电介质存在时
的高斯定理

零,而右侧面在电介质中的电场强度用 E 表示。而其他侧面上的电场强度在该面的法线方向上的分量为零。因此,高斯面内总的电量 $Q=(\sigma-\sigma')S$,高斯定理表示为

$$\oint_S E \cdot \mathrm{d}S = \frac{(\sigma-\sigma')S}{\varepsilon_0} \tag{12-50}$$

利用式(12.46),上式可以表示为

$$\oint_S E \cdot \mathrm{d}S = \frac{\sigma S}{\varepsilon_0 \varepsilon_r}$$

或写成

$$\oint_S \varepsilon_0 \varepsilon_r E \cdot \mathrm{d}S = \sigma S$$

此时,可以引入一个新的物理量 D,称为电位移矢量:

$$D = \varepsilon_0 \varepsilon_r E \tag{12-51}$$

电位移矢量的单位是 C/m^2,于是,介质中的高斯定理可以表示为

$$\oiint_S D \cdot \mathrm{d}S = \sigma S = \sum q_0 \tag{12-52}$$

这里的 $\sum q_0$ 表示的是高斯面内极板上的自由电荷的代数和。

　　上式表明,在有电介质存在的静电场中,通过任意闭合曲面的电位移通量等于该闭合曲面内的自由电荷的代数和。这就是电介质中的高斯定理,也称为电位移矢量的高斯定理。该定理虽然是利用平行板电容器导出的,但是可以证明该定理对充满介质的静电场是普遍适用的。

12.9　电容器的能量和静电场的能量

——什么是静电场的能量?

　　在对电容器充电的过程中,外力对电容器做功,把电荷从一个极板迁移到另一个极板,使正负电荷分离开来,并在两极板上集聚电量。做功的结果就是把其他形式的能量转变为电能,并在两极板上集聚,这就是电容器所具有的能量。

　　设在电容器两极板之间的电势差从 0→U 的过程中,已经储存了电量 q,如果在此基础上再储存电量 $\mathrm{d}q$ 时,外力必须做功 $\mathrm{d}A$,而两极板上电势能增大 $\mathrm{d}W$,

$$\mathrm{d}A = \mathrm{d}W = U\mathrm{d}q \tag{12-53}$$

对上式积分就可以得出电容器的电量从 0→Q 的过程中所储存的总能量为

$$W = \int_0^Q U\mathrm{d}q = \int_0^Q \frac{q}{C}\mathrm{d}q = \frac{1}{2}\frac{Q^2}{C} \tag{12-54}$$

　　这个能量可以利用描述电场的物理量来表示。以平行板电容器为例,设电容器的极板面积为 S,极板间距是 d,则

$$C = \frac{\varepsilon_0 \varepsilon_r S}{d} \tag{12-55}$$

把上式代入式(12.54)得出

$$W = \frac{1}{2}\frac{Q^2}{C} = \frac{1}{2}\frac{Q^2 d}{\varepsilon_0 \varepsilon_r S} = \frac{\varepsilon_0 \varepsilon_r}{2}\left(\frac{Q}{\varepsilon_0 \varepsilon_r S}\right)^2 Sd \tag{12-56}$$

由于在两极板之间出现了电场,电场强度为

$$E = \frac{Q}{\varepsilon_0 \varepsilon_r S}$$

因此,

$$W = \frac{\varepsilon_0 \varepsilon_r}{2}\left(\frac{Q}{\varepsilon_0 \varepsilon_r S}\right)^2 Sd = \frac{\varepsilon_0 \varepsilon_r}{2}E^2 Sd \tag{12-57}$$

设平行板电容器中的电场体积 $V = Sd$,于是,在这种情况下,电场的能量体密度 w_e(单位体积内的能量)是

$$w_e = \frac{W}{Sd} = \frac{1}{2}\varepsilon_0 \varepsilon_r E^2 = \frac{1}{2}\varepsilon E^2 = \frac{1}{2}DE \tag{12-58}$$

这里 $D = \varepsilon E$ 是电位移矢量。式(12-58)虽然是从平行板电容器中推导出来的,但可以证明,它对任何电介质中的电场都是成立的。一般情况下,电介质中的电场能量可以从能量体密度对整个电场空间的积分得到

$$W = \int w_e \, dV = \int \frac{1}{2}\varepsilon_0 \varepsilon_r E^2 \, dV \tag{12-59}$$

虽然式(12-57)和式(12-58)是相继从式(12-56)演化而得到的,但是能量与电场强度联系在一起的这个表达式具有深刻的物理意义,它表明电容器的能量储存在电场这个有限的空间里。虽然这里的电场是静电场,但它的能量是与电荷联系在一起的。以后几章的讨论将会显示出,随时间变化的电场和磁场可以脱离电荷而以电磁波的形式传播到很远的地方去,因此,电能确实储存在电场中,这一点从本质上体现了电场的物质性。

思 考 题

1. 美国物理学家费恩曼曾经提出过两个比值惊人的相似之谜:一个是两个电子之间的静电力与万有引力的比值;另一个是宇宙直径与质子直径的比值。你能通过查阅有关数据,得出这两个比值的数量级分别是多少吗?

2. 在静电场中,下列表述是否正确?如果不正确,请说明理由。

(1) 电场强度处处相等的区域,电势一定处处相等;

(2) 电场强度为零的位置,电势一定为零;

(3) 电场强度越大的位置,电势一定越大;

(4) A 点的电势比 B 点的电势高,放置在 A 点的电荷具有的电势能比同一个电荷放置在 B 点的电势能大。

3. 在例题 4 中,如果均匀带电圆盘轴线上位于 x 轴正方向上的 P 点离开圆盘的中心很远,即 x 远大于圆环半径 R,对于 P 点的电场强度的大小,你能得出什么结论?

4. 在例题 4 中,如果把带电圆盘改为一均匀带电圆环,其内半径是 R_1,外半径是 R_2,对于位于 x 轴正方向上的 P 点的电场强度,你能得出什么结论?

5. 为了求得带正电导体球附近某点 P 的电场强度,我们可以在 P 点放置一个带正电的试验电荷 q_1,测量出试验电荷受到的力 $\boldsymbol{F}_1$。然而,由于试验电荷尺度不是足够小,以致不

能看作点电荷,而且由于试验电荷的存在使导体球上的电荷分布受到很大影响。问:

(1) $\dfrac{F_1}{q_1}$ 的数值能表示出 P 点的电场强度吗?与 P 点的电场强度 E 相比,数值上发生了什么变化?

(2) 如果试验电荷的电量是 q_2,把它放置在 P 点时受到的力是 F_2,这里的电场强度大小是 $E=\dfrac{F_2}{q_2}$ 吗?为什么?

(3) $\dfrac{F_1}{q_1}$ 与 $\dfrac{F_2}{q_2}$ 哪一个更接近于 P 的电场强度 E?

6. 设在匀强电场 E 中放置一个电偶极子,问:有没有净电场力作用在该电偶极子上?如果有,净电场力的方向与电场 E 的方向有什么关系?有没有力矩作用在该电偶极子上?如果有,这个力矩能不能使该电偶极子的电偶极矩转到与 E 平行或反平行的方向?

7. 如果一个曲面上每一点处的电场强度 E 都为零,那么通过该曲面的电通量是否一定为零?如果通过一个曲面的电通量为零,那么该曲面上每一点的电场强度是否一定为零?

8. 对于一个带有均匀面电荷的立方体带电体,在计算它所产生的电场强度时,能不能利用高斯定律?如果可用,应该选取什么样的高斯面?

9. 如果已知空间某一点的电场的大小,能不能由此求得该点的电势?如果可以,该怎样求出电势?如果已知空间某一个区域中用坐标表示的电场表达式,能不能由此求得该区域内两点之间的电势差?如果可以,该怎样求出电势差?

10. 把一平行板电容器充电以后与电源断开,设电容器两极板间距是 d,然后将一块厚度是 $d/3$ 的金属板插入两极板中间,金属板的插入将电容器的间距恰好分为等距离的三部分。问:以下物理量是否发生变化?如果有变化,怎样变化?

(1) 电容器的电容;

(2) 电容器两极板上的电荷;

(3) 两极板之间的电势差;

(4) 两极板之间的电场强度(不包括金属板所占空间);

(5) 两极板之间的能量密度(不包括金属板所占空间);

(6) 整个系统的电能。

习　　题

12.1　在一个正方形的四个顶角上分别放置四个点电荷,构成四个带电体,正方形的边长都是 a,如习题 12.1 图所示。求中心点 O 的电场强度。

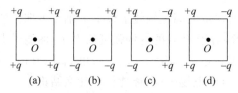

习题 12.1 图

12.2 有一段连续均匀带电圆弧,圆心角为 60°,半径为 R,圆弧的一半均匀带正电,另一半均匀带负电,电荷线密度分别为 $+\lambda$ 和 $-\lambda$,求圆心处 O 的场强(习题 12.2 图)。

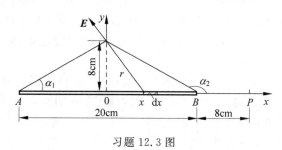

习题 12.2 图

12.3 有一长度为 $a=20\text{cm}$ 的均匀带电细棒,电荷线密度为 $\lambda=3\times10^{-8}\text{C/m}$(习题 12.3 图),求:

(1) 在棒的延长线上与棒的 B 端相距 $d_1=8\text{cm}$ 处的场强;

(2) 在棒的垂直平分线上与棒的中点相距 $d_2=8\text{cm}$ 处的场强。

习题 12.3 图

12.4 (1) 一点电荷 Q 位于边长为 a 的正方形平面的中垂线上,Q 与平面中心 O 点的距离是 $\dfrac{a}{2}$,如习题 12.4 图(a)所示。求通过正方形平面的电通量。

(2) 把上述点电荷 Q 移到边长为 a 的正立方体的一个顶角上,如习题 12.4 图(b)所示。求通过小正立方体每一个面的电通量。

12.5 一个具有一定厚度的均匀带电的球壳层,它的内、外半径分别为 R_1 和 R_2,所带电荷体密度为 ρ,A 点位于球壳层中间的空腔中,B 点位于球壳层的带电层中,如习题 12.5 图所示。试计算:

(1) A 和 B 两点的电势;

(2) 利用电势梯度求 A 和 B 两点的场强。

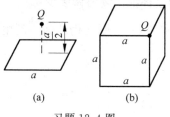
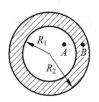

习题 12.4 图   习题 12.5 图

12.6 一根不导电的细塑杆,被弯成带有一个细小缝隙缺口的圆环,圆环的半径 $R=0.5\text{m}$,细小缝隙的宽度 $d=2\text{cm}$。杆上均匀分布着 $q=3.12\times10^{-9}\text{C}$ 的电荷,如习题 12.6 图所示,求该圆环圆心 O 处的电场强度大小和方向。

12.7 如习题 12.7 图所示,一根无限长的带电导线,电荷的线密度是 λ,求该导线周围的空间电势分布。

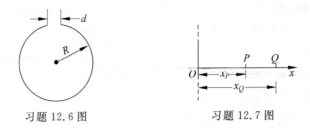

习题 12.6 图   习题 12.7 图

12.8   在一个原先不带电、内外半径分别为 r_B 和 r_C 的金属球壳 B 内同心放置一个带电量为 q,半径为 r_A 的金属球 A,如习题 12.8 图所示,问:图中位于两金属球之间空间中半径为 r 的 P 点的电场强度是多少? 若用导线将 A 和 B 连接起来,则 A 球的电势为多少? (设无穷远处电势为零)

12.9   一球形电容器由两个同心的导体球面组成,半径分别是 R_1 和 R_2($R_1 < R_2$),分别带有电量 $+Q$ 和 $-Q$,设两球面之间是真空,如习题 12.9 图所示。问:

(1) 两球面之间的电场强度是多少?

(2) 两球面之间的电势差是多少?

(3) 这个球形电容器的电容是多少?

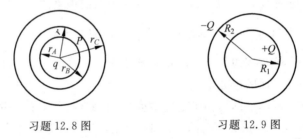

习题 12.8 图   习题 12.9 图

12.10   一平板电容器的极板面积为 S,两板相距为 d,两块极板所带电量分别是 $\pm q$。

(1) 如果在两板之间插入一块厚度为 $\dfrac{d}{2}$ 的金属板(金属板的表面与电容器极板平行),其电容改变为多少? 如果把金属板从电容器中全部抽出需要做多少功?

(2) 如果把(1)中的金属板改为相对介电常数是 ε_r,厚度仍然为 $\dfrac{d}{2}$ 的电介质板,重复上述计算。

第13章

稳恒电流和磁场的描述

本章引入和导读

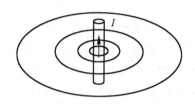

载流长直导线产生的磁场

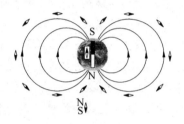

地球周围的磁场

电和磁的关系很早就引起了人们的重视,人们对磁的研究一直是与对电的研究密不可分的。我国东汉时的王充就有把电和磁的吸引现象放在一起的论述。1774 年,巴伐利亚电学研究院提出过一个征文题目:"电力和磁力是否存在着实际的和物理的相似性?"1820 年初,丹麦物理学家奥斯特关于电流磁效应的发现,使人们对电磁学的研究进入了新的发展时期。

在静电场中,电荷相对于观察者是静止的。静止电荷在其周围空间产生静电场,电荷对放置在静电场中的其他电荷之间存在静电力的相互作用。当电荷相对于观察者运动时,运动的电荷就在其周围空间产生磁场,运动电荷或电流对放置在磁场中的其他运动电荷或电流之间存在磁场力的相互作用。本章主要讨论相对于观察者运动的电荷或电流产生的磁场和磁场力以及磁场与物质的相互作用。讨论磁场首先需要从对电流大小的描述入手。中学物理已经给出了电流强度的定义,这个定义仅当电流流过粗细均匀、截面积较小的导体时是合适的,因为在垂直于电流的导线横截面上,电流可以看成是均匀分布的。但是,当电流流过大块的、形状不规则的导体时,在横截面上电流就不再是均匀分布的,电流强度只能对电流大小给出粗略的描述。大学物理则进一步给出了电流密度的定义,从而更细致地描述了电流通过截面流动的大小和方向。

在静电场中,描述电场的物理量是电场强度,而在磁场中,描述磁场的物理量是磁感应强度。中学物理讨论了长直导线产生的磁场和通电螺线管产生的磁场及其确定磁场方向的右手定则。大学物理将讨论任意形状导线产生的磁场,例如,一根半圆形导线通以电流,如何确定其产生的磁感应强度? 如果是导体平板通过面电流,如何计算其产生的磁感应强度?

如果是圆柱形导体通以体电流,则它产生的磁感应强度如何分布? 这样的讨论显然比中学物理更普遍,更深刻。而中学物理的结论仅是其中一个特例。

与计算电场强度类似,大学物理从讨论电流元产生的磁场开始,采取从"部分"到"整体"的方法,"先分割、后分解、再叠加",把对长直导线的讨论延伸到任意形状的通电导线或导体产生的磁场;对于具有对称性分布电流产生的磁场,利用从长直载流导线得出的安培环路定理,采取从"整体"到"部分"的方法得到对称性的磁场,这些计算磁感应强度的方法不仅更具有一般性和普遍性,而且提供了认识物理世界的一种科学方法。

本章的学习可以通过与静电场的类比进行。既要把握电场和磁场的共性,又要着重理解它们各自具有的特性。

在场的起源上,静电场和本章中,运动电荷或稳恒电流产生的磁场都是由场源激发而产生,并通过场传递的。静电场是由静止的电荷产生的,静电力是通过静电场传递的电荷和电荷之间的相互作用力,发生在两个电荷的连线上。磁场是由运动的电荷或稳恒电流产生的,磁场力是通过磁场传递的运动电荷之间的相互作用力,但不发生在运动电荷的连线上,磁场力与电荷的运动速度有关。

在场的性质上,静电场和本章讨论的静磁场都是不随时间改变的场。静电场是有源场,电场线是"有头有尾"的,从正电荷出发终止于负电荷。磁场是无源场,磁感线是"无头无尾"的闭合曲线。静电场和磁场都有相应的高斯定理和安培环路定理,但是正因为场的性质不同,它们各自的描述方式和作用是不同的。在静电场中放置的导体可以产生静电感应效应,电介质可以被极化;而在磁场中放置的磁介质按照磁介质的不同性质(顺磁体、抗磁体和铁磁体)而呈现出不同的磁化程度。

虽然本章提出的磁场概念和第12章提出的电场概念是分别在两章中引入的,实际上,电和磁是密切相关的,电可以生磁,磁也可以生电,电场和磁场都是电磁场的组成部分,是人们对物质的认识从"实体物质性"提升为"场的物质性"的认识的深入。

13.1 电流强度、电流密度和欧姆定律的微观形式

——怎样更细致地描述电流的大小?

13.1.1 电流强度和电流密度及其相互关系

磁场是由电流产生的,电流是由运动的带电粒子(载流子)形成的。因此,讨论磁场首先需要对电流的大小作出定量的描述。物理上把单位时间内通过某一截面的电量定义为通过该截面的电流强度,用 I 表示,

$$I = \frac{\Delta Q}{\Delta t} \tag{13-1}$$

这里,电量通常用 Q 或 q 表示,单位是库仑,通常用 C 表示。电场强度的单位是库仑/秒,在国际单位制中,电流强度的单位是安培,用 A 表示,$1A = 1C/s$。

电流强度是一个标量,不是矢量。一个导体通电以后,经常会被标示出电流的方向,但这仅仅指正电荷在导体内的流动方向而已。电流强度的数值只有大小和正负之分,在电路内,电流的相加是代数和的相加,不是矢量的相加。

对于粗细均匀的截面积较小的导线,式(13-1)给出了每一个与电流方向垂直的横截面上单位时间内通过的电流的大小;在该截面上电流是均匀分布的,即在与电流方向垂直的每个单位截面积上通过的电流和方向都是相同的。

然而,对于大块的且形状不规则的导体,由于各处截面积大小不同,电流通过横截面上不同部分的电流不再均匀。例如,图 13.1 中的导体是由 Ⅰ 和 Ⅱ 两个截面积大小不同的导体组成的,当电流的方向沿图示方向时,通过 Ⅰ 和 Ⅱ 的电流强度是相同的,而且在导体 Ⅰ 中通过每一个横截面的电流是均匀分布的。但是在两部分交界面处,界面的面积发生了突变,因此,当电流一旦从导体 Ⅰ 进入导体 Ⅱ 后,在导体 Ⅱ 的横截面上的电流的大小和方向不再均匀分布,每一个单位面积上在单位时间内通过的电流的大小和方向都不相同。为了更细致地描述电流在导体中的流动,还需要引入一个新的物理量——**电流密度**。

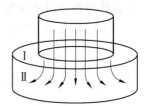

图 13.1 电流从导体 Ⅰ 进入
导体 Ⅱ 示意图

与电流强度不同,电流密度是一个矢量。它的大小定义为通过与该处电流方向垂直的单位截面积上的电流强度,它的方向规定为电流流动的方向 $\boldsymbol{n}$。导体中某处的电流密度用 $\boldsymbol{J}$ 表示:

$$\boldsymbol{J} = \frac{\mathrm{d}I}{\mathrm{d}S_{\perp}}\boldsymbol{n} \tag{13-2}$$

这里 $\mathrm{d}S_{\perp}$ 为垂直于电流流动方向的截面积。在国际单位制中,电流密度的单位为安培/米^2($\mathrm{A/m}^2$)。

由式(13-2)可得出

$$\mathrm{d}I = \boldsymbol{J} \cdot \mathrm{d}\boldsymbol{S} \tag{13-3}$$

上式中 $\mathrm{d}\boldsymbol{S}$ 是导体截面的外法线矢量,其大小是截面的面积,方向是电流流动的方向 $\boldsymbol{n}$。由式(13-3)可以看出,通过某横截面的电流强度 I 等于电流密度矢量与该截面外法线矢量的标积对截面积的积分,电流强度 I 与电流密度 J 之间是通量的关系:

$$I = \int_{S} \boldsymbol{J} \cdot \mathrm{d}\boldsymbol{S} \tag{13-4}$$

13.1.2 欧姆定律的微观形式

在宏观上,导体中电流强度的大小等于导体两端的电势差 U 和导体的电阻 R 之比,部分电路欧姆定律表明导体中的电流强度 $I=\dfrac{U}{R}$,其中 $R=\dfrac{\rho l}{S}$。式中,U 是导线两端的电压,R 是导线的电阻,ρ 是导体的电阻率,S 是导体的横截面积,l 是导体的长度。

在微观上,导体中电荷的运动是外电场驱动的,用电流密度比电流强度能更确切地描述电荷在导体中的运动。外电场与电流密度有什么关系?有没有相应的欧姆定律描述外电场与电流密度之间的关系?

由于金属中的载流子为自由电子,设电子的电量为 e,在微观机制上电流密度的大小与电子密度 n 和电子运动的平均漂移速度 v 成正比,它们之间的关系是

$$\boldsymbol{J} = en\boldsymbol{v} \tag{13-5}$$

电流是在外电场驱动下产生的,设电场强度为 $\boldsymbol{E}$,则可以导出电流密度与外电场之间存

在着下列关系：

$$J = \sigma E \tag{13-6}$$

【数学推导】 欧姆定律微分形式的导出

式(13-6)就是欧姆定律的微分形式，其中 σ 是电导率，等于电阻率的倒数。电阻率的单位是 $\Omega \cdot m$，电导率的单位是 S/m（西门子每米），$1S = 1/\Omega$。

导体内各处电流密度不随时间变化的电流称为稳恒电流。如果导体中存在稳恒电流，流入一个闭合曲面的电流一定等于流出这个闭合面的电流：

$$\oint_S J \cdot dS = 0 \tag{13-7}$$

式(13-7)称为电流的连续性方程。

13.2　磁场的物理描述方式和几何描述方式

——什么是磁感应强度、磁感应线和磁通量？

实验发现，在天然磁体、通电导线和电子束周围都会有磁场存在，进入磁场中的运动电荷或载流导体都会受到磁场力的作用，磁场力是运动电荷与运动电荷之间或电流与电流之间通过磁场传递的相互作用。

在静电场中，描述静电场有物理描述和几何描述两种方式，并相应定义电场强度、电场线和电通量三个量。类似地，描述磁场同样也有这两种描述方式，也需要相应定义三个量，这就是磁感应强度、磁感应线和磁通量。

13.2.1　磁感应强度

在静电场中，电场强度是描述电场本身特征的物理量，相应地，在磁场中，磁感应强度是描述磁场本身特征的物理量，但是，由于电场和磁场的性质不同，电场强度的定义方式与磁感应强度的定义方式也是不同的。

在静电场中，当一个单位正电荷静止地被放在某位置时，它所受到的静电力的大小只与该正电荷所在的位置有关，作用在正电荷上的静电力只有唯一的一个方向，于是，这个静电力的大小就定义为该点电场强度 E 的大小，这个唯一的方向就定义为该点电场强度 E 的方向。但是，在磁场中，处于磁场中某个位置的电荷是运动的，不同的电荷还可以具有不同的速度大小和方向，因而电荷受到的磁场力的大小和方向不唯一。磁场力不仅与电荷位置有关，还与电荷运动的速度的大小和方向有关。

实验表明，虽然在磁场中的每一位置上具有不同的速度大小和方向的运动电荷受到的磁场力的大小和方向都不同，但每一个位置都有一个特征方向，一旦放入磁场的运动电荷沿着这个特征方向运动时，运动电荷受到的磁场力为零，而且磁场中每一个位置只有唯一的这样一个方向。于是，这个特征方向就被定义为该点磁感应强度 B 的方向。

实验还表明，当处于某位置处的运动电荷不沿这个特征方向运动而沿其他方向运动时，它受到的磁场力的大小和方向取决于电荷运动速度方向与磁感应强度的方向的夹角，当夹角从零到 $\frac{\pi}{2}$ 再到 π 变化时，磁场力呈现出从零到最大再到零的周期性变化。而磁场力的方向既与磁感应强度方向垂直,也与电荷运动速度的方向垂直(但是电荷运动方向不一定与磁感应强度方向垂直)。

根据这样的实验事实,利用已经规定的磁感应强度 $\boldsymbol{B}$ 方向的定义,可以把以速度 v 运动的电荷 q 在磁场中所受到的力 $\boldsymbol{F}$ 三者的关系用矢量积的方式表示为

$$\boldsymbol{F} = q\boldsymbol{v} \times \boldsymbol{B} \tag{13-8}$$

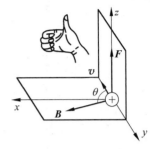

这个力 $\boldsymbol{F}$ 称为洛伦兹力,$\boldsymbol{F}$、v 和 $\boldsymbol{B}$ 三者的关系构成右手螺旋关系(图 13.2)。磁场方向和带电粒子运动速度的方向一旦确定,洛伦兹力的方向也就相应确定:它既与磁场方向垂直,也与电荷的速度方向垂直。洛伦兹力的大小与电荷运动速度的大小和磁感应强度的大小有关,也取决于电荷的运动速度与磁感应强度方向的夹角。由于洛伦兹力只改变电荷运动的方向,不对电荷做功,因此不会改变电荷运动速度的大小和电荷的动能。

图 13.2　用右手螺旋关系表示洛伦兹力

当电荷 q 的运动速度 v 的方向平行于磁感应强度 $\boldsymbol{B}$ 的方向时,该运动电荷受到的磁场力 F 为零;当电荷 q 的运动速度 v 的方向垂直于磁感应强度 $\boldsymbol{B}$ 的方向时,该运动电荷受到的磁场 $\boldsymbol{F}$ 最大,这个最大的磁场力 F_m 与 qv 的比值由磁场本身的性质决定,与 qv 乘积的大小无关,利用这个性质,就可以将这个比值的大小定义为磁感应强度的大小

$$B = \frac{F_m}{qv} \tag{13-9}$$

在国际单位制中,磁感应强度的单位是特[斯拉](用 T 表示),$1T = 1N/(A \cdot m)$。磁感应强度的另一种非国际单位制的单位名称是高斯(用 G 表示),它和 T 在数值上有以下关系:$1T = 10^4 G$。

电场强度是静电场本身的一个特征,与该位置上有没有电荷无关,与此类似,磁感应强度也是磁场本身的一个特征,与该位置上有没有运动电荷无关。

13.2.2　磁感应线和磁通量

在静电场中为了对电场分布作出一种形象化的几何描述,引入了电场线和电通量这两个概念。类比于电场,为了对磁场分布作出形象化的几何描述,也相应引入了磁感应线和磁通量两个概念。

磁感应线是这样一组符合下列要求的曲线:选取曲线上某一点的切线方向与该点的磁感应强度方向一致;在该点处选取垂直于磁感应线的面积元为 $dS_\perp$,则通过单位面积上的磁感应线条数(即磁感线密度)等于该点的磁感应强度的大小

$$B = \frac{d\Phi_m}{dS_\perp} \tag{13-10}$$

式中的 Φ_m 称为磁通量,其定义为通过某一截面的磁感应线的条数。

$$\Phi_m = \int_S \boldsymbol{B} \cdot d\boldsymbol{S} \tag{13-11}$$

磁通量的单位是韦伯(用 Wb 表示),$1Wb = 1T \cdot m^2$。几种典型电流的磁感应线如图 13.3 所示。

与"有头有尾"的电场线不同,每一条磁感应线都是环绕电流的"无头无尾"的闭合曲线。闭合电路产生的磁感应线与电路是互相套合在一起的,磁感应线的环绕方向与电流方向之间的关系可以用右手定则表示。每一个位置只有一个磁感应强度的方向,因此任意两条磁感应线在空间是不相交的。

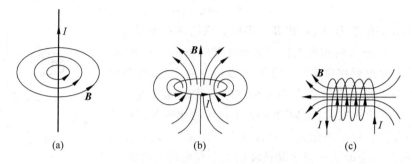

图 13.3　几种典型电流的磁感应线

(a) 长直载流导线;(b) 圆形载流导线;(c) 载流螺线管

13.3　从电流元的磁场到稳恒电流产生的磁场

——计算磁场的从部分到整体的方法是什么?

13.3.1　电流元产生的磁场:毕奥-萨伐尔定律

在讨论连续带电体产生的电场时,由于带电体的种类繁多,不可能对每一种带电体一一加以讨论,在静电学中,计算连续带电体产生的电场强度采取了从"部分"到"整体"的方法。

在讨论电流的磁场时,由于稳恒电流的形状各异,也不可能对每一类电流一一加以讨论。与静电场类似,讨论稳恒电流产生的磁场时,也采取这种从"部分"到"整体"的方法:"先分割"——首先把稳恒电流分割为无限多个微小的电流元,求出电流元在空间某点产生的磁感应强度;"再分解"——在设定的坐标中把空间某点的磁感应强度进行分解;"后叠加"——对每一个电流元在该点产生的磁感应强度都作这样的分解以后,把各个坐标分量以积分方式叠加,最后把各分量合成得出整个电流在该点产生的磁感应强度。

实验和分析表明,若以 $Id\boldsymbol{l}$ 表示稳恒电流的一个电流元,以 $\boldsymbol{r}$ 表示从此电流元指向空间某一场点 P 的矢径,$\boldsymbol{e}_r$ 是它的单位矢量,则此电流元在 P 点产生的磁感应强度为

$$d\boldsymbol{B} = \frac{\mu_0}{4\pi}\frac{Id\boldsymbol{l} \times \boldsymbol{e}_r}{r^2} \tag{13-12}$$

式中,$\mu_0 = \dfrac{1}{\varepsilon_0 c^2} = 4\pi \times 10^{-7}\,\mathrm{N/A^2}$,称为真空磁导率。以上结论首先是由毕奥和萨伐尔从载流长直导线对磁针作用的实验而总结得出的,后来拉普拉斯假设载流长直导线的作用可以看成是各个电流元单独作用的总和,并最后以上述微分形式表示,因而称为毕奥-萨伐尔定律。根据场的叠加原理,整个稳恒电流 I 所形成的磁场的磁感应强度就是

$$\boldsymbol{B} = \int d\boldsymbol{B} = \int \frac{\mu_0}{4\pi}\frac{Id\boldsymbol{l} \times \boldsymbol{e}_r}{r^2} \tag{13-13}$$

13.3.2　毕奥-萨伐尔定律的应用举例

毕奥-萨伐尔定律描述的是电流元产生的磁场,在实验上对电流元产生的磁感应强度是无法测量的,因此,该定律本身不能由实验进行验证。但是从这个定律出发能够计算不同电流分布产生的磁场,这些计算结果与实验测量值符合得很好。

例题 1　载流长直导线附近一点的磁感应强度。

已知载流有限长直导线的电流强度为 I,电流沿 y 轴正向,求导线附近一点 P 的磁感应强度。

【解题思路】

本题是毕奥-萨伐尔定律的应用。载流有限长直导线是通电导线中最简单的例子。求导线附近一点 P 的磁感应强度的基本方法是:"先分割"——在导线上取任意一电流源 $I\mathrm{d}l$,按照毕奥-萨伐尔定律得出这个电流元在 P 点产生的磁感应强度。"再分解"——在长直导线上,由于每一个电流元离开 P 点的距离不同,因此产生的磁感应强度大小也不同,但是,每一个电流元产生的磁感应强度的方向都相同。因此,本题不需要对电流元产生的磁感应强度"再分解"。"后叠加"——以积分的方法把电流元在 P 点产生的磁感应强度叠加,即可得到载流长直导线在 P 点产生的磁感应强度。

【解题过程】

建立坐标系 xOy,如图 13.4 所示。在导线上选取任意电流元 $I\mathrm{d}l$。根据毕奥-萨伐尔定律,该电流元在图示 P 点处形成的磁感应强度为

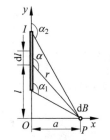

图 13.4　载流长直导线附近一点的磁感应强度

$$\mathrm{d}\boldsymbol{B} = \frac{\mu_0}{4\pi}\frac{I\mathrm{d}\boldsymbol{l}\times\boldsymbol{e}_{\mathrm{r}}}{r^2} \qquad (13\text{-}14)$$

它的大小 $\mathrm{d}B = \dfrac{\mu_0}{4\pi}\dfrac{I\mathrm{d}l\sin\alpha}{r^2}$,它的方向由 $I\mathrm{d}\boldsymbol{l}\times\boldsymbol{e}_{\mathrm{r}}(\boldsymbol{e}_{\mathrm{r}}$ 的方向为由电流元指向场点 P 的方向)确定为垂直纸面向内。由于任意电流元在 P 点产生的磁感应强度方向相同,因此,可以直接把各个电流元在 P 点产生的磁感应强度以积分形式叠加,由此得出

$$B = \int\mathrm{d}B = \int\frac{\mu_0}{4\pi}\frac{I\mathrm{d}l\sin\alpha}{r^2} \qquad (13\text{-}15)$$

统一积分变量

$$l = a\cot(\pi-\alpha) = -a\cot\alpha$$
$$\mathrm{d}l = a\csc^2\alpha\,\mathrm{d}\alpha, \quad r = a/\sin\alpha$$

设空间某点 P 与导线始末两端连线与电流方向的夹角分别为 α_1 和 α_2,于是对上式积分可得

$$B = \int_{\alpha_1}^{\alpha_2}\frac{\mu_0}{4\pi a}I\sin\alpha\,\mathrm{d}\alpha = \frac{\mu_0 I}{4\pi a}(\cos\alpha_1 - \cos\alpha_2), \quad P\text{ 点处方向为垂直纸面向内} \qquad (13\text{-}16)$$

特例:对于无限长直载流导线:$\alpha_1 = 0, \alpha_2 = \pi$,所以

$$B = \frac{\mu_0 I}{2\pi a}, \quad P \text{ 点处方向为垂直纸面向内} \tag{13-17}$$

对于半无限长直载流导线：$\alpha_1 = \frac{\pi}{2}, \alpha_2 = \pi$，所以

$$B = \frac{\mu_0 I}{4\pi a}, \quad P \text{ 点处方向为垂直纸面向内} \tag{13-18}$$

例题 2　圆形载流导线轴线上一点的磁感应强度。

已知载流导体圆环的半径为 R，电流强度为 I，空间某点 P 是处在圆环轴线上离开圆环圆心距离为 r 的某一点。求 P 点的磁感应强度。

【解题思路】

本题也是毕奥-萨伐尔定律的应用，与例题 1 不同的是，圆形导线上各个电流元在 P 点产生的磁感应强度的大小相同，但方向不相同。因此，"先分割"以后，对于各个电流元的磁感应强度还需要按照设立的坐标系"再分解"，最后对每一个分量叠加后合成得出总的磁感应强度。

【解题过程】

首先建立坐标系，如图 13.5 所示。在圆形载流导线上选取任意电流元 Idl，根据毕奥-萨伐尔定律，该电流元在轴线上 P 点处形成的磁感应强度为

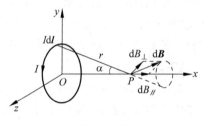

图　13.5

$$d\boldsymbol{B} = \frac{\mu_0}{4\pi} \frac{Id\boldsymbol{l} \times \boldsymbol{e}_r}{r^2}$$

它的大小是 $dB = \frac{\mu_0}{4\pi} \frac{Idl \sin\theta}{r^2}$，由于 $I d\boldsymbol{l}$ 与 $\boldsymbol{e}_r$ 的夹角始终是 $90°$，因此

$$dB = \frac{\mu_0}{4\pi} \frac{Idl}{r^2} \tag{13-19}$$

圆形载流导线上每一个电流元在 P 点产生的磁感应强度的大小相等，但方向都不相同，因此，还需要对每一个电流元产生的 $d\boldsymbol{B}$ 沿平行于轴线和垂直于轴线的两个方向分解为 $dB_{//}$ 和 $dB_\perp$ 两个分量。最后把各个电流元产生的 $dB_{//}$ 和 $dB_\perp$ 叠加。由于圆形电流具有一定的对称性，各个电流元产生的 $dB_\perp$ 相互抵消，总磁感应强度就是各个电流元产生的 $dB_{//}$ 的代数叠加，其大小为

$$B = \int dB_{//} = \int dB \cos\alpha$$

式中 $\cos\alpha = \frac{R}{r}$，R 是圆形载流导线的半径。利用式 (13.19) 得出

$$B = \frac{\mu_0 IR^2}{4\pi r^2} \int_0^{\pi R} dl = \frac{\mu_0 IR^2}{2r^3} = \frac{\mu_0 IR^2}{2(R^2 + x^2)^{3/2}} \tag{13-20}$$

方向沿 x 轴正方向，上式中 x 是离开圆心的距离。

特例：圆心 O 处 $x = 0$，因此，O 点的磁感应强度大小为

$$B = \frac{\mu_0 I}{2R} \quad (\text{方向沿 } x \text{ 轴正向}) \tag{13-21}$$

13.4 描述磁场特征的两大重要定理

——什么是磁场中的高斯定理和安培环路定理？

13.4.1 磁场中的高斯定理

与静电场的高斯定理类似,磁场中也存在高斯定理。

根据毕奥-萨伐尔定理 $\mathrm{d}\boldsymbol{B}=\dfrac{\mu_0}{4\pi}\dfrac{I\mathrm{d}\boldsymbol{l}\times\boldsymbol{e}_\mathrm{r}}{r^2}$ 可知,电流元的磁感应线为闭合曲线,以长直载流导线为例,它的磁感应线就是圆心位置处在轴线上的闭合的同心圆周。

在长直载流导线的磁场中作任意闭合曲面,由式(13-11)可知通过任一闭合曲面的磁通量 $\varPhi_\mathrm{m}=\displaystyle\oint_S \boldsymbol{B}\cdot\mathrm{d}\boldsymbol{S}$,它的正负由磁感应强度 $\boldsymbol{B}$ 的方向与面元 $\mathrm{d}\boldsymbol{S}$ 的方向之间的夹角而定。对任意闭合曲面而言,规定向外的法线方向为正方向。因此,进入任意闭合曲面的磁通量为负,离开任意闭合曲面的磁通量为正。由于磁感应线的闭合性,磁感线从闭合曲面的一头进入,必定要从另一头穿出,因此对闭合曲面而言,磁通量恒等于零。所以有

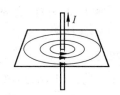

图 13.6 长直载流导线的磁场

$$\oint_S \boldsymbol{B}\cdot\mathrm{d}\boldsymbol{S}=0 \tag{13-22}$$

这个结论虽然来自长直导线的磁场,但是,它适用于任意磁场,因此,这个结论具有普遍性,式(13-22)称为磁场中的高斯定理或磁通连续定理。它与静电场中的高斯定理形式上很相似,但与静电场有着本质的区别。

静电场是有源场,电场线起于正电荷,止于负电荷,通过闭合面的电通量可以不为零,这是与自然界中存在着单独的正负电荷这个事实相关;而磁场是无源场,磁感应线是闭合曲线,通过闭合面的磁通量一定为零,这与迄今为止在自然界中还没有发现单独的磁单极子这个事实相关。由于磁单极子对于物理理论和宇宙演化的重要性,从狄拉克在 1931 年预言磁单极子的存在至今,科学家一直在努力寻找磁单极子,并曾经几次宣称发现了磁单极子,但这些结果尚未得到大家的认可和实验上的最后证实。寻找磁单极子目前仍然是当代物理学的一个重要课题。

13.4.2 磁场中的安培环路定理

与静电场的安培环路定理类似,磁场中也有安培环路定理。仍然以长直载流导线为例。

在通以电流 I 的长直载流导线的磁场中,取一个圆心在导线上、圆平面与长直导线垂直的半径为 a 的圆,根据式(13-17)可知,圆周上各点的磁感应强度 $\boldsymbol{B}$ 的大小是

$$B=\frac{\mu_0 I}{2\pi a}$$

取圆周环路方向与电流方向成右手螺旋关系,圆周上各点的磁感应强度的方向与 $\mathrm{d}\boldsymbol{l}$ 方向一致,则磁感应强度沿圆周环路的积分为

$$\oint_L \boldsymbol{B} \cdot d\boldsymbol{l} = \oint_L B\cos\theta dl = \frac{\mu_0 I}{2\pi a}\oint_L dl = \mu_0 I \qquad (13\text{-}23)$$

可以把上述结论推广到以下几种情况。

推广 1 闭合环路是圆周,但是圆周的圆心不在导线上,或环路不是圆周而是任意闭合曲线,只要有载流导线 I 穿过闭合环路包围的面,上述结论依然成立。

推广 2 穿过闭合环路包围的曲面的载流导线不止一根,即有 $I_1,I_2,I_3,\cdots$若干根载流导线,一旦确定圆周环路方向,把电流方向与环路方向成右手螺旋关系的电流取正,反之取负,上述结论依然成立,但是式(13-23)右边需改写为 $\mu_0\sum\limits_{i=1}^{N}I_i$,这里 $\sum\limits_{i=1}^{N}I_i$ 就是这些电流的代数和。

推广 3 被闭合环路包围的不是载流导线,而是具有某种对称性的载流导体(如总电流为 I 的圆柱形长直导体,圆柱半径为 R),上述结论依然成立,但必须分别讨论导体外和导体内的磁场。

归纳以上结论,由长直导线得出的式(13-23)可以推广成如下的一般表达式:

$$\oint_L \boldsymbol{B} \cdot d\boldsymbol{l} = \mu_0\sum_{i=1}^{N}I_i \qquad (13\text{-}24)$$

式(13-24)称为磁场中的安培环路定理。

在式(13-24)中,等式左边积分号下的 $\boldsymbol{B}$ 是空间所有电流产生的磁感应强度的矢量和,既包括被环路包围的电流产生的磁感应强度,也包括处于环路以外的电流产生的磁感应强度。而等式右边的 $\sum\limits_{i=1}^{N}I_i$ 指的是只被环路 L 所包围的电流的代数和,所谓包围指的是闭合电流(无限长直电流可认为在无穷远处闭合)与环路 L 铰链。

13.4.3 安培环路定理的应用举例

与在静电场中应用高斯定理计算电场强度类似,应用安培环路定理计算磁感应强度也蕴含着对整体和部分关系的认识。整体指的是整个电流产生的磁场,部分指的是需要讨论的某一位置或某一个区域的磁场。

当电流分布具有高度对称性时,利用安培环路定理计算磁感应强度的物理步骤是按照以下从整体到部分的三个步骤展开的。

首先分析电流的整体对称性,根据电流的对称性分析磁场分布的对称性,这是第一步;再根据对称性找出符合一定条件的闭合环路,这是第二步;在闭合环路上应用安培环路定理完成对闭合环路的积分,特别是完成把磁感应强度提到积分号外面的运算后,再根据环路包围的电流得出磁感应强度的表达式,这是第三步。

通过这样对整体行为的三步分析后,得到的磁感应强度仍然是某一个整体区域(安培环路)上的磁感应强度,而需要求得的某一点的磁感应强度在作闭合环路时作为部分就被有意地置于这个区域中了,因此,从以上三步整体行为着手就可以得到所需的部分结果。

例题 3 求无限长圆柱形载流导体内外的磁感应强度分布。

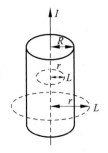

图 13.7 无限长载流
圆柱导体

【解题思路】

第一步分析对称性。这是整体上具有轴对称电流分布的载流导体,其产生的整个磁场也具有轴对称性。第二步选取圆心在圆柱形导体轴线上、半径为 r 的圆周作为闭合回路 L。通过对称性分析可知,无论导体内或导体外,L 上各点的磁感应强度的大小相等,方向都沿圆周的切线。第三步在导体外和导体内分别利用安培环路定理,从整体到部分完成环路积分,就可以得出导体内外的磁感应强度分布。

【解题过程】

由于圆柱形载流导体是无限长的,电流分布具有轴对称性,其产生的磁场也具有轴对称性。磁感应线是在垂直于轴线平面内的以该平面与轴线交点为圆心的一系列同心圆。取这样的同心圆作为闭合回路,作半径为 r 的回路 L,并使对回路 L 的积分方向与电流 I 的方向满足右手螺旋定则。回路上每一点的磁感应强度的大小相等,方向都沿回路在该点的切线方向。于是在导体内外分别应用安培环路定理。

导体外:$r \geqslant R$ $\oint_L \boldsymbol{B} \cdot \mathrm{d}\boldsymbol{l} = B\oint_L \mathrm{d}L = B2\pi r = \mu_0 I$

于是

$$B = \frac{\mu_0 I}{2\pi r} \tag{13-25}$$

导体内:$r \leqslant R$ $\oint_L \boldsymbol{B} \cdot \mathrm{d}\boldsymbol{l} = B\oint_L \mathrm{d}L = B2\pi r = \mu_0 I'$

这里 I' 只是总电流 I 中被闭合曲线包围的一部分电流,$I' = \dfrac{I}{\pi R^2}\pi r^2 = \dfrac{Ir^2}{R^2}$。于是

$$B = \frac{\mu_0 I'}{2\pi r} = \frac{\mu_0 Ir}{2\pi R^2} \tag{13-26}$$

例题 4 求无限长通电螺线管内部的磁感应强度。设螺线管中电流强度为 I,单位长度的匝数是 n,如图 13.8 所示。

【解题思路】

由于螺线管是无限长的,因此,磁场全部分布在螺线管内部,并具有轴对称性;而螺线管外部磁场为零。对很长的螺线管,实际的磁场集中在螺线管内部,外部的磁场很弱,可以忽略不计。

根据对称性分析可知,螺线管内部的磁场沿轴向均匀分布,如图 13.8 所示。为了计算内部某一点的磁感应强度,过该点作一矩形回路,回路的积分方向与包围的电流方向满足右手螺旋定则。于是,在该回路上应用安培环路定理,就可以得出螺线管内部的磁感应强度。

【解题过程】

根据对称性分析可知,螺线管内部的磁场沿轴向均匀分布,方向如图 13.8。为了计算内部某一点的磁感应强度,过该点作一矩形回路 $abcd$,如图 13.8 所示,在该回路上应用安培环路定理。该积分回路分为四部分,即

$$\oint_L \boldsymbol{B} \cdot \mathrm{d}\boldsymbol{l} = \int_a^b \boldsymbol{B} \cdot \mathrm{d}\boldsymbol{l} + \int_b^c \boldsymbol{B} \cdot \mathrm{d}\boldsymbol{l} + \int_c^d \boldsymbol{B} \cdot \mathrm{d}\boldsymbol{l} + \int_d^a \boldsymbol{B} \cdot \mathrm{d}\boldsymbol{l}$$

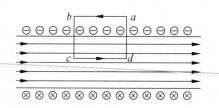

图 13.8　无限长通电螺线管内部的磁场

其中，ab 部分在管外，磁场为零，因此，积分为零。在 bc 部分和 da 部分由于 $\boldsymbol{B}$ 的方向与积分路径 $\mathrm{d}l$ 方向垂直，因而积分也为零。在 cd 部分，$\boldsymbol{B}$ 的方向与积分路径方向平行，因此

$$\oint_L \boldsymbol{B} \cdot \mathrm{d}l = \int_c^d \boldsymbol{B} \cdot \mathrm{d}l = \int_c^d B\,\mathrm{d}l = B\,\overline{cd}$$

注意到整个回路包围的总电流强度是 $n\,\overline{cd}\,I$，于是按照安培环路定理有

$$\oint_L \boldsymbol{B} \cdot \mathrm{d}l = B\,\overline{cd} = \mu_0 n\,\overline{cd}\,I$$

从而得出

$$B = \mu_0 nI \tag{13-27}$$

【拓展阅读】　磁场与电场的几点类比

磁场中的安培环路定理与静电场中的安培环路定理形式上很相似，但有着本质的区别。

静电场中的安培环路定理等式右边始终为零，这是因为静电场力是保守力，电场是有势场，电场强度沿任意曲线从 A 点到 B 点的积分等于这两个位置的电势差，沿任何闭合曲线的积分都是零。而磁场力是非保守力，磁场是无势场，磁感应强度沿任何闭合曲线的积分等于被闭合曲线包围的 $\sum_{i=1}^n I_i$ 与 μ_0 的乘积。只有当 $\sum_{i=1}^n I_i = 0$，即闭合曲线没有包围电流或包围电流的代数和为零时，磁感应强度沿闭合曲线的积分才等于零。

13.5　磁场对运动电荷和电流的作用

——什么是磁场对运动电荷和对载流导线的作用？

13.5.1　磁场对运动电荷的作用

洛伦兹在 1895 年建立经典电子论，并推导出运动电荷在磁场中会受到洛伦兹力的作用，从而将其作为经典电子论的基本假设提出。后来这个假设由阴极射线管发射出的沿直线前进的电子束在磁场中的运动发生偏转的实验证实。

当带电粒子进入匀强磁场时，会出现以下三种运动情况。

（1）当带电粒子的速度 v 与磁场的磁感应强度 $\boldsymbol{B}$ 平行或反平行时，则带电粒子所受的洛伦兹力为零，带电粒子将保持原来的直线运动。

（2）当 v 垂直于 $\boldsymbol{B}$ 时，带电粒子受到的洛伦兹力 f 总是与其速度 v 垂直，带电粒子将作圆周运动。

粒子作圆周运动的向心力

$$F = qvB = m\frac{v^2}{R}$$

这里 m 是粒子的质量，R 是粒子圆周运动的半径。圆周运动周期为

$$T = \frac{2\pi R}{v}$$

由此得出粒子圆周运动的半径及周期分别为

$$R = \frac{mv}{qB}, \quad T = \frac{2\pi m}{qB} \tag{13-28}$$

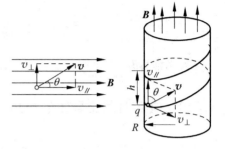

（3）当带电粒子的运动速度 v 与 $\boldsymbol{B}$ 之间成夹角 θ 时，可以将带电粒子的运动速度分解成与 $\boldsymbol{B}$ 平行（$v_{/\!/} = v\cos\theta$）和垂直（$v_{\perp} = v\sin\theta$）两个分量。平行分量作匀速直线运动，垂直分量作圆周运动，其合运动为螺旋运动，其回旋半径 R、周期 T 和螺距 h 分别为（图 13.9）

图　13.9

$$R = \frac{mv_{\perp}}{qB} = \frac{mv\sin\theta}{qB}$$

$$T = \frac{2\pi R}{v_{\perp}} = \frac{2\pi m}{qB} \tag{13-29}$$

$$h = v_{/\!/}\, T = \frac{2\pi mv\cos\theta}{qB}$$

13.5.2　霍尔效应

在一个厚度为 b，宽为 h 的导电薄片中沿 x 轴通有电流 I，在 y 轴方向上加上匀强磁场 $\boldsymbol{B}$，于是在导电薄片沿 z 轴方向的两侧（A, A'）就会产生一电势差 U_H，这一现象称为霍尔效应。

霍尔效应可以用带电粒子在磁场中受到的洛伦兹力来解释。如图 13.10 所示，电流中的载流子在磁场中运动受到洛伦兹力 $f = qv \times \boldsymbol{B}$，从而使载流子的运动方向发生偏转，到达导体的上部 A，在导体上部积累，同时在导体的下部 A' 出现等量异号电荷的积累，于是在导体 AA' 两侧就出现附加电场 $\boldsymbol{E}_H$。如果载流子为正电荷，则附加电场方向是由 A 指向 A'，如果载流子为负电荷，则附加电场方向是由 A' 指向 A。

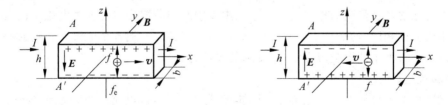

图 13.10　霍尔效应

由此可见，载流子除受到洛伦兹力外，还要受到附加电场力 $f_e = q\boldsymbol{E}_H$ 的作用，其方向与洛伦兹力正好相反。当 $f = f_e$ 时，电荷不再向导体两侧积累，AA' 两侧电势差稳定。此时，

AA'两侧的电压和电势差分别为

$$E_H = vB, \quad V_H = hvB \tag{13-30}$$

式中,V_H 称为霍尔电压。如果载流子的带电量为 q,密度为 n,导体的厚度为 b。实验表明,在磁场不太大的情况下,有

$$V_H = \frac{1}{nq} \frac{IB}{b} \tag{13-31}$$

这就是霍尔电压公式,其中 $R_H = \dfrac{1}{nq}$,称为霍尔系数,由材料本身决定。

【数学推导】 霍尔电压公式的导出

13.5.3 磁场对载流导线的作用

导线中的电流是由载流子的定向运动产生的,当把一段载流导线置于磁场中时,其中单个载流子受到的洛伦兹力为 $f = qv \times \boldsymbol{B}$。取载流导线上一个长度为 $\mathrm{d}l$ 的电流元,其中共有 $N = n \cdot \mathrm{d}l \cdot S$ 个载流子(n 是电子数密度,S 是导线的横截面积),这 n 个载流子受到的洛伦兹力的合力即该电流元在磁场中受到的作用力 $\mathrm{d}\boldsymbol{F}$

$$\mathrm{d}\boldsymbol{F} = N \cdot qv \times \boldsymbol{B} = n \cdot S \cdot \mathrm{d}l \cdot qv \times \boldsymbol{B}$$

因为 $I = \displaystyle\int \boldsymbol{J} \cdot \mathrm{d}\boldsymbol{S} = qnvS$,所以电流元在磁场中受到的磁力为

$$\mathrm{d}\boldsymbol{F} = I\mathrm{d}l \times \boldsymbol{B} \tag{13-32}$$

电流元受到的这个磁力称为安培力,式(13-32)就称为安培定律。于是,一段长度为 L 的载流导线在磁场中的受到的安培力就是

$$\boldsymbol{F} = \int \mathrm{d}\boldsymbol{F} = \int_L I\mathrm{d}l \times \boldsymbol{B} \tag{13-33}$$

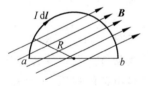

图 13.11 例题 5 图

例题 5 一段半径为 R 的半圆形载流导线 ab 放在均匀磁场 $\boldsymbol{B}$ 中,电流 I 从 $a \to b$,设磁场处于纸面的平面内,方向如图 13.11 所示,求该半圆形载流导线受到的安培力。

【解题思路】

中学物理只讨论一段长直载流导线在均匀磁场中受到的磁力。大学物理可以讨论一段任意形状载流导线在磁场中受到的磁力。其方法是"先分解"——在该导线上取一段电流元 $\mathrm{d}l$,计算该电流元在磁场里受到的作用力。由于在本题中圆形载流导线上各个电流元在磁场里受到的作用力方向相同,均垂直于纸面向外,然后"再叠加"——把各个电流元受到的磁场力相加即可以得出整个半圆形载流导线 ab 受到的安培力。

【解题过程】

在半圆形载流导线上选取电流元 $I\mathrm{d}l$,按照式(13-32),该电流元 $I\mathrm{d}l$ 受到的磁力为

$$\mathrm{d}\boldsymbol{F}_m = I\mathrm{d}l \times \boldsymbol{B}, \quad 方向垂直纸面向外$$

整个半圆形载流导线受到的安培力为

$$\boldsymbol{F}_m = \int \mathrm{d}\boldsymbol{F}_m = \int_L I\mathrm{d}l \times \boldsymbol{B} = I\left(\int_a^b \mathrm{d}l\right) \times \boldsymbol{B}$$

上式中 $\int_a^b \mathrm{d}\boldsymbol{l}$ 是各个电流元的矢量和 $\boldsymbol{l}$，它的大小等于 ab 直线段的大小，方向从 $a \to b$，因此得出

$$\boldsymbol{F}_m = I\left(\int_a^b \mathrm{d}\boldsymbol{l}\right) \times \boldsymbol{B} = I\boldsymbol{l} \times \boldsymbol{B}$$

这个结论表明，整个半圆形载流 I 的导线受到的安培力等于从 a 到 b 连接的直导线通过相同电流 I 时受到的安培力。在本题中，由于 $\boldsymbol{l}$ 和磁场 $\boldsymbol{B}$ 均处于纸面的平面内，因此，安培力 $\boldsymbol{F}_m$ 的方向垂直纸面向外，大小 $F_m = IlB\sin\alpha$，这里 α 是从 a 到 b 的矢量直线段与磁场 B 的夹角。

讨论：

(1) 以上的结论虽然是从半圆形载流导线中得出的，容易证明，只要确定了任意形状载流导线的起始点 a 和终点 b，得到的结果安培力都等于从 a 到 b 连接的直导线通过相同电流 I 时受到的安培力，与导线的形状无关。

(2) 如果 a 与 b 重合，即载流导线构成一个闭合回路，则由于 $l = 0$，因此，$\boldsymbol{F}_m = 0$，因此得出结论：在均匀磁场中，闭合载流导线回路在整体上受到的安培力为零。

13.5.4　磁场对载流线圈的作用

一载流线圈半径为 R，电流为 I，放在一均匀磁场中。线圈平面法线方向（与电流方向符合右手螺旋关系）$\boldsymbol{e}_n$ 与磁场 $\boldsymbol{B}$ 的夹角为 θ。

将 $\boldsymbol{B}$ 分解为与 $\boldsymbol{e}_n$ 平行的 $\boldsymbol{B}_\parallel$ 和与 $\boldsymbol{e}_n$ 垂直的 $\boldsymbol{B}_\perp$ 两个分量（如图 13.12 所示）：

$$B_\perp = B\sin\theta, \quad B_\parallel = B\cos\theta$$

载流线圈在磁场 $B_\parallel$ 中各电流元受到的安培力大小相等，方向都在线圈平面内沿径向向外，由对称性可知，$B_\parallel$ 对线圈的合力为零，合力矩也为零。

载流线圈在磁场 $B_\perp$ 中各电流元受的磁场力大小为 $\mathrm{d}F = I\mathrm{d}lB_\perp\sin\beta$，方向为左半圈垂直纸面向外，右半圈垂直纸面向内。由对称性可知线圈受 $B_\perp$ 分量的合力为零，但合力矩为

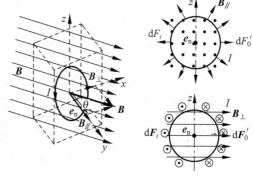

图　13.12

$$M = \pi IR^2 B\sin\theta \tag{13-34}$$

力矩方向沿 z 轴正向。

载流线圈平面的面积为 $S = \pi R^2$，式 (13-34) 可写成矢量表达式

$$\boldsymbol{M} = SI\boldsymbol{e}_n \times \boldsymbol{B} \tag{13-35}$$

定义 $\boldsymbol{m} = SI\boldsymbol{e}_n$ 为磁偶极矩，简称磁矩，于是有

$$\boldsymbol{M} = \boldsymbol{m} \times \boldsymbol{B} \tag{13-36}$$

式 (13-36) 为闭合载流线圈所受磁力矩。

【数学推导】 磁力矩公式的导出

13.6 磁场与物质的相互作用

——磁介质是怎样被磁化,又是怎样影响外磁场的?

前几节讨论真空中的磁场时,磁感应强度是作为描述磁场本身性质的物理量引入的。与静电场中总有电介质存在且被极化的情况类似,在任何磁场中总会有各种磁介质存在,它们会与磁场产生相互影响。一方面,物质会改变原有的磁性,有的物质磁性增强了,有的物质磁性减弱了,这种现象称为磁化。另一方面,物质被磁化以后会影响外磁场的分布。任何能被外磁场磁化并反过来影响磁场分布的物质称为磁介质。

13.6.1 磁介质的磁化及其分类

为了理解各种物质的磁化性质,并对磁介质作出分类,首先需要讨论磁性产生的原因。

原子结构的理论表明,原子由原子核和围绕原子核作圆周运动的电子组成。如图 13.13 所示的是一个单电子原子模型,电子电量是 $-e$,质量为 m。电子以速度 v 围绕原子核作圆周运动,圆周运动的半径为 r。由于电子的运动相当于在原子核周围产生一个等效的环形圆电流 I。电子作圆周运动的周期是 $T=2\pi r/v$,这里 v 是电子作圆周运动的线速度。于是,与该电子运动对应的等效电流 I 的大小为

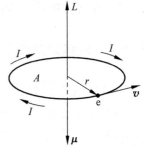

图 13.13 单电子原子模型

$$I = \frac{e}{T} = \frac{ev}{2\pi r} \qquad (13\text{-}37)$$

这个环形电流就在原子内部产生一个磁场。由电流元的磁场公式可以导出匀速运动电荷产生的磁场是

$$\boldsymbol{B}_e = \frac{\mu_0}{4\pi} \frac{q\boldsymbol{v} \times \boldsymbol{e}_r}{r^2} \qquad (13\text{-}38)$$

式中,v 是电子作圆周运动的线速度,r 表示从电流元指向空间某一场点 P 的矢径,e_r 是元的单位矢量。

设环形面积为 $S=\pi r^2$,则电流回路产生的分子轨道磁矩是 $\mu=IS$,其大小为

$$\mu = \frac{ev}{2\pi r}(\pi r^2) = \frac{evr}{2} \qquad (13\text{-}39)$$

由于电子轨道的角动量 $L=mvr$,于是,可以用角动量 $\boldsymbol{L}$ 来表示分子磁矩 μ

$$\mu = \frac{e}{2m}L \qquad (13\text{-}40)$$

电子除了绕原子核作轨道运动外,还具有自旋运动——内禀(固有)自旋,并具有电子内禀自旋角动量和内禀磁矩。内禀自旋角动量 s 的大小是 $\frac{\hbar}{2}\left(\hbar=\frac{h}{2\pi}\right)$,这里 $h=6.623\times10^{-34}$ J·S,称为普朗克常数。按照量子理论,电子的内禀自旋磁矩(即玻尔磁子 μ_B)为

$$\mu_B = \frac{e}{m_e}s = \frac{e}{2m_e}\hbar = 9.27\times10^{-24}\text{J/T}$$

分子中有许多电子和若干原子核,一个分子的磁矩是其中所有电子的轨道磁矩和自旋磁矩以及原子核的自旋磁矩的矢量和。通常,原子核的磁矩小于电子磁矩的千分之一,仅在核磁共振技术中需要计入,一般情况下可以忽略。

在没有受到外磁场作用时,虽然磁介质中每一个分子都具有分子磁矩,但是由于分子的无规则运动,所有分子磁矩的总和为零,磁介质在宏观上不显示任何磁性。

磁介质一旦被放入磁场以后,由于分子磁矩受到磁场的作用发生相应的变化,引起磁介质的磁化状态发生改变,产生附加磁场,并在磁介质表面产生磁化面束缚电流 I',这种现象称为**磁介质的磁化**。磁化面束缚电流 I' 的出现反过来又会影响原来的磁场分布。

磁介质的磁化状态的变化程度用磁化强度矢量表示,它定义为单位体积磁介质中所有分子磁矩 $\boldsymbol{m}_i$ 的矢量和,用 $\boldsymbol{M}$ 表示:

$$\boldsymbol{M} = \lim_{\Delta V \to 0} \frac{\sum_i \boldsymbol{m}_i}{\Delta V} \tag{13-41}$$

磁化强度的单位是 A/m,与面电流密度单位相同。与传导电流类比可以得到,穿过任意一个闭合面的磁化面电流 I' 的代数和等于磁化强度 $\boldsymbol{M}$ 沿该闭合回路 L 的环路积分

$$\sum_i I' = \oint_L \boldsymbol{M} \cdot \mathrm{d}\boldsymbol{l} \tag{13-42}$$

设真空中外磁场为 $\boldsymbol{B}_0$,放入磁介质以后由于磁化而产生的磁感应强度是 $\boldsymbol{B}'$,则磁介质中的磁场 $\boldsymbol{B}$ 就是这两个磁场的矢量和 $\boldsymbol{B} = \boldsymbol{B}_0 + \boldsymbol{B}'$。令 $\mu_r = \dfrac{B}{B_0}$,称为磁介质的相对磁导率。不同磁介质的相对磁导率是不同的。

如果介质被磁化以后测得内部的磁感应强度大于没有磁介质时的磁感应强度,即 $\mu_r > 1$,磁化强度 $\boldsymbol{M}$ 与外磁场同向,这样的介质称为顺磁质。在顺磁质磁化的过程中,分子磁矩趋于平行于外磁场的方向排列,在磁介质圆柱表面出现与外磁场呈右手螺旋关系的磁化面电流。

如果介质被磁化以后测得内部的磁感应强度小于没有磁介质时的磁感应强度,即 $\mu_r < 1$,磁化强度 $\boldsymbol{M}$ 与外磁场反向,这样的介质称为抗磁质。在抗磁质磁化的过程中,每个分子在固有磁矩的基础上产生与磁场方向相反的附加磁矩,在磁介质圆柱面表面出现与外磁场呈左手螺旋关系的磁化面电流。

抗磁质中有一类材料具有完全抗磁性,这类材料即超导体。一些金属、合金在温度降至临界温度以下时会进入超导状态。它们的一个基本特征是电阻为零,内部的电场总和为零。为了保持超导体内电场为零,由电磁感应定理可知超导体内磁通量不能发生变化。因此,在外磁场中的超导体内总保持磁场为零的状态。实际上,当把超导体放入外磁场中时,由于磁场的作用在超导体表面会迅速出现感应电流。这些感应电流在超导体内产生的磁场和外磁场叠加,使总磁场的磁感线发生弯曲而绕过超导体。超导体通过表面产生感应面电流并排斥磁感线的现象,称作迈斯纳效应。与普通的抗磁性材料相比,超导体内的磁场 $\boldsymbol{B}$ 不仅仅是减小,而是完全消失,因此把超导体称为完全抗磁体。

还有一种材料称为铁磁性材料,例如铁、镍、钴以及具有这些元素的合金。在这些材料中,原子磁矩之间有很强的相互作用,即使在没有外磁场的作用时磁矩也能在一定区域内相互平行形成磁畴。图 13.14 所示为磁化的磁畴结构,箭头表示磁畴中的磁化方向。

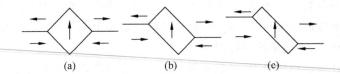

图 13.14　磁化材料的磁畴

(a) 无磁场；(b) 弱磁场；(c) 强磁场

当没有外磁场作用时,磁畴中的自发磁化是随机取向的;当施加一个外磁场时,自发磁化趋向于沿着外磁场的方向排列;当外磁场逐渐增大时,其磁矩方向和外磁场方向一致的磁畴逐渐扩大,和外磁场方向不一致的磁畴逐渐缩小。由于一个磁畴中的总磁矩可能是玻尔磁子的几千倍,因此,在铁磁材料中,由于磁化引起沿着外磁场方向排列的磁矩比顺磁性材料大得多。当外磁场增大到一定程度以后,铁磁性材料中几乎所有磁畴的磁矩方向都指向外磁场方向,这种现象称为磁化饱和。这时,再继续增大外磁场也不会继续产生附加磁场。

13.6.2　磁介质磁化对磁场的影响

有磁介质存在时磁场 $\boldsymbol{B}$ 是传导电流产生的外磁场 $\boldsymbol{B}_0$ 和磁化面电流产生的附加磁场 $\boldsymbol{B}'$ 的矢量叠加。由于 $\boldsymbol{B}'$ 和 $\boldsymbol{B}_0$ 一样遵守毕奥-萨伐尔定律,总的磁感应强度 $\boldsymbol{B}$ 仍然遵守磁场的安培环路定理

$$\oint_L \boldsymbol{B} \cdot \mathrm{d}\boldsymbol{l} = \mu_0 \left(\sum I_0 + \sum I' \right) \tag{13-43}$$

$\sum I_0$ 和 $\sum I'$ 分别是通过以 L 为边界的面 S 的总传导电流和总磁化面电流。利用式(13-42)可以把上式改写成

$$\oint_L \left(\frac{\boldsymbol{B}}{\mu_0} - \boldsymbol{M} \right) \cdot \mathrm{d}\boldsymbol{l} = \sum I_0 \tag{13-44}$$

由此,定义一个新的物理量 $\boldsymbol{H}$：

$$\boldsymbol{H} = \frac{\boldsymbol{B}}{\mu_0} - \boldsymbol{M} \tag{13-45}$$

$\boldsymbol{H}$ 称为磁场强度,则安培环路定理可以表示为

$$\oint_L \boldsymbol{H} \cdot \mathrm{d}\boldsymbol{l} = \sum I_0 \tag{13-46}$$

这就是关于磁场强度 $\boldsymbol{H}$ 的环路定理,它表明,磁场强度 $\boldsymbol{H}$ 沿磁场中任一闭合回路 L 的线积分,等于通过所包围面积的传导电流的总电流 $\sum I_0$,而与磁化面电流无关。

由于真空中没有磁介质的存在,传导电流产生的磁场为 $\boldsymbol{B}_0$,$\boldsymbol{M}=0$,磁场强度 $\boldsymbol{H}=\dfrac{\boldsymbol{B}_0}{\mu_0}$,于是式(13-46)就变成真空中磁场的环路定律。

例题 6　一根同轴线由半径为 R_1 的长导线和套在它外面的内径为 R_2、外径为 R_3 的同轴导体圆筒组成,中间充满磁导率为 μ 的各向同性均匀非铁磁绝缘材料,如图 13.15 所示。传导电流 I 沿着导线向上流入,沿圆筒向下流回,在导线和圆筒的截面上电流都是均匀分布

的,求同轴线内外的磁感应强度 B 的大小与分布。

【解题思路】

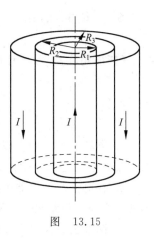

与在真空中求解对称性磁场分布的问题类似,在磁介质中对于电流具有对称性分布以致产生的磁场也具有对称性分布的载流导体,也可以采用从"整体"到"部分"的方法。

本题中,由于同轴长直导线的电流呈轴对称,因此,同轴线内外的磁场分布也具有轴对称性。在垂直于导线和圆筒轴线的平面内选择一半径为 r 的同心圆 L 作为积分回路,在此回路上各点的磁感应强度大小相等。在导体和圆筒之间充满磁介质的情况下,同轴线内外的磁感应强度由传导电流和磁化电流共同产生。对此可以应用安培环路定理,由环路包围的传导电流求

图 13.15

出磁场强度,再求出磁感应强度。本题的磁场分布涉及四个区域,因此需要分开讨论。这里要注意的是,在导体内部作回路时,回路包围的电流与回路半径有关,在导体外部作回路时,回路包围的电流强度的代数和是零。

【解题过程】

在四个区域分别应用安培环路定理

$$\oint_L \boldsymbol{H} \cdot \mathrm{d}\boldsymbol{l} = \sum I$$

在 $0 < r < R_1$ 区域,有 $2\pi r H = \dfrac{Ir^2}{2\pi R_1^2}$,由此得出

$$H = \frac{Ir}{2\pi R_1^2}$$

再由 $B = \mu_0 H$,得到

$$B = \frac{\mu_0 Ir}{2\pi R_1^2}$$

在 $R_1 < r < R_2$ 区域,有 $2\pi r H = I$,由此得出

$$H = \frac{I}{2\pi r}$$

再由 $B = \mu H$,得到

$$B = \frac{\mu_0 I}{2\pi r}$$

在 $R_2 < r < R_3$ 区域,有

$$2\pi r H = I - \frac{I\pi(r^2 - R_2^2)}{\pi(R_3^2 - R_2^2)}$$

由此得出

$$H = \frac{I}{2\pi r}\left(1 - \frac{r^2 - R_2^2}{R_3^2 - R_2^2}\right)$$

再由 $B = \mu H$,得到

$$B = \frac{\mu I}{2\pi r}\left(1 - \frac{r^2 - R_2^2}{R_3^2 - R_2^2}\right)$$

在 $r>R_3$ 区域,有

$$H = 0, \quad B = 0$$

【拓展阅读】 磁性材料的应用:巨磁阻抗效应

思　考　题

1. 电场 E 的方向可以用正电荷在静电场中受力的方向来定义,磁感应强度 B 的方向可以用带正电的运动电荷在磁场中所受作用力的方向来定义吗? 为什么?

2. 在电子测量仪器中,总会存在很多导线回路,一旦通以电流以后,回路电流产生的磁场常常会对测量结果产生影响。为此,通常把回路中两根导线扭成一股。为什么?

3. 两根长直导线通以相同的电流 I,相互十字交叉地放在一起(思考题13.3图),交叉点相互绝缘。在它们产生的磁场中,何处的合场强为零?

4. 假设处在水平连线上相距为 r 的两个带正电的粒子,以相同的速度 $v(v \ll c)$ 竖直向上运动。这两个带电粒子之间存在库仑相互作用力(电场力)F_e 吗? 存在洛伦兹力(磁场力)F_m 吗? 试证明,两个运动电荷之间的磁场力 F_m 远小于它们之间的电场力 F_e。

思考题13.3图

5. 如果一质量为 m 的带电粒子以速度 v 进入一个在水平面上下分层的非均匀磁场,上层磁场大小为 B,下层磁场大小为 $2B$,上下层的磁场方向都是与纸面垂直向里的(思考题13.5图),且 $v \perp B$。问:该带电粒子的运动轨迹是什么? 周期是多少? 该粒子在一个周期内沿水平方向移动的距离多大? 平均速率多大?

6. 在思考题13.6的图中,电流 I_1、I_2 被闭合环路 L 包围,电流 I_3 处于环路以外,电流方向和环路 L 的正方向如图所示。这个磁场的磁感应强度与哪些电流有关? 这个磁场中安培环路定理等式右边的电流与哪些电流有关?

7. 如思考题13.7图所示,如果流出纸面的电流为 $2I$,流进纸面的电流为 I,则下述各式中哪一个表达式是正确的?

A. $\oint_{L_1} \boldsymbol{H} \cdot \mathrm{d}\boldsymbol{l} = 2I$; B. $\oint_{L_2} \boldsymbol{H} \cdot \mathrm{d}\boldsymbol{l} = I$; C. $\oint_{L_3} \boldsymbol{H} \cdot \mathrm{d}\boldsymbol{l} = -I$; D. $\oint_{L_4} \boldsymbol{H} \cdot \mathrm{d}\boldsymbol{l} = -I$。

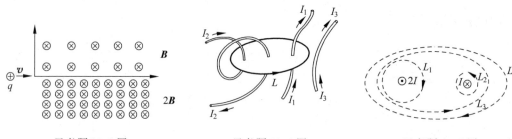

思考题13.5图　　　　　　思考题13.6图　　　　　　思考题13.7图

8. 当电流通过有电阻的导体时会产生焦耳热,放在磁场中的磁介质的表面一旦出现磁化面电流时,能不能产生焦耳热? 为什么?

习　题

13.1　用两种方式分别在边长为 l 的单个正方形线圈中通以电流 I（其中 ab、cd 与正方形共面），如习题 13.1 图（a），(b)所示。求：在(a)，(b)这两种情况下两个线圈中心的磁感强度。

13.2　把习题 13.1 图(a)的单个通电正方形通电线圈改为密绕正方形平面线圈，如习题 13.2 图所示。总的线圈匝数是 N，其最外圈边长是 a，最内圈边长是 b。求该线圈中心 O 点处的磁感应强度 B。

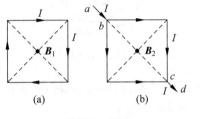
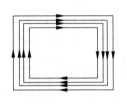

习题 13.1 图 　　　　　　　　习题 13.2 图

13.3　一通电导线由带缺口的正方形和圆弧组成，如习题 13.3 图所示，导线中通有电流 I。图中 $ACDO$ 是边长为 b 的正方形。求圆心 O 处的磁感应强度 B。

13.4　在真空中有两个点电荷 $\pm q$，相距 $3a$，它们围绕于两点电荷连线垂直的轴线转动，轴线离开 $+q$ 电荷的距离是 a，两个点电荷的转动角速度都是 ω。求：电荷连线与转轴交点 O 处的磁感应强度。

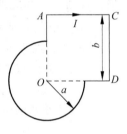

习题 13.3 图

13.5　一半径为 R 的均匀带电薄圆盘以角速度 ω 绕通过圆盘圆心 O 并垂直于圆盘的轴线沿逆时针方向转动，圆盘的电荷面密度为 $+\sigma$，如习题 13.5 图所示。求：圆盘圆心 O 点的磁感应强度。

13.6　宽度为 a 的薄长金属片中通有电流 I，电流沿薄片宽度方向均匀分布。流动方向如习题 13.6 图所示。求在薄片所在上部边缘距板的距离为 b 的 P 点处的磁感应强度。

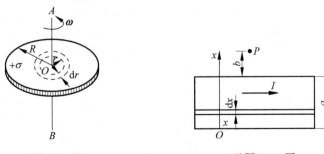

习题 13.5 图 　　　　　　　　习题 13.6 图

13.7　一空心的圆柱形无限长导体杆，其内外半径分别是 R_1 和 R_2，电流 I 均匀地从导体中流过，如习题 13.7 图所示。求：在 $r<R_1$，$R_1<r<R_2$ 和 $r>R_2$ 三个区域内的磁感应强度。

13.8　一长直同轴电缆由两个同心导体组成,内层是半径为 R_1 的导体圆柱,外层是内外半径分别是 R_2 和 R_3 的导体圆筒。在两导体之间充满磁导率为 μ 的各向同性的不导电的磁介质,如习题 13.8 图所示。电流 I 从内导体圆柱流入,从外导体圆筒流出。求:各个空间区域内磁感应强度 B 和磁场强度 H 的分布。

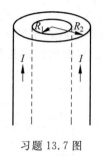
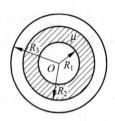

习题 13.7 图　　　　　　　习题 13.8 图

13.9　电流 I 均匀地流过一半径为 R 的圆柱形长导体的横截面,试求:

(1) 离开轴线距离为 $r(r<R)$ 处点 P 的磁感应强度;

(2) 以单位长度导线($l=1\text{m}$)为边长作一包含 P 点的内剖面 S,如习题图 13.9 所示。求通过该剖面 S 的磁通量。

13.10　在一根通有电流 $I_1=20\text{A}$ 的长直导线附近放置一个通有电流 $I_2=10\text{A}$ 的矩形线圈,线圈的长度为 $d=0.15\text{m}$,宽度为 $b=8.0\text{cm}$,线圈最近边距长直导线的距离是 $a=2.0\text{cm}$。电流方向和线圈放置如习题 13.10 图所示。求:

(1) 整个线圈受到的磁场力 F;

(2) 线圈受到的磁力矩 M。

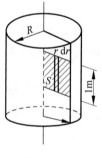
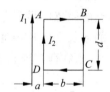

习题 13.9 图　　　　　　　习题 13.10 图

第14章

电磁感应现象的描述和麦克斯韦方程组

本章引入和导读

法拉第发现电磁感应定律　　　　英国物理学家麦克斯韦

在前面几章分别对静止电荷产生的静电场和运动电荷产生的稳恒磁场(电产生磁)进行了描述以后,对电磁感应(磁产生电)现象的描述就顺理成章地成为本章的主要内容。

如同对其他物理学规律的描述一样,对电磁感应的描述也分为定性和定量两部分。中学物理课程中通过讨论永磁体插入或拔出闭合回路线圈和在闭合回路线圈接通或断开电源时产生的现象引入了电磁感应,并提出了判定感应电流方向的楞次定律,提出了长直导线在均匀磁场中切割磁感线运动所产生的感应电动势的公式。大学物理则进一步介绍法拉第电磁感应定律的一般表达式和产生感应电动势的两条基本途径。如同计算电流产生的磁场时从提出元电流产生磁场的毕奥-萨伐尔定律入手计算任意载流导线产生的磁场一样,本章从提出在磁场中运动的一段导线中产生的感应电动势的计算公式开始,不仅可以计算出中学物理提到的长直导线在均匀磁场中切割磁感应线所产生的感应电动势,而且也能计算任意形状导线在非均匀磁场中运动所产生的感应电动势(动生电动势),此外,大学物理还讨论了线圈不动,磁场变化所产生的感应电动势,因此,大学物理得出的结论更普遍,适用范围更广。

从对力的认识上看,在静电场一章中讨论的是作用在静止电荷上的静电力,静电力与电荷的运动速度无关。在磁场一章中讨论的是作用在运动的电荷上的磁场力,与电荷运动速度有关;而在电磁感应现象中讨论的是作用在电荷上的电动力,电动力是与电荷运动的加速度有关的。由此人们对电磁力的认识以场的观念超越了对只取决于位置,与质点运动速度无关的超距的万有引力的认识。电磁学在对电磁力的认识上以新的"从头开始"的模式取代了牛顿机械力学的模式。

麦克斯韦系统地总结了从库仑到安培和法拉第等人建立的电磁学理论的全部成就,并创造性地提出了感生涡旋电场和位移电流的假说。他指出,根据对称性的考虑,不仅变化的磁场可以产生电场,变化的电场也可以产生磁场,从而揭示了电场和磁场的内在联系。他把电场和磁场统一为电磁场,并且建立了电磁场的基本方程组——麦克斯韦方程组,不仅实现了电和磁的统一,而且预言了电磁波的产生和传播。

电磁感应现象的发现和电磁感应定律的提出,是电磁学领域中最重大的成就之一。

【物理史料】 从奥斯特、法拉第到麦克斯韦

14.1 磁生电

——感应电动势是怎样产生和判定的?

14.1.1 磁场的变化产生电场

运动的电荷(或电流)会产生磁场,磁场在一定的条件下会不会产生电场呢? 法拉第在发现静电场能够在导体中感应出电的实验基础上确信,磁场也应该能够在附近的线圈中感应出电流。法拉第在1822年的实验日记中写道:"我们要使磁产生电。""从普通的磁中获得电的希望,时时激励着我从实验上去探究电流的感应效应。"

起初,法拉第用一块强磁铁靠近导线,试图发现导线中产生的感应电流,随后几年间他又做了大量类似的关于电和磁的实验,例如,1828年他把强磁铁放在悬挂着的铜环旁边,设法测量铜环中的感应电流,但是这些实验均以失败告终。然而,法拉第对声学振动图像的研究却使他意识到电磁感应可能和声学振动感应类似,感应电流可能是一种瞬时电流。法拉第年复一年地进行了他能够设想到的各种可能的实验,经历了很多次的失败和挫折,终于在1831年,法拉第通过著名的圆环实验发现了电磁感应现象。图14.1所示的是研究电磁现象的两个实验装置。

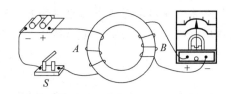

图 14.1 研究电磁感应现象的两个实验装置

【拓展阅读】 法拉第圆环实验

法拉第认识到,感应电流是一个动力学过程,它不取决于电流或磁铁产生的磁场力,而取决于电流的变化或磁铁的加速运动。对此,法拉第还进一步提出了磁感应线的概念,用"导线切割磁感应线产生感应电流"对电磁感应定律作了物理的概括和解释。1831年11月,在成功实验的基础上,法拉第进行了总结,并向英国皇家学会报告说,产生感应电流的状况可以分为五类:变化的电流、变化的磁场、运动的稳恒电流、运动中的磁铁和运动中的导线。这标志着电磁感应定律的发现。

根据法拉第在其发表的文章中对电磁感应现象得出的定性描述,德国物理学家诺伊曼 (F. E. Neumann)于1845年从理论上得到了电磁感应定律的表述和数学表达式:

导体回路中所产生的感应电动势的大小等于穿过导体回路的磁通量随时间的变化率:

$$\varepsilon_i = -\frac{\mathrm{d}\Phi}{\mathrm{d}t} \tag{14-1}$$

这就是法拉第电磁感应定律。式中,ε_i 是感应电动势的大小。如果只有一个回路,Φ 是穿过这个导体回路的磁通量,当回路有 N 匝线圈时,穿过各匝线圈的磁通量总和 Ψ 称为穿过该回路的全磁通。如果穿过各线圈的磁通量都相等,则有 $\Psi = N\Phi$,Ψ 称为磁链。此时感应电动势是

$$\varepsilon_i = -\frac{\mathrm{d}\Psi}{\mathrm{d}t} = -N\frac{\mathrm{d}\Phi}{\mathrm{d}t} \tag{14-2}$$

如果导体回路是闭合的,则导体回路中将有感应电流产生。在式(14-1)和式(14-2)中 Φ 或 Ψ 的单位是 Wb,时间单位是 s,ε 的单位是 V。

根据法拉第电磁感应定律,导体回路中所产生的关于电动势的方向由右手螺旋定则按下列步骤进行判断:先规定导体回路 L 的绕行正方向;再确定磁感应线的方向,如果磁感应线方向与 L 呈右手螺旋关系时磁通量 Φ 取为正,反之取为负。

当磁通量 Φ 沿正向增大时,磁通量的增量 $\mathrm{d}\Phi$ 为正,按照法拉第电磁感应定律,感应电动势 $\varepsilon < 0$,即 ε 与 L 的正方向相反;反之,当磁通量 Φ 沿正向减少时,磁通量的增量 $\mathrm{d}\Phi$ 为负,感应电动势 $\varepsilon > 0$,即 ε 与 L 的正方向相同,如图 14.2 所示。

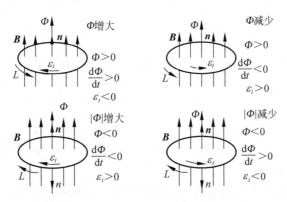

图 14.2 法拉第电磁感应定律

在闭合的导体回路中,一旦产生了感应电动势,则导体回路中将有感应电流产生。1833年,彼得堡科学院院士楞次(H. F. Emil Lenz,1804—1865)进一步研究了法拉第对电磁感应现象的说明,把法拉第的说明与安培的电动力理论结合在一起,提出了判定感生电流方向的判据——楞次定律:

感应电动势产生的感应电流在导体回路中产生的磁场总是要去阻碍引起感应电动势的磁通量的变化。

图 14.3　楞次定律

根据楞次定律,在图 14.3 所示导体线圈回路中,当条形磁铁插入或拔出线圈时都会在回路中产生感应电动势和电流。设顺时针方向为导体回路的正方向,由右手螺旋定则,则磁通量通过线圈回路向下的方向为正方向。当条形磁铁向下运动时,通过线圈回路向下的磁通量沿正方向增加,线圈中感应电流产生的磁场要阻碍磁通量的增加,因此,感应电流产生的磁通量必定在沿向上的方向上出现并增大。根据右手螺旋定则可以判定,感应电流方向应为逆时针方向。

由 $\varPhi = \int_S \boldsymbol{B} \cdot \mathrm{d}\boldsymbol{S}$ 可知,引起磁通量发生变化的形式有两种:一种是 $\boldsymbol{B}$ 不发生变化,但导体回路或回路的某一部分在磁场中运动引起回路内的磁通量发生变化,由此产生的电动势称为**动生电动势**;还有一种是导体回路的几何尺寸和形状保持不变,但通过线圈内的磁感应强度发生变化而引起回路内磁通量的变化,由此产生的电动势称为**感生电动势**。

14.1.2　动生电动势和感生电动势

动生电动势是由于导体或导体回路在恒定磁场中运动而产生的电动势。产生动生电动势的非静电力就是洛伦兹力。

如图 14.4 所示,当导体 ab 在恒定磁场中运动时,导体中的自由电子在洛伦兹力 $\boldsymbol{f} = -e(\boldsymbol{v} \times \boldsymbol{B})$ 的作用下运动发生偏转,并开始在导体的下端积聚,其上端则相应地出现正电荷,在 ab 间形成电场,使电子受到一个与洛伦兹力方向相反的电场力 $\boldsymbol{f}_e = -e\boldsymbol{E}_k$。当电场力与洛伦兹力达到平衡时电荷不再继续累积,形成一个稳定的电场 $\boldsymbol{E}_k = \dfrac{\boldsymbol{f}}{-e} = \boldsymbol{v} \times \boldsymbol{B}$。

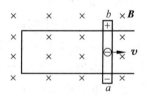

图 14.4　动生电动势的产生

由电动势定义 $\varepsilon_{ab} = \int_a^b \boldsymbol{E}_k \cdot \mathrm{d}\boldsymbol{l}$,可得运动导体 ab 产生的电动势为

$$\varepsilon_{ab} = \int_a^b (\boldsymbol{v} \times \boldsymbol{B}) \cdot \mathrm{d}\boldsymbol{l} \tag{14-3}$$

在导体中产生的动生电动势的方向是这样确定的:先规定一个导体的正方向(如由 $a \to b$),积分结果若为正,则动生电动势的方向与导体正方向一致,若为负,则动生电动势的方向与导体正方向相反。

感生电动势是由磁场发生变化而激发的电动势。变化的磁场会在其周围空间激发出一种涡旋电场。这种涡旋电场与静电场不同,其电场线不是一条条"有头有尾"的有向线段,而是一条条"无头无尾"的闭合圆环。产生感生电动势的非静电力称为涡旋电场力(图 14.5)。

与静电力不同的是,在涡旋电场中,涡旋电场力沿闭合曲线一周的线积分不等于零,根据法拉第电磁感应定律和感生电动势的定义,可以得出涡旋电场沿闭合曲线一周的积分为

$$\oint_L \boldsymbol{E}_i \cdot \mathrm{d}\boldsymbol{l} = -\frac{\mathrm{d}\Phi}{\mathrm{d}t} = -\frac{\mathrm{d}}{\mathrm{d}t}\left(\int_S \boldsymbol{B} \cdot \mathrm{d}\boldsymbol{S}\right)$$

$$= -\int_S \frac{\partial \boldsymbol{B}}{\partial t} \cdot \mathrm{d}\boldsymbol{S} \tag{14-4}$$

例题 1　一直导线棒 CD 在一无限长直电流产生的磁场中以速度 v 向上作切割磁感应线的运动(与无限长直电流共面),如图 14.6(a)所示。求:导线棒 CD 上产生的动生电动势的大小和方向。

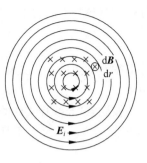

图 14.5　涡旋电场和感生电动势的产生

【解题思路】

由于本题中的导线 CD 向上作切割磁感应线的运动,因此,本题是在"磁场不动,导线运动"条件下求动生电动势的一个例题。

本题可用两种方法求解。

第一种方法是直接利用式(14-3)求动生电动势。

无限长直导线电流产生的磁场是非匀强磁场,因此求动生电动势时,需要首先求得在导体棒 CD 上某一导线元 $\mathrm{d}l$ 中所产生的动生电动势,再利用式(14-3)得到整个导线上产生的动生电动势。注意在式(14.3)中出现的是矢量运算,因此,这里还需要确定导线 CD 运动速度 v 的方向、磁场的方向,以及在导体棒 CD 上某一导线元 $\mathrm{d}l$ 的方向。最后通过积分得到动生电动势的大小和方向,如图 14.6(b)所示。

第二种方法是利用式(14-1)求得动生电动势。注意在式(14-1)中出现的是穿过导体回路的磁通量的变化率,而本题中仅有一根导线棒 CD 在磁场中运动,不构成实际回路,为此可以采用加辅助线的方法构筑一个假想的导体回路,如图 14.6(c)所示,其中 CD 棒向上运动,其他边都静止不动。由于 CD 棒的运动,通过导体回路的磁通量发生变化,于是就在回路中产生感应电动势,这个电动势就是在 CD 导线棒中产生的动生电动势。

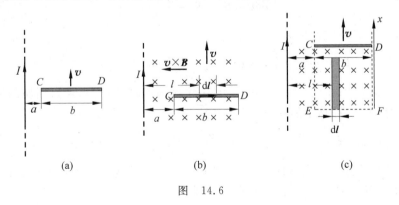

(a)　　　　　　　　(b)　　　　　　　　(c)

图　14.6

【解题过程】

解法 1:利用动生电动势公式求解。

设导线棒 CD 上某一导线元 $\mathrm{d}l$ 的方向从 C 指向 D,如图 14.6(b)所示。无限长直载流

导线在导体棒 CD 的某一导线元 $\mathrm{d}l$ 处产生的磁感应强度 $\boldsymbol{B}$ 的大小为

$$B = \frac{\mu_0 I}{2\pi l}$$

方向垂直纸面向里。式中 l 为无限长直载流导线离开导体棒 CD 上导线元 $\mathrm{d}l$ 处的直线距离。

按题意，导线棒 CD 的运动速度 $\boldsymbol{v}$ 的方向平行纸面向上，因此，式（14-3）中 $(\boldsymbol{v}\times\boldsymbol{B})$ 的方向与 $\mathrm{d}l$ 的方向相反。于是，在导线棒 CD 上导线元 $\mathrm{d}l$ 处产生的动生电动势是

$$\mathrm{d}\varepsilon_i = (\boldsymbol{v}\times\boldsymbol{B})\cdot\mathrm{d}l = v\frac{\mu_0 I}{2\pi l}\sin90°\mathrm{d}l\cos180° = -\frac{\mu_0 vI}{2\pi l}\mathrm{d}l$$

式中"$-$"号表示动生电动势的方向与所设的 $\mathrm{d}l$ 的方向相反。

整个导体棒 CD 上产生的动生电动势是

$$\varepsilon_i = -\frac{\mu_0 vI}{2\pi}\int_a^{a+b}\frac{\mathrm{d}l}{l} = -\frac{\mu_0 vI}{2\pi}\ln\frac{a+b}{a}$$

式中"$-$"号表明，整个导体棒 CD 上产生的动生电动势的方向是由 D 到 C。

解法 2：利用法拉第电磁感应定律公式求解。

首先作辅助线如图 14.6(c) 所示，构建虚拟的 $CDFE$ 闭合回路，并设回路方向为顺时针方向，则该回路包围的面的法线方向垂直纸面向内，与无限长直导线在该处产生的磁感应强度 $\boldsymbol{B}$ 的方向一致。

再计算通过该回路的磁通量。由于磁场是非均匀的，根据无限长直导线电流产生的磁场的表示式的特点，可以把该回路所在面划分成高度为 x，宽度为 $\mathrm{d}l$ 的许多微面积元，每一个微面积元处的磁感应强度可以认为是均匀的。设在任意时刻，选取离开无限长直导线距离为 l 处高度为 $DF=x$、宽度为 $\mathrm{d}l$ 的微面积元（图 14.6 中阴影部分），在该面积元处的磁感应强度大小为

$$B = \frac{\mu_0 I}{2\pi l}$$

通过该面积元的磁通量是

$$\mathrm{d}\Phi = \boldsymbol{B}\cdot\mathrm{d}\boldsymbol{S} = \frac{\mu_0 I}{2\pi l}x\,\mathrm{d}l$$

于是，通过整个回路的磁通量为

$$\Phi = \int\mathrm{d}\Phi = \int_S\boldsymbol{B}\cdot\mathrm{d}\boldsymbol{S} = \int_a^{a+b}\frac{\mu_0 I}{2\pi l}x\,\mathrm{d}l = \frac{\mu_0 Ix}{2\pi}\ln\frac{a+b}{a}$$

由于 CD 以速度 $\boldsymbol{v}$ 向上运动，$DF=x$ 是一个随时间变化的量，通过回路的磁通量也是随时间变化的，于是，回路中的感应电动势大小为

$$\varepsilon_i = -\frac{\mathrm{d}\Phi}{\mathrm{d}t} = -\left(\frac{\mu_0 I}{2\pi}\ln\frac{a+b}{a}\right)\frac{\mathrm{d}x}{\mathrm{d}t} = -\frac{\mu_0 Iv}{2\pi}\ln\frac{a+b}{a}$$

式中的"$-$"号表示感应电动势的方向与回路的绕行的正方向相反，即为逆时针方向，因此，在导体棒 CD 上的感应电动势的方向是由 D 到 C。

14.1.3　自感现象、互感现象和磁场的能量

由于回路自身电流、回路形状，或回路周围的磁介质发生变化，从而引起穿过该回路自

身的磁通量相应发生改变,并在回路中产生感生电动势的现象,称为自感现象。

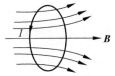

图 14.7　自感现象

自感回路中的全磁通与回路中的电流 I 成正比:

$$\Psi = LI \tag{14-5}$$

式中,L 称为自感系数,单位为亨利,符号为 H,它的数值取决于回路的大小、形状、线圈的匝数以及它周围磁介质的分布。它的物理意义是当回路中通过单位电流时,自感系数的大小就是通过自身回路所包围面积的全磁通。

在自感回路中,当穿过回路自身的磁通量发生变化时,激发的自感应电动势是

$$\varepsilon_i = -\frac{\mathrm{d}\Psi}{\mathrm{d}t} = -\frac{\mathrm{d}(LI)}{\mathrm{d}t} = -L\frac{\mathrm{d}I}{\mathrm{d}t} - I\frac{\mathrm{d}L}{\mathrm{d}t}$$

如果回路几何形状、尺寸不变,周围介质的磁导率也不变时,回路的自感系数 L 为定值,于是,回路中由于自身电流变化引起的自感电动势为

$$\varepsilon_L = -L\frac{\mathrm{d}I}{\mathrm{d}t} \tag{14-6}$$

式(14-6)表明,当回路中通过的电流变化率为 1A/s 时,自感系数的大小就是通过回路自身所产生的感应电动势。

由于两个载流回路 1 和 2 中电流发生变化而在对方回路中感应电动势的现象称为互感现象(图 14.8)。

由毕奥-萨伐尔定律可知,回路 1 中通入电流 I_1 时所产生的磁场与 I_1 的大小成正比,因而穿过回路 2 的全磁通也与 I_1 成正比:

$$\Psi = M_{21}I_1$$

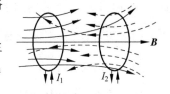

图 14.8　两个线圈的互感现象

同理,回路 2 中通入电流 I_2 时所产生的磁场穿过回路 1 的全磁通与 I_2 成正比:

$$\Psi_{12} = M_{12}I_2$$

可以证明,$M_{12} = M_{21} = M$,称为互感系数,国际单位制单位为 H(亨利)。当两个回路的几何形状、尺寸、相对位置以及周围介质的磁导率确定以后,互感系数就是一个定值,反映了两个回路的相互影响程度。以上两式表明,当两个回路中通过单位电流时,互感系数的大小就是两个线圈产生的磁场各自通过对方回路所包围面积的全磁通。

根据法拉第电磁感应定律,互感电动势为

$$\varepsilon_{12} = -\frac{\mathrm{d}\Psi_{12}}{\mathrm{d}t} = -M\frac{\mathrm{d}I_2}{\mathrm{d}t}, \quad \varepsilon_{21} = -\frac{\mathrm{d}\Psi_{21}}{\mathrm{d}t} = -M\frac{\mathrm{d}I_1}{\mathrm{d}t} \tag{14-7}$$

式(14-7)表明,当两个回路电流变化率为 1A/s 时,互感系数就是两个线圈的磁场各自在对方回路中所产生的互感电动势的大小。

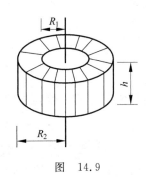

图　14.9

例题 2　一截面为矩形的螺绕环,环的内外半径分别为 R_1 和 R_2,矩形的高是 h,螺绕环的匝数为 N,在螺绕环的中心轴处放置一无限长直导线,如图 14.9 所示。求:

(1) 螺绕环的自感系数;

(2) 当螺绕环中通以 $I = I_0\cos\omega t$ 的交变电流时,长直导线中

的感应电动势。

【解题思路】

(1) 按照自感系数的定义,自感系数 $L=\dfrac{\Psi_{\mathrm{m}}}{I}$,这里 Ψ_{m} 是穿过回路本身所包围面积的全磁通,I 是导体回路中的电流强度。设螺绕环中通过的电流是 I,由于在离开中心轴线相同距离处的磁感应强度大小相等,因此,这个电流在螺绕环内产生的磁感应强度可以利用安培环路定理求出。利用与上题求磁通量相同的方法可以求出螺绕环内的全磁通,从而得出螺绕环的自感系数。

(2) 当螺绕环中的电流发生变化时,会在长直导线产生感应电动势。从感应电动势表达式可知,$\varepsilon=-\dfrac{\mathrm{d}\Psi}{\mathrm{d}t}=-M\dfrac{\mathrm{d}I}{\mathrm{d}t}$,要求出感应电动势,就需要求出互感系数。如何求出互感系数 M?设回路 1 为长直导线,回路 2 为螺绕环,按照互感系数的定义,互感系数既可以记作 $M_{21}=\dfrac{\Psi_{21}}{I_1}$,这里 M_{21} 是回路 1 对回路 2 的互感系数;也可以记作 $M_{12}=\dfrac{\Psi_{12}}{I_2}$,这里 M_{12} 是回路 2 对回路 1 的互感系数。注意到在本题中,需要求得的是螺绕环(回路 2)中电流变化 $\dfrac{\mathrm{d}I}{\mathrm{d}t}$ 在长直导线(回路 1)产生的感应电动势 ε_{12},$\varepsilon_{12}=-\dfrac{\mathrm{d}\Psi_{12}}{\mathrm{d}t}=-M_{12}\dfrac{\mathrm{d}I}{\mathrm{d}t}$,而 $M_{12}=\dfrac{\Psi_{12}}{I_2}$。由于长直导线不构成闭合回路,难以求得 Ψ_{12},回路 2 中的电流又是随时间改变的,因此,难以得到 M_{12} 和回路 1 中的感生电动势。由于 $M_{12}=M_{21}$,而 $M_{21}=\dfrac{\Psi_{21}}{I_1}$,利用长直导线中电流 I_1 所产生的磁场的对称性,利用安培环路定理容易得到通过螺绕环闭合回路的全磁通 Ψ_{21},由此得出 M_{21},即 M_{12},于是可以得到 ε_{12}。

【解题过程】

(1) 按照自感系数的定义,自感系数 $L=\dfrac{\Psi_{\mathrm{m}}}{I}$,这里 Ψ_{m} 是穿过螺绕环回路本身所包围面积的全磁通,I 是螺绕环回路中的电流强度。以中心轴线上某点为圆心,作半径为 r 的安培环路并与 N 匝线圈铰链,于是可以求得电流 I 在螺绕环内产生的磁感应强度为

$$B=\frac{\mu_0 NI}{2\pi r}$$

注意到磁感应强度 $\boldsymbol{B}$ 是 r 的函数,因此,以积分方法求得螺绕环内通过的全磁通为

$$\Psi=\int N\boldsymbol{B}\cdot\mathrm{d}\boldsymbol{S}=N\int_{R_1}^{R_2}\frac{\mu_0 NI}{2\pi r}h\,\mathrm{d}r=\frac{\mu_0 N^2 Ih}{2\pi}\ln\frac{R_2}{R_1}$$

于是自感系数

$$L=\frac{\Psi}{I}=\frac{\mu_0 N^2 h}{2\pi}\ln\frac{R_2}{R_1}$$

(2) 由于长直导线的电流 I_1 产生的磁场具有对称性,利用安培环路定理容易得到磁感应强度的大小

$$B=\frac{\mu_0 I}{2\pi r}$$

通过螺绕环闭合回路的全磁通 Ψ_{21} 为

$$\Psi_{21} = \int N\boldsymbol{B} \cdot \mathrm{d}\boldsymbol{S} = \frac{\mu_0 NIh}{2\pi} \int_{R_1}^{R_2} \frac{\mathrm{d}r}{r} = \frac{\mu_0 NIh}{2\pi} \ln \frac{R_2}{R_1}$$

于是得到

$$M_{21} = \frac{\Psi_{21}}{I} = \frac{\mu_0 Nh}{2\pi} \ln \frac{R_2}{R_1}, \quad 而 \ M_{21} = M_{12}$$

当螺绕环中的电流发生变化，$I = I_0 \cos \omega t$，会在长直导线中产生感应电动势

$$\varepsilon_1 = -M_{12} \frac{\mathrm{d}I}{\mathrm{d}t} = \frac{\mu_0 NI_0 \omega h}{2\pi} \sin \omega t \ln \frac{R_2}{R_1}$$

自感和互感现象的本质都是变化的磁场产生了电场，并在闭合回路中产生感生电流。在静电场一章中已经得出了在平板电容器中存在的电场的能量表达式，这个能量是由对电容器充电的电源提供的。由此引出一个问题是，由磁场变化产生的电场的能量是从何而来的？通过如图 14.10 所示的演示自感现象的一个典型实验可以探究这个问题的答案。

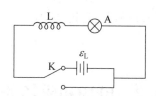

图 14.10　自感现象的演示实验

在图 14.10 的实验中，当电键 K 迅速断开时，可以发现，灯泡 A 并没有马上熄灭，而是突然一亮以后再逐渐熄灭。既然已经与电源断开，灯泡发亮的能量从何而来？原来在电键 K 开始接通时，由于线圈 L 中电流有一个从零开始增加的过程，从而使线圈中的磁场也随之有一个从零上升的过程。在这个过程中电源对外做功，其中一部分能量转化为焦耳热，另一部分能量用于克服在线圈中出现的自感电动势而做功，转化为线圈中产生的磁场的能量。当电键 K 断开后，正是这部分磁场能使灯泡发亮。

在电源接通并在电路中达到稳定的电流强度 I 的过程中，电源克服自感电动势做了多少功？假设在 $\mathrm{d}t$ 时间内，电路中通过的电流为 i，电量为 $i\mathrm{d}t$，则电源克服自感电动势做功为

$$\mathrm{d}A = -\varepsilon_L i \mathrm{d}t$$

这里自感电动势 $\varepsilon_L = -L \dfrac{\mathrm{d}i}{\mathrm{d}t}$，因此 $\mathrm{d}A = -\varepsilon_L i \mathrm{d}t = L i \mathrm{d}i$。于是在这个电流增加并达到稳定电流强度 I 的过程中，电源克服自感电动势做的总功为

$$A = \int_0^I \mathrm{d}A = \int_0^I L i \, \mathrm{d}i = \frac{1}{2} L I^2 \tag{14-8}$$

这部分功就转化为磁场能储存在线圈中。

当电源断开时，由电源提供的电流由 I 减少为零。在这个过程中，线圈中的自感电动势阻碍电流的减少。在 $\mathrm{d}t$ 时间内做功为

$$\mathrm{d}A' = \varepsilon_L i \mathrm{d}t = -L i \mathrm{d}i$$

在这个过程中，自感电动势做的总功为

$$A' = \int_I^0 \mathrm{d}A' = \int_0^I -L i \, \mathrm{d}i = \frac{1}{2} L I^2 \tag{14-9}$$

从式(14-8)和式(14-9)可以看出，$A = A'$，表明在断开电源以后，储存在线圈中的磁场能量重新对外做功而释放出来。因此，一个自感为 L，通以电流 I 的线圈中储存的磁场能量为 $W_{\mathrm{m}} = \dfrac{1}{2} L I^2$。

如同电场能量可以用电场强度来表示一样，磁场能量也同样可以用磁感应强度或磁场

强度来表示。以长直螺旋管为例。长直螺旋管的自感系数 $L=\mu n^2 V$，管内磁感应强度 $B=\mu n I$，磁场强度 $H=nI$，因此，管内的磁场能量可以表示为

$$W_{\mathrm{m}} = \frac{1}{2}LI^2 = \frac{1}{2}\mu n^2 V\left(\frac{B}{\mu n}\right)^2 = \frac{1}{2}\frac{B^2}{\mu}V$$

由于磁场是均匀分布的，因此，可以引入能量密度表达式

$$w_{\mathrm{m}} = \frac{W_{\mathrm{m}}}{V} = \frac{1}{2}\frac{B^2}{\mu} = \frac{1}{2}\mu H^2 = \frac{1}{2}BH \tag{14-10}$$

以上结果虽然是从长直螺旋管的磁场中导出的，但是可以证明这个结果对于均匀磁场或非均匀磁场都是普遍适用的。于是任意磁场的总能量是

$$W_{\mathrm{m}} = \int_V w_{\mathrm{m}}\mathrm{d}V = \int_V \frac{1}{2}\frac{B^2}{\mu}\mathrm{d}V = \int_V \frac{1}{2}BH\,\mathrm{d}V \tag{14-11}$$

14.2 电场和磁场的统一性和麦克斯韦方程组

——什么是电场和磁场的内在联系？

14.2.1 位移电流假说的提出

对于稳恒电流，磁场中的安培环路定理是

$$\oint_L \boldsymbol{H} \cdot \mathrm{d}\boldsymbol{l} = \sum I$$

这里 $\sum I$ 是穿过以闭合回路 L 为边界的任意曲面 S 的传导电流。对于非稳恒电流，这个定理是否适用呢？

在电容器充电过程中导线中出现的电流就是非稳恒电流的一个典型例子。在电容器充电过程中，导线中的电流是随时间改变的。在电容器一极板附近，任取一个包围导线的闭合回路 L，以 L 为边界线，作由两个曲面 S_1 和 S_2 构成的一个闭合曲面。其中 S_1 曲面上有传导电流穿过，S_2 曲面由于在电容器两极板之间延伸，没有传导电流通过，如图 14.11 所示。

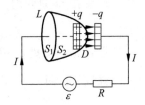

图 14.11　位移电流

把安培环路定理用于曲面 S_1 时，有

$$\oint_L \boldsymbol{H} \cdot \mathrm{d}\boldsymbol{l} = \sum I \tag{14-12}$$

而把安培环路定理用于曲面 S_2 时，则有

$$\oint_L \boldsymbol{H} \cdot \mathrm{d}\boldsymbol{l} = 0 \tag{14-13}$$

对于以同一闭合曲线为边界的不同曲面，式(14-12)与式(14-13)的结果却是完全不同的！麦克斯韦认为，出现这个矛盾的原因是把传导电流看成是产生磁场环流的唯一电流。麦克斯韦注意到，随着极板上电量 q 的变化，传导电流强度 I 也在变化。设电流强度为

$$I = \frac{\mathrm{d}q}{\mathrm{d}t}$$

极板上自由电荷面密度为 σ。由于在平板电容器中，电位移矢量 $D=\sigma$，因此，穿过极板的电位移通量是

$$\Phi_\mathrm{D} = \int_S \boldsymbol{D} \cdot \mathrm{d}\boldsymbol{S} = \sigma S = q \tag{14-14}$$

麦克斯韦认为，在电容器两极板之间虽然没有传导电流，但是两板之间存在着变化的电场，因而存在电位移通量的变化

$$I = \frac{\mathrm{d}q}{\mathrm{d}t} = \frac{\mathrm{d}\Phi_\mathrm{D}}{\mathrm{d}t} \tag{14-15}$$

在充电时，电场增加，$\dfrac{\mathrm{d}\Phi_\mathrm{D}}{\mathrm{d}t}$ 与场的方向一致，也与导体中传导电流方向一致；反之，电场减少，$\dfrac{\mathrm{d}\Phi_\mathrm{D}}{\mathrm{d}t}$ 与场的方向相反，仍与导体中传导电流方向一致。如果定义 $\dfrac{\mathrm{d}\Phi_\mathrm{D}}{\mathrm{d}t}$ 为某种电流，在极板之间就可以用这个电流来代替传导电流，从而保持电流的连续性，可以解决上述矛盾。于是，麦克斯韦就提出了位移电流的假设：

在两极板之间存在着位移电流 $I_\mathrm{d} = \dfrac{\mathrm{d}\Phi_\mathrm{D}}{\mathrm{d}t}$，它与导线中的传导电流 I_0 一起构成全电流 $I_全 = I_0 + I_\mathrm{d}$。

于是，安培环路定理被修正为

$$\oint_L \boldsymbol{H} \cdot \mathrm{d}\boldsymbol{l} = \sum I_0 + \frac{\mathrm{d}\Phi_\mathrm{D}}{\mathrm{d}t} \tag{14-16}$$

在稳恒电流情况下，位移电流为零，上式就回到只有传导电流的安培环路定理。

位移电流与传导电流的共性是，两者都可以在空间激发磁场，但两者本质上是不同的。

（1）位移电流的本质是变化着的电场产生变化的磁场，而传导电流则是自由电荷的定向运动；

（2）位移电流可以存在于真空、导体、电介质中，而传导电流只能存在于导体中；

（3）位移电流不会产生焦耳热或其他化学效应，而传导电流在通过导体时会产生焦耳热或其他化学效应。

14.2.2　电场和磁场的内在联系

在 1820 年奥斯特发现电流的磁效应以前，人们已经发现电和磁两者之间存在一些类似的特征，例如，它们都有吸引和排斥作用，作用力的大小都遵循平方反比定律等，但当时许多科学家并不关注对电和磁相互关系的研究。而奥斯特一直没有放弃寻找电和磁相互关系的努力。他历时 3 个月，做了 60 多个实验以后，终于发现了电流产生的磁效应，从而打破了电和磁不相关的传统信条，为物理学的发展开辟了一条崭新的道路。后来安培为了解释奥斯特效应，把磁的本质归结为电流，认为磁场对电流的相互作用就是电流对电流的相互作用。

法拉第认为，既然电能够产生磁，那么磁也一定能够产生电，最终创立了法拉第电磁感应理论。麦克斯韦系统地总结了从库仑、安培和法拉第等人建立的电磁学理论的全部成就，并创造性地提出了感生涡旋电场和位移电流的假说。在相对论出现之前，他就指出，不仅变

化的磁场可以产生电场,变化的电场也可以产生磁场。他把电场和磁场统一为电磁场,揭示了电场和磁场的内在联系,建立了电磁场的基本方程组——麦克斯韦方程组。

1905 年以后,爱因斯坦创立的相对论不仅使人们对牛顿力学的适用性和局限性有了更全面的认识,也使人们对电磁现象和理论有了更深刻的理解。在用洛伦兹变换取代伽利略变换以后,可以证明,从不同的参考系观测,同一个电磁场既可以表现为电场,也可以表现为磁场,或者表现为电场和磁场共存的方式。由此表征电磁场的物理量——电场强度和磁感应强度也将随参考系的不同而改变,这证明电磁场就是一个统一的实体;电场和磁场不是两个独立的矢量,而是描述电磁场统一的电磁场张量的两个不同的分量。这个张量相对于任何一个惯性参考系,在任何运动状态下都是不变的绝对量,而电场分量和磁场分量对于不同的惯性参考系是不同的,具有相对性。

14.2.3 电磁波的产生和传播

电荷作加速运动时,其周围的电场和磁场将会发生变化。在自由空间内的电场和磁场满足:

$$\oint \boldsymbol{E} \cdot \mathrm{d}\boldsymbol{l} = -\int \frac{\partial \boldsymbol{B}}{\partial t} \cdot \mathrm{d}\boldsymbol{S}$$

$$\oint \boldsymbol{H} \cdot \mathrm{d}\boldsymbol{l} = \int \frac{\partial \boldsymbol{D}}{\partial t} \cdot \mathrm{d}\boldsymbol{S} \tag{14-17}$$

这样电场和磁场相互激发,并以波的形式向四周传播,就形成了电磁波。

电磁波是横波,其电矢量 $\boldsymbol{E}$、磁矢量 $\boldsymbol{B}$ 和传播方向 v 三者之间相互垂直,构成正交右旋关系。$\boldsymbol{E} \times \boldsymbol{B}$ 的方向在任意时刻都指向波的传播方向(图 14.12)。

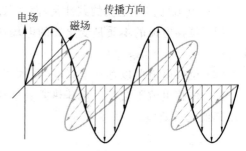

图 14.12　平面电磁波的电场和磁场

电磁波是偏振波,$\boldsymbol{E}$ 矢量和 $\boldsymbol{B}$ 矢量在各自的平面内振动,振动相位相同。在同一点的 $\boldsymbol{E}$ 矢量和 $\boldsymbol{B}$ 矢量的大小之间的关系是

$$B = E/c$$

电磁波的传播速率 v 与介质的介电常数和磁导率有关:

$$v = 1/\sqrt{\varepsilon\mu} \tag{14-18}$$

真空中电磁波的传播速率 $v = 2.979 \times 10^8\,\mathrm{m/s}$。

在前面几章中已经得到,在真空中电场和磁场的能量密度公式分别是

$$w_\mathrm{e} = \frac{1}{2}\varepsilon_0 E^2, \quad w_\mathrm{m} = \frac{1}{2}\mu_0 H^2$$

因此,电磁波的总能量密度是

$$w = w_\mathrm{e} + w_\mathrm{m} = \frac{1}{2}(\varepsilon_0 E^2 + \mu_0 H^2) \tag{14-19}$$

电磁波所携带的能量称为辐射能,单位时间通过电磁波中与能量传播方向垂直的单位面积的能量称为能流密度,能流密度是矢量,用 $\boldsymbol{S}$ 表示,又称坡印亭矢量,其方向就是电磁波

的传播方向,可以导出:

$$S = E \times H \qquad (14-20)$$

14.2.4　电磁波频率的"家谱"及其分类

按照波长从长到短的顺序,电磁波依次可以分为无线电波、微波、红外线、可见光、紫外线、X 射线和 γ 射线等,如图 14.13 所示。

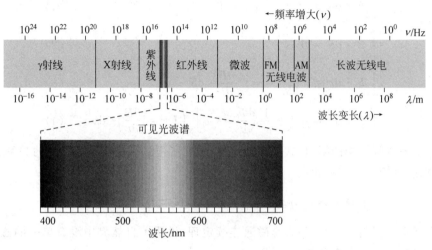

图 14.13　电磁波频率的"家谱"

从 1958 年赫兹用实验证明了电磁波的存在开始,不同频段电磁波的应用不断被发掘出来。如今,电磁波已在通信、遥感、空间探测、军事应用、科学研究等诸多方面得到了广泛的应用(表 14.1)。

表 14.1　电磁波的各个波段及其主要应用

波段名称	主　要　用　途
无线电波	导航、广播、电视、通信(对讲机)
微波	导航、雷达、电视、移动通信(手机)、无线电天文、空间通信、加热、武器
红外线	成像、制导、取暖(热辐射)、遥控
可见光	成像(照相机、显微镜等)
紫外线	杀菌、验钞
X 射线	人体透视、晶体结构测量
γ 射线	人体手术

【拓展阅读】 电磁波的应用与防护
【网站链接】 上海光源

14.3   麦克斯韦方程组的重要地位和作用

——什么是科学史上第二次大统一？

麦克斯韦认为静电场的高斯定理和磁场的高斯定理也适用于一般电磁场。所以可以将电磁场的基本规律写成麦克斯韦方程组的积分形式：

$$\begin{cases} \oint_S \boldsymbol{E} \cdot \mathrm{d}\boldsymbol{S} = \dfrac{q}{\varepsilon_0} = \dfrac{1}{\varepsilon_0} \int_V \rho \cdot \mathrm{d}V & (1) \\[3mm] \oint_S \boldsymbol{B} \cdot \mathrm{d}\boldsymbol{S} = 0 & (2) \\[3mm] \oint_L \boldsymbol{E} \cdot \mathrm{d}\boldsymbol{r} = -\dfrac{\mathrm{d}\Phi}{\mathrm{d}t} = -\int_S \dfrac{\partial \boldsymbol{B}}{\partial t} \cdot \mathrm{d}\boldsymbol{S} & (3) \\[3mm] \oint_L \boldsymbol{B} \cdot \mathrm{d}\boldsymbol{r} = \mu_0 I + \dfrac{1}{c^2}\dfrac{\mathrm{d}\Phi_e}{\mathrm{d}t} = \mu_0 \int_S \left(\boldsymbol{J} + \varepsilon_0 \dfrac{\partial \boldsymbol{E}}{\partial t} \right) \cdot \mathrm{d}\boldsymbol{S} & (4) \end{cases}$$

(14-21)

麦克斯韦方程组中的第(1)式是高斯定律，说明了电场强度和电荷之间的关系。如果有电介质存在，则写成如下形式：

$$\oint_S \boldsymbol{D} \cdot \mathrm{d}\boldsymbol{S} = q_{\text{int}} = \int_V \rho \cdot \mathrm{d}V, \quad \text{其中 } \boldsymbol{D} = \varepsilon \boldsymbol{E} = \varepsilon_0 \varepsilon_r \boldsymbol{E}$$

麦克斯韦方程组中的第(2)式是磁通连续定理，说明了自然界中没有单一的磁荷（磁单极)存在，磁感线都是闭合曲线。

麦克斯韦方程组中的第(3)式是法拉第电磁感应定律，说明了变化的磁场和电场之间的联系：变化的磁场产生电场。

麦克斯韦方程组中的第(4)式是推广的安培环路定理。在没有变化的电场，只有恒定电流的情况下，电流所形成的磁场与电流强度之间的关系为 $\oint_L \boldsymbol{B} \cdot \mathrm{d}\boldsymbol{r} = \mu_0 I$，式中 I 为被环路包围（与环路铰链）的电流的代数和。在无电流的情况下，变化的电场也会产生磁场，其关系为 $\oint_L \boldsymbol{B} \cdot \mathrm{d}\boldsymbol{r} = \dfrac{1}{c^2}\dfrac{\mathrm{d}\Phi_e}{\mathrm{d}t}$。两者的合成即为推广的安培环路定理，说明了运动电荷（电流）以及变化的电场与磁场的关系。

在已知电荷和电流分布的情况下，麦克斯韦方程组可以给出电场和磁场的唯一分布。特别是当初始条件给定后，还能唯一地预言电磁场以后变化的情况，从而能完全描述电磁场的动力学过程。

麦克斯韦是电磁学的集大成者。目前，人们已经公认麦克斯韦电磁理论的总结是经典物理学的最伟大的成就。当年的牛顿站在伽利略、第谷、开普勒的肩膀上建立了完整的经典力学理论体系，而麦克斯韦站在库仑、高斯、欧姆、安培、法拉第等前人肩膀上建立了完整的电磁理论体系。麦克斯韦电磁理论的成果避免了所谓超距作用，创立了场论，揭示了光、电、磁现象的内在联系和本质的统一性，实现了科学史上第二次大统一，为现代的电力和电子技术工业和无线电工业的发展奠定了理论基础。

【拓展阅读】 麦克斯韦方程组的理论计算价值

思　考　题

1. 在日常生活中,常常可以观察到这样的现象:在插入或断开电源插头时会有小火花产生。如果电路中有着一个电阻小、自感大的线圈,火花发生得就更激烈。为什么会出现这样的现象?

2. 你如何理解在法拉第电场感应定律中出现的负号和在楞次定律表述中出现的阻碍作用? 如果改为正号和促进作用,会出现什么问题?

3. 动生电动势和感生电动势有哪些方面是相同的? 在哪些方面是不同的?

4. 传导电流与位移电流在哪些方面是相同的? 它们之间有哪些不同点?

5. 三个线圈的中心处在同一条直线上,它们相隔的距离很近。是否存在这样的可能性,即当它们各自相对放置在某一个位置时,它们两两之间的互感系数为零? 如果可能,该怎样放置?

6. 有两个金属环 A 和 B,A 的半径稍小于 B 的半径,它们两者之间是否可能存在这样的相对位置,使得它们的互感为最大? 如果可能,该怎样放置?

7. 如果在一个回路中既有自感 L 很大的线圈,又有电容 C 很大的电容器,这样组成的电路常常称为 LC 电路。在充电和放电过程中变化的电场和变化的磁场相互激发,交替产生所谓电磁振荡现象。你能说明电磁振荡的规律与简谐运动的规律有哪些相似点吗?

8. 麦克斯韦方程组中各个方程的物理意义是什么? 麦克斯韦方程组中表示电通量和磁通量以及表示电场环路积分和表示磁场环路积分的方程存在不对称性的物理意义是什么?

9. 你如何评价麦克斯韦电磁理论在物理学上的重要地位和重大意义?

习　　题

14.1　一根水平放置的铜棒 AB 长为 L,可绕距离 A 端为 $\frac{1}{5}L$ 处和棒垂直的轴 OO' 在水平面内旋转,角速度为 ω。铜棒置于竖直向上的匀强磁场 $\boldsymbol{B}$ 中,如习题 14.1 图所示。问:哪一端电势更高? 铜棒两端 A 和 B 的电势差是多少?

14.2　一长直导线中通以电流强度为 I 的直流电流,在它的附近放置另一矩形共面线圈 $ABCD$,其中最近边 AB 距长直导线距离为 a,$AB=l$,CD 边距长直导线距离为 b,$BC=b-a$;线圈以速度 v 离开长直导线,如习题 14.2 图所示。求长直导线与线圈之间的互感系数以及线圈内的动生电动势的大小和方向。

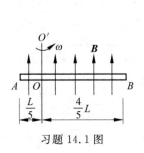

习题 14.1 图

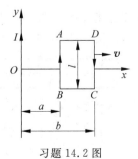

习题 14.2 图

14.3　一根长度为 l 的金属杆在一根长直导线的磁场中以速度 v 作平移运动,运动方向与长直导线中电流 I 的流动方向平行,如习题 14.3 图所示。靠近导线的杆的一端与导线的距离是 d。

(1) 用动生电动势的公式求该金属杆两端的电势差;

(2) 设杆在 t 时间内扫过的面积 $S=lvt$,用法拉第电场感应定律再求金属杆两端的电势差。

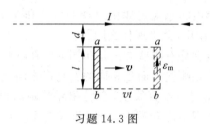

习题 14.3 图

14.4　如习题 14.4 图所示,在半径是 R 的无限长直螺线管中,充满着磁感应强度为 $\boldsymbol{B}$ 的均匀磁场。设在其中放置一直角形导线 abc,且 $\overline{ab}=l$。现磁感应强度沿垂直于纸面向里的轴线方向以速率 $\dfrac{\mathrm{d}B}{\mathrm{d}t}$ 增长。求:

(1) 螺旋管中的感生电场;

(2) 直角形导线 abc 上产生的感生电动势以及 $\overline{ab}$,$\overline{bc}$ 导线段上的感生电动势。

14.5　一直角三角形线圈放置在一长直导线附近,直角三角形线圈的两条直角边长分别为 a 和 b,斜边长为 c,直角三角形线圈平行于长直导线的边离开导线的距离为 l,如习题 14.5 图所示。求:当长直导线中通以电流 $I=I_0\sin\omega t$ 时,直角三角形线圈中的感应电动势的大小。

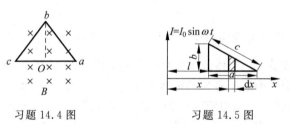

习题 14.4 图　　　　　习题 14.5 图

14.6　两个线圈的自感分别为 L_1 和 L_2,它们之间的互感为 M。将两个线圈按下列两种方式连接:

(1) 顺串联,即连接 2 和 3,如习题 14.6 图(a)所示,求 1 和 4 之间的自感;

(2) 反串联,即连接 3 和 4,如习题 14.6 图(b)所示,求 1 和 3 之间的自感。

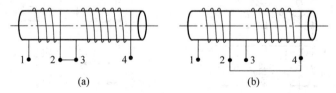

(a)　　　　　　　　(b)

习题 14.6 图

14.7　如习题 14.7 图所示的两个同轴圆形导体线圈,小线圈在大线圈上面。小线圈半径是 r,大线圈半径是 R,两线圈的距离为 x,设 $x \gg R,R \gg r$。当大线圈中通有电流 I 时,可以近似把小线圈中的磁场看作是均匀的,而小线圈中通以电流 I_1 且以匀速 v 沿轴线作平移运动。求:在两线圈中心相距 $x = NR$(N 为远大于 1 的整数)的瞬间,大线圈和小线圈中的感应电动势各为多少?

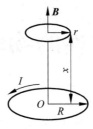

习题 14.7 图

14.8　一平行板电容器的两极板都是半径为 $R = 5.0\,\mathrm{cm}$ 的圆形导体薄片,在充电过程中,两极板之间的电场强度随时间的变化率为 $\dfrac{\mathrm{d}E}{\mathrm{d}t} = 2.5 \times 10^{12}\,\mathrm{V/(m \cdot s)}$。求:

(1) 两板之间的位移电流;

(2) 极板边缘的磁感应强度(忽略边缘效应)。

14.9　一无限长直导体中均匀地通以电流强度 I,导体截面半径是 R。问:单位导体长度内储存的磁场能是多少?与单位导体长度内部的磁链有联系的那部分自感系数是多少?

第 **15** 章

光的本性的物理描述

本章引入和导读

雨后彩虹

城市万家灯火

旭日东升,阳光普照大地;夜幕降临,城乡万家灯火。

地球上的万物生生不息仰仗太阳光,人类的日常生活离不开太阳光,人类从事的生产活动和科学研究更需要太阳光和各种人造光源。

早在 2000 多年前,我国的《墨经》就记载了许多光学现象和成像规律。古希腊的欧几里得(公元前约 325—公元前 265 年)著的《反射光学》研究了光的反射。阿拉伯学者阿勒·哈增(965—1038)的《光学全书》讨论了许多光学现象。

从建立反射定律和折射定律的时代开始,光学已经逐渐发展成为物理学中研究光的传播以及光和物质相互作用,并与人类生产和生活密切相关的一门应用性很强的学科。20 世纪 50 年代以来,光学已经渗透到众多的科学技术领域,出现了许多新的分支学科。现代光学研究的对象早已不限于可见光,而是延伸到了从远红外到远紫外等日益宽广的电磁波段。

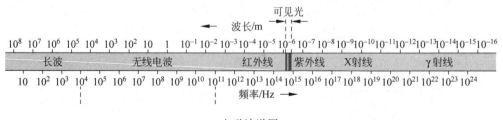

电磁波谱图

通常意义上的光是指可见光,也就是能引起人的视觉的电磁波。人类之所以能看到客观世界中五彩缤纷、瞬息万变的景象,是由于眼睛接收到物体发射、反射或散射的各种频率的光以后产生的不同生理反应而导致的。可见光的波长在 390～760nm 的狭窄范围内,对应频率范围是 $7.5 \times 10^{14} \sim 4.1 \times 10^{14}$ Hz,在整个电磁波谱中可见光只占了很小一部分。如电磁波谱中虚线之间的部分波段所示。

光的本性究竟是什么?这个问题一直是光学研究的重要课题。在 15 世纪中期就曾经存在以牛顿为代表的光的微粒说(认为光是一种弹性粒子流)和以荷兰科学家惠更斯为代表的波动说(认为光是一种波)的长期争论。15 世纪牛顿的微粒说描述和解释了光的直线传播现象,提出了光的反射和折射定律;19 世纪初,波动说提出了光的相干条件,描述和解释了光的干涉、衍射和偏振现象。19 世纪中期,麦克斯韦创立的电磁理论证实了可见光就是电磁波。到了 20 世纪初,爱因斯坦提出了光的量子说理论,认为光由光量子组成,光量子不是经典意义上的粒子,也不是经典意义上的波,光量子具有波粒二象性,从而很好地描述和解释了光电效应。

从最初提出的光的粒子说到光的波动说,再到光的量子说,人们对光的本性已经进行了长达几百年的探索。中学物理提出了光的直线传播现象以及光的反射、折射定律,并引导学生观察光的干涉、衍射和偏振现象,初步建立了对光的粒子性和波动性表现的感性认识,大学物理以对光的本性的认识为主线从定性和定量两个方面对光的直线传播、光的干涉、衍射和偏振现象进行系统深入的描述,更好地揭示人们对光的本性认识的不断深化和发展历程。包括物理学在内的科学发展历程告诉我们,科学发展存在着不确定性,即使是光的量子说也还没有穷尽人们对光的本性的认识。

【拓展阅读】 2015 国际光年

15.1 光的微粒说对光的直线传播现象的理论描述

——什么是光的微粒说?

15.1.1 从光的微粒说的萌芽到光的粒子流假设

人类对光的本性的认识可追溯到古希腊时期。毕达哥拉斯学派认为,物体的表面会发射出一些粒子,当它们进入人眼时就产生了视觉。亚里士多德则认为物体使它周围介质的性质发生某种变化,这种变化通过介质传播到人的眼睛时就能被人看到;而在没有介质的虚空中,什么都是看不见的。这些观点可以看成是光的微粒说的萌芽。

1575 年,牛顿根据光的直线传播规律、光的色散现象,进一步提出了假设:光是由一颗颗像小弹丸一样的机械微粒组成的粒子流,发光物体接连不断地向周围空间发射高速直线飞行的光粒子流。一旦这些光粒子进入人的眼睛,冲击视网膜,就引起了视觉,这就是光的微粒说。由于牛顿的微粒说通俗易懂,用微粒说可以轻而易举地解释光的直线传播、反射和折射现象,所以很快获得了人们的承认和支持。

15.1.2 微粒说对光的直线传播和反射、折射现象的理论描述

根据微粒说,牛顿认为既然光是从光源发射出来的大量弹性球形物质微粒,因此,在均

匀介质中,这些微粒就以高速作直线运动,这就是光的直线传播定律。

利用这个定律,可以很圆满地解释和说明小孔成像、阳光下的树影和镜面反射的形成原因,如图 15-1～图 15-3 所示。

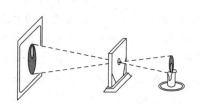

图 15-1　小孔成像

图 15-2　阳光下的树影

图 15-3　镜面反射现象

【物理史料】　牛顿对光学的贡献

根据微粒说,沿直线作高速运动的光的粒子遇到界面时,如同力学中刚性小球被弹性表面弹回一样,光粒子只向着一个方向反弹,而不向其他方向反弹,这就是光的反射定律。当阳光斜向照射到教室里非常光滑的黑板表面时,学生常常会在一个角度上只看到黑板上很亮的光点,而看不清黑板上的图案和文字,这正是光粒子的反弹造成的。这就是常见的所谓黑板反光现象。

牛顿假设光微粒在两种介质界面上,由于介质的性质和微粒到达界面时的状态不同,受到不同程度的吸引力或排斥力,其作用方向垂直于分界面,因此在垂直方向上的速度或动量将有所改变,然而平行于分界面的速度或动量仍保持不变,这样就较好地解释了折射现象,由此牛顿还推导出折射率等于两介质内光速的比值。

但是,在解释一束光射到两种介质分界面处会同时发生反射和折射的现象时,这个理论遇到了很大困难。根据牛顿得出的两介质内光速的比值,牛顿得出了在比空气密度大的介质(例如水)中光速应该较快的推论。1850 年法国物理学家傅科用高速旋转镜法测出水中光速仅为空气中光速的 3/4,从而表明微粒理论存在着局限性。

此外,对于一束光遇到某些障碍物时可以绕过障碍物的边缘拐弯传播的现象,还有几束光在空间叠加后又能彼此互不干扰地独立前进等现象,光以各种方式产生的干涉、衍射、偏振、色散、双折射等光学现象,用光的微粒理论也无法作出科学合理的解释。

从 18 世纪末到 19 世纪,随着人们对光的研究的深入,面对着新的实验现象,人们越来越认识到微粒说存在着很大的局限性,于是光的波动说逐渐开始发端,并在描述和解释光的干涉、衍射和偏振现象方面取得成功,最终取代了光的粒子说。

15.2　光的波动说对光的干涉现象的理论描述

——什么是光的波动说?

15.2.1　从笛卡儿的波动思想到惠更斯的波动说

最早提出光的波动思想的是法国数学家和物理学家笛卡儿(Rene Descartes,1596—

1650)。他认为,光本质上是一种压力,充满在一切空间中的完全弹性的介质(以太)中传播,传播的速度是无限大的。英国物理学家胡克明确主张光是一种振动,每个振动产生一个球面并以高速向外传播,这可以认为是波动说的发端。

意大利的格里马耳迪(F. M. Grimaldi,1618—1663)通过观察实验发现,光通过小孔以后在屏幕上产生的影子比光的直线传播产生的影子要宽一些。由此,他提出,光是一种能够作波浪运动的精细流体。

对光的波动说作出重要贡献的是荷兰物理学家惠更斯(Christian Huygens,1629—1695)(图15.4)。1690年,他把光和声波、水波相类比,认为宇宙间存在一种弹性介质——以太,光是因以太的扰动而形成的一种弹性机械纵波波动。光作为一种波动,与声波一样以球面波传播。光的传播就是以太扰动的传递。他提出了波阵面的概念,并由此形成了关于波传播的著名的惠更斯原理:

光波的传输可以看成波阵面(波前)的每一个点作为子波源发出的球面子波的传播,这些子波向各个方向传播,子波具有与传输波相同的频率和波速,子波源的包络又形成新的波阵面,继续传播(图15.5)。介质中任一波阵面上的各点都可以看作是子波的波源,这样的子波波面构成传播着新的波阵面,光的前进方向则与波阵面垂直。

图15.4　惠更斯

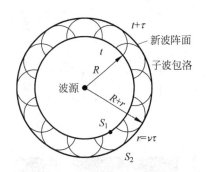

图15.5　惠更斯原理示意图

借助惠更斯原理,可以解释一般的反射定律、折射定律以及双折射现象。用波动概念也可以解释两个独立光源发出的光波叠加以后仍然彼此不相干扰地直线传播的现象。

【物理史料】　惠更斯对光学的贡献

15.2.2　托马斯·杨的波动说和双缝干涉实验

英国物理学家托马斯·杨(Thomas Young,1773—1829)认为,光是在充满整个空间的极稀薄的以太流体中弹性振动的传播。1801年托马斯·杨把波动干涉引入到光学领域,提出了光的干涉原理,并描述了牛顿环实验和光的衍射现象,对光的波动说作出了重要贡献,但是,他一直认为光是一种纵波。

1808年,法国工程师马吕斯(Etienne Louis Malus,1775—1812)研究了光通过冰洲石而发生的两条折射光的现象(双折射现象),提出了光的偏振的概念。1815年阿喇果发现这两条折射光互不干涉。对这样的现象用光是纵波的观点是无法解释的。同一年安培等人提议把光看成是横波,但并没有被阿喇果采纳。托马斯·杨立即接受了光是横波的想法,菲涅耳也由此得到启发,并通过实验研究了光的偏振和偏振光干涉现象,进一步确定了光是波动,而且是一种横波。

干涉现象是波动过程的特性。1802 年,托马斯·杨成功实现了光的双缝干涉实验,这是证实光的波动性的一个关键性的实验。作为建立光的波动学说的决定性一步,杨氏双缝干涉实验把光的波动说建立在实验基础上,在物理学史上具有重要的意义。

托马斯·杨的双缝干涉实验原理和装置图如图 15.6 所示。杨氏双缝干涉实验最初使用的光源来自太阳光。首先使太阳光通过一个针孔 S,于是这个针孔就可以看成是一个点光源。光从点光源发出,再照射到屏上的两个靠得很近的、与针孔 S 等距离的针孔 S_1 和 S_2 上,因而它们就成为两个初相位相同的次级单色点光源。在两个针孔后面与针孔所在平面相距一定距离处放上与针孔平面平行的观察白屏,两束光在白屏上发生干涉,呈现明暗相间的彩色干涉条纹。为了提高干涉条纹的明度,两个针孔 S_1 和 S_2 常用两条平行的狭缝代替,波长为 λ 的单色光垂直入射到两个狭缝上,所以后来一直称为杨氏双缝干涉实验。实验中观察到的杨氏双缝干涉条纹分布如图 15.7 所示。

从实验图像上可以对接收白屏上观察到的杨氏双缝干涉实验明暗条纹分布的结果作出如下描述:

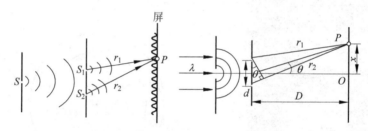

图 15.6　杨氏双缝干涉实验装置示意图

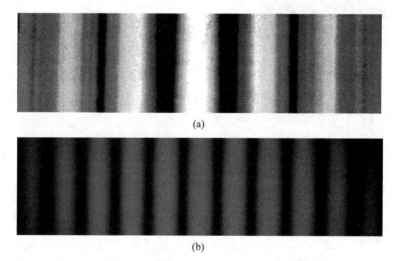

(a)

(b)

图 15.7　实验上观察到的产生的杨氏双缝干涉条纹分布

(a) 太阳光产生的干涉条纹;(b) 单色红光产生的干涉条纹

（1）白屏上最明亮的条纹,称为中央明纹,它的中心位置在过两个针孔中点的一条与观察白屏垂直的直线与白屏相交的点 O 处。其他明暗条纹等间隔地交替分布在中央明纹两侧,呈现出相对于中心点的对称分布。

（2）光波长越小,条纹间距越小。狭缝与观察白屏之间的距离 D 越大,条纹间距越大。狭缝间距 d 越小,条纹间距越大。

（3）若实验中使用多色的点光源,这时光源的光可以看成分布在某一频率范围内的互不相干的许多单色光的组合。其中每种单色光产生一个上述的干涉图样,各点的总强度是这些单色图样的强度之和。所有单色图样的中央明纹的中心都通过 O 点互相重合,但由于各个单色光的波长不同,因此,各自的条纹间距不同,组合的结果显示出条纹强度相互错开分布的条纹图样。

由于明暗条纹的产生是由同一束光产生的两束光的干涉而产生的,这两束光的频率相同、振动方向相同、相位差恒定,这样的两个波源称为相干波源。不满足以上三个条件的两束光不是相干波源,也不会发生干涉现象。因此,用两个独立的普通灯源是无法产生干涉现象的。

与机械波动的干涉条件类似,杨氏光学双缝干涉实验的明暗条纹的分布与 S_1 和 S_2 两个子光源的光波到达屏上同一点 P 的相位差和光经过的路程差有关。设整个实验装置都放在空气中,则从缝 1 上的子光源和从缝 2 上的子光源分别发出的两个光波与屏上某一点 P 之间的距离分别为 r_1 和 r_2,路程差为 $\delta = r_2 - r_1$,由简单的几何运算容易得出:

$$当 x \ll D 时, \quad \delta = r_2 - r_1 = \frac{d}{D}x \tag{15-1}$$

设光的波长是 λ,则

$$当 \delta = \pm k\lambda, \quad k = 0,1,2,\cdots \tag{15-2}$$

即路程差是波长的整数倍时,出现干涉相长（明纹中心）。

$$当 \delta = \pm(2k-1)\frac{\lambda}{2}, \quad k = 1,2,\cdots \tag{15-3}$$

即路程差是半波长的奇数倍时,出现干涉相消（暗纹中心）。

由式（15-1）可知,明纹中心在白屏上的位置是

$$x_k = \pm k \frac{D}{d}\lambda, \quad k = 0,1,2,\cdots \tag{15-4}$$

暗纹中心在白屏上的位置是

$$x = \pm(2k-1)\frac{D}{d}\frac{\lambda}{2}, \quad k = 1,2,\cdots \tag{15-5}$$

相邻两个明纹（或两个暗纹）中心之间的间距是

$$\Delta x = x_{k+1} - x_k = \frac{D}{d}\lambda \tag{15-6}$$

实验中为了获得明显的清晰条纹,双缝和屏幕之间的距离远大于双缝之间的距离,这时双缝干涉条纹是等间距的。

一束光在真空中传播的路程 L 称为这束光的光程。由于真空中波长为 λ 的单色光一旦进入折射率为 n 的介质中以后,单色光的波长变为 $\lambda_n = \frac{\lambda}{n}$,光速变为 $c_n = \frac{c}{n}$,因此,在相同的

时间内,如果波长为 λ_n 的单色光在折射率为 n 的介质中的传播路程为 r,这束单色光的光程就是 $L=nr$。引入光程以后就可以把不同介质中的传播路程问题都折合为真空中的光程统一处理。如果两束光分别在两种不同的介质中传播,折射率分别是 n_1 和 n_2,则当这两束光在空间某点相遇时,它们的光程差是

$$\delta = L_2 - L_1 = n_2 r_2 - n_1 r_1 \tag{15-7}$$

例题 1   在杨氏双缝干涉实验中,将波长为 $\lambda = 5.0 \times 10^{-7}$ m 的单色光垂直入射到间距为 $d=0.5$ mm 的双缝上,屏到双缝中心的距离 $D=1.0$ m。求:

(1) 屏上第 10 级明纹中心的位置;

(2) 屏上条纹的宽度;

(3) 用一云母片($n=1.58$)遮盖其中一缝,中央明纹移到原来第 8 级明纹中心处,云母处的厚度是多少?

【解题思路】

杨氏双缝实验实现了两束相干光的干涉。通过分析两束光的路程差(在同一种介质中)就可以得出明暗条纹在接收屏上的相应位置和宽度。本题第(1)小题是计算第 10 级明纹中心的位置,注意到干涉条纹是对称地分布在零级中央明纹两边的,因此,第 10 级明纹出现在两个位置。本题第(2)小题是计算条纹的宽度,注意到双缝干涉产生的条纹是等间距的,宽度等于任意两个相邻的条纹所在位置之差。本题第(3)小题中云母片对一缝的遮盖之所以使得零级中央明纹发生了移动,其物理原因是双缝发出的两束光的路程差发生了变化。注意到云母是另一种介质,因此,在求解光程差时,必须把云母的厚度折合成光程,再根据第 8 级明纹出现的条件计算双缝的光程差。

【解题过程】

(1) 根据式(15-4),可知明纹在屏幕上的位置是

$$x = \pm k \frac{D}{d} \lambda, \quad k = 0, 1, 2, \cdots$$

于是

$$x_{10} = \pm k \frac{D\lambda}{d} = \pm 10 \times 1 \times 5 \times 10^{-7} / (0.5 \times 10^{-3}) \text{m} = \pm 10^{-2} \text{m}$$

即以 O 点为原点,在中央明纹上下位置 $x = \pm 10^{-2}$ m 处出现第 10 级明纹。

(2) $\Delta x = x_{k+1} - x_k = \dfrac{D}{d} \lambda = \dfrac{5.0 \times 10^{-7}}{0.5 \times 10^{-3}} \text{m} = 10^{-3} \text{m}$

(3) 设缝 1 未被云母遮盖时,第 8 级明纹处对应的两光程为 r_1 和 r_2,如图 15.6 所示,则

$$\delta = r_2 - r_1 = \pm k\lambda \quad (k = 8)$$

当缝 1 被云母(设云母的厚度为 e)遮盖后,设光程差为 δ',注意到光束 1 在云母放置前后经过的光程发生的变化,而原第 8 级明纹处变为中央明纹,$\delta' = 0$。于是

$$\delta' = r_2 - (r_1 - e + ne) = r_2 - r_1 - (n-1)e = \pm k\lambda \quad (k = 0)$$

由此得出

$$(n-1)e = 8\lambda, \quad e = \frac{8\lambda}{n-1} \approx 6.90 \times 10^{-6} \text{m}$$

【拓展思考】   在杨氏双缝实验中,如果单色光 λ 不是垂直入射到两条狭缝上,而是以与水平方向成 φ 的角度入射到狭缝上,屏幕上出现的条纹位置和条纹间距会发生什么变化?

15.2.3　波动说对光的薄膜干涉现象的理论描述

在太阳光的照射下,油的薄膜表面或者肥皂泡表面会出现彩色的条纹(图 15.8),在某些昆虫的翅膀上也会出现彩色花纹,这都是由于在薄膜的上下两个表面反射的相干光叠加干涉而形成的。

图 15.8　薄膜表面的五彩斑斓条纹

薄膜可以是某种透明的介质(如油滴形成的薄膜),也可以是空气薄层(如在两块玻璃之间夹着的空气薄层)。如果单色光入射到薄膜表面,薄膜表面就会看到明暗相间的条纹。当太阳光入射到薄膜表面时,由于阳光中具有各种各样的波长的光线,由此产生的干涉图案就呈现彩色。现代激光器件中使用的光学涂膜之所以具有十分突出的独特的光学性质也完全是基于光的薄膜干涉效应。

按照薄膜厚度的均匀性,薄膜干涉可以分成两大类:一类是等倾干涉,它发生在厚度处处均匀的薄膜中;另一类是等厚干涉,它发生在厚度不均匀的薄膜中。

1. 厚度均匀的薄膜干涉——等倾干涉

设一束光以一定角度入射到厚度均匀的透明薄膜上,薄膜的上下表面会依次产生两束相干的反射光,由这两束相干光产生的干涉就称为薄膜等倾干涉。

如图 15.9 所示,在折射率为 n_1 的均匀介质中放入折射率为 n_2 的薄膜,M_1 和 M_2 为薄膜的上下表面,且两表面平行。用一准单色的点光源 S(光束 1)以一定的入射角度 θ_1 照射薄膜。不管点光源 S 在什么位置,总有两条光束在 S 光源的同侧相遇:一条是从板的上表面 M_1 反射回来的(光束 2),另一条是以折射角 θ_2 进入薄膜以后从下表面 M_2 反射回来的(光束 3),光束 2 和光束 3 为相干光,它们是入射光的两部分,经过了不同的路径,具有恒定的相位差,因而这两条光平面在相遇点 P 发生干涉。由于光束 2 和光束 3 是平行光,所以,干涉图像定域于无穷远处,观察者只能通过透镜的焦平面观察到等倾干涉的图像。

由于各种介质的折射率是不同的,当光从光疏介质(n 较小)射向光密介质(n 较大)时,在分界面反射时会发生相位为 π 的突变,这样的突变相当于反射光会多经过(或少经过)半个波长的光程,这种附加光程差的现象称为半波损失。

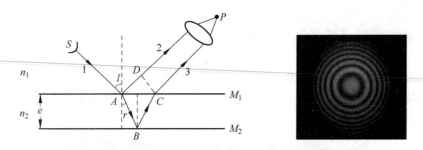

图 15.9　厚度均匀的薄膜等倾干涉的光路图和干涉条纹

在薄膜干涉中,如果 $n_2 > n_1$,则从膜的上表面 M_1 反射的光束 2 出现半波损失;反之,如果 $n_2 < n_1$,则进入薄膜以后从下表面 M_2 反射回来的光束 3 出现半波损失,由此就会出现附加的光程差。

设光束 1 入射到薄膜表面 A 处(入射角为 i),由此产生的反射光束 2(反射角为 i)和进入薄膜折射光束(折射角为 γ)后从下表面 M_2 反射回来的光束 3 的光程差为

$$\delta = n_2(\overline{AB} + \overline{BC}) - n_1\,\overline{AD} + \frac{\lambda}{2} \tag{15-8}$$

这里 $\dfrac{\lambda}{2}$ 是由于半波损失而附加的光程差。在上述光程差表示式中,对于半波损失的附加光程差是以加 $\dfrac{\lambda}{2}$ 表示还是以减 $\dfrac{\lambda}{2}$ 表示,没有本质区别,不会影响条纹的形状和条纹之间的间隔,只是在具体计算条纹级次的 k 值上有所不同而已。下文凡是提到半波损失,统一用加 $\dfrac{\lambda}{2}$ 表示。

由图 15.9 中可知,

$$\overline{AB} = \overline{BC} = \frac{e}{\cos\gamma}, \quad \overline{AD} = \overline{AC}\sin i = 2e\tan\gamma\sin i \tag{15-9}$$

根据光的折射定律

$$n_1\sin i = n_2\sin\gamma \tag{15-10}$$

于是光程差为

$$\delta = 2n_2 e\cos\gamma + \frac{\lambda}{2} = 2e\sqrt{n_2^2 - n_1^2\sin^2 i} + \frac{\lambda}{2} \tag{15-11}$$

当光程差为波长 λ 的整数倍时,两束光发生相长干涉,该位置处为明条纹;当光程差为半波长 $\dfrac{\lambda}{2}$ 的奇数倍时,两束光发生相消干涉,该位置处为暗条纹。明条纹和暗条纹在薄膜表面形成周期性排列,就形成了明暗相间的干涉条纹。

当干涉薄膜厚度和光源波长都保持恒定时,光程差完全取决于光束的入射角 θ_1 的大小。以相同入射角(倾角)入射的光束光程差相同,由此产生同一条干涉条纹,因此该干涉被称为等倾干涉。一般用扩展光源进行等倾干涉的实验。

当一束单色光垂直照射到厚度均匀的薄膜上时,$i = 0$,$\gamma = 0$。光程差为

$$\delta = 2n_2 e + \frac{\lambda}{2} \tag{15-12}$$

反射光干涉相长的条件是

$$\delta = 2n_2e + \frac{\lambda}{2} = k\lambda \quad (k = 1,2,3,\cdots) \tag{15-13}$$

反射光干涉相消的条件是

$$\delta = 2n_2e + \frac{\lambda}{2} = (2k+1)\frac{\lambda}{2} \quad (k = 0,1,2,3,\cdots) \tag{15-14}$$

当白光照射到均匀薄膜上时,其中各种波长的单色光按照以上的干涉相长或干涉相消条件产生明暗相间的干涉条纹,这些单色光的条纹叠加以后就呈现出五颜六色的条纹。在太阳光照射下,肥皂泡表面出现的彩色花纹正是白光在薄膜表面形成的等厚干涉条纹。

如果在折射率为 n_2 的介质上表面再涂上一层折射率介乎 n_1 和 n_2 之间的介质薄膜,则在选择适当薄膜厚度的条件下,介质薄膜的上下表面就会对特定的入射光波发生相长干涉或相消干涉。相长干涉的结果使反射光大为增强,这样的薄膜称为增反膜。在激光器谐振腔中反射镜就是利用这个原理制成的,它的反射率可以达到 99% 以上。利用薄膜干涉的原理,在光学器件上还可以制成增透膜。相消干涉的结果使薄膜反射光造成的损失大为减小,从而大大增强了透射光的强度,这样的薄膜称为增透膜。如果在飞机表面涂上这样的增透膜,在反射光中就能消除对雷达接收系统最敏感的光波,对飞机起到"隐身"的作用。

【拓展阅读】 等倾干涉

例题 2 一油轮在航行途中发生漏油现象,在海面上形成了很大一片均匀的、有一定厚度的油膜薄层(油的折射率 $n_1 = 1.2$,水的折射率 $n_2 = 1.33$)。

(1) 如果从飞机上的空中探测器中测量到从油膜表面反射的、处于可见光范围内干涉相长的光的波长 $\lambda_1 = 658\text{nm}$,测量到从油膜表面反射的、处于紫外光范围内干涉相消的光的波长 $\lambda_2 = 376\text{nm}$,由此可以推算出油膜的厚度 e 是多少?

(2) 除了反射光以外,有一部分光透射通过油膜。当反射光产生相消干涉,透射光最强。如果从与薄膜竖直部位相应的水下测量处于可见光范围内的最强透射,此透射光的波长是多少?(可见光波长范围 390nm<λ<760nm)

【解题思路】

作为薄膜等倾干涉的一种实际应用,通过测量反射光的波长可以测量薄膜的厚度。本题就是其中一例。

飞机上测得的是从均匀厚度油膜上下表面反射的两束光的相长干涉产生的可见光。设入射光垂直射到油膜上,一部分光平面从油膜上表面反射到空气中,空气折射率小于油膜折射率,因此有半波损失;另一部分光平面进入油膜后从下表面反射,油膜折射率小于水的折射率,也存在半波损失,因此,这两条光平面相遇后发生干涉时,在光程差 δ 中就不再需要计入附加的半波长。列出相长干涉和相消干涉的条件,就可以得出处于可见光范围内相长和相消的级次,从而得出油膜厚度。透射光最强时,相应的反射光就是相消干涉,因此,从相消干涉条件还能得到处于可见光范围的透射波的波长。

【解题步骤】

(1) 两束光的光程差是

$$\delta = 2n_1e$$

两束反射光干涉相长的条件是

$$2n_1 e = k\lambda_1$$

两束反射光干涉相消的条件是

$$2n_1 e = (2k' + 1)\frac{\lambda_2}{2}$$

相长和相消发生在同一个油膜上,因此

$$k\lambda_1 = (2k' + 1)\frac{\lambda_2}{2}$$

当 $k = 1$,对应得到的 $k' = 1.25$(这不是整数,舍去);

当 $k = 2$,对应得到的 $k' = 3$;

由此得到油膜厚度 $d = \frac{2 \times 658 \times 10^{-9}}{2 \times 1.2}\text{m} = 548 \times 10^{-9}\text{m}$。

（2）在反射光中,相消干涉的条件是

$$2n_1 e = (2k' + 1)\frac{\lambda_2}{2}$$

由此得到,波长

$$\lambda = \frac{2 \times 2n_1 e}{k + 1} = \frac{4 \times 1.2 \times 548 \times 10^{-9}}{k + 1}$$

$k = 1$, $\lambda = 876\text{nm}$ （不在可见光范围内,舍去）

$k = 2$, $\lambda = 526\text{nm}$ （在可见光范围内,保留）

2. 厚度不均匀的薄膜干涉——等厚干涉

设一束光以一定角度入射到厚度不均匀的透明薄膜上,薄膜的上下表面会依次产生两束相干的反射光,由这两束相干光产生的干涉就称为薄膜等厚干涉。它是测量和检验精密机械零件或光学元件的重要方法。其中劈尖干涉是等厚干涉现象中最典型的一种干涉。

如图 15.10 所示,G_1 和 G_2 两块玻璃的一端靠在一起,另外一端间距为 e,从而在两块玻璃之间形成空气薄膜,这个装置称为空气劈尖。由于玻璃片的厚度比一个光波波列的长度大得多,因此,从玻璃片的上下表面反射的同一个波列的两束光波是不相干的,不可能发生干涉现象。而空气层很薄,设它与一块玻璃片交界的上表面为 G_1,与另一块玻璃片交界的下表面为 G_2,空气薄膜的折射率为 $n = 1$,当光束 1 垂直入射到空气劈尖上时,在上表面 G_1 反射的光束 2 和从下表面 G_2 反射的光束 3 就会产生干涉,用读数显微镜就能观察到明暗相间的干涉条纹的分布。

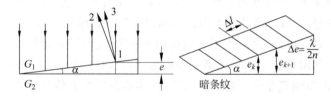

图 15.10 厚度不均匀的等厚(劈尖)干涉的光路图和干涉图像

设 l 是玻璃的长度,α 是两块玻璃之间的楔角。由于实际应用中劈的厚度和楔角的取值很小,因此,实际观察中,使光束 1 垂直入射到劈尖上表面,从而从劈尖上下表面反射的光也

都垂直于劈尖的表面,并且在劈尖的上表面产生干涉。光束 2 和光束 3 的光程差是

$$\delta = 2ne + \frac{\lambda}{2} \tag{15-15}$$

这里,由于空气的折射率小于玻璃的折射率,因此,在空气薄膜中被下表面反射的光产生额外的光程差 $\frac{\lambda}{2}$。

在薄膜表面特定位置处,当光程差为波长 λ 的整数倍时,两束光发生相长干涉,该位置处为明条纹;当光程差为半波长 $\frac{\lambda}{2}$ 的奇数倍时,两束光发生相消干涉,该位置处为暗条纹。

$$2ne + \frac{\lambda}{2} = k\lambda \quad (k = 1, 2, 3, \cdots) \quad \text{出现明条纹}$$
$$2ne + \frac{\lambda}{2} = (2k+1)\frac{\lambda}{2} \quad (k = 0, 1, 2, \cdots) \quad \text{出现暗条纹} \tag{15-16}$$

由此可以看出,随着劈尖厚度的逐渐增大,相应条纹的级次也逐渐升高。第 k 级明条纹和第 k 级暗条纹对应的薄膜厚度分别是

$$e_{k\text{明}} = \frac{1}{2n}\left(k\lambda - \frac{\lambda}{2}\right), \quad e_{k\text{暗}} = \frac{1}{2n}(k\lambda) \tag{15-17}$$

于是,相邻两级明纹(或两级暗纹)所对应的薄膜厚度差是

$$\Delta e = e_{k+1} - e_k = \frac{\lambda}{2n} \tag{15-18}$$

相邻两级明纹(或两级暗纹)的间距是

$$\Delta l = \frac{\Delta e}{\sin\alpha} \approx \frac{\Delta e}{\alpha} = \frac{\lambda}{2n\alpha} \tag{15-19}$$

由此得出,薄膜干涉条纹的特点是条纹是等间距分布的,楔角 α 越大,相邻明(暗)纹之间的间距越小,条纹越密。当入射光是平行光时,干涉条纹与薄膜的等厚平面平行,因此,这些条纹通常称为等厚干涉条纹。

薄膜干涉条纹除了与薄膜的厚度有关之外,还与光源的波长有关。若入射的光为非单色的光,则各种波长的光独自形成自己的薄膜干涉条纹。如果白光入射时,各种单色光形成的干涉条纹的叠加就会呈现出彩色的干涉条纹。

如果以特定的光波长 λ 垂直入射劈尖,并已知劈尖长度和劈尖薄膜的折射率,测量出条纹的间隔,就可以计算出劈尖厚度或者劈尖角度,利用这样的原理可以进行小尺寸或者小角度的测量。

【拓展阅读】 等厚干涉

【拓展阅读】 等厚干涉的一个典型演示实验——牛顿环

例题 3 为了测量金属细丝的直径,将金属细丝夹在两块平玻璃板之间,形成劈形空气膜,如图 15.11 所示。金属丝和劈棱间距离为 $D = 28.880\text{mm}$,用波长 $\lambda = 589.3\text{nm}$ 的钠黄光垂直照射,测得从第 1 级明纹到第 30 级明纹间的距离为 4.295mm,求金属丝的直径 e。

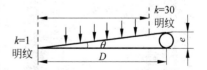

图 15.11 空气劈尖测量细丝直径

【解题思路】

作为薄膜等厚干涉的一种实际应用,可以用于测量细金属丝的直径。本例就是其中

一例。

由于细金属丝的放入,两块薄玻璃板就组成了一个劈尖,细金属丝的直径就决定了这个劈尖的楔角 α。只要求得楔角 α,再加上金属丝和劈棱之间的距离,就能求得细金属丝的直径。由干涉条纹的位置可知,劈尖的楔角 α 是直接与条纹的间距相关的,因此,本题首先从得出条纹的间距入手。注意到,这里从空气劈两个表面反射的两束光存在半波损失。

【解题过程】

从第 1 级明纹到第 30 级明纹之间相隔 29 个明纹,因此,相邻明纹的间距是 $l = \dfrac{4.295}{29}\,\text{mm}$,由此得到相邻明纹的高度差是

$$\Delta e = l\sin\theta \approx l\,\frac{e}{D}$$

相邻两级明纹(或两级暗纹)所对应的薄膜厚度差是

$$\Delta e = e_{k+1} - e_k = \frac{\lambda}{2n}$$

$$l\,\frac{e}{D} = \frac{\lambda}{2n} \quad (\text{取空气的 } n = 1)$$

由此得出细金属丝的直径

$$e = \frac{D\lambda}{2l} = \frac{28.880 \times 10^{-3}}{\dfrac{4.295}{29} \times 10^{-3}} \times \frac{1}{2} \times 589 \times 10^{-9}\,\text{m} = 5.746 \times 10^{-5}\,\text{m}$$

【拓展阅读】 一种能产生双光束干涉的实验装置——迈克耳孙干涉仪

15.3 光的波动说对光的衍射现象的理论描述

——什么是惠更斯-菲涅耳原理?

15.3.1 光的衍射现象

如果将一个障碍物或狭缝放在点光源和白屏之间,当光传播过程中遇到尺寸与光的波长相比不是很大的障碍物时,光不再沿直线传播,而是绕过几何阴影区域产生明暗相间的强度分布,这就是光的衍射现象(图 15.12)。

早在 1665 年,格里马耳迪就在他的著作中提到了光的衍射现象。后来托马斯·杨在1803 年发表的论文中描述了光的衍射实验,对实验结果进行了分析。托马斯·杨虽然提出了光的干涉原理,也解释了光的干涉现象,但由于他认为光是纵波,因而没有形成正确的光的衍射理论。1815 年,法国工程师菲涅耳(A. J. Fresnel,1788—1872)发表了关于光的衍射的第一篇著名论文"论光的衍射",在这篇论文中菲涅耳应用惠更斯作图方法,结合干涉原理,建立了一般的衍射理论。

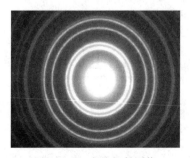

图 15.12 光的衍射图像

15.3.2　惠更斯-菲涅耳原理

惠更斯原理能够很好地解决光波偏离直线传播的现象,定性地解释光的衍射现象,但无法解释衍射图像中光的强度的分布问题。

1815 年,菲涅耳根据波的叠加和干涉原理发展了惠更斯原理,提出了波面相干概念,认为同一波面上的任一点发出的子波都是相干的,当它们在空间某一点相遇时产生相干叠加,这样就得出了惠更斯-菲涅耳原理。这个原理更加完整地加入了数学公式和干涉的概念,可以用于处理各种障碍物或者孔径的光的衍射情况。

对干涉和衍射可以作如下比较:本质上,干涉和衍射都是光的相干叠加的结果,只是产生的条件有所不同。干涉是多束光的相干叠加,衍射是波阵面上无限多子波连续的相干叠加。只有在障碍物线度和光的波长可以比拟时,光的衍射现象才明显地表现出来。若障碍物线度远小于光的波长,在一定的实验条件下,便会产生明显的干涉条纹。若障碍物线度远大于光的波长,光的衍射现象可忽略不计,光可看作是直线传播。这说明光的直线传播不过是光的衍射现象的极限表现而已。

15.3.3　波动说对光的衍射现象的理论描述

根据光源、障碍物(或衍射孔径)与观察屏三者之间距离的关系,可以将衍射分为两种类型:一种是菲涅耳衍射,另一种是夫琅禾费衍射(图 15.13)。

如果光源 S、观察屏 P 与衍射孔径之间的距离都是有限的,这样的衍射称为菲涅耳衍射(近场衍射);如果光源、观察屏 P 与衍射孔径之间的距离都是无限的,这样的衍射称为夫琅禾费衍射(远场衍射)。此时,入射光和衍射光都是平行光。实验上,通常将光源放在透镜焦点,观察屏放在另一个透镜焦点,这样就能获得到达衍射孔径(障碍物)的入射平行光和到达屏幕的平行光。显然,当光源 S、观察屏 P 与衍射孔径之间的距离越来越大,从有限变成无限时,菲涅耳衍射就成了夫琅禾费衍射,因此夫琅禾费衍射实际上就是菲涅耳衍射的极限情形。

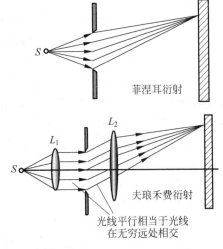

图 15.13　两种衍射示意图

本节仅讨论夫琅禾费衍射,该衍射不但在理论处理上比较方便,而且有着较多的实际应用。根据狭缝和小孔的类型,夫琅禾费衍射又可以分为三类:夫琅禾费单缝衍射、夫琅禾费圆孔衍射和夫琅禾费光栅衍射。

如图 15.14 所示,点光源发出的光经过透镜 L_1 形成一束平行光垂直入射到宽度为 a 的单缝 S 上,单缝的宽度与波长是可比拟的,缝上各点发出衍射角为 θ 的衍射光,再经过透镜 L_2 会聚到处在焦平面处的接收屏上形成衍射图像,这种衍射就称为夫琅禾费单缝衍射。

在图 15.15 中，AB 是单缝，宽度为 a，波长为 λ 的平行单色光垂直于狭缝 AB 所在平面入射。根据惠更斯-菲涅耳原理，AB 上各点子波源向各个方向发射光线，这些光线都是相干光。每一个方向的衍射光线与单缝平面法线间的夹角称为衍射角，用 φ 表示。

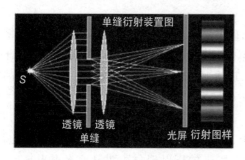

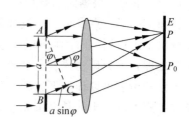

图 15.14　夫琅禾费单缝衍射装置简图　　　　图 15.15　夫琅禾费单缝衍射光路图

当通过狭缝 AB 发出的某一束光平面的衍射角 $\varphi = 0°$ 时，它们被透镜聚焦到接收屏上的 P_0 点，AB 波面上每一点光的相位相同，到达 P_0 点的每一条光平面的光程也相同，因此这些光平面互相增强，在 P_0 点形成明条纹，并正对着衍射狭缝的中心，这就是中央明纹。

当通过狭缝 AB 发出的某一束光线的衍射角为 φ 时，它们由透镜聚焦到屏幕上的 P 点，AB 波面上的每个子波的相位相同，但是到达 P 点的每个子波的光程不同。由图 15.16 可见，AC 上的每一点到 P 点的光程相等，而各子波之间的光程差由这些光线在 AB 上的位置到达 AC 面的距离之差来决定。其中，从 AB 两点发出的相应子波之间的光程差最大，$BC = a \sin\varphi$。当到达屏幕上的子波的光程差为波长的整数倍时，屏幕上就出现明条纹，子波的光程差为半波长的奇数倍时，屏幕上就出现暗条纹。

由于 AB 狭缝处发出的子波有无数条，而且是连续变化的，计算这些光线到达屏幕的光程差很复杂。为此，1818 年，菲涅耳提出了半波带作图方法，以一种比较简单的方法对衍射强度的分布进行了说明。

首先以半个波长 $\dfrac{\lambda}{2}$ 为单位对 BC 进行分割，并从分割点作 BC 的垂面，从而把入射光 AB 的波面沿缝宽方向划分成一些等宽度的狭长条形波带，这些条形带就称为菲涅耳半波带，如图 15.16 所示。

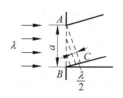

图 15.16　菲涅耳半波带

如果在某个给定的衍射角 φ 条件下，BC 等于入射光半波长的偶数倍，这就相当于将 AB 波面分成 k 个等宽的偶数个半波带。根据惠更斯-菲涅耳原理，每个波带辐射出的光场强度相同，而相邻波带上任一对应的点到达 P 点的光程差都是 $\dfrac{\lambda}{2}$，因此，两两相邻的半波带发出的子波在 P 点正好干涉相消。于是 P 点出现干涉相消，在屏幕上的对应区域就是暗纹。

如果在某个给定的衍射角 φ 条件下，BC 等于入射光半波长的奇数倍，这就相当于将 AB 波面分成 k 个等宽的奇数个半波带。例如 AB 面被分成三个半波带，于是相邻的两个

半波带上每一点对应的波面彼此干涉相消,还余下一个半波带上的子波未被抵消,于是就在
P 点形成明纹。依此类推,当 k 为奇数时,$k-1$ 个相邻波带成对干涉相消,仅剩下一个半波
带未被抵消,在屏幕上就形成明纹中心。

当 $\varphi = 0°$ 时 出现中央明纹

当 $a\sin\varphi = \pm(2k+1)\dfrac{\lambda}{2}, k = 1,2,3,\cdots$ 时 出现 k 级明纹

当 $a\sin\varphi = \pm(2k)\dfrac{\lambda}{2}, k = 1,2,3,\cdots$ 时 出现 k 级暗纹

上面表达式中的正负号表示衍射条纹对称分布在中央明纹两边,对应地,分别称为一级明
(暗)纹、二级明(暗)纹等。衍射明亮程度随着衍射级次 k 的增加而降低,明暗之间的差异也
渐渐降低(图 15.17)。必须指出,上面的讨论中不包括 $k=0$ 的情况,$k=0$ 对应的是中央明
纹。这与杨氏双缝干涉的条纹结果是不同的。

如果在某个给定的衍射角 φ 下,BC 既
等于入射光半波长的偶数倍也不等于奇数
倍,那么在屏幕上出现的条纹就介于明纹和
暗纹之间。对于相同的狭缝宽度,当衍射角
φ 由小逐渐变大时,狭缝被分割的半波带也
由少变多,半波带宽度由大变小,在屏幕上不
断经历明、暗、明、暗条纹的变化。但随着衍
射角的增大,半波带的振幅减小,明纹的亮度
也随之减少。

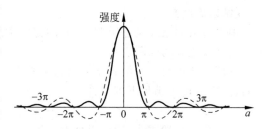

图 15.17 夫琅禾费单缝衍射强度分布曲平面

屏幕上的正负第一级暗条纹对透镜光心所张的角度称为中央明纹的角宽度。对中央明
纹而言,衍射角 φ 满足下列条件:

$$-\lambda < a\sin\varphi < \lambda \qquad (15\text{-}20)$$

由于衍射角 φ 一般很小,因而近似有

$$-\frac{\lambda}{a} < \varphi < \frac{\lambda}{a}$$

于是中央明纹的角宽度为

$$\Delta\varphi = \frac{\lambda}{a} - \left(-\frac{\lambda}{a}\right) = \frac{2\lambda}{a} \qquad (15\text{-}21)$$

式(15-21)表明,中央明纹的角宽度与波长成正比,与缝宽成反比,这个结论称为衍射反比定律。

当狭缝的宽度 a 固定时,入射光的波长越大,同一级次的衍射角越大。如果入射光源为白
色光源,衍射中央明纹为白色,两边条纹依次为从紫色到红色分布的彩色,如图 15.18 所示。

当狭缝的宽度 a 很小时,衍射条纹宽度很大,衍射效应很明显。当单缝的宽度 a 变大,
衍射条纹变窄,变密集。当缝宽 $a \gg \lambda$ 时,各级衍射条纹角宽度很小,在屏幕上显示为衍射条
纹向中央密集靠拢,而中央明纹几乎显示为一条明纹,实际上这就是光源通过狭缝形成的几
何图像。

单缝衍射在实验和生活中有很多应用,如利用单缝衍射测量两个物体之间的小间距、光
源波长等。

例题 4 在单缝夫琅禾费衍射实验中,单缝宽度 $a=0.5\text{nm}$,透镜的焦距 $f=700\text{mm}$。当

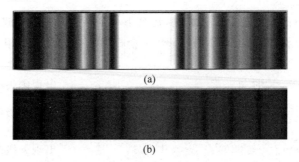

(a)

(b)

图 15.18

（a）白光通过单缝衍射产生的图像；（b）单色的红光通过单缝衍射产生的图像

以波长为 $\lambda = 589.3$nm 的钠光作为入射光源时，求在透镜焦平面上出现的中央衍射明条纹的宽度。

【解题思路】

中央衍射明条纹是零级明纹，它的宽度实际上就是对称分布在中心明纹两边的正负第一级暗条纹之间的间距。

屏幕上的正负第一级暗条纹对透镜光心所张的角度称为中央明纹的角宽度。对中央明纹而言，衍射角 φ 满足下列条件：

$$-\lambda < a\sin\varphi < \lambda$$

由于衍射角 φ 一般很小，因而近似有

$$-\frac{\lambda}{a} < \varphi < \frac{\lambda}{a}$$

于是中央明纹的角宽度为

$$\Delta\varphi = \frac{\lambda}{a} - \left(-\frac{\lambda}{a}\right) = \frac{2\lambda}{a}$$

有了角宽度，在已知透镜焦距的条件下，利用图示几何关系就可以求得正负第一级暗条纹之间的间距。

【解题过程】

利用半波带法，可以得出中央明纹的角宽度为

$$\Delta\varphi = \frac{\lambda}{a} - \left(-\frac{\lambda}{a}\right) = \frac{2\lambda}{a} = \frac{2 \times 589.3 \times 10^{-9}}{0.5 \times 10^{-3}} = 2.36 \times 10^{-3}$$

于是从图 15.19(a)所示的几何关系可以得出中央衍射明纹的宽度是

$$\Delta x_0 = f\Delta\varphi = 0.7 \times 2.36 \times 10^{-3}\text{m} = 1.65 \times 10^{-3}\text{m}$$

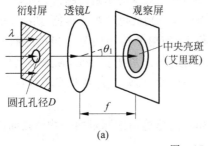

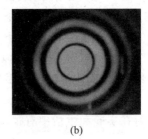

(a)   (b)

图 15.19

（a）夫琅禾费圆孔衍射装置简图；（b）衍射图像

与单缝衍射类似,当单色平行光垂直入射到小圆孔上时,放置在透镜 L 焦平面的观察屏上出现衍射条纹,中心为明圆斑,边缘为明暗相间的圆环分布,如图 15.19(b)所示。在光学仪器中常常会装有透镜和光阑,它们起着衍射圆孔的作用,从而不可避免地产生衍射图像,影响着成像的清晰度。

在圆孔衍射图像中,中央圆形光斑最明亮,称为艾里斑(图 15.20)。艾里斑的边缘是圆孔衍射的一级暗纹,周围分布着明暗相间的圆环。假设艾里斑的直径为 d,透镜焦距为 f,圆孔直径为 D,单色光波长为 λ。理论计算发现,当波长为 λ 的入射光产生夫琅禾费衍射图像时,艾里斑的角半径,即半径对圆孔中心的张角满足如下关系:

$$\theta_0 = \frac{1.22\lambda}{D}$$

从几何光学的角度,当物体被光学系统成像时,物体上的每一个点都有一个对应的像点。然而,由于光的衍射,像点并不是一个几何点,而是一个具有一定尺寸的艾里斑。因此,对于两个相距很近的物点,对应的两个艾里斑可能会重叠在一起,从而不能清晰地分辨两个物点的像。这就是由于光的衍射给光学仪器的分辨率带来的严格限制。

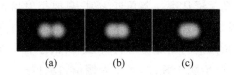

(a)　　　　　(b)　　　　　(c)

图 15.20　艾里斑

(a)能分辨;(b)恰能分辨;(c)不能分辨

【拓展阅读】 光学仪器的分辨率

在单缝衍射中,如果单缝变宽,中央明纹光的相对强度相应增大,于是相邻明纹之间的距离变窄,界限模糊,不足以分辨各级条纹。如果单缝变窄,虽然条纹间距变宽,但是光的亮度减弱很多,同样导致界限不清。在这两种情况下,用单缝衍射测量衍射条纹宽度变得十分困难,由此测量的光波长的精确度也不高。

由大量等宽而又等间隔的平行狭缝构成的光学元件称为光栅。利用光栅的装置既能使条纹既明又窄,同时能使相邻明纹之间的界限保持清晰。

通常可以在玻璃平面上用金刚钻刻出许多等距离、等宽度的平行线,就构成光栅。由于刻痕处表面粗糙不平,入射光平面只能发生散射,无法透过,而相邻刻蚀区域对入射光却是透明的,相当于许多单缝。由此就组成了平面透射光栅,这是一种常见的光学衍射元件。

【演示实验】 光栅

图 15.21 所示为实验所用的透射型平面衍射光栅的简图。假设不透光的刻痕间距为 a,刻痕宽度为 b,如果看成狭缝的话,a 就是狭缝的宽度,b 就是狭缝的间距,$d=a+b$ 就称为光栅常数。随着光栅刻制技术的飞速发展,现在实际用的光栅可在 1mm 内刻蚀数千条甚至更多的透射型的平行狭缝。

当一束单色光入射到光栅上,透过光栅每个狭缝的光在观察屏上产生单缝衍射,透过每个狭缝的光是相干的,这是无限多子波的相干;通过各个狭缝的透射光彼此产生多光束干涉,这是有限个光束之间的相干。正是光的衍射和干涉的综合效应形成了光栅衍射图像。

图 15.22 分别显示了双缝、五缝和光栅衍射的图像。比较这些图像中的主极大明条纹可以发现,随着缝数的增加,两相邻主极大之间的极小增多,主极大之间变得越来越暗,在光栅衍射的图像中主极大条纹已经变得越来越窄,边界变得越来越清晰。

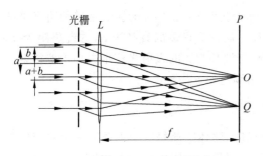

图 15.21　透射型平面衍射光栅的简图

双缝的衍射条纹

五缝的衍射条纹

光栅的衍射条纹

图 15.22　多缝衍射条纹与光栅衍射条纹的比较

假设光栅上只打开一条缝,其他单缝都关闭,当平行光入射时,屏幕上显示的是这个单缝的衍射图像。由于平行光无论从哪一条单缝入射,只要衍射角相同,经过透镜以后光平面都会聚到屏幕上同一点,因此,不管打开哪一条单缝,产生的衍射图像不仅明暗条纹相同,在屏幕上的位置也相同。把光栅上的单缝全部打开以后,由于各条单缝发出的波前满足相干条件,于是这些光在屏幕上产生相干叠加,产生光栅衍射图像。

假设相邻狭缝中两条光平面以同一个衍射角 θ 出射,被透镜聚焦到屏幕上的某点,如果它们的光程差 δ 和相位差 $\Delta\varphi$ 满足如下条件,这两束光正好发生相长干涉:

$$\delta = d\sin\theta = \pm k\lambda \quad (k = 0,1,2,\cdots)$$

$$\Delta\varphi = \frac{2\pi}{\lambda}\delta = \frac{2\pi}{\lambda}d\sin\theta$$

(15-22)

由此推理,其他的两个相邻狭缝在这个衍射角度下入射光的光程差相遇之后也是相长干涉。通常称式(15-18)为光栅方程。式(15-22)中 $k=0$ 时,称为中央明纹。$k=1,2,\cdots$ 分别称为第一级、第二级……主极大明纹等。正负号表示各级明纹在中央明纹两侧呈现对称分布。

式(15-22)表明:①光栅主极大明纹的位置只与光栅常数 d 和波长 λ 有关,与光栅上单缝的数目无关。光栅衍射的强度分布如图 15.23 所示。②当单色光垂直入射到光栅上时,光栅常数越小,屏幕上的各级明纹的衍射角越大,各级明纹之间的距离越远。如果光栅常数保持一定,则入射光的波长 λ 越大,各级明条纹的衍射角就越大,于是光栅就具有色散分光

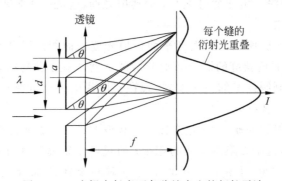

图 15.23　光栅中任意两条狭缝产生的相长干涉

的作用。

而对于每一个单缝而言，以不同衍射角入射的光在相遇时如果满足如下单缝衍射的条件：

$$a\sin\theta = \pm k'\lambda \quad (k' = 1,2,3,\cdots) \tag{15-23}$$

这个单缝衍射就正好在屏幕上呈现暗纹。在两条狭缝同时满足式(15-18)和式(15-19)这两个条件时，相应于这个衍射角的主极大条纹就不会出现。由此推理，其他的所有两两相邻狭缝在这个衍射角度下的主极大都不会出现，这种现象称为衍射光谱平面的缺级。缺级的级数 k 与 k' 之间的关系是

$$k = \pm k'\frac{d}{a} \tag{15-24}$$

对一个给定的光栅而言，光栅常数 d 和单缝宽度 a 都是确定的，如果它们的比值等于整数，单缝衍射的最小值就落在光谱平面的某个位置上，两束相干光在这些位置上的谱平面就相应消失。例如 $\frac{d}{a}=3$，对应于单缝衍射 $k'=1,2,3,\cdots$ 出现的最小值，就使 $k=3,6,9,\cdots$ 的主极大明纹消失。如果它们的比值不是整数，只有单缝衍射的某些最小值，才会出现一些谱平面消失的缺级现象。例如，如果 $\frac{d}{a}=\frac{3}{2}$，则 $k=\frac{3}{2}k'$，于是对应于单缝衍射 $k'=2,4,6,\cdots$ 出现的极小值，使 $k=3,6,9,\cdots$ 的主极大明纹消失。

例题 5　用 $\lambda=600\mathrm{nm}$ 的单色光垂直照射在宽为 3cm、共有 5000 条缝的光栅上。求：

(1) 该光栅的光栅常数；

(2) 第二级主极大的衍射角 θ；

(3) 光屏上可以看到的条纹的最大级数。

【解题思路】

这里狭缝宽度为 a，狭缝的间距为 b，那么 $d=a+b$ 就是光栅常数。当相邻狭缝中两条光平面以同一个衍射角 θ 出射，如果它们的光程差 δ 满足如下条件，这两束光正好发生相长干涉：

$$\delta = d\sin\theta = \pm k\lambda \quad (k=0,1,2,\cdots)$$

因此，与第二级主极大($k=2$)对应的衍射角 θ 就可以从以上光栅方程中得出。此外，在光栅方程中，衍射角 θ 的绝对值不可能大于 $\frac{\pi}{2}$，$\sin\theta$ 的绝对值不可能大于1。

【解题过程】

(1) 光栅常数 $d=\dfrac{3.0\times10^{-2}}{5000}\mathrm{m}=6\times10^{-6}\mathrm{m}$

(2) 由光栅方程 $d\sin\theta=\pm k\lambda(k=0,1,2,\cdots)$ 得

$$\sin\theta_2 = 2\frac{\lambda}{d} = 2\times\frac{600\times10^{-9}}{6\times10^{-6}} = 0.2 \Rightarrow \theta_2 = \arcsin0.2 = 11.5°$$

(3) $\sin\theta_k = \pm k\dfrac{\lambda}{d} = \pm k\times\dfrac{600\times10^{-9}}{6\times10^{-6}} = \pm k\times0.1$

由于 $-1<\sin\theta_k<+1$，$-10<k=\dfrac{\sin\theta_k}{0.1}<10$，取 $k=\pm9$，屏上可以看见的条纹最大级数是9。

15.4　光的波动说对光的偏振现象的理论描述

——什么是马吕斯定律和布儒斯特定律？

15.4.1　光的偏振性

　　光的干涉和衍射现象都充分证实了光具有波动性。波动可以分为纵波和横波,无论是横波还是纵波,都可以产生干涉和衍射。对于纵波,在垂直于波的传播方向平面内,振动情况都是相同的,没有一个平面比其他平面更具有特殊性,这称为波的振动对传播方向具有对称性。对于横波,在垂直于传播方向的平面内,包含光矢量的平面相对于其他不包含振动矢量的平面显然存在特殊性,这称为波的振动对传播方向不具有对称性。这种不对称性就是光的偏振性。

　　从 17 世纪末到 19 世纪早期,长达 100 余年的时间内,包括惠更斯在内的很多人都认为光波跟声波类似。托马斯·杨于 1817 年提出光波是横波的想法。同一时期,菲涅耳也单独提出这个想法,并用横波理论解释了偏振光的干涉。光的干涉和衍射现象证明了光的波动性,光的偏振现象则进一步有效地证实了光是横波。在光的传播过程中,光矢量与光的传播方向垂直。

15.4.2　自然光、偏振光和偏振光的分类

　　在波的传播途径上遇到狭缝时,横波和纵波表现是完全不同的。如图 15.24 所示,在波的传播路径上放置狭缝 AB,当狭缝 AB 平行于横波的振动方向,横波能够通过狭缝继续向前传播(图 15.24(a))。然而,当狭缝 AB 与横波的传播方向相互垂直时,因为振动被阻挡了,横波不能通过狭缝继续向前传播(图 15.24(b))。但是纵波在这两种情况下都能通过狭缝继续向前传播(图 15.24(c))。

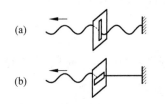
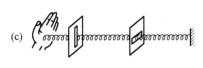

图 15.24　横波和纵波分别通过
狭缝的区别

　　光的横波性仅仅表示在电矢量与光的传播方向垂直,在与传播方向垂直的平面内,光矢量可以在各个方向发生振动。普通光源发出的光就包含了各个方向的光矢量,没有哪个方向占优势,每个方向的光矢量的振幅都相等,这样的光称为自然光。如果光矢量的振幅在某一个方向上显著较强或者只发生在一个方向上,在其他方向上不存在光矢量的振动,这样的光称为偏振光(图 15.25)。

　　按照光矢量振动方向的不同,可以对偏振光作出以下分类。

　　平面偏振光　　光波是横波,在波的传播方向上可以作无数个垂直平面。如果电矢量发生在一个方向上,即只在一个固定的垂直平面内振动,这样的偏振光称为平面偏振光。对于平面偏振光,迎着光平面看,光矢量的振动轨迹是直线。光矢量的方向和光的传播方向所构

成的平面称为振动面。平面偏振光的振动面固定不动,不会发生旋转。

部分偏振光　由于外界作用,造成光矢量在各个振动方向上的强度不同,如果自然光和平面偏振光混合时,在垂直于光传播方向上的一个平面内,某一个振动方向上的振动比其他方向上的振动占优势,这样的偏振光称为部分偏振光。

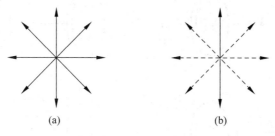

图 15.25　在与传播方向垂直的平面内自然光与偏振光
(a) 自然光;(b) 偏振光(虚线部分)

为了简单表示光的传播,用带有箭头的短直线表示振动方向在纸面内且与传播方向垂直的光矢量;用点表示振动方向与纸面垂直且与传播方向垂直的光矢量。平面偏振光或者都是短直线,表示只有平行于纸面的光矢量振动方向;或者都是点,表示只有垂直于纸面的光矢量振动方向。自然光中点的数目与短直线的数目相等,没有任何一个方向占优势。部分平面偏振光中点的数目与直线的数目不相等,某一个方向的光矢量的振动方向比其他方向占优势,如图 15.26 所示。

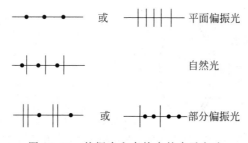

图 15.26　偏振光和自然光的表示方法

椭圆偏振光　如果光矢量的大小不断改变,在光的传播方向上,光矢量的末端在垂直于传播方向的平面上描绘出的轨迹为椭圆,这样的偏振光就称为椭圆偏振光。

圆偏振光　如果在光的传播方向上,光矢量末端作旋转,并在垂直于传播方向的平面上描绘出的轨迹为圆,这样的偏振光称为圆偏振光。

15.4.3　起偏、检偏和马吕斯定律

除了特殊的光源如激光,其他的普通光源,如太阳光、荧光灯等辐射光都是自然光。由自然光或部分偏振光获得平面偏振光的过程称为光的起偏,所使用的光学装置称为起偏器。偏振片作为起偏器可以将自然光转变为偏振光,在实际应用和实验室中,起偏是通过某些晶体对不同方向的光振动具有的选择性吸收或对光的反射和折射来实现的。

如果在起偏器后面再加上一个偏振片,则还可以用来检测光是否为偏振光,这第二个偏振片称为检偏器(图 15.27)。

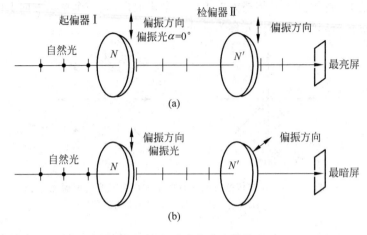

图 15.27 光的起偏和检偏

当一束偏振光通过检偏器 I 时,光的强度会发生什么变化? 设光强为 I_0 的一束偏振光(振幅为 A_0)入射到偏振片上,如果偏振片的偏振方向(透光轴)与入射偏振光方向平行,显然,入射光全部通过偏振片,强度为 I_0。如果透光轴的方向与入射偏振方向的夹角为 α,则通过偏振片的光振幅 $A=A_0\cos\alpha$,即 $\dfrac{A}{A_0}=\cos\alpha$,如图 15.28 所示。

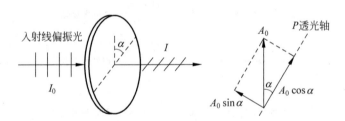

图 15.28 一束偏振光通过偏振片时强度的变化(马吕斯定律)

由于光的强度与光的振幅的平方成正比,由此得出

$$\frac{I}{I_0} = \frac{A^2}{A_0^2} = \cos^2\alpha \tag{15-25}$$

这个结论是马吕斯(E. L. Malus)在 1808 年通过总结得出的,称为马吕斯定律。

当一束自然光通过检偏器 I 时,光的强度会发生什么变化? 自然光中任何一个光振动都可以分解为两个相互垂直方向的分振动,它们在每一个方向上的时间平均值相等,但是它们是相互独立的,不能合成为一个平面偏振光。根据自然光的性质,一束自然光也可以分解为两个相互独立的等振幅又相互垂直的平面偏振光,这两个平面偏振光的强度是自然光的 $\dfrac{1}{2}$,因此,如果一束强度为 I_0 的自然光入射到偏振片上,则有强度为 $\dfrac{1}{2}I_0$ 的光通过偏振片。

当一束偏振光通过检偏器 II 时,光的强度又可能发生什么变化呢? 如图 15.27 所示,有两个偏振器Ⅰ和Ⅱ。自然光通过起偏器Ⅰ成为平面偏振光,该偏振光再入射到检偏器Ⅱ,如果Ⅰ和Ⅱ的偏振化方向平行,则在屏幕上接收到的光最明亮。如果以光的传播方向为轴,开始将Ⅱ旋转,则屏幕上的光的强度逐渐减小,当Ⅰ和Ⅱ的偏振化方向相互垂直时,屏幕上的光强为零,称为消光。在Ⅱ旋转360°的过程中,透过Ⅱ的光在最明和最暗之间呈现周期性的变化,出现两次最强,两次消光。

15.4.4 反射光、折射光的偏振和布儒斯特定律

一束自然光不仅可以通过起偏器成为偏振光,还可以通过在两种介质的界面上的反射和折射产生偏振光。

当一束自然光入射到折射率分别为 n_2 和 n_1 的两种介质的分界面上时,会产生反射和折射(图 15.29)。当用偏振片检验反射光和折射光时,会发现两种光都是部分偏振光。所不同的是,用偏振片检偏入射光时,当偏振化方向与入射面垂直时,透过偏振片的光强最大,因此在反射光中垂直于入射面的振动大于平行于入射面的振动;用偏振片检偏折射光时,当偏振化方向与入射面平行时,透过偏振片的光强最大,因此,在折射光中平行于入射面的振动大于垂直于入射面的振动。

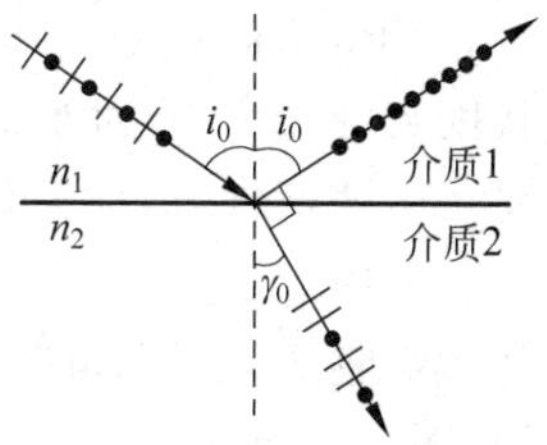

图 15.29 入射光经反射和折射以后偏振程度的变化(布儒斯特定律)

1815 年布儒斯特在研究反射光和折射光的偏振化程度时发现这两种部分偏振光的偏振程度与入射角有关。当入射角 i_0 与折射角 γ_0 之和等于 $90°$,即反射光与折射光互相垂直时,反射光从垂直于入射面的成分较大的部分偏振光转变为偏振化方向完全是垂直于入射面的平面偏振光,而折射光仍然为部分偏振光。这个结论称为布儒斯特定律,相应的入射角称为布儒斯特角。

在满足布儒斯特定律时,设入射角为 i_0,折射角为 γ_0,利用折射定律可得

$$n_1 \sin i_0 = n_2 \sin \gamma_0$$

$$\sin i_0 = \frac{n_2}{n_1} \sin \gamma_0 = \frac{n_2}{n_1} \sin(90° - i_0) = \frac{n_2}{n_1} \cos i_0$$

即

$$\tan i_0 = \frac{n_2}{n_1} \tag{15-26}$$

i_0 称为布儒斯特角,或起偏角,上式就是布儒斯特定律的数学表达式。对于一般的光学玻璃(起偏角 $i_0 = 56.30°$),反射光为平面偏振光,它的强度约占入射光强度的 7.5%,大部分光将透过玻璃。

在两种介质分界面上利用起偏角通过反射是获得偏振光的一种简单方法,但是反射光作为平面偏振光的强度往往很弱,一般难以应用,而折射光仍然是部分偏振光。为了获得更大强度的偏振光,可以把光学玻璃叠在一起组成玻璃片堆,让自然光以布儒斯特角入射,于是就可以使反射光的能量几乎等于入射光的能量,从而大大增强反射偏振光的强度。

【拓展阅读】 3D 电影

15.5 光的量子说对光电效应现象的理论描述

——什么是光的量子说?

15.5.1 黑体辐射和能量的量子说假设

关于量子说的历史过程和具体内容将在本书的第 17 章加以详细叙述。本节作为对光的本性物理描述的一部分内容首先需要指出的是,光的波动说不是人们对光的本性认识的终结。在 20 世纪初,取代光的波动说发展起来的是光的量子说。

光的量子说是从普朗克的能量的量子说发展而来的,而能量的量子说是从解释黑体辐射的实验现象开始的。而对黑体辐射实验现象第一次作出的新的解释就是德国物理学家普朗克(Max Planck,1858—1947)于 1900 年 12 月创造性地提出的能量子假说。

普朗克的假定是,对于一定频率为 ν 的电磁波,物体只能以 $h\nu$ 为单位吸收或发射它,其中 h 是一个普适常数,称为普朗克常数:

$$h = 6.6260755 \times 10^{-34} \text{J} \cdot \text{s}$$

物体吸收或发射的电磁辐射只能以量子的方式进行,每一个量子的能量是

$$\varepsilon = h\nu$$

基于这个假设,物体吸收或发射的电磁波不再是连续的,而是分立的,显然,这种不连续的概念在经典物理学中是完全不允许的,因此,在相当长一段时期内,普朗克的这一重要的研究成果没有引起人们的重视。

15.5.2 光电效应现象和光量子假设

德国物理学家赫兹于 1887 年发现,在光的照射下,某些物质内部的电子会被光子激发出来而形成电流,即光生电,这就是光电效应。

光电效应也是物理学中一个重要而神奇的现象。在解释光电效应的实验结果上光的波动理论也遇到了灾难。面对这样的灾难,爱因斯坦受到能量子假设的启发,超越了光的波动说,而去寻找关于光电效应的新机制。他把普朗克提出的能量子的假设推广为光量子假设,从而成功地提供了对光电效应实验规律的理论描述。

爱因斯坦提出:光是由光子组成的光子流,光的能量一份一份地集中于光子上;光子的能量和其频率成正比;光子具有整体性,一个光子只能整个地被电子吸收或放出。

爱因斯坦认为,对于时间平均值,光表现为波动性,能量是连续的;而对于瞬时值,光则表现为粒子性,能量是分立的,一个单元的能量就是一个光量子:$\varepsilon = h\nu$(这里 h 是普朗克常数,ν 是光的频率)。光量子在历史上第一次揭示了微观粒子的波动性和粒子性的统一,即波粒二象性。

【拓展阅读】 光电效应的一些应用

爱因斯坦提出的光量子理论不仅在于对光电效应作出了正确的描述,更重要的是突破了光的波动说,提出了光的量子说,使人们关于光的本性的认识历史性地达到了新的高度。

　　人们对光的本性提出的一系列假说,从微粒说到波动说,从波动说到光子说,继而统一为光的波粒二象性,前后经历了几百年漫长而曲折的认识过程。

　　以牛顿为代表的微粒说,既有古希腊人的光粒子学说的痕迹,但又不同于光粒子学说。麦克斯韦的电磁波理论使惠更斯的波动说摆脱了机械波的束缚,是人类对光的本性描述的一次飞跃。同样,爱因斯坦提出的光的量子论又与牛顿提出的微粒论有着质的区别。光子不是经典的机械微粒,光子说的提出是人类对光的本性描述的又一次飞跃。应该指出,光子说也不是人们对光的本性描述的终结。随着科学的发展,人们一定会在探索光的本性的道路上实现更新的飞跃。

　　【拓展阅读】　光纤通信及其应用

　　【拓展阅读】　光污染

思　考　题

　　1. 什么是光的相干条件?为什么在光通过双缝前还必须经过一个针孔 S?如果两个手电筒发出的普通光同时照射到屏幕上,能够产生光的干涉图像吗?为什么?如果用一个普通的发光灯源放在双缝前,从双缝射出的两束光会不会产生干涉现象?为什么?

　　2. 在薄膜等倾干涉中,薄膜的厚度对于产生相长或相消干涉的条纹有着重要的作用。问:薄膜的厚度可以任意选定吗?例如,如果薄膜的厚度太大、超过一定厚度,或太薄、小于一定厚度,这样的薄膜还能产生干涉条纹吗?为什么?

　　3. 在等厚劈尖干涉中,为什么从玻璃片的上下表面反射的同一个波列的两束光波是不相干的,不可能发生干涉现象?

　　4. 在光的单缝衍射实验中,缝的宽度对于形成明暗条纹有着重要的作用。如果缝很宽并大大超过光波的波长,或者缝很细并小于光波的波长,在屏幕上还能观察到衍射条纹吗?为什么?

　　5. 如果单缝的宽度加倍,则通过缝的功率也加倍,但是图像中心的强度却增大为 4 倍,这个结果违背能量守恒定律吗?为什么?

　　6. 光的衍射现象与波长的关系很密切。隔墙有耳这句成语的物理解释是什么?为什么声波产生的衍射现象比光波更显著?为什么无线电波能够绕过障碍物向其他方向传播而光波却不能绕过障碍物传播?

　　7. 衍射光栅的用途是什么?为什么光栅要有大量的缝?为什么这些缝必须靠得很近?

　　8. 一束自然光入射到两个偏振片上,这两个偏振片围绕同轴平面转动到一定位置时,光恰好不能通过两个偏振片。在两个偏振片之间再放置第三个偏振片,如果恰好有光通过这个偏振片,这个偏振片该怎样放置?如果恰好没有光通过这个偏振片,这个偏振片该怎样放置?

　　9. 在双缝干涉实验装置的两狭缝后面各放置一个偏振片。在下列情况下,通过双缝的两束光会不会发生干涉?如果发生干涉,其干涉条纹与不放置偏振片产生的干涉条纹有什么不同?

　　(1) 如果这两个偏振片的偏振化方向互相垂直;

　　(2) 如果这两个偏振片的偏振化方向互相平行。

10. 什么是光污染？在微信或百度上搜索光污染的词条，并仔细对照观察我们身边存在的光污染现象，尝试提出预防和消除光污染的初步方案。

习 题

15.1 在双缝干涉实验中，波长 $\lambda=500\mathrm{nm}$ 的单色平行光垂直入射到缝间距 $d=1\times10^{-4}\mathrm{m}$ 的双缝上，屏到双缝的距离 $D=1\mathrm{m}$。求：

(1) 每一条明纹的宽度；

(2) 中央明纹两侧的两条第 10 级明纹中心的间距；

(3) 用一厚度为 $d=8\times10^{-4}\mathrm{cm}$、折射率为 $n=1.5$ 的玻璃片覆盖其中一条缝后，零级明纹将移到原来的第几级明纹处？

15.2 在习题 15.2 图所示的双缝干涉实验中，若用薄玻璃片（折射率 $n_1=1.45$）覆盖缝 S_1，用同样厚度的玻璃片（折射率 $n_2=1.55$）覆盖缝 S_2，将使原来没有放玻璃时屏上的中央明条纹处 O 变为第 5 级明纹。设单色光波长 $\lambda=480\mathrm{nm}$，求：

(1) 干涉条纹向什么方向移动？

(2) 玻璃片的厚度 d（可认为光线垂直穿过玻璃片）。

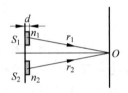

习题 15.2 图

15.3 在用波长为 $500\mathrm{nm}$ 的单色光垂直照射到由两块光学平玻璃构成的空气劈尖上形成的干涉条纹中，从棱边算起的第四条暗条纹中心距劈尖薄膜棱边距离为 $l=1.56\mathrm{cm}$，标为 A 处。

(1) 求此空气劈尖的楔角 α；

(2) 如果改用 $600\mathrm{nm}$ 的单色光垂直照射到此劈尖上，由此形成新的干涉条纹。问：在新的干涉条纹中 A 处是明条纹还是暗条纹？

(3) 在(2)中从棱边到 A 处的距离内出现的明纹数和暗纹数分别是多少？

15.4 波长为 $546\mathrm{nm}$ 的单色光垂直入射到宽度为 $a=0.2\mathrm{mm}$ 的单缝上，缝后放置焦距为 $f=1.0\mathrm{m}$ 的透镜，屏幕处在透镜的焦平面处。观察屏幕上出现的夫琅禾费衍射图样。求：

(1) 中央明条纹的角宽度及其在屏幕上的线宽度；

(2) 其他各级明条纹的角宽度及其在屏幕上的线宽度。

15.5 从一光源发出的两束平行光垂直照射到某狭缝上，它们的波长分别为 λ_1 和 λ_2。在距离狭缝很远处观察衍射条纹，假如发现 λ_1 的第一级衍射暗纹与 λ_2 的第二级衍射暗纹相重合，试问：

(1) 这两种波长之间有何关系？

(2) 在这两种波长的光所形成的衍射图样中是否还有其他极小相重合？

15.6 一束波长为 $600\mathrm{nm}$ 的单色光垂直入射到一光栅上，在衍射图像中第二、第三级主极大明纹分别出现在衍射角 φ 满足 $\sin\varphi=0.2$ 及 $\sin\varphi=0.3$ 处，第四级缺级，求：

(1) 光栅常数；

(2) 光栅上狭缝的宽度；

(3) 屏上一共能观察到的明纹条数。

15.7 用 $\lambda = 600\text{nm}$ 的单色光垂直照射在宽为 3cm,共有 5000 条缝的光栅上。求:

(1) 该光栅的光栅常数;

(2) 第二级主极大的衍射角 θ;

(3) 光屏上可以看到的条纹的最大级数。

15.8 将两个偏振化方向之间的夹角为 $60°$ 的偏振片 A、B 叠放在一起,一束光强为 I_0 的线偏振光垂直入射到偏振片上,该光束的电矢量振动方向与两个偏振片的偏振化方向皆成 $30°$ 角。

(1) 求分别透过偏振片后的光束强度 I_1 和 I_2;

(2) 若将原入射光束换为强度相同的自然光,求透过每个偏振片后的光束强度。

【拓展思考】 如果把两块偏振片拓展为 n 块偏振片叠放在一起($n \gg 1$),每相邻两块偏振片的偏振化方向都沿顺时针方向相对转过一个很小的角度 α,于是最后一块偏振片的偏振化方向与第一块偏振片的偏振化方向之间的夹角为 $n\alpha$,设一束强度为 I_0 的自然光入射到第一块偏振片上,不计任何反射或吸收能量的损失,从最后一块偏振片出射的光的强度将是多少?

15.9 从一池平静的水面上测得反射的太阳光是偏振光,你能否由此推断出这时太阳处于地平线上多大的仰角处?

15.10 水的折射率为 1.33,玻璃的折射率为 1.50,当光由水射向玻璃时,起偏角为多少? 若光由玻璃射向水时,起偏角又是多少? 这两个角度数值上的关系如何?

第16章

相对论基础

本章引入和导读

【物理史料】 爱因斯坦简介

相对论的创始人——爱因斯坦

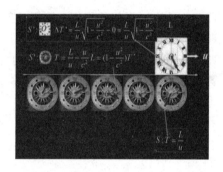

动钟变慢

　　时间和空间是物理学的重要概念。我们在日常生活中无时无刻不在与时空打交道。如果把我们平时所称的世界作一番辨析，世就是指时间，而界就是指空间。

　　在牛顿看来，时间和空间是绝对的，对时间和长度的测量与参考系无关，经典力学的理论核心就是经典的绝对时空观。由于经典力学主要描述的对象是不大不小、不快不慢、不生不死的宏观物体的运动，这些物体的运动与我们的生活密切相关，因此，这样的经典力学的描述容易被人们所接受，并一度成为一种根深蒂固的时空观念统治着人们对自然界的认识。

　　爱因斯坦说："为了科学，就必须反反复复批判基本概念"，正是从对绝对时空观的批判和变革着手，爱因斯坦在批判了经典物理学的似乎是不言自明的最基本的物理概念和思想后创建了相对论。对时空观的变革是相对论最重要的物理思想之一。

　　时间、空间和时空观究竟是怎么一回事？时空究竟是绝对的还是相对的？相对论的相对时空观与经典力学体现的绝对时空观究竟有什么区别？时空与物体的运动是割裂的还是有联系的？与物体作匀速运动和作加速运动分别对应的时空是平直的还是弯曲的？相对论体现了哪些重要的物理思想？为什么说，相对论和量子论的创立是20世纪物理学的革命性成就？对这些问题的回答就构成了相对论时空观与经典时空观的主要分界线。本章主要介绍相对论的基础。爱因斯坦从一个理想实验中提出了光速不变原理和相对性原理两条基本原理,批判了牛顿的绝对时空观,创建了以相对时空观为核心的狭义相对论。

与牛顿的经典力学相比,相对论的名词初听起来会显得有些陌生和神奇,但相对论并不神秘。爱因斯坦认为,相对论所用的方法同热力学相似。整个热力学实际上仅仅系统地回答了这样一个问题:如果永动机是不可能的,自然规律应该是什么样子的?整个相对论实际上也是这样提出问题的:如果绝对运动和超光速是不可能的,那么自然规律应该是什么样子的?相对论曾经作出了一些听起来与经典的时空观点相矛盾的预言,但这些预言后来均被实验所证实。

经典力学有一个基本变换原理——伽利略变换,爱因斯坦在狭义相对论中以洛伦兹变换取代了伽利略变换;在经典力学的物体动能和动量表达式中,物体的质量是不变的,而狭义相对论揭示了物体的质量与物体的运动速度之间的关系,由此得到了相对论意义下的动能以及动量的表达式。在低速近似下,相对论能量和动量的表达式又回到了牛顿经典力学的结果。

继提出狭义相对论以后,在讨论涉及引力和巨大质量物体(如天体)的运动时,爱因斯坦又提出了在以确定的加速度运动的参考系中重力和加速度的等效原理和引力的时空几何特性和空间的弯曲的理论,从而建立了广义相对论。在小质量近似下,广义相对论的引力和时空的理论又回到了牛顿经典力学。

中学物理课程中虽然也提到了时间和空间,但是停留在可以直接感受到的空间和时间坐标系中来描述物体的运动,例如,画匀速运动和匀加速运动的路程-时间图线(s-t 图)和速度-时间图线(v-t 图)等,而且把画这样的图线仅仅看成是为了给解题提供简洁的方法而已。大学物理与中学物理的一个很大的区别是,大学物理是在不能被直接感受到的空间和时间中描述运动,并从以经典物理的绝对时空观为理论核心的牛顿力学逐步上升到以近代物理的相对时空观为核心的相对论。

通过本章的学习,要注重学习和了解时空观变革的基本内容,要注重大学物理与中学物理的衔接和大学物理对中学物理从具体内容到物理学思想方法上的提升。在学习过程中,既要超越根深蒂固的经典时空观念理解相对论的基本内容,又要努力感悟和体会爱因斯坦通过理想实验思考和解决物理问题的批判性的科学思维方法。

16.1 从伽利略的相对性原理到爱因斯坦的相对性原理

——两种时空观对两个问题分别给出怎样不同的回答?

在经典力学的运动学中为了描述物体运动状态的物理量(位移、速度、加速度)首先必须选取适当的参考系和坐标系,于是在某时刻 t 物体的位置就可以用(x,y,z,t)或(r,t)来表示,这里空间和时间这两个坐标都是不可缺少的。确定了物体的位置以后,就可以按照从静到动的认识次序对物体状态的变化作出描述,于是就有了相关的物理量(速度、加速度、动能等)和体现它们之间相互关系的力学运动定律。对这些定律的实验验证离不开对物体运动所经历的时间和物体长度的测量。

由此在物理学发展进程中就出现了以下两个问题。

第一个问题是,在不同的参考系中对物体运动经历的时间测量的结果以及对物体长度的测量结果完全一样吗?

第二个问题是,在不同的参考系中,力学运动定律的表示形式完全一样吗?

对这两个问题,牛顿和爱因斯坦(Albert Einstein,1879—1955)分别给出了两种不同的回答。正是这两种回答标志着物理学的发展从 17~18 世纪的经典物理学进入了 20 世纪的近代物理学。

牛顿对这两个问题的回答分别如下。

(1) 相对于两个不同的惯性参考系 S 和 S',长度和时间的测量结果是一样的。这个结论基于对时间和空间测量的三个绝对性:同时的绝对性、时间间隔测量的绝对性和长度测量的绝对性。

假设在惯性参考系 S 中的观察者 A 观察到发生了两个事件:事件 1 发生在 t_1 时刻,事件 2 发生在 t_2 时刻。如果 $t_1=t_2$,观察者 A 就认为,事件 1 和事件 2 是同时发生的。假设在相对于 S 系作匀速直线运动的另一个惯性参考系 S' 中的观察者 B 也观察到这两个事件是同时发生的,即 $t_1'=t_2'$。这就是同时的绝对性。

假设在参考系 S 中的观察者观察到发生了两个事件:其中事件 1 发生在 t_1 时刻,事件 2 发生在 t_2 时刻,时间间隔 $\Delta t=t_2-t_1$,观察者 A 就认为,事件 1 和事件 2 不是同时发生的。假设在相对于 S 系作匀速直线运动的另一个惯性参考系 S' 中的观察者 B 也观察到这两个事件不是同时发生的,时间间隔 $\Delta t'=t_2'-t_1'$,而且这两个时间间隔相等,即 $\Delta t=\Delta t'$。这就是时间间隔测量的绝对性。

假设在参考系 S 中观察者 A 测量一根木棍的长度为 $L=x_2-x_1$,而在相对于 S 系作匀速直线运动的另一个惯性参考系 S' 中的观察者 B 测量这根木棍的长度是 $L'=x_2'-x_1'$,并且 $L'=L$。这就是长度测量的绝对性。

按照牛顿的绝对时空观,两个不同的惯性参考系的位置、速度和加速度之间的变换关系遵循的就是基于以上长度和时间测量绝对性的伽利略变换。

设有两个惯性参考系——S 系与 S' 系及其相应的两个坐标系。设 S' 坐标系相对于 S 系以速率 u 沿 x 轴作匀速直线运动,如图 16.1 所示。为了在各自参考系中测量时间,首先以两个坐标系的原点 O 与 O' 重合的时刻作为计时零点,并把这两个参考系中的钟都严格校准且同步。如果在 S 系中观察到一个质点以速度为 v 和加速度 a 在运动,在 t 时刻到达位于 (x,y,z) 处的 P 点。于是,在 S' 系中观察的结果是:

基于时间量度的绝对性,有 $t'=t$;

基于空间量度的绝对性,有 $x'=x-ut'=x-ut,y'=y,z'=z$;

对空间坐标微分,得到速度关系为 $v_x'=v_x-u,v_y'=v_y,v_z'=v_z$;

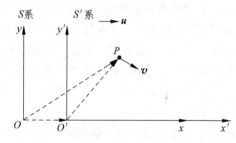

图 16.1 两个相对作匀速直线运动的惯性参考系 S 系和 S' 系

对速度微分,得到加速度关系为 $a'=a$。

这一套变换关系就称为伽利略变换关系。

【数学推导】 伽利略变换

(2)在任何惯性系中观察,同一力学现象的时间演化方式都是一样的。对于不同的惯性参考系,力学的基本定律都是成立的。这就是最早由伽利略提出的相对性原理。

伽利略在"关于托勒密和哥白尼两人大世界体系的对话"中曾形象地对相对性原理作了如下比喻:把你和一些朋友关在一条大船甲板下的主舱里,再放几只苍蝇、蝴蝶、其他小飞虫和一个瓶子。你会发现,无论船是静止的还是在匀速开动,船舱里的运动都不会发生改变。你不会觉得朝着船头方向跳跃会比向船尾方向跳跃更轻松。

在牛顿力学中,质点的质量不随运动速度而改变,力也不受参考系的影响。如果牛顿第二定律在 S 系中是成立的,$F=ma$,在相对于 S 系作匀速直线运动的 S' 系中,由于 $F=F'$,$m=m'$,$a=a'$,因此,牛顿第二定律在 S' 系中也是成立的,$F'=m'a'$。

而爱因斯坦对这两个问题的回答分别如下。

(1)相对于不同的惯性参考系,长度和时间的测量结果是不一样的,时间与空间的测量结果与参考系的选取有关。这个结论基于对时间和空间测量的三个"相对性":同时的相对性、时间间隔测量的相对性和长度测量的相对性。

如果在惯性参考系 S 中的观察者 A 观察到在不同地点同时发生的两个事件,在相对于 S 系作匀速直线运动的另一个惯性参考系 S' 中,观察者 B 观察到这两个事件并不是同时发生的。这就是同时的相对性。

如果在惯性参考系 S 中的观察者 A 观察到两个事件发生的时间间隔为 $\Delta t=t_2-t_1$。在相对于 S 系作匀速直线运动的另一个惯性参考系 S' 中的观察者 B 观察到这两个事件发生的时间间隔为 $\Delta t'=t_2'-t_1'$,但 $\Delta t'\neq\Delta t$,这就是时间间隔测量的相对性。

如果在惯性参考系 S 中观察者的 A 测量到一根木棍的长度为 $L=x_2-x_1$。在相对于 S 系作匀速直线运动的另一个惯性参考系 S' 中的观察者 B 测量到这根木棍的长度为 $L'=x_2'-x_1'$,但 $L'\neq L$,这就是长度测量的相对性。

(2)在任何一个惯性系内,所有物理规律,不仅是力学的基本定律——牛顿定律,还有电磁学定律等对所有的惯性系都是一样的。任何物理实验都不能用来确定自身参考系的运动速度,这就是爱因斯坦提出的相对性原理。

第 2 章中曾经指出,牛顿第一定律和第二定律必须相对于某个特定的参考系——惯性参考系才能成立。按照爱因斯坦相对性原理,根本不存在这样一个特殊的惯性参考系,因而根本就不存在所谓的绝对运动,也没有绝对静止的概念。

16.2 一个理想的追光实验和两条基本原理的提出

——经典的时空观是怎样失效的?

16.2.1 一个理想的追光实验

1895 年,爱因斯坦才 16 岁,是瑞士一所中学的学生。这一年也是赫兹完成了证实电磁波存在实验以后约 7 年。就在这一年,爱因斯坦提出了一个理想的追光实验:如果一个人乘坐的火箭能追赶上一束光的话,在这个人看来,这束光会是什么样子呢?他看见仍然是一束前进的光还是看见一条静止不动的波浪图像?

这虽然是一个理想化的实验,但它涉及的就是以上提到的两个物体相对运动时的速度变换关系。

在经典力学中,如果设一列火车相对于地面作匀速直线运动,速度为 100m/s,一辆汽车相对于地面作匀速直线运动,速度为 60m/s,并与火车相向而行。基于伽利略变换关系,从汽车上的观察者看,火车的行驶速度应为 40m/s。如果汽车相对于地面的速度也是 100m/s 的话,汽车上的观察者看到的火车应该是静止不动的。

如果把上述行驶的火车换成一束光,光在真空中的速度约为 3×10^8 m/s,而行驶的汽车换成以光速飞行的火箭,火箭上的观察者看到的光是什么情景呢?在那个年代,牛顿的力学理论和麦克斯韦的经典电磁学这两大理论都已经占领了物理学的阵地,并且一度被人们认为,有了这两大理论,物理学已经没有什么问题可以研究了。究竟哪一个理论可以回答爱因斯坦这个理想实验所提出的问题呢?如果经典力学的伽利略变换是正确的,经典力学的回答是,火箭观察者应该看到的是一束静止的光,即一幅被冻结了的光波浪图像。而在麦克斯韦提出的电磁学理论中却并不存在这样静止不动的波浪式的解,也就是说,在以光速运动的惯性参考系中,麦克斯韦的经典电磁学理论失效了。

麦克斯韦的电磁学理论真的失效了吗?爱因斯坦凭直觉认为:“看来很清楚,从这样一个观察者(作匀速运动)的位置判断,一切都应像一个相对于地球静止的观察者所看到的那样,按照同样一些定律进行。”他认为,即使观测者能以 3×10^8 m/s 的速度与光并行,他能测量到的仍然是以光速 3×10^8 m/s 前进的一列光波,永远不可能看到静止的波浪图像。因此,可以得出的结论是:麦克斯韦方程是正确的,牛顿定律和伽利略变换失效了。

爱因斯坦指出,光速在所有惯性系中都是不变的,光在真空中沿任意方向的传播速率都等于 3×10^8 m/s,与光源或观察者的运动是无关的。任何观察者都不可能以光速(3×10^8 m/s)运动,光速是一切物体速度能够达到的上限。有了这一条,就保证了求解麦克斯韦方程得出的光速的解是不变的。这个结论后来就被列为狭义相对论的一条基本原理——光速不变原理。

爱因斯坦还指出,伽利略的相对性原理应该延伸为最一般的相对性原理,不仅对力学规律成立,而且应该对任何自然规律都成立。有了这一条,就保证了麦克斯韦方程也符合相对性原理。这个结论后来就被列为狭义相对论的另一条基本原理——相对性原理。

正是这个理想实验动摇了经典力学的基础,而以上两条原理的提出宣告了经典时空观的破产。

16.2.2 两条基本原理的提出

爱因斯坦是怎样从批判经典时空观的这个理想实验中提出光速不变原理和相对性原理这两条基本原理的呢?

19 世纪末,在各个领域里,不仅在机械运动方面,而且在热运动方面,牛顿定律都取得了很大的成功。而当时麦克斯韦也已经建立了关于电磁现象的麦克斯韦方程组。根据麦克

斯韦的电磁场理论,光在真空中的速率为

$$c = \frac{1}{\sqrt{\varepsilon_0 \mu_0}} \qquad\qquad (16\text{-}1)$$

式中,$\varepsilon_0 = 8.85 \times 10^{-12} C^2/(N \cdot m^2)$ 为真空介电常数,$\mu_0 = 1.26 \times 10^{-6} N \cdot S^2/C^2$ 为真空磁导率。由式(16-1)可知,光速 c 的大小与参考系的选取无关,这个结论显然与伽利略变换不符!

　　光速的大小究竟是否与参考系有关? 光的传播是否也服从伽利略变换关系? 当时人们并不接受由麦克斯韦方程组得出的结论,提出电磁波是依靠以太来传播的,如同机械波的传播需要介质一样。整个宇宙是一个充满以太的绝对空间,是宇宙间的绝对静止参考系,所有的物质都是在这绝对静止的参考系中作绝对运动。光作为电磁波,其传播介质就是以太,地球绕太阳的公转必然对光的传播产生影响,因此,根据伽利略变换,地球上测出的光速将不是 c,而是另一个值。

　　1887 年,阿尔贝特·迈克耳孙和爱德华·莫雷对利用迈克耳孙干涉仪对地球在以太中的速度进行了精确的测量。

　　按照伽利略变换,在与地球公转方向平行或反平行的方向上应该测得不同的光速(图 16.2)。然而,实验得到的却是所谓的零结果:没有测得不同的光速,即不存在地球相对于以太的速度。该实验以后又被重复了许多次,得到的都是这样相同的结果。由此推断的结论是,根本就不存在地球相对于以太的速度,光的传播不服从伽利略速度变换。

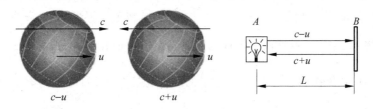

图 16.2　迈克耳孙-莫雷干涉实验的示意图

【拓展阅读】　迈克耳孙-莫雷实验

　　有人还提出光速是相对于光源的速度,就像子弹的速度是相对于枪口的速度一样,用地球上的光源来做实验,光速本身就是相对于地球的速度,当然不会发生变化。但这一假设又被天文学上的双星实验所否定。

【拓展阅读】　双星实验

　　又有人提出可能是地球拖着以太一起运动,地球与以太之间没有相对运动,光速也就不会发生改变了。但这一想法又被天文学上的光行差实验所否定。虽然后来对此零结果还有不少解释,但总是被否定或存在矛盾而无法自圆其说的漏洞。

　　面对迈克耳孙-莫雷干涉实验的结果,当时很多物理学家都感到强烈的意外和极度的迷茫,物理学家洛伦兹甚至悲叹,如果他早几年死去就好了,不至于遇到那么多的麻烦。爱因斯坦开始也没有怀疑以太的存在,只是在许多人寻找以太的实验失败以后,爱因斯坦经过仔细分析才得出结论:"如果我们承认迈克耳孙的零结果是事实,那么地球相对于(以太)的运动就是错的。"这就是引导爱因斯坦走向狭义相对论的最初想法。

　　1922 年爱因斯坦回忆他自己思想发生根本变化的原因时,提到他在 1905 年前很长一段时间里,一直在思考一个很困难的问题:他相信麦克斯韦电磁学理论是正确的,光速是不变的,但是为什么与伽利略变换会产生冲突呢? 这似乎是一个不可能解决的难题。1905年,爱因斯坦终于另辟蹊径,通过对时间和空间本性的考察,发现时间这个概念是不可能有绝对的定义的,时间与速度有着不可分割的联系。正是从这个概念着手,年仅 26 岁的爱因斯坦后来发表了"论动体的电动力学"一文,提出了作为狭义相对论基础的两个基本原理,从而创立了狭义相对论。

16.3 时间测量的相对性

——动钟是怎样变慢的?

16.3.1 同时是相对的

由于伽利略变换是建立在牛顿的绝对时空观上的,时间和长度的测量都与参考系的选取无关。按照爱因斯坦提出的两条基本原理,电磁现象的基本规律也要符合相对性原理,为此就必须建立新的变换关系来取代伽利略变换关系。

以著名的爱因斯坦列车为例(图 16.3)。假设有两列相同方向匀速直线行驶的火车 S 和 S',S' 相对于 S 的速度为 u,它们相对于地面的静止长度 AB 和 $A'B'$ 均为 L。当两列火车刚好并列在一起的时候,在列车 S' 的中部发生了一个闪光,光向各个方向传播。在 S' 车厢里的观察者看来,由于闪光是在车厢中部发生的,传播到车厢尾部 A' 和头部 B' 的距离均为 $\frac{L}{2}$,因此光到达 A' 点和 B' 点这两个事件是同时发生的。但在 S 车厢里的观察者看来,由于 S' 是向前运动的,光传播到 A' 点时实际走过的距离比 $\frac{L}{2}$ 要短,而传播到 B' 时实际走过的距离要比 $\frac{L}{2}$ 长,因此,光先到达 A',再到达 B'。也就是说,在 S 系的观察者看来,光到达 A' 点和 B' 点这两个事件不是同时发生的,在惯性系运动后方的那一个事件先发生。类似地,当两列火车刚好并列在一起的时候,如果在列车 S 的中部发生了一个闪光,在 S 系的观察者看来,光到达 A 点和到达 B 点这两个事件是同时发生的,但在 S' 的观察者看来,由于 S 是向后运动的,因此,光到达 A 点和 B 点这两个事件不是同时发生的。同时是相对的!

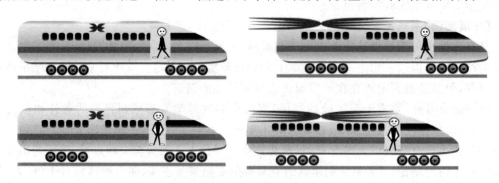

图 16.3 爱因斯坦列车

16.3.2 动钟变慢

仍然以上面假设的两个惯性系 S 和 S' 为例。在惯性系 S' 中有两个事件在同一个地点相继以一定的时间间隔发生,在惯性系 S 中,这两个事件仍然发生在同一个地点吗? 在 S 系中,这两个事件相继发生的时间与在 S' 系中的相同吗?

设在 S' 系中,静止于 A' 点的观察者就地触发闪光灯,发出光信号,此时,在 A' 处放置的一只钟开始计时,这是事件1;产生的光信号垂直向上传播至离 A' 点距离为 D 的反射镜,光信号反射后观察者在 A' 点接收到光信号,从这只钟上得出了经过的时间,这是事件2,如图 16.4 所示。

从 S' 系来看,这两个事件是在同一地点 A' 发生的,其时间 $\Delta t' = t'_2 - t'_1$ 是用同一只钟测出来的。

$$\Delta t' = \frac{2D}{c}$$

从 S 系来看,由于 S' 系相对于 S 系在运动,因此这两个事件不是在同一地点发生的,这两个事件发生的时刻由在两个地点的两只钟测出。由图 16.5 中的距离相互关系可以得出时间 Δt 满足下列关系:

$$\left(c \cdot \frac{\Delta t}{2}\right)^2 = \left(u \cdot \frac{\Delta t}{2}\right)^2 + D^2$$

$$\Delta t = \frac{2D}{c} \cdot \frac{1}{\sqrt{1 - \dfrac{u^2}{c^2}}} \tag{16-2}$$

于是在两个惯性系测量出来的这两个事件发生的时间的关系为

$$\Delta t = \frac{\Delta t'}{\sqrt{1 - \dfrac{u^2}{c^2}}} \tag{16-3}$$

令 $\gamma \equiv \dfrac{1}{\sqrt{1 - \dfrac{u^2}{c^2}}}$,则

$$\Delta t = \gamma \Delta t' \tag{16-4}$$

式中,$\Delta t'$ 是在 S' 系的同一个地点用同一只钟测量出来的时间,称为固有时,而 Δt 是在 S 系中的两个不同地点用两只钟测量出来的,称为运动时。由于 $\gamma \geqslant 1$,所以总有 $\Delta t \geqslant \Delta t'$,即固有时是最短的。

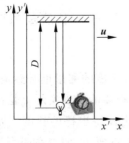

图 16.4

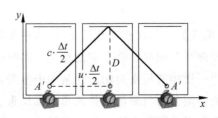

图 16.5

　　由此可见,在一个参考系 S' 的同一个地点发生的两个事件经过的时间与在另一个相对于它运动的参考系 S 中测得同样两个事件发生的时间是不同的,尤其是,在 S 系中测得的时间变长了。

　　假设在 S' 系中测得的时间 $\Delta t'=0.2s$,在 S 系中测得的时间为 $\Delta t'=0.21s$,这就意味着在 S' 系里的钟比 S 系里的钟走慢了 0.01s。由于在 S 系看来,S' 系是运动的参考系,S' 系中测量时间的那只钟(动钟)一直在随着参考系运动,因此动钟变慢了!

　　【拓展阅读】 动钟变慢的对话

　　但是,运动是相对的,在 S 系看来,S' 系相对于 S 系是运动的参考系,同样,在 S' 系看来,S 系相对于 S' 也是运动的参考系,S 系中的钟也可以看成是动钟,这个动钟也变慢了。到底是哪一只动钟变慢了(图 16.6)?

图 16.6　动钟变慢

　　如果两个事件先后发生的时间是在 S' 系的同一个地点用同一只钟测出来的,这只钟相对于 S 就是动钟,所测得时间为固有时,对于同样两个事件,动钟测得的时间最短。由于运动是相对的,因此动钟走得慢是对称的,无论把哪个参考系中的时间看成是固有时,在其他参考系中观测到的总是变慢了的时间。

　　在宏观低速运动下,从式(16-4)可知,当 $u\ll c$ 时,$\sqrt{1-\dfrac{u^2}{c^2}}\approx1$,此时

$$\Delta t \approx \Delta t' \tag{16-5}$$

　　于是,同样的两个事件之间的时间在各参考系中测得的结果都是一样的,这就又回到了牛顿的绝对时间的概念:时间的测量与参考系无关。

　　【拓展阅读】 孪生子佯谬

16.4　空间测量的相对性

——长度是怎样收缩的?

　　【拓展阅读】 《物理世界奇遇记》一书中描写的情景

　　长度的测量与同时性概念密切相关。同时性是相对的,长度的测量也必然是相对的。

　　以测量一根棒的长度为例。在某一个参考系中测量一根棒的长度实际上是在同一个时刻记录棒的两端分别与测量工具的两个标尺重合的刻度,由此得出棒的长度。如果这根棒相对于这个参考系是静止的,同一个时刻对这样的测量就不重要了,即使在两个不同时刻测

得两端的标尺刻度(例如,在上午九点和下午九点两个时刻),这两个标尺刻度之差(即棒的长度)总是不变的。在相对于参考系静止而测得的棒的长度称为棒的固有长度。

但是,如果棒相对于参考系是运动的,在这个参考系里的观察者测量运动棒的长度时,得出的结果就不同了。由于棒相对于参考系是运动的,因此测量并记录棒的两端标尺刻度的时刻不可能是相同的。由于同时性是相对的,两端标尺刻度之差即棒的长度显然也是相对的。棒的长度与它相对于参考系的运动速度有什么关系呢?

假设有两个惯性参考系 S 系和 S' 系。其中 S' 系沿着 S 系的 x 轴正向以速度 u 向右运动(图16.7),有一根棒相对于 S' 系处于静止状态。

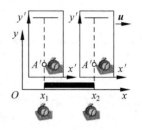

图　16.7

由于这根棒在 S' 系中相对静止,在 S' 系中测得这根棒的长度就是固有长度 L'。在相对于棒沿 x 方向运动的 S 系中测得的棒的长度是多少呢?

为了测得棒的长度,在 S 系中就需要观察相继发生的两个事件的相应时刻:

事件1: S' 系中位于 x_1' 的棒头 A' 经过 S 系中位于 x_1 处的钟的时刻 t_1;

事件2: S' 系中位于 x_2' 的棒尾 B' 经过 S 系中位于 x_1 处的钟的时刻 $t_1+\Delta t$。此时,在 S 系中棒头 A 一端处于 $x_2=x_1+u\Delta t$ 处。

于是,在 S 系测得的长度就是

$$L_0 = x_2 - x_1 = u\Delta t \tag{16-6}$$

Δt 是在 S 系中测得这两个事件发生的时间间隔,这个时间间隔是在 S 系中用位于同一个地点的同一只钟测出来的。

在 S' 系看来,棒相对于 S' 系是静止的,而 S 系是以匀速度 u 向左运动的,在 S' 系看来,也发生了两个事件:

事件1: S' 系中处于 x_1' 的棒头 A' 端经过 x_1 的时刻 t_1';

事件2: S' 系中处于 x_2' 的棒尾 B' 端经过 x_1 的时刻 $t_1'+\Delta t'$

$$\Delta t' = \frac{L'}{u} \tag{16-7}$$

$\Delta t'$ 是在 S' 系中测得的这两个事件发生的时间间隔。这个时间间隔是用 S' 系中位于棒头 A' 和棒尾 B' 的两个不同地点用两只钟测量出来的。

根据时间变慢关系

$$\Delta t = \Delta t' \sqrt{1-\frac{u^2}{c^2}} = \frac{L'}{u}\sqrt{1-\frac{u^2}{c^2}}$$

代入式(16-6)得到

$$L_0 = L'\sqrt{1-\frac{u^2}{c^2}} = \frac{L'}{\gamma} \tag{16-8}$$

由于 $\gamma \geqslant 1$,所以总有 $L' > L_0$。

当棒相对于参考系静止时,在该参考系中测得的棒的长度 L' 为固有长度。在其他一切相对于该棒运动的参考系中测得的物体长度 L_0 均不是固有长度,而且总是小于固有长度,这就是所谓的长度收缩。长度收缩只存在于棒沿着相对运动方向放置的情况,在无相对运动的方向上不存在长度收缩,所以在不同参考系中观察到的物体的形状会发生变化。由于运动是相对的,如同时间变慢一样,长度收缩也是对称的,也就是无论把哪个参考系中的长度看成是固有长度,在其他参考系中观测到的总是缩短了的长度。

当 $v \ll c$ 时,$L' \approx L_0$,这时又回到了牛顿的绝对空间的概念:空间的测量与参考系无关。

16.5　洛伦兹时空变换和速度变换

——洛伦兹时空变换怎样取代了伽利略变换?

16.5.1　洛伦兹时空变换公式

仍以两个相对运动的惯性参考系和相应的坐标系 S 系和 S' 系为例,其中 S' 系相对于 S 系以速率 u 沿 x 轴正向运动。当 $t = t' = 0$ 时,两个坐标系的原点重合。

设在两个坐标系中观察到同一事件发生的时间和地点分别为 (x, y, z, t) 和 (x', y', z', t')。按照牛顿的绝对时空观,同一运动状态在不同的惯性参考系之间的相互转换是通过伽利略变换来完成的:

$$x = x' + ut, \quad y = y', \quad z = z', \quad t = t' \tag{16-9}$$

其逆变换为

$$x' = x - ut', \quad y' = y, \quad z' = z, \quad t' = t \tag{16-10}$$

若考虑时间与空间测量的相对性,在两个基本假设下,可以推得 x' 在 S' 系中测量值为 x',而在 S 系中测量值应为 $x'\sqrt{1 - \dfrac{u^2}{c^2}}$,即从 S 系测量 x' 的值时,存在长度收缩。于是,伽利略变换中的式(16-9)需改变为

$$x = x' \cdot \sqrt{1 - u^2/c^2} + ut \tag{16-11}$$

反过来,在 S' 系中测得的 x 的值也应该存在长度收缩,

$$x' = x \cdot \sqrt{1 - u^2/c^2} - ut' \tag{16-12}$$

由式(16-11)和式(16-12)可以分别求得

$$x' = \frac{(x - ut)}{\sqrt{1 - u^2/c^2}} \tag{16-13}$$

$$x = \frac{(x' + ut')}{\sqrt{1 - u^2/c^2}} \tag{16-14}$$

将式(16-13)代入式(16-14),消去式(16-14)中的 x',即可得到

$$t' = \left(t - \frac{u}{c^2}x\right) \bigg/ \sqrt{1 - u^2/c^2} \tag{16-15}$$

反过来,若将式(16-14)代入式(16-13),消去式(16-13)中的 x,则可得到

$$t = \left(t' + \frac{u}{c^2}x'\right) \bigg/ \sqrt{1 - u^2/c^2} \tag{16-16}$$

在 y 方向和 z 方向由于两个惯性系之间没有相对运动,因此

$$y = y', \quad y' = y \tag{16-17}$$

$$z = z', \quad z' = z \tag{16-18}$$

在考虑到时间和空间测量的相对性后,伽利略变换完全失效了,需要一套新的变换公式

来进行同一运动在不同惯性系之间运动状态的转换,这一套新的变换公式就称为洛伦兹时空变换公式:

$$正变换\begin{cases} x' = \dfrac{(x-ut)}{\sqrt{1-u^2/c^2}} \\[3mm] y' = y \\[2mm] z = z' \\[2mm] t' = \dfrac{\left(t - \dfrac{u}{c^2}x\right)}{\sqrt{1-u^2/c^2}} \end{cases}, \quad 逆变换\begin{cases} x = \dfrac{(x'+ut')}{\sqrt{1-u^2/c^2}} \\[3mm] y = y' \\[2mm] z = z' \\[2mm] t = \dfrac{\left(t' + \dfrac{u}{c^2}x'\right)}{\sqrt{1-u^2/c^2}} \end{cases} \qquad (16\text{-}19)$$

从式中可以看到,时间转换公式中包含了空间位置坐标,时间的变换不再与坐标变换无关,时间与空间不再是孤立的,而是相互之间不可分割地紧密联系在一起的。

【拓展阅读】 关于两个事件发生的先后顺序问题

16.5.2 洛伦兹速度变换公式

根据洛伦兹时空变换公式,可以得到洛伦兹速度变换公式如下:

$$\begin{cases} v_x = \dfrac{v'_x + u}{1 + \dfrac{u}{c^2}v'_x} \\[4mm] v_y = \dfrac{v'_y}{1 + \dfrac{u}{c^2}v'_x}\sqrt{1 - \dfrac{u^2}{c^2}} \\[4mm] v_z = \dfrac{v'_z}{1 + \dfrac{u}{c^2}v'_x}\sqrt{1 - \dfrac{u^2}{c^2}} \end{cases}, \quad \begin{cases} v'_x = \dfrac{v_x - u}{1 - \dfrac{u}{c^2}v_x} \\[4mm] v'_y = \dfrac{v_y}{1 - \dfrac{u}{c^2}v_x}\sqrt{1 - \dfrac{u^2}{c^2}} \\[4mm] v'_z = \dfrac{v_z}{1 - \dfrac{u}{c^2}v_x}\sqrt{1 - \dfrac{u^2}{c^2}} \end{cases} \qquad (16\text{-}20)$$

【数学推导】 洛伦兹速度变换公式的导出

16.6 质量和能量本是"一家人"

——质量会改变吗?

16.6.1 问题的提出

根据经典力学的动能定理,只要外力对物体做功,质点的动能就会增加。设有一恒力 F 持续作用于一个质量为 m 的物体上,使物体从静止开始运动。根据牛顿定律,物体的加速度为 $a = \dfrac{F}{m}$,任一时刻的瞬时速度为 $v = at$;显然,随着时间的推迟,粒子的速度将与时俱增。以此推理,只要所加的恒力作用在粒子上的时间足够长,粒子就能获得任意足够大的速度,甚至可以超过光速。这结论是否成立呢? 对此,电子加速实验给出了否定的回答。

把一个电子放入电场,电子就会因受到电场力而开始运动。设外加的电势差是 U,按照牛顿定律,则电子获得的动能将是 $eU = \dfrac{1}{2}mv^2$。只要电压 U 足够大,电子可以获得的速度和动能也将足够大。美国斯坦福直线加速器全长 3.2km,若加以 $7 \times 10^6 \, \text{V/m}$ 的电压,则电子的速度理论上应该可以达到 $v = 8.6 \times 10^{10} \, \text{m/s} \gg c$。而当时的实测值为

$$v = 0.9999999997c < c$$

电子的速度 v 并没有达到理论值,在高速情况下,按照牛顿定律推出的上述结论不成立。

这个实验还表明,在高速运动情况下,物体的动量随速率的增大而增大,而且动量随速率增大而获得的增量比在质量不变情况下,动量随速率增大而正比例地增大还要快得多。实验给出的质量随速度变化的曲线如图 16.8 所示。

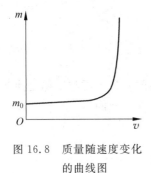

图 16.8　质量随速度变化的曲线图

对这个实验结果的解释是,动量随速率的增大不是成正比例的增大,除了速率增大的因素外,还因为物体的质量 m 也随速率在增大。在高速运动时,物体的质量不可以再看成是一个绝对不变的量了。电子在外加电场中被加速时,外电场提供的一部分能量用来加速,而其他多余的能量将转化为质量被储存起来。

16.6.2　质量与速度的关系

如果在一个参考系 S 中,两个物体的速度大小相等,动量相等,因此质量也相等。在另一个相对于 S 系运动的 S' 系中测得的结果是,这两个物体的运动速度并不相等。此时,两个物体的质量还会相等吗?如果不相等,其关系又是怎样的?

如图 16.9 所示,设有两个参考系 S 系和 S' 系。S' 系以 u 的速率相对于 S 系沿 x' 正方向运动。在某一个时刻 S 系中一个静止在 x_0 处的粒子,由于内力作用而分裂为质量相等的两部分 M_A 和 M_B,由于分裂前后动量守恒,分裂后 M_A 和 M_B 分别沿 x 的正方向和反方向运动,速度大小 u 相等,但速度方向相反。

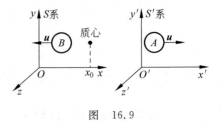

图　16.9

在 S' 系中观察者得出的结论是什么呢?设 S' 系相对于 S 系以速率 u 沿 x' 轴正向运动。根据洛伦兹速度变换公式,在 S' 系中,M_A 将是静止不动的,$v'_A = 0$;而 M_B 的运动速率 $v'_B = \dfrac{-2u}{1 + \dfrac{u^2}{c^2}}$,方向沿 x' 轴反方向。在 S' 系中在 x' 方向运

用动量守恒定律,并假定质量在分裂前后依然守恒:

$$M_A \cdot v'_A + M_B \cdot v'_B = (M_A + M_B) \cdot v'_c$$

其中,$v'_A = 0, v'_B = \dfrac{-2u}{1 + \dfrac{u^2}{c^2}}, v'_c = -u$,可解得

$$M_B = \frac{M_A}{\sqrt{1 - (v'_B/c)^2}} \tag{16-21}$$

所以,在 S' 系中观察,这两个粒子的运动速度不同,其质量也不相同。其中,M_A 在 S' 系中处于静止状态,因此将其质量定义为静质量,用 m_0 表示。M_B 以速率 v'_B 运动,可视为运动

质量,称为相对论质量,用 m 表示。以 v 代替 v'_B,就可以把运动物体的动质量与它的静质量之间的关系写为

$$m = \frac{m_0}{\sqrt{1 - v^2/c^2}} \tag{16-22}$$

此式即为相对论质-速关系式。

【数学推导】 质-速关系式的导出

当 $u \ll c$ 时,$m \approx m_0$,这时可以认为质量与运动速率无关,等于其静质量,这又回复到牛顿力学讨论的情况。

【拓展阅读】 光子的质量

16.6.3 能量与质量的关系

根据动能定理:力对物体所做的功等于物体运动动能的增量

$$E_k = \int_0^v \boldsymbol{F} \cdot \mathrm{d}\boldsymbol{r} = \frac{\mathrm{d}(m\boldsymbol{v})}{\mathrm{d}t} \cdot \mathrm{d}\boldsymbol{r} = \int_0^v \boldsymbol{v} \cdot \mathrm{d}(m\boldsymbol{v}) \tag{16-23}$$

由上述讨论可知,物体的质量 m 不再是一个常量,而是一个随物体运动速率变化的量,因此式(16-23)可写作

$$E_k = \int_0^v (v^2 \mathrm{d}m + mv\mathrm{d}v) \tag{16-24}$$

积分结果为

$$E_k = mc^2 - m_0 c^2 \tag{16-25}$$

式中,m_0 是物体的静质量,m 是物体的动质量。式(16-25)即为相对论的动能表达式。由此可以看到,在考虑相对论效应的情况下,物体的动能不再等于 $\frac{1}{2}m_0 v^2$。

由式(16-25)可以得到相对论能量关系式

$$mc^2 = E_k + m_0 c^2 = E_k + E_0 \tag{16-26}$$

式中,$E_0 = m_0 c^2$ 代表了物体静止时内部一切能量的总和,称为静能,其中包括物体的总内能,即分子的动能、势能、原子的电磁能、质子中子的结合能等。静能是相当可观的,1kg 物体的静能相当于 2×10^9 kg 汽油燃烧的能量。

E_k 是物体的动能,mc^2 则代表了物体的总能量,等于静能与物体动能之和,用 E 表示。所以式(16-26)又可以写为

$$E = E_k + E_0 \tag{16-27}$$

物体的总能量等于物体静能与物体动能之和。

【数学推导】 质-能关系式的导出

在粒子反应过程中,反应前粒子系统的总质量一定大于反应后的总质量,质量的减少量 Δm_0 称为质量亏损。亏损的质量以能量 ΔE(动能)的形式释放出来,且满足如下关系式:

$$\Delta E = \Delta m_0 c^2$$

核能利用的就是原子核反应前后质量亏损所释放的能量。

总能量 $E = mc^2 = \dfrac{m_0 c^2}{\sqrt{1 - v^2/c^2}}$,称为相对论质-能关系式。该关系式将质量守恒和能量

守恒定律统一起来。物质具有质量,必然同时具有相应的能量;质量发生变化,则能量也随之发生相应的变化;能量发生变化同时也伴随质量的变化。

【拓展阅读】 核反应与核能

【拓展阅读】 爱因斯坦倡导的科学概念方法和科学思想

*16.7 广义相对论简介

——什么是广义相对论的基本原理?

狭义相对论揭示了物质和运动是不可分的,时间和空间是不可分的。但是,物质和运动与时间和空间这两者在狭义相对论中是彼此无关的。然而,爱因斯坦指出:"空间和时间未必能看作是可以脱离物质世界的真实客体而独立存在的东西。并不是物体存在于空间中,而是这些物体具有空间广延性。这样看来,关于'一无所有'的概念就失去了意义。"因此,这两个方面是紧密联系在一起的。物质和运动决定了时空的性质,反过来,时空的性质又决定了物质和运动。

爱因斯坦在其他物理学家还在理解和消化狭义相对论时,发现了新的疑难。经过10年的努力探索,爱因斯坦把狭义相对论推进到广义相对论,达到了他一生中辉煌的顶点。

16.7.1 等效原理

爱因斯坦认为,狭义相对论只适用于匀速运动的参考系(惯性参考系)。然而物理学的定律应该在任何参考系中都成立,不管它们处于匀速运动状态或加速运动状态。此外,狭义相对论没有考虑重力,而重力在宇宙中以不同强度的万有引力场的形式普遍存在。我们是在地球重力场的作用下留在地球上的,而地球与行星是在太阳的万有引力场的作用下保持其轨道运行的。银河系星群也是在万有引力的作用下聚在一起的。因此,可以认为,整个宇宙的行为都是由重力支配的。加速度与重力这两个问题并不是毫不相干的,应该一并解决。

爱因斯坦设想了两个思想实验。一个实验是,假设一个人站在相对于地面静止的电梯里,这个人把手上拿的某件物品松开,他看到的景象是,这个物品因受到重力的作用向电梯底面下落。电梯外面的观察者看到的景象与电梯里的人看到的景象完全相同。另一个实验是,设想把电梯移到远离任何行星的外层空间中,先匀速直线向上运动,然后电梯里这个人把手上拿的某件物品松开,与此同时电梯开始向上作加速运动。他看到的景象依然是物体在往下掉,最后落到电梯底面。但是,电梯外面的观察者看到的景象却是电梯的底面向上追赶物体,最后赶上物体。

不管采用两种思想实验中的哪一个,在电梯中的观察者看到的情景是相同的。但是,在第一个实验中,物体受到了重力的作用而作加速运动;而在第二个实验中物体并没有受到任何引力的作用,在松手时,物体以原有的速度作惯性运动。爱因斯坦认为,只要电梯以恒定的加速度上升,在电梯里的观察者做的任何实验观测都不能把这两种实验情景区分开来。这就表明,重力和加速度之间存在明显的等效性,爱因斯坦将其称为重力和加速度等效原理,这是广义相对论的一条基本原理。正是从这条原理出发,物理学的一些最基础的概念发生了深刻的变革。

重力和加速度之间的等效关系可以扩充为对整个时空性质和运动的全新概念。爱因斯坦设想，假设一架电梯以匀速直线上升或下降；在路程-时间(s-t)时空关系图上与匀速直线运动对应的是一根直线。如果这架电梯以匀加速直线上升或下降；在路程-时间(s-t)图上与匀加速运动对应的是一根曲线。爱因斯坦又设想，如果一个观察者先站在地面上观察到一个物体处于静止或作匀速直线运动，然后他坐在作加速运动的旋转木马上，观察同一个物体。显然，在这个观察者看来，原来处于静止或作匀速直线运动的物体现在却在作加速运动，在时空关系图上原来对应的一条直线也变成了一条曲线。由此可见，地面上观察到的电梯的加速运动和在旋转木马上观察到的物体的运动的时空性质是一样的，无法把在万有引力场中相对于某惯性参考系(例如地面)的运动与相对作加速运动的某参考系(例如旋转木马)的运动区分开来。既然在某惯性参考系中一个物体由于受重力的影响而在时空图上表现为曲线运动，而在某个作加速运动参考系中也能观察到这个物体在时空图上的曲线运动，重力与加速度是等效的而且难以区分，为什么还需要重力呢？为什么还要使问题复杂化呢？既然时空的性质是等效的，也许惯性系和其他参考系之间根本就没有任何区别。但是在一个参考系中观察到的是直线运动，在另一个观察系中看上去却是曲线运动，这是无法容忍的，因为在所有的参考系中物理学的定律必须是一样的。如果在一个参考系中见到的惯性运动成了曲线运动，这样的曲率不可能是运动本身固有的，而是本来就在这个参考系中的。既然在不同的参考系中时空是不同的，因此，不同参考系的空间特征和几何形状必然有差别。观察者 A 见到的运动是直线运动，这是因为 A 所在的参考系的空间是平直的，观察者 B 观察到的惯性运动是曲线运动，那是因为 B 所在的参考系空间是弯曲的。这样，爱因斯坦在狭义相对论的相对论时空观上，又加进了几何学的内容，用几何学代替了重力。于是，物理学的定律比牛顿想象的情况要简单得多。所有运动都是惯性运动，所有的物体完全沿时空的自然等值线运动。在惯性系中等值线恰好是直线，而在其他参考系中等值线又恰好是曲线。由此，爱因斯坦创立的理论使牛顿以来的对时空、物质和运动的认识体系发生了重大的变化。

如果说狭义相对论以相对时空观取代了绝对时空观，则广义相对论又进一步以弯曲时空取代了平直时空；如果说，牛顿在完成他的学说时最大限度地依赖了欧几里得几何学，则爱因斯坦创立广义相对论时，勇敢地采用了非欧几里得几何学。他的新时空观和运动观归根到底可以从四维时空关系中得到解释：四维时空可以是弯曲的，它的几何特征是由物质在宇宙中的分布情况所决定的；而物体运动的所有可能轨迹则由弯曲的几何空间的等高线所决定；只有这条法则将所有的运动描述为自然运动或惯性运动。爱因斯坦的理论也许很复杂、很深奥，然而，他的物理学却很简单，只有一条运动法则，根本没有力。

16.7.2 等价原理

由于万有引力是普遍存在的，因此，自然界中不存在真正的惯性参考系，于是，在理论上，狭义相对论就面临这样一个难题：在表述物理规律时，惯性参考系是具有特殊地位的，但是，自然界却没有真正的惯性系。

爱因斯坦在等效原理基础上进一步提出,既然"引力场与参考系的加速度在物理上完全等价",因此,可以把只适用于惯性参考系的相对性原理推广到任意参考系。爱因斯坦提出:"迄今为止,我们只把相对性原理,即认为自然规律与参考系的状态无关这一假设应用于非加速参考系。是否可以设想,相对性运动原理对于相互作加速运动的参考系也依然成立?"[①]他认为,惯性系与非惯性系没有本质上的区别,惯性系没有特殊的优越地位,因此,物理定律应该对所有的参考系都是等价的,这就是所有参考系的等价原理,这是广义相对论的又一条基本原理。

正是在这两个基本原理的基础上,爱因斯坦创立了"广义相对论"。

爱因斯坦为进行这样的探索,耗费了大约 10 年的时间。这是一场时间长、难度大的斗争。他遇到过绝境、挫折和失望,但是他的洞察力与他的直觉给了他力量,他对自己的思路丝毫没有产生过动摇。1915 年,他的奋斗终于得到了回报。玻恩曾把广义相对论称为"认识自然的人类思维最伟大的成就,哲学的深奥、物理学的洞察力和数学的技巧最惊人的结合"。德布罗意认为,广义相对论对引力现象的解释,其"雅致和美丽是无可争辩的,它该作为 20 世纪数学物理学的一个最优美的纪念碑而永垂不朽"。

在广义相对论创立之初,爱因斯坦就提出了三项实验验证:一是水星近日点的进动。1915 年爱因斯坦对水星的进动作出了理论预言,后来实验测得的数值与理论值十分接近,从而成功地验证了广义相对论。二是光线在引力场中的弯曲。爱因斯坦曾作出理论预言,光线擦过太阳边缘达到地球时,由于太阳的引力作用,会产生 $1.75''$ 的偏转。1919 年爱丁顿第一次定量地证实了广义相对论关于光线弯曲的预言,同年测得的偏转角度为($1.98''\pm$ 0.16),1973 年,光学测量得到的偏转角是($1.60''\pm0.13$)。近年来,用射电望远镜测得的偏转角是($1.761''\pm0.016$),这些数值与爱因斯坦的理论值基本相近,从而进一步证实了广义相对论的预言。三是光谱线的引力红移。当光从引力场较大的区域进入引力场较小的区域时,其频率会变低,波长会变长,这类效应就被称为引力红移。20 世纪 60 年代初,对太阳引力红移最好的观察结果是理论预言值的(1.05 ± 0.05)倍。1964 年庞德等人利用穆斯堡尔效应在地面上测量地球引力场的引力红移,其得到的结果是理论值的(0.9990 ± 0.0076)倍,从而在更高的精度上验证了引力红移。

迄今为止,广义相对论虽然已经令人惊叹地通过了多个实验的验证,但是,在广义相对论中爱因斯坦提出的引力波的预见自提出以后很长一个时期内始终没有得到实验的证实。由于引力波非常微弱,一开始甚至连爱因斯坦本人也不相信它能够被实验观测到。尽管如此,当代物理学家仍然不懈努力地制造新的实验设备,希望能够直接或间接地探测到引力波。2016 年,美国科学家终于捕获了引力波,从而验证了百年前爱因斯坦作出的预言。

【网络链接】 捕获引力波:爱因斯坦百年预言获证

思 考 题

1. 按照伽利略的相对性原理和爱因斯坦的相对性原理,以下哪些是相对的(即对不同的观察者得到的结果是不同的):时间、空间、速度、静止质量、惯性质量、光速?

---

① 爱因斯坦.爱因斯坦全集.第二卷[M].长沙:湖南科技出版社,2002:407.

2. 根据相对论,有什么东西不是相对的吗? 如果有,是什么?

3. 设地面参考系为 S 系,高速火箭为 S' 系。如果观察者甲在地面 S 系中的脉搏是每分钟 70 次,那么这个观察者在火箭 S' 系中能够察觉到他的脉搏发生了变化吗? 如果地面 S 系中另一个观察者 B 的脉搏也是每分钟 70 次,假设观察者 A 能够测量到 B 的脉搏,观察者 A 能够察觉到 B 的脉搏发生了变化吗?

4. 如果 S 系中的观察者 A 相对于 S' 系的观察者 B 以一半的光速运动,在 S 系和 S' 系中各自有一盆花,它们相隔一定的时间间隔后都会凋谢。在 S 系和 S' 系的两个观察者看来,究竟哪一盆花先凋谢呢?

5. 如果 S 系中的观察者 A 相对于 S' 系的观察者 B 以一半的光速运动,(1)如果在 S 系中发生了时间间隔为 Δt 的两个事件,在 S' 系的观察者 B 看来,这两个事件发生的时间间隔发生了什么变化? (2)如果在 S' 系中发生了时间间隔 Δt 的两个事件,在 S 系的观察者 A 看来,事件间隔又怎样? (3)如果观察者 A 和 B 一起以一半光速相对于地面运动,对于上述第 (1)问中的观察者 B 和第(2)问中的观察者 A 所观察到的时间间隔又怎样?

6. 假设一只长方形的桌子放在地面上,大小是 $100\,\mathrm{cm}\times80\,\mathrm{cm}$,如果有一架宇宙飞船正好飞越长方桌的上空,而飞船上的观察者测得该桌子是正方形的,这个飞船以什么样的速度,沿什么方向飞行?

习　题

16.1　假设地球可看成惯性参考系,不计地球的公转,在地球赤道上和地球的南极上从地球诞生的那一天起就分别放置两个性质完全相同的钟。虽然地球有自转,假设赤道上的钟相对于南极在很长一段时间内以一定的线速度作匀速直线运动。如果地球从形成到现在是 50 亿年,问那两只钟指示的时间差是多少?(地球的半径约为 $R=6.4\times10^6\,\mathrm{m}$,地球自转一圈的时间约是 $T=8.64\times10^4\,\mathrm{s}$)

16.2　在惯性系 S 中同一地点发生了两个事件 A 和 B,事件 A 先于事件 B 早发生 4s;而在另一惯性系 S' 中观察,事件 A 先于事件 B 早发生 5s,求 S' 系中观测到的 A 和 B 两事件的空间距离。

16.3　(1)在运动着的火车(S' 系)里,观测者 A 打开一个啤酒瓶盖,10min 以后,他又打开另一个瓶盖。设火车的前进速度 $v=30\,\mathrm{m/s}$。问在地面上(S 系)的观测者 B 看来,这两个打开瓶盖的事件的距离间隔是多少?

(2)在运动着的火车(S' 系)里,坐在车厢中间的观测者 A 看到在车厢前端一个人和后端另一个人同时各自打开一个啤酒瓶盖,设车厢长度是 30m。问在地面上(S 系)的观测者 B 看来,这两个打开瓶盖的事件的时间间隔是多少?

16.4　在地球-月球系统中测得地球与月球距离为 $3.844\times10^8\,\mathrm{m}$。有一只火箭以 $0.8c$ 的速率从地球飞向月球,先经过地球(作为事件 1)又经过月球(作为事件 2)。问:在地球-月球系统和火箭系统中观测火箭从地球飞向月球各需要多少时间?

16.5　在宇宙飞船上的人从飞船后面向前面的靶子发射一颗高速子弹,此人测得飞船长 160m,子弹的速度为 $0.8c$,如习题 16.5 图所示,求:当飞船对地球以 $0.16c$ 的速度运动时,地球上的观察者测得子弹飞行的时间是多少?

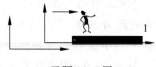

习题 16.5 图

16.6   一个电子在匀强电场中被加速,电势差为 $V=10^4 \, \text{V}$,问:电子加速以后的动能、速度和它的质量分别是多少?

16.7   一个静止质量为 m_{10},运动速度 $v=0.6c$ 的粒子作直线运动,与另一个静止质量为 m_{20},静止的粒子发生完全非弹性碰撞,合并为一个粒子。求合并后粒子的静止质量和运动速度。

16.8   一静止质量为 m_0 的粒子,当它速度为多少时,其动量等于非相对论动量的 2 倍?又当它速度达到多少时,其动能等于非相对论动能的 2 倍?

第17章

量子物理基础

本章引入和导读

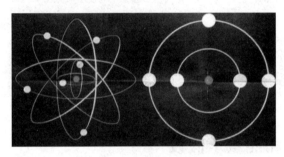

玻尔的量子化轨道模型

著名的薛定谔猫

　　20 世纪是物理学革命性发展的世纪。在高速领域中,当涉及宏观物体运动时,牛顿经典力学不再适用,于是,后牛顿革命之一的相对论超越了牛顿理论;在微观领域中,当涉及微观粒子的运动时,牛顿经典力学也不再适用,于是,后牛顿革命之二的量子论超越了牛顿理论。相对论和量子论的创立,不仅是 20 世纪初物理学的两大革命性变化的标志,而且对现代物理学甚至对整个科学的发展都产生了重大的影响。

　　量子论最基本的概念——量子化,首先由德国物理学家普朗克作为能量子假设提出,进而又被爱因斯坦发展为光量子的假设,后来又被丹麦物理学家玻尔发展为原子结构轨道量子化模型的假设,这些假设都相继解释了有关的实验结果,得到了实验的验证。量子化假设的提出是物理学从思想观念上和理论体系上产生革命性变化的开端。

　　量子论的创立是 20 世纪物理学最重要的成果之一。它从根本上改变了经典物理学关于物质结构和物质运动的概念,揭示了微观粒子具有粒子性,但不是经典意义上的粒子;微观粒子还具有波动性,但不是经典意义上的波动。正是由于这样的波粒二象性,对微观粒子状态的描述完全不同于经典力学。描述微观粒子状态的波函数所满足的动力学方程是一个波动方程,而不是关于粒子位置和动量的经典动力学方程。

　　量子理论带给人们的不仅是对物质世界结构的新的认识,还引发了对经典物理学思想的深刻变革。经典力学中质点的运动体现了确定性的因果关系,而微观粒子的运动演化体现的是概率性的因果关系;经典物理学中对物体运动状态的测量与被测客体无关,而对微观粒子的测量却必须计入测量仪器和被测量客体的相互作用;经典物理学描述宏观物体状态的物理量呈现的是连续性改变的数值,而微观粒子的物理量却呈现不连续性(量子化)的分立值;在经典物理学中可以同时精确测得宏观物体的位置和动量,而在微观物理学中不能同时精确测得微观粒子位置和动量等。由于这些思想超越了人们的日常生活经验,具有很大的抽象性;这些思想又涉及人们对物质和运动的一系列认识论的根本问题,具有丰富的哲理性,因此,学习本章不仅需要掌握有关定理的来龙去脉,理解数学表达式的物理含义,更要注重理解从经典物理到量子论的过渡和转变过程中体现出的物理概念和物理思想。

物理学家玻尔曾经说过:"谁没有因量子理论而感到震惊,谁就不会理解量子理论。"这里的所谓震惊就是量子理论与经典物理之间产生的一种思想和观念上的碰撞。由于经典物理的物理概念和认识与生活经验如此吻合,以致根深蒂固地存在于人们的头脑中,从而成为开始学习量子理论的严重障碍。而量子理论给人们带来的思想上的震惊,正是我们学习和理解量子理论的起点。只有有了震惊,才可能引发思考,才有可能逐步摆脱经典概念的限制,进入量子世界。

量子论中最有名的很可能不是地球人,而是喵星人,也就是著名的薛定谔猫。

本章将从过程和方法上展开对量子化思想从提出到发展过程的论述,引入描述量子状态的波函数及薛定谔方程,介绍概率性因果观思想、波粒二象性的互补性思想和不确定性的思想,并探寻薛定谔猫的神奇之处。

17.1 黑体辐射的普朗克公式和能量子假设

——能量子的假设是怎样提出来的?

17.1.1 一定温度下物体辐射的电磁波能量与波长的关系

19世纪末,继牛顿的经典力学理论得到广泛公认以后,由于赫兹用精巧的实验证实了电磁波的存在,麦克斯韦的经典电磁学理论获得了实验上的重要支持,由此物理学家们相信,牛顿和麦克斯韦分别揭示了世间万物的运行规律,至今为止已经没有什么物理领域不能用牛顿定律与麦克斯韦理论来解释了,物理学进入了大一统的时代。普朗克的老师曾经劝普朗克不要研究物理,理由是"在这一领域里,差不多所有东西都被发现了,剩下的就是填补一些不重要的地方"[1]。但是,普朗克对老师表示,自己学习物理,并不是一定要发现新的东西,而是希望能够更好地了解世界运行的本质。正是有了这份执着和坚持,普朗克在物理研究上作出了辉煌的成就。

1900年,在英国皇家科学院为纪念世纪之交而举行的大型学术活动上,开尔文勋爵[2]发

---

[1] 原文是"In this field, almost everything is already discovered, and all that remains is to fill a few unimportant holes"。

[2] 威廉·汤姆孙(William Thomson,1824—1907),著名物理学家,热力学温标的创立者,开尔文勋爵是他的封号。

表了一篇著名的演讲,指出在物理学"动力学理论晴空下出现了两朵乌云"[①]。这里的所谓"两朵乌云"指的就是当时还无法用牛顿理论和麦克斯韦理论解释的两个现象。"第一朵乌云"是与所谓的以太有关的。1887年迈克尔孙-莫雷实验否定了以太相对于地球的运动,从而否定了牛顿提出的绝对空间和绝对运动的理论。"第二朵乌云"是与物体辐射的电磁波有关的。用经典物理学理论虽然可以导出黑体辐射能量分布的理论公式,但是这个公式在高频部分出现了发散,与实验结果完全不相符,从而使经典理论面临着严重的困难,在物理学发展史上被称为著名的紫外灾难。对"第一朵乌云"的研究引出了相对论,而对"第二朵乌云"的研究导致了量子论的诞生。

实验证实,任何处在高于绝对零度的有限温度下的物体,都在不断地向外辐射各种频率的电磁波。这里的电磁波涵盖了从极低频的红外线到超高频的伽马射线之间的一切频率。图17.1就是太阳辐射的各种电磁波及其分布。

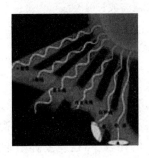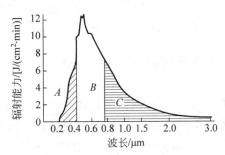

图17.1 太阳辐射各种波段的电磁波和太阳辐射中各种波长的光所占的比例

实验还证实,虽然处于一定温度下的物体都会辐射出包含各种波长的电磁波,但在同一个温度下不同波长的电磁波所辐射的能量占物体全部辐射能量的比例是不同的,呈现出按波长分布的一条连续曲线。在每一条这样的分布曲线图上都存在着一个特定的电磁波波长,与其对应的辐射能量在分布曲线上具有一个极大的峰值。这个峰值表明,与这个特定波长对应的能量在该温度下物体辐射的全部能量中占有的份额最多。

实验还证实,这个电磁波能量分布的极大值与物体温度有关。当温度升高时,与这个极大值能量相应的电磁波的波长会朝短波段方向移动,即该电磁波的频率会朝增大的方向移动。图17.2所示的不同曲线就是不同温度下物体辐射的电磁波能量与波长关系的示意图。图中横轴是波长,纵轴$M(\lambda, T)$是温度为T的物体的单位表面积发出的波长在λ附近的电磁波的能量。

处于一定温度下的物体在辐射电磁波(放出能量)的同时,也吸收照射到物体表面的电磁波(获得能量)。如果在同一时间段内,物体辐射出的电磁波能量和它吸收的电磁波能量相等,此时物体就处于热平衡状态,物体具有稳定的温度,这样的热辐射相应称为平衡热辐射。

---

① T HOMSON W. Nineteenth-century clouds over the dynamical theory of heat and light[J]. Edinburgh and Dublin Philosophical Magazine and Journal of Science,1901,2(6):1.

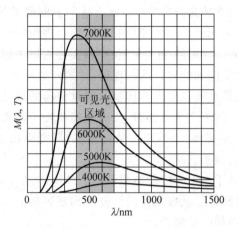

图 17.2　不同温度下物体辐射的电磁波能量与波长的关系

17.1.2　黑体辐射公式和能量子假设

实验表明,辐射本领越大的物体,吸收本领也越大。不同材料的物体,吸收的电磁波频率范围是不一样的。有的物体对红光吸收的比较多,对蓝光吸收的比较少,这些物体看起来就表现出蓝色;有的物体对蓝光吸收的比较多,红光吸收的比较少,这些物体看起来就表现出红色。如果有一种理想化的物体,能百分之百地完全吸收所有频率的电磁波,这种物体看起来就是纯黑的,这种能完全吸收各种频率的电磁波的物体称为绝对黑体。当然现实中并不存在能够百分百吸收所有电磁波的绝对的黑体。日常生活中使用的煤炭,对于可见光的吸收率为 96% 左右。

【拓展阅读】　最黑的材料

为了研究绝对黑体辐射的规律,物理上常用空腔模型来模拟绝对黑体。所谓空腔模型就是在一个不透明的空腔上开一个很小的孔,一旦有电磁波从小孔射入空腔,这束电磁波就可以在空腔中来回反射。由于反射的电磁波恰好能重新通过这个小孔而逸出空腔的可能性很微小(图 17.3),于是就可以认为带有小孔的空腔对于电磁波的吸收率接近百分之百,空腔可以近似看成是绝对黑体。在实验中把空腔加热到不同的温度,通过分光技术检测空腔上的小洞所辐射出的电磁波的频率分布,从而可以得到不同温度下的黑体辐射曲线(图 17.4)。

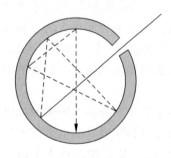

图 17.3　黑体的空腔模型

1896 年,维恩根据麦克斯韦分布律,用热力学的方法推导出了黑体辐射的维恩公式

$$M_\nu = \alpha \nu^3 e^{-\beta \nu / T} \tag{17-1}$$

式中,ν 为电磁波的频率,T 为温度,α 和 β 为常数。当电磁波频率很高时,维恩公式与实验曲线吻合较好。但是,在低频范围内,维恩公式和实验曲线的偏差很大。

瑞利和金斯根据经典电磁学理论和能量均分定理,推导出黑体辐射的另一个公式——

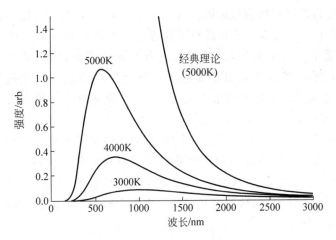

图 17.4　黑体辐射曲线

瑞利-金斯公式。

$$M_\nu = \frac{2\pi\nu^2}{c^2}kT \tag{17-2}$$

在低频范围内，瑞利-金斯公式与实验曲线符合得很好。但是在高频范围内，根据瑞利-金斯公式可以推论出，处于某一个温度下的黑体，频率越高的电磁波，即处于紫外波段的电磁波辐射的能量越大。当频率趋向无穷大时，能量也趋向无穷大。这个结论不但不符合实验曲线，甚至不满足能量守恒定律。

19 世纪末，包括普朗克在内的很多杰出的科学家都为这两个公式在低频段和高频段实验结果的不一致而感到困惑，并进行了各种理论尝试以解决实验与理论之间的偏离。普朗克根据以上两个实验定律分别只能在高频段和低频段与实验相符的事实，首先检查了热辐射理论的所有推理环节，确认在推理上没有任何错误，于是他大胆地通过另一个新的途径把这两个公式结合起来，得到了一个带有普遍性的辐射公式。

普朗克注意到，热力学理论把黑体中的原子和分子看成可以吸收或辐射电磁波的谐振子，电磁波与谐振子交换的能量可以取任意连续的数值（从零到无穷大）。于是，普朗克一开始试图用热力学理论来推导他的公式，然而利用经典的各种能量分布模型都失败了。经过反复研究和思考，普朗克发现，只有把这些带电谐振子的能量看成是不连续的，即这些谐振子只能取某些离散的能量值，才能推导出与实验相吻合的公式。他提出，如果用 E 表示一个频率为 ν 的谐振子的能量，则谐振子能量应该表述为

$$E = nh\nu \quad (n = 0, 1, 2, \cdots) \tag{17-3}$$

式中 $h = 6.626075 \times 10^{-34}$ J·s 称为普朗克常数，$h\nu$ 称为能量子。

在 19 世纪的最后一个月，普朗克终于用数学内插法得到了一个可以与实验曲线在各个频率完美地吻合的新的黑体辐射公式：

$$M_\nu = \frac{2\pi h}{c^2} \frac{\nu^3}{\mathrm{e}^{h\nu/kT} - 1} \tag{17-4}$$

这个公式就称为黑体辐射的普朗克公式。可以证明，在高频范围内，普朗克公式会退化为维恩公式，而在低频范围内，普朗克公式就退化为瑞利-金斯公式。

能量子概念的提出标志着量子论的革命性开端。但是普朗克本人却在提出了能量子之

后的 10 年里,一直尝试用经典物理来解释这一概念。直到 1911 年,在经过了无数次失败以后,普朗克才真正认识到能量子假设对于物理学理论的全新意义。普朗克回忆说:"我的同事们认为这近乎是一个悲剧,但是我对此有不同的感觉,因为我由此而获得的透彻的启示是更有价值的。我现在知道了能量子在物理学中的地位远比我最初想象的重要得多。并且我清楚地看到在处理原子问题时,引入一套全新的分析方法和推理方法的必要性。"

能量子最初虽然是作为一个假设提出来的,当时还得到了实验验证,但是还不足以构成理论的基础。后来当这个假设既得到实验验证又成为薛定谔方程自然演绎得出的结论以后,它才具有了理论上的立足点,从而成为 20 世纪物理学的重要思想。正是基于这个革命性的思想,经过海森伯、薛定谔、狄拉克和玻恩等物理学家的不懈探索,描述微观世界运动的理论——量子论应运而生。

17.2 光电效应和光量子假设

——爱因斯坦对光电效应作出什么样的理论解释?

17.2.1 光电效应的实验现象和理论解释

光电效应现象最早是由德国物理学家赫兹(H. R. Hertz,1857—1894)在 1887 年发现的,实验装置的简图如图 17.5 所示。实验的主要效应是,在阴极 K 和阳极 A 之间加上电压 U,当光照射到阴极 K 时,就有电子从阴极表面逸出,在电场加速下向阳极 A 运动,这些电子被称为光电子。光电子的运动形成光电流 I。

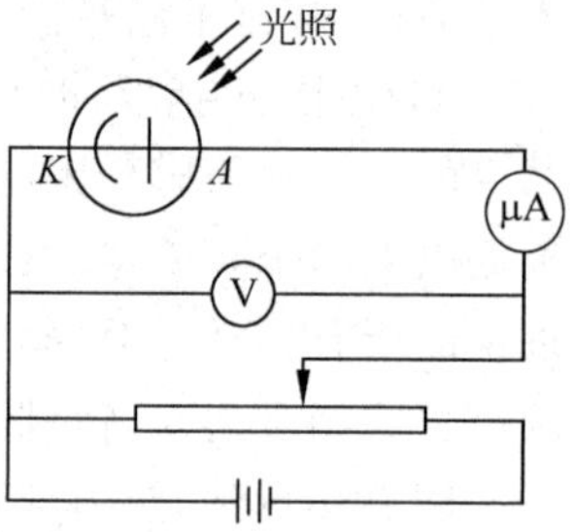

用经典理论可以解释光电效应的一些现象。

(1) 实验现象是:当入射光的频率和光强固定时,增大极板之间的电压 U,光电流 I 也随之增大,最后光电流达到一个最大值后趋于饱和。

图 17.5 光电效应实验
装置简图

对此经典理论的解释是:当入射光的总能量确定时,从阴极发出的电子数是确定的,但这些逸出电子的初始速度不同,因此不是所有的电子都能被阳极接收到。当两板之间的电压越来越大时,光电子受到的电场力也越来越大,于是有越来越多的光电子可以到达阳极。直至所有的光电子都到达阳极以后,电流达到饱和,再增大两板间电压,电流不再增大。

(2) 实验现象是:当极板间的电压减小到零时,光电流并不等于零。

对此经典理论的解释是:光电子动能与电势能的关系是 $\frac{1}{2}mv_m^2 = eU_c$,其中 m 和 e 分别是电子的质量和电量,v_m 是光电子逸出金属表面的最大速度。只有在极板间加一个反向的电压 U_c,才能使得从阴极逸出的最快的光电子也不能到达阳极,从而光电流趋于零。这个反向的电压 U_c,称为截止电压。

然而,在光电效应实验中,用经典理论却无法解释另外一些现象。

(1) 实验现象是:只有当入射光的频率超过一个最低频率时才能发生光电效应,才有电子从金属表面逸出,这个最低频率称为红限频率或截止频率。假设某种金属的红限频率对应的是绿光,如果用低于该频率的黄光照射该金属,不管这束黄光多强,都不会有电子从金属表面逸出;反之,如果用高于该频率的蓝光照射该金属,即使是很微弱的蓝光,也会有电子从金属表面逸出。然而按照经典的光的波动理论,光的强度与振幅有关。振幅越大,光的能量越大,电子越容易从金属表面逸出。

(2) 实验现象是:当光照射到金属表面时,即使入射光的强度很微弱,几乎瞬间就有光电子逸出,延迟时间在 10^{-9} s 以下。但按照经典的光的波动理论,光波的能量是连续分布的,电子需要一段时间才能从光波中吸收到足够的能量,这个时间大概需要数分钟之久。

面对经典理论解释光电效应遇到的困难,爱因斯坦跳出了经典理论的束缚,创新地寻找关于光电效应的新的机制。爱因斯坦于 1905 年 3 月在德国《物理学年鉴》第 17 卷上发表了题为"关于光的产生和转化的一个启发性观点"的论文。该论文提出的一个启发性的观点就是把普朗克提出的能量子的假设推广为光量子假设,并通过提出光量子假设断言电磁辐射场具有量子性质,并把这种性质推广到光和物质的相互作用上,即物质和辐射只能通过交换光量子而发生相互作用。对于光电效应,他认为:"最简单的方法是设想一个光子将它的全部能量给予一个电子。"光量子假设的要点是:

(1) 光是由光量子(以下简称为光子)组成的光子流,光的能量一份一份地集中在光子上;

(2) 光子的能量与频率成正比,频率为 ν 的一个光子的能量

$$E = h\nu \quad (h \text{ 为普朗克常数 } h = 6.62618 \times 10^{-34} \text{J} \cdot \text{s}) \tag{17-5}$$

(3) 电子一次只能吸收一个光子的能量[①]。

既然光子的能量是一份一份的,为什么我们看到的光都是连续的、而不是跳跃式的呢?这是由于光子的能量极小、一个普通光源每一秒发出的光子数目极大所致。例如,一只25W 的灯泡如果发出的只是黄色的光,根据能量的关系可以计算出它每秒发射出的光子数高达 6×10^{19} 个,把一个光子看作一份能量,灯泡每秒就发出了 6×10^{19} 份能量。这些光子以极快的速度接踵而来,而人的眼睛接受外界刺激时由于存在着视觉残留效应,于是,在一秒内人眼根本感觉不到一份一份能量之间的间隙,留在视觉中的就是一个连续的光流。

利用爱因斯坦的光子假设可以很好地解释光电效应的各种现象。因为电子吸收的是整个光子的能量,所以只要有光子到达金属表面,光电效应瞬间就发生了,不需要累积时间。由于电子只能吸收整个光子的能量,当受到黄光照射时,即使一束黄光的总能量很高,但是里面每一份黄光光子的能量都较低,电子不能从一个黄光光子中吸取足够的能量使之逸出;而当受到蓝光照射时,即使一束蓝光的总能量较低,但电子已经可以从一个蓝光光子中获得足够的能量逸出。

如果用频率为 ν 的光照射某种金属表面,电子逸出金属表面后的动能为

$$\frac{1}{2}mv^2 = h\nu - A \tag{17-6}$$

---

① 现在可以利用激光技术,使得一个电子一次连续的吸收几个光子。

其中 A 称为逸出功,是一个电子从金属表面逸出时需要克服金属内正电荷的吸引所做的功。当一个光子的能量恰好等于电子的逸出功时,与这个能量对应的光的频率就是使电子逸出的光的最低照射频率——红限频率 ν_0。不同金属的逸出功不同,所对应的红限频率 ν_0 也不同。表 17.1 中列出了几种金属的逸出功和红限频率。

表 17.1　几种金属的逸出功和红限频率

项　　目	钨	钙	钠	钾
逸出功 A/eV	4.54	3.20	2.29	2.25
红限频率 $\nu_0/10^{14}\,\mathrm{Hz}$	10.95	7.73	5.53	5.44

然而,爱因斯坦的解释一开始就受到了当时学术界的普遍质疑。直到美国物理学家密立根(R. A. Millikan,1868—1953)在 1910—1917 年完成了著名的油滴实验,从而确定了电荷的不连续性,并在 1916 年验证了光电效应公式以后,爱因斯坦理论才得以公认,1921 年爱因斯坦因光电效应获诺贝尔物理学奖。自 1887 年发现光电效应到 1921 年爱因斯坦因光电效应获得诺贝尔物理学奖,前后经历了 30 多年的不平凡曲折历程。

17.2.2　光子的能量、动量和波粒二象性

一个光子的能量与频率成正比,$E=h\nu$,等式左边光子的能量是描述光的粒子性的物理量,而等式右边光子的频率是描述光的波动性的物理量。根据相对论的质能关系,$E=mc^2$,一个光子的相对论质量是

$$m = \frac{h\nu}{c^2} = \frac{h}{c\lambda} \tag{17-7}$$

在狭义相对论中,粒子的相对论质量 m 和静止质量 m_0 的关系是

$$m = \frac{m_0}{\sqrt{1-(v/c)^2}} \tag{17-8}$$

由于光子运动的速度 v 等于光速 c,上式的分母为零,因此,光子的静止质量 m_0 也必须为零才能让其质量 m 不发散,因此,光子是一种总是在以光速运动的静止质量为零的粒子,而不是那种如同经典力学中所描述的可以拿在手上进行计数的粒子。

根据爱因斯坦相对论的能量-动量关系

$$E^2 = p^2 c^2 + m_0^2 c^4 \tag{17-9}$$

由于光子的静质量 $m_0=0$,因此光子的动量是

$$p = \frac{E}{c} = \frac{h\nu}{c} \tag{17-10}$$

由于 $\lambda = \dfrac{c}{\nu}$,因此,光子的动量也可以表示为

$$p = \frac{h}{\lambda} \tag{17-11}$$

这里动量 p 体现了光的粒子性,而波长 λ 体现了光的波动性,上式通过普朗克常数把粒子性和波动性联系在一起,从而体现了光子的波粒二象性。

以一个波长为 400mn 的光子为例,它的能量、动量和质量分别是

光子能量为 $E = h\nu = \dfrac{hc}{\lambda} = \dfrac{6.626 \times 10^{-34} \times 3 \times 10^{8}}{4 \times 10^{-7}} \text{J} = 5.0 \times 10^{-19} \text{J}$；

光子动量为 $p = \dfrac{h}{\lambda} = \dfrac{6.626 \times 10^{-34}}{4 \times 10^{-7}} \text{kg} \cdot \text{m/s} = 1.66 \times 10^{-27} \text{kg} \cdot \text{m/s}$；

光子的质量为 $m = \dfrac{h}{c\lambda} = \dfrac{6.626 \times 10^{-34}}{3 \times 10^{8} \times 4 \times 10^{-7}} \text{kg} = 5.5 \times 10^{-36} \text{kg}$。

17.3 德布罗意和物质波

—— 物质波、机械波和电磁波有什么不同？

17.3.1 物质波假设的提出

爱因斯坦光量子假设后来由康普顿散射实验得以验证,由此可以得出的结论是,通常被认为具有波动性的光在一定条件下也会表现出粒子性。

【物理史料】 吴有训与康普顿散射

由对称性类比自然可以提出这样的问题:既然通常被看成具有波动性的光可以表现出粒子性,通常被看成是粒子性的电子以及其他的实物粒子是否可能具有波动性? 同时,玻尔的电子轨道量子化理论指出电子只能在固定的几条轨道上运动。这一电子运动的量子化行为表明电子具有波动性的一个重要特征——干涉现象(如驻波)。正是基于对称性和轨道量子化的思想,法国物理学家德布罗意(L de Broglie,1892—1987)提出了实物粒子也具有波粒二象性的大胆假设。

【物理史料】 德布罗意的论文

德布罗意认为:"不能简单地把电子看作微粒,还应当赋予它们以周期的概念。"因此,德布罗意把光子的动量-波长关系推广到实物粒子。如果一个粒子的动量为 p,则它的波长是

$$\lambda = h/p \qquad (17\text{-}12)$$

这一公式称为德布罗意关系式,而 λ 则称为德布罗意波长。

德布罗意波长所对应的波称为物质波。物质波不同于人们熟悉的机械波,它可以在真空中传播;物质波也不同于电磁波,它产生于任何物体(包括带电的和不带电的物体)。由于物质波的波长通常都很短,以至于我们在日常生活中很难直接感受到物质波的存在。

以地球为例。地球质量约为 6×10^{24} kg,环绕太阳运行的轨道速度约为 3×10^{4} m/s,代入德布罗意关系式,可得地球物质波的波长是

$$\lambda = \frac{6.62 \times 10^{-34}}{5.98 \times 10^{24} \times 3 \times 10^{4}} \text{m} = 3.6 \times 10^{-63} \text{m}$$

以一个人为例。假设一个人的质量是 50kg,步行的速度是 1m/s,代入德布罗意关系式,可得人的物质波的波长是

$$\lambda = \frac{6.62 \times 10^{-34}}{50} \text{m} = 1.3 \times 10^{-35} \text{m}$$

一个质子的半径大约是 10^{-15} m,即使这样微小的粒子,其半径也分别是地球的物质波波长的 10^{48} 倍和一个人的物质波波长的 10^{20} 倍之多。宏观物体(例如人)的物质波是根本不

可能被测量到的,更不用说地球的物质波的波长了。

再以一颗子弹为例。手枪子弹质量约为 0.02kg,沿水平方向运动的速度约是 700m/s,代入德布罗意关系式,可得子弹物质波的波长是

$$\lambda = \frac{6.62 \times 10^{-34}}{0.02 \times 7 \times 10^{2}} m = 4.72 \times 10^{-35} m$$

由于子弹的运动速度远远大于一个人行走的速度,但子弹质量远小于一个人的质量,因此按照德布罗意公式计算得到的两者的德布罗意波长的数量级基本相当。

再以一个电子为例。电子质量为 9.1×10^{-31} kg,设电子在 1V 电势差的电场中运动,获得的平均速度为 6×10^5 m/s,代入德布罗意关系式,可得电子物质波的波长为

$$\lambda = \frac{6.62 \times 10^{-34}}{9.1 \times 10^{-31} \times 6 \times 10^{5}} m = 1.2 \times 10^{-9} m$$

电子的德布罗意波长的数量级与 X 射线的波长相当,而这样的波长目前已经可通过精密仪器加以测量,因此从理论上讲,电子的德布罗意波长是可以测量的。

17.3.2　物质波的实验验证

1927 年,美国物理学家戴维孙(C. J. Davisson)和他的学生革末(L. H. Germer)完成了电子衍射实验(也称为戴维孙-革末实验)。他们让能量为 100eV 左右的电子束照射到镍单晶的表面并产生散射,观察到电子发生散射后的分布图像与 X 射线衍射的分布图像一致。与此同时,汤姆孙(G. P. Thomson)也在能量为两万电子伏特的电子束穿过多晶薄膜的实验中观察到了类似的衍射图样。这些实验结果证实了电子这一实物粒子的波动性,而且测得的衍射波长与通过德布罗意波长公式计算得到的理论值吻合得很好,从而有力地支持了实物粒子也具有波粒二象性这一理论。由此,戴维孙和汤姆孙分享了 1937 年的诺贝尔物理学奖。

电子的波动性是不是大量电子呈现的一种统计行为呢? 在戴维孙和汤姆孙完成电子衍射实验以后,有人将托马斯·杨的光的双缝实验作了一番改造,用电子流代替光束进行了单电子双缝实验,每次只向双缝发射一个电子。实验结果表明,在双缝后面的接收屏上也出现了类似光的双缝干涉实验中出现的那种明暗相间的干涉条纹。这就进一步证实了,电子所呈现的波动性不是大量粒子的统计行为,即使是单个电子,也具有波动性。

【网站链接】　单电子双缝实验

17.4　微观粒子的波动性是非经典的波动

——什么是描述微观粒子波动性的基本方程?

在 1924 年德布罗意提出了物质波的设想之后,在 1925 年和 1926 年,奥地利物理学家薛定谔(Erwin Schrödinger,1887—1961)在"物质波既然是波,就应该有个波动方程"的思想指导下连续发表了四篇论文,在这几篇论文中,薛定谔完整提出了描述物质波的基本方程——薛定谔方程,从而建立了量子力学的波动理论。

　　物质波与机械波和电磁波的物理本质是不同的。机械波是用经典波动方程描述的,电磁波可以通过麦克斯韦方程来描述,而物质波是用薛定谔方程来描述的。作为一个基本方程,薛定谔方程本身并不能够从其他更基本的方程中推出,而是凑出来的。当然,这并不是说薛定谔是凭空臆测出薛定谔方程的。与牛顿和麦克斯韦一样,薛定谔也是在当时已有研究工作的基础上提出了这样一个新的基本假定,并且用这个新的理论成功解释了已有的实验结论以及预测了新的实验现象。特别是,薛定谔成功地用非相对论形式的薛定谔方程解释了氢原子中电子的能级结构。

　　薛定谔方程在量子力学中的地位,相当于牛顿定律在经典力学中的地位。从薛定谔方程出发,可以构建起整个量子力学体系。

　　【物理史料】　薛定谔方程是凑出来的

　　含时间的薛定谔方程的一维形式如下:

$$\mathrm{i}\hbar\frac{\partial\Psi}{\partial t}=-\frac{\hbar^2}{2m}\frac{\partial^2\Psi}{\partial x^2}+V\Psi \tag{17-13}$$

式中,$\Psi=\Psi(x,t)$是描述物质波运动状态的波函数,它是时间和空间的函数。式(17-13)的左边是波函数对时间t求偏导后乘以一个常数$\mathrm{i}\hbar$,其中i是虚数单位$\sqrt{-1}$,

$$\hbar=\frac{h}{2\pi}=1.05\times10^{-34}\mathrm{J\cdot s}$$

称为约化普朗克常数(就是普朗克常数除以2π)。

　　式(17-13)右边的第一项,是波函数对位置x求二阶偏导后乘以一个常数$-\dfrac{\hbar^2}{2m}$,这一项可以看作是对系统动能的描述,而右边第二项的$V=V(x)$表示的是在空间分布(与时间无关)的势能,对于不同的系统,势能$V(x)$是不同的。

　　在给定$V(x)$的条件下只有某些特定的$\Psi=\Psi(x,t)$才是微分方程的解。由于$V(x)$与时间t无关,方程的左边只与时间变量t有关,而右边只与空间变量x有关。对于这样的微分方程,可以采用分离变量法求解,设$\Psi=\Psi(x,t)$为分别只含时间变量和只含空间变量的两个函数的乘积:

$$\Psi(x,t)=\psi(x)\varphi(t)$$

代入式(17-13),可以得出$\varphi(t)$的表达式

$$\varphi(t)=\mathrm{e}^{-\mathrm{i}Et/\hbar} \tag{17-14}$$

而只含空间变量的$\psi(x)$则可以从下列方程得出

$$-\frac{\hbar^2}{2m}\frac{\mathrm{d}^2\psi}{\mathrm{d}x^2}+V(x)\psi=E\psi \tag{17-15}$$

这个表达式称为不含时间的定态薛定谔方程。

　　只要给出一个具体的势能分布$V(x)$,就可以由式(17-15)得到$\psi(x)$的具体表达式。$\psi(x)$称为粒子的定态波函数,E是粒子处于定态的能量,所对应的粒子状态称为定态(或能量本征态)。把$\psi(x)$和$\varphi(t)=\mathrm{e}^{-\mathrm{i}Et/\hbar}$结合在一起,就得到了在势能分布$V(x)$中运动的粒子的波函数

$$\Psi(x,t)=\psi(x)\mathrm{e}^{-\mathrm{i}Et/\hbar} \tag{17-16}$$

　　虽然利用薛定谔方程可以解出波函数的形式,而且所得的结果可以很好地解释氢原子中的电子能级,但是,波函数的物理意义究竟是什么,在当时还是引起了很多争论。薛定谔

曾试图从电荷密度的角度来解释波函数,但是没有成功①。获得较多支持的观点是玻恩提出的概率密度解释,即认为粒子在时刻 t 出现在 x 处的概率密度为 $|\Psi(x,t)|^2$,或者说,粒子在时刻 t 出现在 $x\sim x+\mathrm{d}x$ 内的概率为 $|\Psi(x,t)|^2\mathrm{d}x$。这个观点经过玻尔、海森伯、狄拉克等一批物理学家的不断补充和完善,形成了哥本哈根学派的量子力学诠释。

【拓展阅读】 多种量子力学理论

17.5 一维无限深方势阱中的粒子波函数及能量

——无限深方势阱里的粒子能量为什么是离散的?

一个最基本的薛定谔方程是一维无限深方势阱中的薛定谔方程。一维无限深方势阱的数学表达式为

$$V(x) = \begin{cases} 0 & (0 \leqslant x \leqslant a) \\ +\infty & (其他区域) \end{cases} \tag{17-17}$$

一维无限深方势阱如同一个一维的势坑,宽度是 a(设该宽度在 x 轴上坐标从 0 到 a),在这个势坑里,势能处处为零,而坑外空间中其他区域的势能都是无穷大,从而对粒子的运动造成了无法逾越的墙,粒子只可能被限制在势坑里运动。对于这样一种情形,不含时间的薛定谔方程可以写成

$$\begin{cases} -\dfrac{\hbar^2}{2m}\dfrac{\mathrm{d}^2\psi}{\mathrm{d}x^2} + 0\cdot\psi = E\psi & (0 \leqslant x \leqslant a) \\ -\dfrac{\hbar^2}{2m}\dfrac{\mathrm{d}^2\psi}{\mathrm{d}x^2} + \infty\cdot\psi = E\psi & (其他区域) \end{cases} \tag{17-18}$$

在 $0\leqslant x\leqslant a$ 以外的区域,势能为无穷大,粒子不会出现在这个区间内,因此,波函数等于零。而在 0 到 a 之间的区域,微分方程可改写为

$$\frac{\mathrm{d}^2\psi}{\mathrm{d}x^2} = -\frac{2mE}{\hbar^2}\psi = -k^2\psi \quad \left(令\ k = \frac{\sqrt{2mE}}{\hbar}\right) \tag{17-19}$$

求解微分方程可得

$$\psi(x) = A\sin(kx) + B\cos(kx) \tag{17-20}$$

这就是一维无限深方势阱中粒子波函数的一般形式。式(17-20)中有两个未知的常数 A 和 B,需要根据以下条件来确定。

首先,在同一个位置,粒子的概率密度只能有唯一的值。其次,在势阱的边界处,波函数应该连续。由于在这个一维方势阱大坑以外,波函数是零,因此,在方势阱边界 $x=0$ 处,波函数也必须是零。由此导出

$$\psi(0) = A\sin(0) + B\cos(0) = 0 \Rightarrow B = 0$$

因此,在一维无限深方势阱 0 到 a 区间内的波函数可以写成 $\psi(x)=A\sin(kx)$。

根据波函数的物理意义,粒子出现在 $x\sim x+\mathrm{d}x$ 内的概率为 $|\psi(x)|^2\mathrm{d}x$,而粒子出现在从 $-\infty\sim+\infty$ 的全空间范围内的总概率必然是 1,因此,对于一维无限深方势阱中的粒子波函数,其归一化条件为

---

① MOORE W J S. Life and thought[M]. Cambridge: Cambridge University Press, 1992.

$$\int_{-\infty}^{+\infty} \mid A\sin(kx) \mid^2 \mathrm{d}x = \int_0^a \mid A\sin(kx) \mid^2 \mathrm{d}x = \mid A \mid^2 \frac{a}{2} = 1$$

解得

$$A = \sqrt{\frac{2}{a}}$$

于是得到一维无限深方势阱中的粒子波函数

$$\psi(x) = A\sin(kx) = \sqrt{\frac{2}{a}}\sin\left(\frac{\sqrt{2mE}}{\hbar}x\right) \tag{17-21}$$

这里,a 是势阱的宽度,m 是粒子的质量,都是已知量。

再利用方势阱的边界条件确定 E,因为在边界 $x=a$ 处,波函数也必须是零,因此有

$$\psi(a) = \sqrt{\frac{2}{a}}\sin\left(\frac{\sqrt{2mE}}{\hbar}a\right) = 0 \tag{17-22}$$

$$\frac{\sqrt{2mE}}{\hbar}a = n\pi \quad (n = 1,2,3,\cdots)$$

于是,一维无限深方势阱中的粒子波函数完整地可以写为

$$\psi(x) = \sqrt{\frac{2}{a}}\sin\left(\frac{n\pi x}{a}\right) \tag{17-23}$$

其中,一维无限深方势阱中的粒子能量 E 必须满足

$$E_n = \frac{n^2\pi^2\hbar^2}{2ma^2} \tag{17-24}$$

由此得出,在一维无限深方势阱中,粒子的能量不是连续分布的,而是只能取一系列特定的离散值。这些特定的能量值的大小取决于 n 的取值,n 称为量子数,对应的能量称为能量本征值。每个能量本征值都各自对应了一个波函数,这个波函数称为能量本征波函数,而这个能量本征波函数所对应的粒子状态,称为能量本征态。当 $n=1$ 时,粒子的状态称为基态,高于基态的状态依次分别称为第一激发态、第二激发态等,它们对应的能量分别称为基态能量、第一激发态能量、第二激发态能量等。

【网站链接】 量子力学的本征值问题

17.6 氢原子的波函数及其能级分布

——确定氢原子的定态为什么需要三个量子数?

求解一维无限深方势阱中的粒子波函数和能级分布是一个简化的理想模型问题,而求解氢原子中的电子波函数及其能级分布则是一个典型的真实问题。

与处于一位无限深方势阱中的粒子不同,氢原子处于三维空间,氢原子的势场是库仑势

$$V(r) = -\frac{e^2}{4\pi\varepsilon_0 r} \tag{17-25}$$

由于库仑势不含时间,因此,不含时间的薛定谔方程是

$$\left(\frac{\partial^2}{\partial x^2} + \frac{\partial^2}{\partial y^2} + \frac{\partial^2}{\partial z^2}\right)\psi(x,y,z) + \frac{2m}{\hbar^2}\left(E + \frac{e^2}{4\pi\varepsilon_0 r}\right)\psi(x,y,z) = 0 \tag{17-26}$$

显然,作为一个实际问题的氢原子中的电子波函数在形式上看起来比一维无限深势阱

复杂得多,但尽管如此,氢原子中的电子波函数仍然是极少数的几个可以得到解析解的波函数表达式之一。

由方程(17-26)可以求解得到能量本征值是

$$E_n = -\left[\frac{m}{2\hbar^2}\left(\frac{e^2}{4\pi\varepsilon_0}\right)^2\right]\frac{1}{n^2} = \frac{E_1}{n^2} \tag{17-27}$$

其中,正整数 $n=1,2,3,\cdots$ 称为主量子数。与一维无限深势阱相似,它是确定能量本征值的量子数。当 $n=1$ 时,能量 $E_1 = -\frac{m}{2\hbar^2}\left(\frac{e^2}{4\pi\varepsilon_0}\right)^2 = -13.6\text{eV}$ 是氢原子中电子能量的最低值,称为基态能量。

求解波函数得到的结果表明,与一维无限深势阱不同的是,在氢原子中的电子波函数表达式中出现了三个量子数:除了主量子数 n 外,还有角量子数 ℓ 以及磁量子数 m,它们是确定波函数的三个参数。其中,主量子数 n 与氢原子的能量有关,主量子数 n 越大,能量 $E_n = \frac{E_1}{n^2}$ 越大($E_1 = -13.6\text{eV}$ 是负值)。当 n 趋向于无穷大时,氢原子中的电子的能量趋向于零,相当于电子脱离了原子核的束缚。电子脱离原子核束缚所需的能量称为电离能,由于氢原子中电子的最低能量是 -13.6eV,因此氢原子的电离能等于 13.6eV。氢原子的主量子数 $n=1$ 的状态称为氢原子的基态,$n>1$ 的状态称为氢原子的激发态。当电子从能量较高的激发态跃迁到能量较低的激发态或者基态的时候会释放出光子,光子的能量就是两个能级之间的能量差。由于氢原子的能级是离散的,因此不同能级间跃迁所释放的光子能量也是离散的,不同能量的光子对应不同的频率。经过分光镜后,每种频率的光就会对应一条谱线,所以氢原子发光形成的是离散的谱线系。如图17.6所示,从高能级跃迁到基态所对应的谱线系称为莱曼系,从高能级跃迁到第一激发态($n=2$)所对应的谱线系称为巴耳末系。巴耳末系是在可见光范围内的光谱。

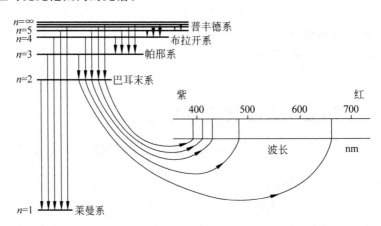

图 17.6　氢原子的发射光谱

角量子数 ℓ 受到主量子数 n 的控制,ℓ 的最大值等于主量子数 n,即 $\ell=0,1,2,\cdots,n$。角量子数 ℓ 决定了电子"绕核旋转"时的角动量大小。这里的"绕核旋转"加引号,是因为电子具有波粒二象性,电子并不是如同经典粒子那样在旋转。

按照波函数的概率解释,波函数体现了粒子出现在原子核周围某处的概率。如果用点的密度来描述电子出现在原子核周围某处的概率密度,就可以形象化地得到电子分布出现的电子云的图像(图17.7)。

当一个电子的主量子数 n 确定以后,角量子数 ℓ 可以取不同的数值,于是可以得到不同的电子云图像。例如,对于 $n=1$ 的电子,如果角量子数 $\ell=0$,电子云为球形;如果角量子数 $\ell=1$,电子云为纺锤形(图17.8)。描述电子轨道的排布常常用 $1s,2s,2p,3d$ 等量子数,这里的 1,2,3 代表了电子的主量子数,而 s,p,d 等代表了电子的角量子数,分别对应于 $\ell=0,1,$ 2 等。

图 17.7 氢原子的电子云

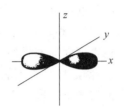
图 17.8 角量子数 $\ell=1$ 的电子云

角量子数 ℓ 决定了电子的轨道角动量。由于角动量是一个矢量,同样大小的角动量还可以有不同的指向,因而在 z 轴上有不同的投影,这个投影的大小就由磁量子数 m 决定。

当 $\ell=0$ 时,电子云呈球形分布,没有指向上的区别,m 也只有唯一的取值 $m=0$。当 $\ell=1$ 时,电子云呈纺锤形分布,而纺锤可以是沿着 z 轴方向,也可以沿着 x 轴或 y 轴方向,分别对应于 $m=0$ 和 $m=\pm1$。当 $\ell=2$ 时,m 有五种可能的取值,$m=0,m=\pm1,m=\pm2$,对应的电子云形状如图17.9所示。

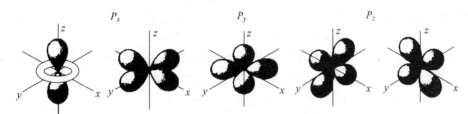
图 17.9 角量子数 $\ell=2$ 时,不同磁量子数 m 对应的电子云

17.7 海森伯的不确定原理

——同时精确测量微观粒子的位置和动量为什么是不可能的?

17.7.1 经典力学的确定性和不确定性

在经典力学的理论中,质点(宏观物体或粒子)在任何时刻都有完全确定的位置、动量、能量等;一旦写出物体的经典运动方程,由初始条件可以得出以后任意时刻的确定的运动状态,这是经典确定性思想的一种表现。

实际上,这样的表述仅仅只是理论上或概念上的确定性而已,在经典力学中实际上存在着不确定性。

在需要通过实验对初始位置或初始速度进行具体的测量时,由于任何测量仪器都具有一定的精确度,因此,经典力学存在的不确定性指的是由于测量的有限精确度带来的不确定性。在诸多测量问题中,一个实际的问题就是,每次测量能达到多大的精确度? 以速度的测量为例,任何实验测得的只可能是物体在一段时间(无论时间间隔多么得短)内的平均速度,而不是瞬时速度;即使测量的是物体的瞬时速度,对物体实际运动速度进行测量得到的数据对于实际的速度一定也存在着某种不确定性。如同无论以多么精密的细节测量得到的地图都与实际地形存在一定误差那样,力学测量得到的数据只能是对质点实际运动状态的一种近似描述,不同的仪器测量同一个物理量得到的结果只是近似程度不同而已。因此,经典力学存在的不确定性是一种由于仪器造成人们对物体运动状态认识上的限制性。可以预料,随着测量仪器精密程度的不断提高,对于物体运动状态进行测量而出现的限制性也会逐渐缩小,但是,这种不确定性是不可能完全消除的。自然由此产生的一个疑问是:在微观世界中,是否也有类似的测量位置或速度的不确定性问题呢?

17.7.2 海森伯的不确定原理

1927 年,作为量子力学的一个基本原理,德国物理学家海森伯(W K Heisenberg,1901—1976)提出了不确定原理(曾称为测不准原理)。

海森伯指出,每个粒子都有着位置和动量的内在不确定性,对同一个粒子,对它的一个物理量测量的不确定性程度的减少(精确度的增加)必定使对另一个与它共轭的物理量测量的不确定性程度增加(精确度减少)。尽管测量其中任意一个量可以取任意精确度的数值,但是同时对它们二者测量时存在的不确定性的乘积的数量级只能大于或近似等于普朗克常数。不仅对位置和动量,而且对能量和时间这两个量也是如此。

不确定性原理表明,不能以任意高的精确度同时(注意:是同时!)测得微观粒子的某两个成对的物理量(称为共轭的物理量)。这些共轭的物理量在测量中的不确定性范围的乘积称为这个粒子的可能性疆域。不确定原理的数学表述如下:

(1) 位置与动量的不确定性关系

$$\Delta x \cdot \Delta p_x \geqslant \frac{\hbar}{2} \quad \left(\hbar = \frac{h}{2\pi} \right)$$

$$\Delta y \cdot \Delta p_y \geqslant \frac{\hbar}{2} \tag{17-28}$$

$$\Delta z \cdot \Delta p_z \geqslant \frac{\hbar}{2}$$

(2) 能量与时间的不确定性关系

$$\Delta E \cdot \Delta t \geqslant \frac{\hbar}{2} \tag{17-29}$$

这里,$\frac{\hbar}{2}$ 就是来自粒子可能性的疆域。

不同质量的粒子有着不同的可能性疆域。质量越大的粒子,其对应的疆域范围就越小,相应的不确定性也就越小。例如,一个质子的可能性疆域只有电子的 1/2000,因此,预言质子未来的运动状态就比预言电子的运动状态的不确定性要小得多。

与上面提到的由于经典力学测量的有限精确度带来的不确定性相比,量子力学中的这个不确定性关系是否也与测量仪器的精确度有关? 量子力学的不确定性具有哪些不同的特点?

由于微观粒子具有波粒二象性,这种波动性的存在,使实验上无法测量微观粒子的位置和速度;即使从实验上能够测量到所谓微观粒子的位置或速度,这往往并不是真实粒子的运动状态。典型的例子就是测量宇宙射线粒子的威耳逊云室实验。海森伯注意到当云室接收到来自测量宇宙空间的射线粒子时,云室中就会显示出粒子的运动径迹,这个径迹似乎可以用来表征粒子的位置,但是这显然不是粒子运动的真正轨迹,而是水滴串形成的雾迹。水滴远比粒子的线度大得多,因此,观察到的只是粒子所在的一个不确定性位置的范围而已,同样,运动径迹并不是一条数学意义上严格的曲线,它划出的前进方向也就不是粒子的真正速度方向,仅仅只是粒子具有的一个速度的不确定性范围而已。

量子的不确定性是可以通过实验来证实的。在玻尔和爱因斯坦的著名争论中,对这些实验曾经作了相当详细的分析,由此得出的产生这种不确定性的一个原因是:任何测量都不可避免地存在着观察者(或观察仪器)与被测量对象之间的相互作用。这一点对于微观粒子显得特别明显。例如,当人们需要精确地确定电子的位置时,就必须使用像 γ 射线这种短波长的显微镜来进行观察。因为从理论上说,入射光的波长越短,显微镜的分辨率就越高,测定得到的电子坐标的不确定性程度就越小;但是由于测量的过程是光子与电子的碰撞过程,在碰撞过程中电子吸收了高频光量子的能量,产生了很大的冲击;波长越短的光量子具有的动量也越大,碰撞造成的电子的动量不确定性也就越大,于是,人们就不可能精确测量出它的动量了。反之,当人们需要精确地测量电子的动量时,就必须使用长波长的光,波长越长的光量子具有的动量越小,这样电子与光子碰撞时吸收的能量较小,受到的冲击也较小,但是,长波长的光子碰撞电子时会发生衍射,波长越长的光在碰撞以后产生的衍射现象越明显,从而造成电子位置的不确定性也就越大,于是,人们就无法精确测量出电子的位置了。测量仪器与被测对象之间的这种相互作用对宏观的被测物体也存在,但是光子的动量对宏观物体的影响是微乎其微的,是完全可以忽略不计的。

由不确定性关系可以得出一个结论:微观世界中的粒子不可能保持静止。以电子为例,原子内一个电子的位置不确定性的量总是被限制在原子的尺度上,这是一个很小的量,由不确定性关系可以得出与此对应的电子的动量不确定量必然是一个大量,相应的速度也是一个很大的量。例如,如果在动量不确定量下粒子的速度不确定量是 1000km/s,粒子本身具有的速度平均值至少是 500km/s,这就表明,大量微观粒子仍然在作着高速运动,而不会静止不动。

海森伯认为,从观察者与被观察对象之间的相互作用看,量子的不确定性不是由于测量仪器的精确度带来的不确定性,也不是自然界本身存在的不确定性,而是观察者通过测量能够得到的关于微观粒子的状态和能量等知识上的局限性。海森伯认识到,不确定关系原理保护着量子力学,如果一旦有可能人们以更高的精确度同时获得微观粒子的位置和动量,量子力学的大厦就会倒塌。

不确定关系使人们测量微观粒子得到的认识受到了某种限制,这个限制实际上是对使用经典物理理论的限制。微观粒子既不是经典意义上的粒子(如力学中的质点)也不是经典意义上的波(如水波、声波)。当人们还在使用对经典物理量测量的语言去描述微观粒子的特性时,就一定会暴露出经典理论的局限性。不确定原理揭示了人们只能运用量子理论来认识微观世界,但是就人们目前的认识而言,微观世界内部的运动情况依然是一个黑匣子。从这个意义上看,这种限制是否意味着自然界对我们还隐瞒了什么? 这是不确定性原理引起的物理学上更深刻、又更令人迷惑的一个问题。

从不确定原理中还可以得出这样的思想启示:经典理论有其适用的范围,也就是它只能在宏观物体低速运动的领域中揭示出物体的运动规律,超过了这个范围就会显示出理论的限制性。量子论是在微观领域中修改和超越了经典理论,而不是抛弃和推翻经典理论。类似地,可以肯定的是,量子论也有它的适用范围,在一定的范围外也会暴露出其限制性,今后肯定还有更新的理论修改和超越量子论。

17.8 波函数和量子态

——什么是薛定谔猫?

薛定谔猫是由薛定谔在 1935 年提出的一个著名的思想实验。什么是薛定谔猫? 它与波函数和量子态有什么关系?

薛定谔波动方程表明,微观粒子的状态可以用波函数来描述,在对能量进行观测之前,粒子的波函数既可能是某个能量本征态,也可能是一系列不同本征态的叠加。如果对粒子的某个物理量进行观测,粒子的波函数会塌缩到这个物理量所对应的一个本征波函数。例如,如果测量一维无限深方势阱中微观粒子的能量,则粒子的波函数会塌缩为

$$\Psi(x,t) = \sqrt{\frac{2}{a}} \sin\left(\frac{n\pi x}{\hbar}\right) e^{-iE_n t/\hbar}. \tag{17-30}$$

假设测量前粒子的波函数是最低的两个能量本征态 ψ_1 和 ψ_2 的叠加,

$$\Psi(x,t) = A_1 \psi_1(x) e^{-iE_1 t/\hbar} + A_2 \psi_2(x) e^{-iE_2 t/\hbar} \tag{17-31}$$

其中 A_1 和 A_2 是归一化系数。对这个粒子能量进行测量,可能会测得能量为 E_1 或者 E_2,相应的粒子的量子态塌缩为 ψ_1 或者 ψ_2。在没有进行能量测量的时候,这个粒子的能量是多少呢? 是 E_1 吗? 是 E_2 吗? 还是 E_1 与 E_2 之间的某个值吗? 都不是。在没有进行能量测量的时候,粒子的能量并没有一个确定值,粒子的状态就是两种能量本征态的混合态。

薛定谔认为上述理论说明中必定存在某种缺陷,为了更形象地表达并使他人理解自己的想法,薛定锷在 1935 年提出了一个听起来很荒谬的故事——薛定谔猫。

在装有一只猫的密封盒子里放置一小片放射性物质和一个盖革计数器。在任意时刻,放射性物质会以一定概率发出一个粒子,从而引发盖革计数器中的一道电流。在计数器上还装有一把锤子,一旦感觉到放射性物质的粒子,这把锤子就立刻打破毒气瓶,将猫杀死,如图 17.10 所示。

【网络链接】 *薛定谔猫*

薛定锷方程表明,微观粒子的波函数处于不同本征函数的叠加。如果观测某个物理量,则粒子的波函数会塌缩到这个物理量所对应的一个本征波函数。如果不进行观测,就没有任何确定的状态可言。对此,玻尔曾经说过,如果不进行任何观测,就没有确定的真实可言,因为观测设备的选择决定了观测者能看到系统的哪一个侧面——例如,波动还是粒子? 薛定谔认为,如此推理,对于整个系统的粒子描述也应该包括构成猫的所有原子。如果把打开

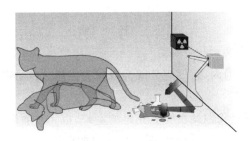

图 17.10　薛定谔猫

盒子作为一次观测,在盒子没有打开的时候,放射性物质的量子态处于发出粒子与不发出粒子状态的叠加,而猫的状态也就处于是死与活的叠加。只有在打开盒子观测的时候,猫的状态才会塌缩到一个确定的状态(死或者活)。

薛定谔提出盒子里的猫这一思想实验,本意是在反对哥本哈根学派关于"微观粒子处于叠加态,观测行为影响粒子状态"的量子力学诠释。哥本哈根学派是早期量子力学的主流思想,而实际上对于哥本哈根派量子力学诠释的质疑早在薛定谔猫提出之前就开始了。

1927 年在比利时布鲁塞尔举行了第五届索尔维会议,参加会议的都是著名的物理学家,图 17.11 这张照片就是会议合影。在这次会议上,玻尔、玻恩、海森伯、泡利等人是哥本哈根学派的代表,而爱因斯坦、薛定谔、德布罗意则是反对哥本哈根学派的主将。会议上,反对派不断地对量子力学的假设提出质疑,而玻尔等人则有理有据地进行反击。薛定谔在 1935 年提出的薛定谔猫的思想实验,通过这只又死又活的猫对哥本哈根学派发动嘲讽技能,观测行为怎么可能改变猫的死活这一个基本性质呢? 从而使得哥本哈根学派不得不承认"猫处在死与活混合的幽灵状态"。

图 17.11　第五届索尔维会议合影

在现实中,对于猫这么大的宏观物体,不可能完全将它与环境隔离,各种微小的扰动可以使得猫的状态波函数总是塌缩到一个确定状态,而不会像微观粒子那样随时间演化到某种量子叠加态。但对于微观粒子,确实可以制备出叠加的量子态,形成微观的薛定谔小猫。2012 年,我国科学家带领团队,实现了 8 光子薛定谔猫态[1],即对于 8 个光子的体系,消除外界干扰,从而获得叠加的量子态。

① http://news.ustc.edu.cn/xwbl/201202/t20120214_129031.html.

思　考　题

1. 为什么说在高频范围内,普朗克公式会退化为维恩公式,而在低频范围内,普朗克公式会退化为瑞利-金斯公式?

2. 当窗户不大时,即使我们站在光亮充足的室外,也无法看到室内的情形,为什么?

3. 一维含时薛定谔方程中,波函数 $\Psi=\Psi(x,t)$ 的量纲是什么?

4. 一维含时薛定谔方程的形式是 $i\hbar\dfrac{\partial\Psi}{\partial t}=-\dfrac{\hbar^2}{2m}\dfrac{\partial^2\Psi}{\partial x^2}+V\Psi$,是否可以认为 $i\hbar\dfrac{\partial}{\partial t}=-\dfrac{\hbar^2}{2m}\dfrac{\partial^2}{\partial x^2}+V$? 试说明理由。

5. 可以把宽度为 a 的一维无限深方势阱中的粒子波函数看作是在长度为 a 的两端固定的弦上的驻波,弦的长度一定是半波长的整数倍。试根据驻波的模型,根据质量为 m 的粒子的德布罗意波长推导该粒子在一维无限深方势阱中的能量。

6. 原子的尺度大约是 10^{-10} m,试估算原子中的电子速度的不确定度。

7. 波粒二象性体现了量子世界的不确定性。这种不确定性与通常人们扔硬币所得结果的不确定性有什么区别? 你认为量子世界不确定性的存在是不是由于测量过程或测量仪器不精确而造成的? 为什么? 如果不是由于仪器问题造成的,你认为不确定性关系的存在有着什么更深刻的物理意义?

习　　题

17.1　如果电子经过 100V 的电压加速,其波长是多少(忽略相对论效应)?

17.2　当波长为 300nm 的光入射到某金属表面时,出射光电子的最大动能为 2.5eV。则该光电效应实验的截止电压是多少? 该金属的逸出功是多少?

17.3　由于光子具有动量 $p=mc$,当光照射到物体表面时,会对表面产生作用力,即光压。有人设想在宇宙探测器中用光为动力推动探测器加速。一太阳帆探测器,质量 $M=120$kg,阳光垂直射向太阳帆并被完全吸收,太阳帆的面积 $S=400$m²,已知太阳常数(单位时间内垂直辐射在单位面的太阳光能量)为 $b=1.4\times10^3$J/(m²·s),不考虑其他任何力的影响和太阳常数的变化,求探测器加速度的大小。

17.4　富勒烯是由 60 个碳原子组成的球状分子(C_{60}),因为形似足球而被称为足球烯。1999 年,维也纳大学的研究团队用富勒烯实现了干涉图样,证明大分子也具有波动性。在他们的实验中,富勒烯分子的德布罗意波长为 0.25nm,则其运动速度是多少(忽略相对论效应)?

17.5　处于第二激发态的电子,共有多少种可能的角量子数与磁量子数的组合?

17.6　当氢原子中的电子从第二激发态($n=3$)跃迁到基态($n=1$)时,释放出的光子能量是多少? 光的频率是多少?

17.7　假设 $t=0$ 时宽度为 a 的一维无限深方势阱中的粒子波函数为

$$\Psi(x,0) = \begin{cases} Ax, & 0 \leqslant x \leqslant a/2 \\ A(a-x), & a/2 \leqslant x \leqslant a \end{cases}$$

求归一化系数 A。

17.8 当子弹从枪口射出时,子弹的位置不确定度与枪口的直径有关。假设子弹质量为 $10g$,枪口直径为 $1cm$,试估算子弹射出枪口时横向速度的不确定度,并说明不确定原理对宏观物体是否有影响。

参 考 书 目

[1] 张三慧.大学物理学(力学,热学)[M].3 版.北京:清华大学出版社,2008.

[2] ART H,秦克诚,等.物理学的概念与文化素养[M].4 版.北京:高等教育出版社,2008.

[3] 郭奕玲,沈慧君.物理学史[M].2 版.北京:清华大学出版社,2005.

[4] 吴百诗.大学物理:上[M].西安:西安交通大学出版社,2004.

[5] 朱峰.大学物理[M].2 版.北京:清华大学出版社,2008.

[6] 陈信义.大学物理教程[M].2 版.北京:清华大学出版社,2008.

[7] 赵玲玲,万东辉.物理学概论[M].上海:华东师范大学出版社,1994.

[8] 胡化凯.物理学史二十讲[M].合肥:中国科技大学出版社,2009.

[9] 朱鋐雄,等.大学物理学习导引——导读,导思,导解[M].北京:清华大学出版社,2010.

[10] 朱鋐雄.物理学方法概论[M].北京:清华大学出版社,2008.

[11] 朱鋐雄.物理学思想概论[M].北京:清华大学出版社,2009.

[12] 唐光裕,韩桂华.大学物理问题,习题精选及详解[M].北京:国防工业出版社,2009.

[13] 青岛科技大学物理系.大学物理学习指导与习题解答[M].北京:国防工业出版社,2012.

[14] 刘扬正.大学物理学习指导与习题详解[M].北京:科学出版社,2011.

[15] 王小力,等.大学物理学习指导典型题解[M].新版.西安:西安交通大学出版社,2009.

[16] 夏兆阳,王雪梅.大学物理教程习题分析与解答[M].北京:高等教育出版社,2011.

[17] 胡盘新.大学物理解题方法与技巧[M].3 版.上海:上海交通大学出版社,2004.

[18] 焦兆焕,刘丹东.大学物理习题解析[M].西安:西安交通大学出版社,2009.